21 世纪普通高等教育基础课系列教材
课程思政立体化教材

大学物理教程

（力学、电磁学、波动光学）

第 2 版

王海威　严导淦　易江林　编

U0180199

机械工业出版社

本书延续了第1版的特色，采取凝练经典、简化近代的方法精选和组织内容并融入课程思政元素.

全书内容涉及力学、电磁学和波动光学等，共6章. 设有“传承·大力弘扬中国科学家精神”“大国名片”“世界杰出物理学家”等栏目. 全书联系实际，注重介绍物理知识和物理思想在实际中的应用，将专业知识和思政元素深度融合，并构建大学物理课程育人体系.

本书可作为高等院校非物理类专业本科少学时的大学物理教材和教学参考书，也可用作高等职业教育各专业的物理教材，还可以供其他相关专业选用和广大读者阅读.

图书在版编目（CIP）数据

大学物理教程：力学、电磁学、波动光学/王海威，严导淦，易江林编. —2版. —北京：机械工业出版社，2023.11（2025.1重印）

21世纪普通高等教育基础课系列教材

ISBN 978-7-111-73694-3

Ⅰ.①大… Ⅱ.①王… ②严… ③易… Ⅲ.①物理学-高等学校-教材 Ⅳ.①O4

中国国家版本馆CIP数据核字（2023）第154400号

机械工业出版社（北京市百万庄大街22号 邮政编码100037）

策划编辑：张金奎 责任编辑：张金奎 汤 嘉

责任校对：肖 琳 张 薇 封面设计：张 静

责任印制：张 博

北京雁林吉兆印刷有限公司印刷

2025年1月第2版第3次印刷

184mm×260mm · 14.5印张 · 350千字

标准书号：ISBN 978-7-111-73694-3

定价：43.00元

电话服务

客服电话：010-88361066

010-88379833

010-68326294

网络服务

机 工 官 网：www.cmpbook.com

机 工 官 博：weibo.com/cmp1952

金 书 网：www.golden-book.com

机工教育服务网：www.cmpedu.com

前　言

物理学是研究物质的基本结构、基本运动形式、相互作用的自然科学．它的基本理论渗透在自然科学的各个领域，是其他自然科学和工程技术的基础．以物理学基础为内容的大学物理课程，是高等学校理工科各专业学生的一门重要的通识性必修基础课．该课程所教授的基本概念、基本原理、基本方法和基本规律是构成学生科学素养的重要组成部分，它不仅能对学生进行较全面的物理知识教育，而且能对学生进行较系统的科学方法教育和思维能力训练，使学生在知识、素质和能力各方面得到协调发展．

大学物理课程坚持"立德树人"的根本任务，以"环境育人、润物无声"作为课程的基本理念，把培育和践行社会主义核心价值观等课程思政元素融入教书育人全过程．本书延续了第1版的特色，采取凝练经典、简化近代的方法精选和组织内容．全书除了涉及物理学基本内容（力学、电磁学、波动光学）外，还设有"传承·大力弘扬中国科学家精神""大国名片""世界杰出物理学家"等栏目．全书联系实际，注重介绍物理知识和物理思想在实际中的应用，通过阐述物理与生活的关系以提升学生的人文素质，通过讲述物理史话和人物故事以激发学生的民族自信与家国情怀，从而实现价值塑造、知识传授和能力培养的"三位一体"育人体系，努力培养符合时代发展的高素质一流应用型人才．

编者的初衷是结合我校实际，兼顾一般院校工科大学本科生，提供一套简明清晰、难度适中、深入浅出、易教易学的大学物理教材．针对目前高校课程改革和压缩课时的现状，编写过程中，在保留经典物理精髓的基础上，对一些内容进行了整合，尽量压缩篇幅．

书中难免有疏漏和不妥之处，恳请广大读者批评指正．

编　者

目　录

[传承·大力弘扬中国科学家精神] 中国力学之父——钱伟长

钱伟长，世界著名科学家、教育家，被誉为中国近代“力学之父”. 1955年被选聘为中国科学院学部委员（院士）. 钱伟长高中偏科严重，高考物理只考5分，数学与化学加在一起20分，却因中文与历史满分被清华大学历史系录取. 因“九一八”事变，钱伟长认为只有科学才能救国，毅然决定弃文从物，转学物理系. 经过不懈努力，他在毕业时已成为物理系成绩最优秀的学生，顺利考取清华物理系研究生. 1940年赴加拿大多伦多大学主攻弹性力学，获多伦多大学博士学位后回国，应聘为清华大学机械系教授，兼北京大学、燕京大学教授.

钱伟长在应用数学、力学、物理学、中文信息学、弹性力学、变分原理和摄动方法等领域均取得重大成就. 钱伟长参与创建了北京大学力学系，出版了中国第一本《弹性力学》专著，开设了中国第一个力学研究班和力学师资培养班，创建了上海市应用数学与力学研究所，为中国的机械工业、土木建筑、航空航天和军工事业建立了不朽的功勋.

“我没有专业，祖国的需要就是我的专业”. ——钱伟长

第1章　质点运动学与牛顿定律

1.1　质点　参考系　时间和空间

1.1.1　质点

从本章开始，我们首先研究力学. **力学是研究物体机械运动及其规律的一门学科，**它包括运动学和动力学两部分内容.

所谓**机械运动，**是指**一个物体相对于另一个物体或组成一个物体的各部分之间发生的相对位置的变动.** 例如：宇宙间的天体运动、机器中各部件的运转、物质材料受外力作用而发生的形状和大小的改变、甚至人们的举手投足等，都是机械运动.

在研究物体的机械运动时，**如果物体的形状和大小不影响物体的运动，或其影响甚微，**那么，就可以**将物体看作是没有形状和大小，而只拥有物体全部质量的一个点，**称为**质点.** 所以，质点是将真实物体经过简化、抽象后的一个**物理模型**. 例如，在地球绕太阳公转的同时，尚有自转，因而地球上各处的运动情况迥异. 但是，由于地球到太阳的距离约为地球半径的两万多倍，所以相对于太阳而言，地球上各点的运动状态差异甚小，因而在研究地球绕太阳的公转时，也可将地球视作质点.

顺便指出，如果物体的形状和大小相对于其运动空间而言，不能视作质点，**但物体各点的运动状态相同，**那么，我们就把物体的这种运动称为**平动，**并可用**其上任一点的运动**

代替该物体的整体运动. 例如，局限于内燃机汽缸内的活塞，在曲柄连杆驱动下做往复运动，就是一种平动.

当然，对同一个物体能否视作质点，应针对具体问题进行具体分析. 例如，研究地球绕轴自转时，就不能将地球视作质点来研究了.

综上所述，推而广之，今后我们在研究物理现象时，往往抓住其主要因素，撇开次要因素，把复杂的研究对象及其演变过程简化成**理想化的物理模型，**以便能更深刻地凸现问题的本质. 理想化模型方法不仅是物理学中一种重要的研究方法，也是引领科技工作者去探索和解决实际问题的一种有效途径. 读者通过本课程的学习，应逐步加以领会和掌握.

1.1.2 参考系

宇宙万物皆处于永恒的运动之中，这就是**运动的绝对性.** 就机械运动而言，为了描述物体位置的变动，总是相对于另一个作为参考的物体来考察的. 这个被作为参考的物体称为**参考系.**

显然，选择不同的参考系，同一个物体的运动将相应地有不同的描述，这就是**描述物体的运动具有相对性.** 例如，一人坐在做匀速直线运动的列车中，若以列车为参考系，此人是静止的，而以地面为参考系，此人随车做同样的匀速直线运动. 由此可见，研究某个物体的运动，必须确认是对哪个参考系而言的.

在运动学中，参考系的选择可以是任意的，选择的原则应是在问题的性质和情况允许的前提下，力求使运动的描述和处理简单方便. 例如，研究地面上物体的运动，通常选地面（即地球）为参考系最为方便. 又如，研究行星运动时，则宜选太阳为参考系，有助于简化处理问题.

1.1.3 坐标系 时间和空间

在选定参考系后，为了描述物体在不同时刻所到达的空间位置，可以在参考系上任取一点 O 作为**参考点**，建立一个**坐标系**. 最常用的是**直角坐标系**. 一般在认定的参考系上以任选的参考点 O 作为坐标系的原点，并作相互垂直的 Ox 轴、Oy 轴和 Oz 轴，从而建构成空间直角坐标系 $Oxyz$. 于是，质点在空间的位置就可用 x、y、z 三个坐标来表示. 若质点在一个平面上运动，类似地，可在这个平面上作平面直角坐标系 Oxy，用 x、y 两个坐标就可以表示它在平面上的位置. 当质点做直线运动时，可以沿该直线作 Ox 轴，只需用一个坐标 x 就可表示它的位置. 这样，借助于参考系，利用坐标系，便可定量描述运动物体的空间特征.

把运动物体在空间所经历的一系列位置，按物体到达的迟、早相应地用数字大小排列成一个序列，这个数字就称为**时刻**. **时刻是描述物体运动位置到达迟、早的物理量**，它是标量，记作 t.

时间则是描述物体运动过程长短的物理量. 设物体在运动过程中先、后到达两个位置 P、Q，所对应的时刻分别为 t_0 和 t，则物体从位置 P 运动到位置 Q 所经历的时间为 $\Delta t = t - t_0$. 倘若我们选择物体在起始位置的时刻 $t_0 = 0$，则 $\Delta t = t$. 在这种情况下，时间的量值 Δt 就是时刻的量值 t. 今后，我们在习惯上常常这么说，运动物体的空间位置随时间 t 的变更而改变，就是从上述这个意义上来说的. 这里，时间 t 既具有时刻的含义，也具有与某起始位置的零时刻之间的时间间隔的含义.

坐标的大小通常用几何上的长度来标示．在国际单位制（SI）中，长度的单位是 m（米），也常用 km（千米）、cm（厘米）等．时刻和时间的单位都是 s（秒），有时也用 min（分）、h（小时）、d（天）或 a（年）做单位．

注意：今后为简便起见，凡是说到“国际单位制”，都用它的代号“SI”表示；并认定各个物理量的单位皆用相应的基本单位及其导出单位或组合单位．

值得指出，由于坐标系（连同所配置的尺和钟）固连于被选作参考系的物体上，因而质点相对于坐标系的运动就是相对于参考系的运动．这意味着一旦建立了坐标系，实际上就暗示参考系已经选定．今后，在我们的心目中，往往把坐标系等同于参考系，不加区分．

问题 1-1　为了测量一艘货轮在大海中的航速，可否将此货轮看作质点？若要观察此货轮驶近码头停泊时的运动情况，这时将货轮看作质点是否正确？

问题 1-2　（1）何谓参考系和坐标系？为什么要引入这些概念？脱离参考系能否说出悬浮在蓝天白云间的一只气球的位置？

（2）魏武帝曹操在《短歌行》一诗中有两句诗：“月明星稀，乌鹊南飞．”这究竟是对哪个参考系而言的？

（3）如问题 1-2（3）图所示，为了测定飞机的飞行性能，常需把所设计的飞机按有关原理制作成实物模型，安置在风洞中进行实验．飞机模型相对于风洞及地面是静止的．在风扇驱动的高速气流通过风洞的同时，试问飞机模型相对于哪个参考系在做高速飞行？

（4）当载有卫星的火箭腾空起飞时，以地面为参考系，卫星是运动的；以火箭为参考系，卫星是静止的．这是为什么？

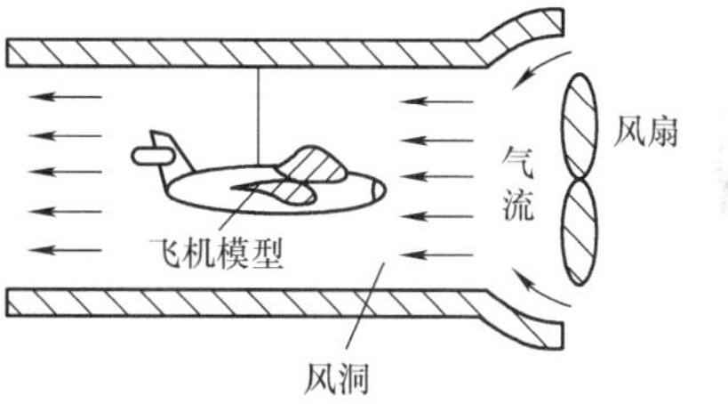

问题 1-2（3）图　飞机风洞实验

1.2　位矢　位移和路程

1.2.1　位矢

如图 1-1a 所示，在参考系上任意取定一个**参考点** O，从 O 点指向质点在某一时刻的位置 P，作一矢量 $\boldsymbol{r}$，称为质点在该时刻的**位置矢量**，简称**位矢**．位矢 $\boldsymbol{r}$ 的长度 $|\boldsymbol{r}|$ 表示质点离参考点 O 的远近，即 $|\boldsymbol{r}|=OP$；其方向自 O 指向 P，表示质点相对于参考点 O 的方位．

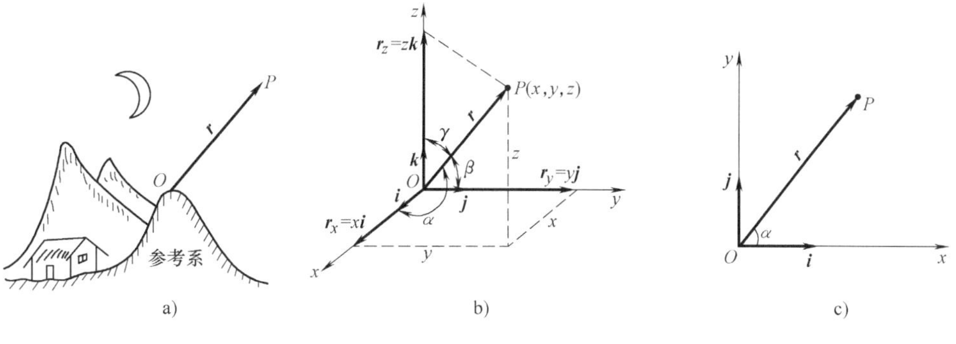

图 1-1　位矢

为了便于定量计算，如图 1-1b 所示，可在参考系上作一个以 O 为原点的空间直角坐标系 $Oxyz$，各轴的正方向分别用相应单位矢量 $\boldsymbol{i}$、$\boldsymbol{j}$、$\boldsymbol{k}$ 标示．这样，P 点的位置坐标 x、y、z 就是该点位矢 $\boldsymbol{r}$ 分别沿 Ox、Oy、Oz 轴上的分量，而 $x\boldsymbol{i}$、$y\boldsymbol{j}$、$z\boldsymbol{k}$ 则为位矢 $\boldsymbol{r}$ 的三个分

矢量. 由此便可写出位矢 $\boldsymbol{r}$ 在空间直角坐标系 $Oxyz$ 中的正交分解式，即

$$\boldsymbol{r}=x\boldsymbol{i}+y\boldsymbol{j}+z\boldsymbol{k} \tag{1-1}$$

由位矢 $\boldsymbol{r}$ 的分量，即 P 点的坐标 x、y、z，可以求位矢 $\boldsymbol{r}$ 的大小和方向. 其大小为正的标量，即

$$r=|\boldsymbol{r}|=\sqrt{x^2+y^2+z^2} \tag{1-2}$$

其方向可用位矢 $\boldsymbol{r}$ 分别与 x、y、z 轴所成的夹角（称为**方向角**）α、β、γ 表示，方向角的余弦称为 $\boldsymbol{r}$ 的**方向余弦**，即

$$\cos\alpha=\frac{x}{r},\quad \cos\beta=\frac{y}{r},\quad \cos\gamma=\frac{z}{r} \tag{1-3}$$

并且，读者不难自行证明：式（1-3）的三个方向余弦存在着如下的关系式：

$$\cos^2\alpha+\cos^2\beta+\cos^2\gamma=1 \tag{1-4}$$

显然，若已知质点的位置坐标 x、y、z，则该位矢便可由式（1-1）表示，并可借式（1-2）、式（1-3）具体算出 r、α、β、γ，从而确定位矢的大小和方向. 反之亦然. 也就是说，**用位置坐标（x，y，z）或用位矢 $\boldsymbol{r}$ 来描述质点的位置是等价的.**

今后，我们主要讨论质点的平面运动和直线运动. 当质点在同一平面内运动时，如图 1-1c所示，在该平面上所作的直角坐标系 Oxy 中，其位矢 $\boldsymbol{r}$ 为

$$\boldsymbol{r}=x\boldsymbol{i}+y\boldsymbol{j}$$

$\boldsymbol{r}$ 的大小为

$$r=|\boldsymbol{r}|=\sqrt{x^2+y^2} \tag{1-5}$$

$\boldsymbol{r}$ 的方向可用它与 Ox 轴的夹角 α 表示，即

$$\alpha=\arctan\frac{y}{x} \tag{1-6}$$

1.2.2　运动函数　轨道方程

当质点做平面运动时，其位矢 $\boldsymbol{r}$ 或其在坐标系 Oxy 中相应的坐标 x、y 一般皆随时间 t 而变动，它们都是时间 t 的函数. 表示这种函数关系的数学表达式称为**运动函数**，即

$$\boldsymbol{r}=\boldsymbol{r}(t)=x(t)\boldsymbol{i}+y(t)\boldsymbol{j} \tag{1-7}$$

与之等效的分量式为

$$x=x(t),\quad y=y(t) \tag{1-8}$$

从式（1-8）的两个标量函数中消去时间 t 这个参数，可得质点平面运动的**轨道（或轨迹）方程**，即

$$y=f(x) \tag{1-9}$$

而式（1-8）则是**轨道的参数方程**. 轨道方程描述了质点所经历的路径形状. 若质点运动的路径为一直线，就称为**直线运动**；如果质点运动的路径为一曲线，则称为**曲线运动**.

1.2.3　位移和路程

设质点做平面运动，在时刻 t 位于 P 点，在时刻 $t+\Delta t$ 运动到 Q 点，则从 P 点指向 Q 点的矢量 $\Delta\boldsymbol{r}$ 称为 **t 到 $t+\Delta t$ 这段时间内的位移**，如图 1-2 所示，有

$$\Delta\boldsymbol{r}=\boldsymbol{r}_2-\boldsymbol{r}_1=(x_2-x_1)\boldsymbol{i}+(y_2-y_1)\boldsymbol{j} \tag{1-10}$$

式中，$\boldsymbol{r}_1$、$\boldsymbol{r}_2$ 分别为始点 P 和终点 Q 的位矢．相应地，在平面直角坐标系 Oxy 中的位置坐标分别为（x_1, y_1）、（x_2, y_2）．**位移 $\Delta\boldsymbol{r}$ 是矢量**，其大小表示质点位置的变动程度，其方向反映质点位置的变动趋向．

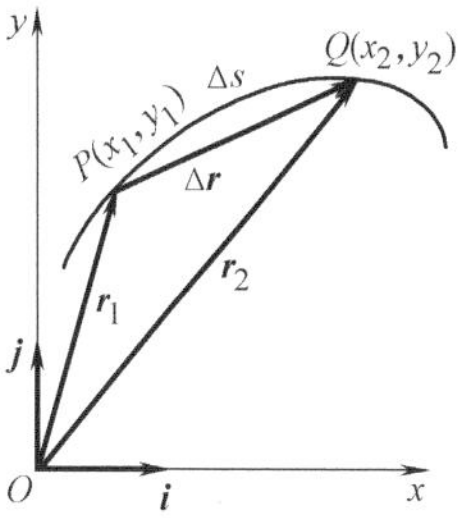

图 1-2　位移

事实上，位移描述了质点在某段时间内始、末位置变动的总效果，它并不一定能反映质点在始、末位置之间所经历路径的实际行程．我们把**质点运动所经历的实际行程的长度**，称为**路程**．路程是一个**正的标量**．如图 1-2 所示，质点沿曲线运动时，与位移 $\Delta\boldsymbol{r}$ 对应的路程是弧长 Δs，而位移的大小 $|\Delta\boldsymbol{r}|$ 则是对应于这段弧的弦长．显然，$|\Delta\boldsymbol{r}| \neq \Delta s$.

位移的大小和路程的单位都是 m（米），有时也用 km（千米）、cm（厘米）等作为单位.

问题 1-3　（1）试述位移和路程的意义及其区别.

（2）若汽车沿平直公路（作为 Ox 轴）从 O 点出发行驶了 2000m 到达 B 点，又折回到 OB 的中点 C．求汽车行驶的路程和位移．［**答**：（2）3000m，$\Delta\boldsymbol{r} = (1000\text{m})\boldsymbol{i}$］

问题 1-4　设在湖面上的坐标系 Oxy 中，小艇的运动函数为 $\boldsymbol{r} = (2t)\boldsymbol{i} + (3-8t^2)\boldsymbol{j}$（SI）．求轨道方程．［**答**：$y = 3 - 2x^2$，即小艇在湖面上沿抛物线轨道运动］

问题 1-5　一滚珠在竖直平板内的直角坐标系 Oxy 中循一凹槽滚动，其运动函数为 $\boldsymbol{r} = (\cos\pi t)\boldsymbol{i} + (\sin\pi t)\boldsymbol{j}$（SI），求证：滚珠在竖直平板内沿半径为 1m 的圆周轨道运动，并求在 $t_0 = 0$ 到 $t_1 = 1\text{s}$ 之间滚珠的位移．［**答**：$\Delta\boldsymbol{r} = (-2\text{m})\boldsymbol{i}$］

1.3　速度　加速度

1.3.1　速度　平均速度

设质点按运动规律 $\boldsymbol{r} = \boldsymbol{r}(t)$ 沿曲线轨道 C 运动（图 1-3），某时刻 t 位于 P 点，其位矢为 $\boldsymbol{r}_P = \boldsymbol{r}(t)$；往后在 $t + \Delta t$ 时刻，运动到了 Q 点，其位矢为 $\boldsymbol{r}_Q = \boldsymbol{r}(t + \Delta t)$，则在时间 Δt 内，质点的位移为 $\Delta\boldsymbol{r} = \boldsymbol{r}(t+\Delta t) - \boldsymbol{r}(t)$，而**位移 $\Delta\boldsymbol{r}$ 与所需时间 Δt 之比为 $\Delta\boldsymbol{r}/\Delta t$**，就是质点在时间 Δt 内的**平均速度**，以 $\bar{\boldsymbol{v}}$ 表示，即

$$\bar{\boldsymbol{v}} = \frac{\Delta\boldsymbol{r}}{\Delta t} \tag{1-11}$$

式中，位移 $\Delta\boldsymbol{r}$ 是矢量，而 Δt 是正的标量，则所得的平均速度仍是矢量．**其方向与位移 $\Delta\boldsymbol{r}$ 的方向相同，其大小等于 $|\Delta\boldsymbol{r}|/\Delta t$.**

1.3.2　瞬时速度　瞬时速率

平均速度只是粗略地反映了在某段时间内（或某段路程中）质点位置变动的快慢和方向．为了细致地描述质点在某一时刻（或相应的某一位置）的运动情况，应使所取的时间 Δt 尽量缩短并趋向于零；与此同时，$\Delta\boldsymbol{r}$ 的大小（即图 1-3 中的弦 PQ 的长度）也逐渐缩短而趋近于零，这时，质点的位置从 Q 点经 Q_1、Q_2、…就越来越接近 P 点；于是位移 $\Delta\boldsymbol{r}$ 的方向以及平均速度 $\Delta\boldsymbol{r}/\Delta t$ 的方向

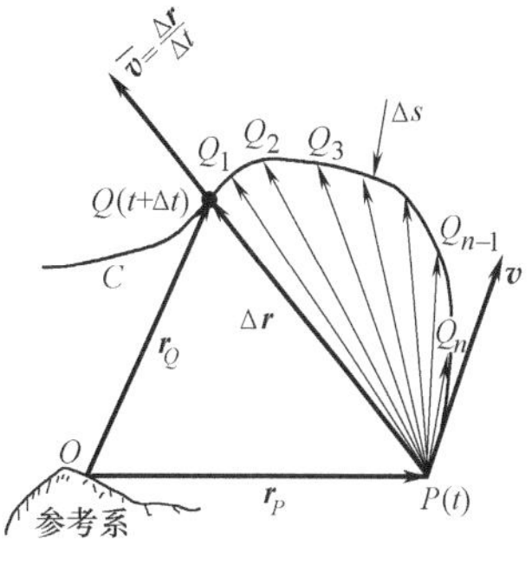

图 1-3　速度

也相应地从$\overrightarrow{PQ}$改变到$\overrightarrow{PQ_1}$、$\overrightarrow{PQ_2}$、…的方向，并逐渐趋向于P点的切线方向．这样，质点在某一时刻t（或相应的位置P）的运动情况便可用$\Delta t\to 0$**时平均速度$\Delta \boldsymbol{r}/\Delta t$所取的极限**（包括大小和方向的极限）——**瞬时速度**（简称**速度**）$\boldsymbol{v}$来描述，即

$$\boldsymbol{v}=\lim_{\Delta t\to 0}\frac{\Delta \boldsymbol{r}}{\Delta t}=\frac{\mathrm{d}\boldsymbol{r}}{\mathrm{d}t} \tag{1-12}$$

这一极限就是位矢$\boldsymbol{r}$（矢量）对时间t（标量）的导数$\mathrm{d}\boldsymbol{r}/\mathrm{d}t$，称为**矢量导数**．

由于矢量导数仍是一个矢量，**故速度是矢量**．**速度方向沿着轨道上质点在该时刻所在点的切线，指向质点运动前进的一方；其大小为**

$$|\boldsymbol{v}|=\left|\frac{\mathrm{d}\boldsymbol{r}}{\mathrm{d}t}\right|=\frac{|\mathrm{d}\boldsymbol{r}|}{\mathrm{d}t} \tag{1-13}$$

需要指出，质点在任一时刻的位矢和速度，表述了质点在该时刻位于何处、朝着什么方向以多大的速率离开该处．所以，位矢$\boldsymbol{r}$和速度$\boldsymbol{v}$是全面描述**质点运动状态**的两个物理量，缺一不可．通常，我们把质点在起始时刻（$t=0$）的运动状态（其位矢为$\boldsymbol{r}_0$、速度为$\boldsymbol{v}_0$）称为质点运动的**初始条件**，记作：$t=0$时，$\boldsymbol{r}=\boldsymbol{r}_0$，$\boldsymbol{v}=\boldsymbol{v}_0$．

通常，我们还引用速率这一物理量，它描述质点运动的快慢，而不涉及质点的运动方向．在图1-3中，质点在Δt时间内所通过的路程为曲线段$\overset{\frown}{PQ}$的弧长Δs，则**Δs与Δt之比**叫作在时间Δt内质点的**平均速率**，记作$\bar{v}$，即

$$\bar{v}=\frac{\Delta s}{\Delta t}$$

当$\Delta t\to 0$时，平均速率的极限称为质点运动的**瞬时速率**（简称**速率**），记作v，即

$$v=\lim_{\Delta t\to 0}\frac{\Delta s}{\Delta t}=\frac{\mathrm{d}s}{\mathrm{d}t} \tag{1-14}$$

平均速率是正的标量，而平均速度是矢量，两者不能等同看待；纵然是平均速度的大小，一般来说，与平均速率也不尽相等．这是因为时间Δt内的位移的大小$|\Delta \boldsymbol{r}|$一般不等于相应的路程Δs．

> “线元”是指曲线上的一段微分直线段，整条曲线可以看成由无限多段的线元连接而成．

然而，当$\Delta t\to 0$时，我们从图1-3中的质点位置演变过程来推想，这时Q点趋向于P点，相应的位移$\Delta \boldsymbol{r}$将趋向**位移元**$\mathrm{d}\boldsymbol{r}$（即位矢$\boldsymbol{r}$的微分），$\mathrm{d}\boldsymbol{r}$的方向为$\Delta t\to 0$时$\Delta \boldsymbol{r}$的极限方向，即沿轨道在P点的切线方向；与此同时，路程Δs将趋近于轨道曲线的一段**线元**$\mathrm{d}s$．由于这时轨道曲线段$\overset{\frown}{PQ}$的弧长Δs与对应的弦长PQ（即$|\Delta \boldsymbol{r}|$）逐渐趋于相等，所以，**当$\Delta t\to 0$时，位移的大小将等于路程**，即$|\mathrm{d}\boldsymbol{r}|=\mathrm{d}s$，因而

$$|\boldsymbol{v}|=\left|\frac{\mathrm{d}\boldsymbol{r}}{\mathrm{d}t}\right|=\frac{\mathrm{d}s}{\mathrm{d}t}=v \tag{1-15}$$

可见，**瞬时速度的大小等于瞬时速率**．

速度和速率的单位都是$\mathrm{m\cdot s^{-1}}$（米·秒$^{-1}$）；有时也常用$\mathrm{cm\cdot s^{-1}}$（厘米·秒$^{-1}$）、$\mathrm{km\cdot h^{-1}}$（千米·小时$^{-1}$）做单位．

问题1-6　（1）试述速度的定义．

（2）速度和速率有何区别？有人说：“一辆汽车的速度可达$75\mathrm{km\cdot h^{-1}}$，它的速率为向东$75\mathrm{km\cdot h^{-1}}$”．你觉得

这种说法有何不妥？

（3）设一质点做平面曲线运动，其瞬时速度为 $\boldsymbol{v}$，瞬时速率为 v，平均速度为$\overline{\boldsymbol{v}}$，平均速率为 $\overline{v}$. 试问它们之间的下列四种关系中哪一种是正确的？

（A）$|\boldsymbol{v}|=v$，$|\overline{\boldsymbol{v}}|=\overline{v}$；（B）$|\boldsymbol{v}|\neq v$，$|\overline{\boldsymbol{v}}|=\overline{v}$；（C）$|\boldsymbol{v}|=v$，$|\overline{\boldsymbol{v}}|\neq\overline{v}$；（D）$|\boldsymbol{v}|\neq v$，$|\overline{\boldsymbol{v}}|\neq\overline{v}$（答：C）.

例题 1-1　如例题 1-1 图所示，一质点在坐标系 Oxy 的第一象限内运动，轨道方程为 $xy=16$，且 x 随时间 t 的变动规律为 $x=4t^2(t\neq0)$. 这里，x、y 以 m 计，t 以 s 计. 求质点在$t=1$s时的速度.

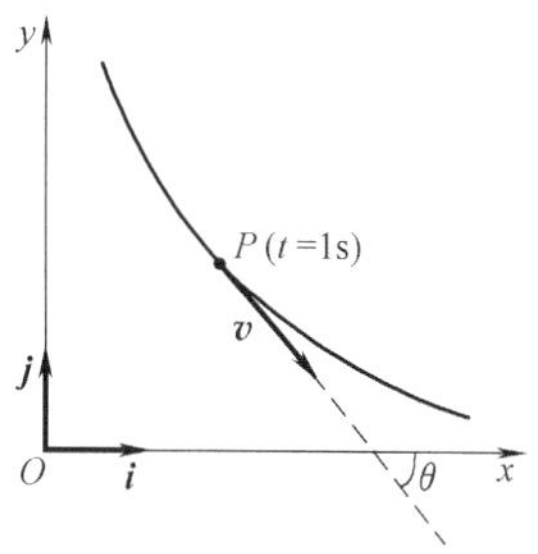

例题 1-1 图

解　质点运动函数沿 Ox 轴的分量式为

$$x=4t^2 \tag{a}$$

将式（a）代入轨道方程 $xy=16$ 中，可得质点运动函数沿 Oy 轴的分量式为

$$y=4t^{-2}\quad(t\neq0) \tag{b}$$

显然，质点做平面运动，其运动函数的矢量正交分解式为

$$\boldsymbol{r}=(4t^2)\boldsymbol{i}+(4t^{-2})\boldsymbol{j} \tag{c}$$

把式（c）对时间 t 求导，便得质点在任一时刻的速度，即

$$\boldsymbol{v}=\frac{\mathrm{d}\boldsymbol{r}}{\mathrm{d}t}=(8t)\boldsymbol{i}+(-8t^{-3})\boldsymbol{j} \tag{d}$$

当 $t=1$s 时，由式（d）可得速度 $\boldsymbol{v}$ 的两个分量分别为

$$v_x=(8\times1)\mathrm{m\cdot s^{-1}}=8\mathrm{m\cdot s^{-1}},\qquad v_y=-(8\times1^{-3})\mathrm{m\cdot s^{-1}}=-8\mathrm{m\cdot s^{-1}}$$

这时，质点速度 $\boldsymbol{v}$ 的大小为

$$v=\sqrt{v_x^2+v_y^2}=\sqrt{(8\mathrm{m\cdot s^{-1}})^2+(-8\mathrm{m\cdot s^{-1}})^2}=8\sqrt{2}\mathrm{m\cdot s^{-1}}=11.31\mathrm{m\cdot s^{-1}}$$

在质点做平面运动的情况下，速度 $\boldsymbol{v}$ 的方向仅需用它与 Ox 轴所成的夹角 θ 表示，如例题 1-1 图所示，即

$$\theta=\arctan\frac{v_y}{v_x}=\arctan\frac{-8\mathrm{m\cdot s^{-1}}}{8\mathrm{m\cdot s^{-1}}}=\arctan(-1)=-45^\circ$$

1.3.3　加速度

一般来说，速度 $\boldsymbol{v}$ 的大小和方向都可能随时间 t 的改变而改变，故可以表示为矢量函数，即

$$\boldsymbol{v}=\boldsymbol{v}(t) \tag{1-16}$$

这表示质点做**变速运动**. 例如，当质点做曲线运动时，曲线轨道上各点的切线方向不同，也就是质点的速度方向在不断改变. 因此，不管其速度大小是否改变，**曲线运动总是一种变速运动.**

如图 1-4a 所示，设质点沿一曲线轨道，按速度 $\boldsymbol{v}=\boldsymbol{v}(t)$ 做变速运动. 在时刻 t，质点位于 P 点，速度是 $\boldsymbol{v}_P=\boldsymbol{v}(t)$，经过时间 Δt，在时刻 $t+\Delta t$，质点位于 Q 点，速度变为$\boldsymbol{v}_Q=\boldsymbol{v}(t+\Delta t)$. 而末速 $\boldsymbol{v}_Q$与初速 $\boldsymbol{v}_P$的矢量差（见图 1-4b）

$$\Delta\boldsymbol{v}=\boldsymbol{v}_Q-\boldsymbol{v}_P=\boldsymbol{v}(t+\Delta t)-\boldsymbol{v}(t) \tag{1-17}$$

就是这段时间 Δt 内的**速度增量**，它表示时间 Δt 内质点运动速度（包括其大小和方向）的改变. 我们把**速度增量 $\Delta\boldsymbol{v}$ 与所需时间 Δt 之比**称为质点从时刻 t 起所取一段时间 Δt 内的**平均加速度**，记作 $\overline{\boldsymbol{a}}$，即

$$\overline{\boldsymbol{a}}=\frac{\Delta\boldsymbol{v}}{\Delta t} \tag{1-18}$$

由于 $\Delta\boldsymbol{v}$ 是一个矢量，Δt 是一个正的标量，则平均加速度 $\overline{\boldsymbol{a}}$ 亦为一矢量，其方向与 $\Delta\boldsymbol{v}$ 相

同（见图1-4b），大小为 $|\overline{\boldsymbol{a}}| = |\Delta\boldsymbol{v}| / \Delta t$.

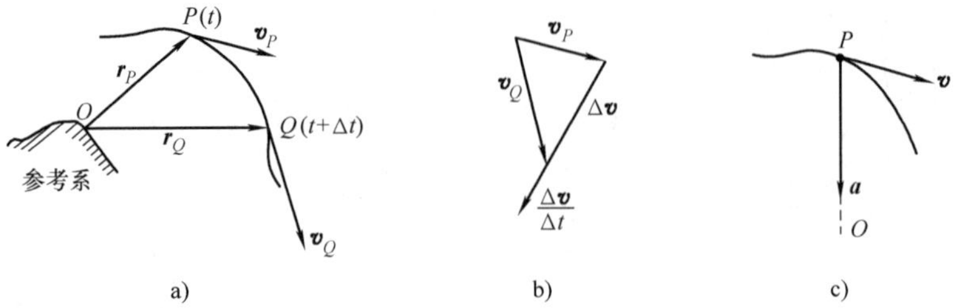

图1-4　曲线运动的加速度

平均加速度一般因时刻 t 及所取时间 Δt 不同而异，所以，应指明是在哪一时刻开始所取的哪一段时间内的平均加速度.

为了给出质点在时刻 t（或位置）的瞬时加速度，可令 $\Delta t \to 0$，求平均加速度的极限，即为该时刻 t 的**瞬时加速度**，简称**加速度**，它是一个矢量，记作 $\boldsymbol{a}$，即

$$\boldsymbol{a} = \lim_{\Delta t \to 0} \frac{\Delta \boldsymbol{v}}{\Delta t} = \frac{\mathrm{d}\boldsymbol{v}}{\mathrm{d}t} \tag{1-19a}$$

因为 $\boldsymbol{v} = \mathrm{d}\boldsymbol{r}/\mathrm{d}t$，所以式（1-19a）也可写成

$$\boldsymbol{a} = \frac{\mathrm{d}^2\boldsymbol{r}}{\mathrm{d}t^2} \tag{1-19b}$$

即加速度等于速度对时间的一阶导数，或等于位矢对时间的二阶导数. 加速度矢量的大小为

$$a = |\boldsymbol{a}| = \lim_{\Delta t \to 0} \frac{|\Delta \boldsymbol{v}|}{\Delta t} \tag{1-19c}$$

其方向是 $\Delta t \to 0$ 时 $\Delta\boldsymbol{v}$ 的极限方向，如图1-4b所示，$\Delta\boldsymbol{v}$ 的方向以及它的极限方向一般不同于速度 $\boldsymbol{v}$ 的方向. 因而，加速度 $\boldsymbol{a}$ 的方向与同一时刻（或同一地点）的速度 $\boldsymbol{v}$ 的方向一般亦不相同. 也就是说，加速度一般并不沿曲线的切线方向，但从 $\Delta\boldsymbol{v}/\Delta t$ 趋于极限方向的演变过程来看，速度总是指向运动轨道曲线的凹侧（见图1-4c）.

在SI中，速度大小的单位是 $\mathrm{m \cdot s^{-1}}$（米·秒$^{-1}$），则加速度的单位便是 $\mathrm{m \cdot s^{-2}}$（米·秒$^{-2}$）. 例如，自由落体的加速度（即重力加速度）$\boldsymbol{g}$ 的大小约为 $9.80\mathrm{m \cdot s^{-2}}$，其方向竖直向下.

问题1-7　（1）试述加速度的定义，并问 $\mathrm{d}\boldsymbol{v}/\mathrm{d}t$ 与 $\mathrm{d}v/\mathrm{d}t$ 有何区别?

（2）在某时刻，物体的速度为零，加速度是否一定为零? 加速度为零，速度是否一定为零? 速度很大，加速度是否一定很大? 加速度很大，速度是否一定很大? 试举例说明.

例题1-2　设一质点在水平面上所选的直角坐标系 Oxy 中的运动函数分量式为

$$x = 8\sin\pi t,\ y = -2\cos 2\pi t \qquad \text{(SI)}$$

求:（1）质点运动的轨道方程;（2）在 $t=0$ 到 $t=1\mathrm{s}$ 这段时间内质点的位移;（3）质点在 $t=1\mathrm{s}$ 时的速度和质点在 $t=1/2\mathrm{s}$ 时的加速度.

解　（1）从运动函数的分量式

$$x=8\sin\pi t,\ y=-2\cos2\pi t\quad (\mathrm{SI})$$

中消去时间 t，有

$$y=-2\cos2\pi t=-2(1-2\sin^2\pi t)=-2\left[1-2\left(\frac{x}{8}\right)^2\right]\quad (\mathrm{SI})$$

从而得轨道方程为

$$y=\frac{x^2}{16}-2\qquad (\mathrm{SI})$$

所以，在坐标系 Oxy 中，质点运动的轨道是一条开口向上的抛物线.

(2) 按题设，质点运动函数的矢量表达式便是如下的正交分解式：

$$\boldsymbol{r}(t)=x\boldsymbol{i}+y\boldsymbol{j}=[(8\sin\pi t)\boldsymbol{i}+(-2\cos2\pi t)\boldsymbol{j}]\ (\mathrm{m})\qquad (\mathrm{a})$$

质点在 $t=0$ 时的位矢为

$$\boldsymbol{r}_1=8\sin(\pi\times0)\boldsymbol{i}-2\cos(2\pi\times0)\boldsymbol{j}=(-2\mathrm{m})\boldsymbol{j}$$

质点在 $t=1\mathrm{s}$ 时的位矢为

$$\boldsymbol{r}_2=8\sin(\pi\times1)\boldsymbol{i}-2\cos(2\pi\times1)\boldsymbol{j}=(-2\mathrm{m})\boldsymbol{j}$$

质点在 $t=0$ 到 $t=1\mathrm{s}$ 这段时间内的位移为

$$\Delta\boldsymbol{r}=\boldsymbol{r}_2-\boldsymbol{r}_1=(-2\mathrm{m})\boldsymbol{j}-(-2\mathrm{m})\boldsymbol{j}=0$$

(3) 今求式 (a) 对时间 t 的矢量导数，可得质点的速度为

$$\boldsymbol{v}=\frac{\mathrm{d}\boldsymbol{r}}{\mathrm{d}t}=\frac{\mathrm{d}x}{\mathrm{d}t}\boldsymbol{i}+\frac{\mathrm{d}y}{\mathrm{d}t}\boldsymbol{j}=[(8\pi\cos\pi t)\boldsymbol{i}+(4\pi\sin2\pi t)\boldsymbol{j}]\ (\mathrm{m\cdot s^{-1}})\qquad (\mathrm{b})$$

则 $t=1\mathrm{s}$ 时的速度为

$$\boldsymbol{v}\big|_{t=1\mathrm{s}}=(-8\pi\mathrm{m\cdot s^{-1}})\boldsymbol{i}=(-25.13\mathrm{m\cdot s^{-1}})\boldsymbol{i}$$

即质点在 $t=1\mathrm{s}$ 时速度沿 Ox 轴负向，大小为 $25.13\mathrm{m\cdot s^{-1}}$.

求式 (b) 对时间 t 的矢量导数，可得质点的加速度为

$$\boldsymbol{a}=\frac{\mathrm{d}\boldsymbol{v}}{\mathrm{d}t}=\frac{\mathrm{d}v_x}{\mathrm{d}t}\boldsymbol{i}+\frac{\mathrm{d}v_y}{\mathrm{d}t}\boldsymbol{j}=[(-8\pi^2\sin\pi t)\boldsymbol{i}+(8\pi^2\cos2\pi t)\boldsymbol{j}]\ (\mathrm{m\cdot s^{-2}})\qquad (\mathrm{c})$$

则 $t=1/2\mathrm{s}$ 时的加速度为

$$\boldsymbol{a}\big|_{t=\frac{1}{2}\mathrm{s}}=[(-8\pi^2)\boldsymbol{i}+(-8\pi^2)]\boldsymbol{j}\ (\mathrm{m\cdot s^{-2}})$$

其大小为

$$|\boldsymbol{a}|=\sqrt{(-8\pi^2)^2+(-8\pi^2)^2}\ \mathrm{m\cdot s^{-2}}=8\sqrt{2}\pi^2\mathrm{m\cdot s^{-2}}=111.66\mathrm{m\cdot s^{-2}}$$

其方向可用 $\boldsymbol{a}$ 与 Ox 轴正向所成的夹角 θ 表示，即

$$\theta=\arctan\frac{a_y}{a_x}=\arctan\frac{-8\pi^2\mathrm{m\cdot s^{-2}}}{-8\pi^2\mathrm{m\cdot s^{-2}}}=\arctan1=45^\circ$$

注意　位矢、速度和加速度等物理量的大小和方向都是对某一时刻而言的，即它们都具有瞬时性，或者说，它们都是瞬时量；而位移、平均速度等都是对一段时间而言的，它们都是过程量.

说明　读者在求一个矢量时，可以具体算出其大小和方向；也可以只给出其正交分解式. 因为给出一矢量的正交分解式，意味着总是可由它的分量确切地求出该矢量的大小和方向.

例题 1-3　一机车的车轮无滑动地在水平轨道上滚动，轮缘上一点 P 所经过的轨道在例题 1-3 图示的坐标系 Oxy 中可用参数方程

$$x=R\omega t-R\sin\omega t,\quad y=R-R\cos\omega t$$

表示. 式中，R、ω 为正的恒量；t 为时间. 求 P 点在任一时刻的位矢、速度和加速度；并由此求出加速度的大小和方向.

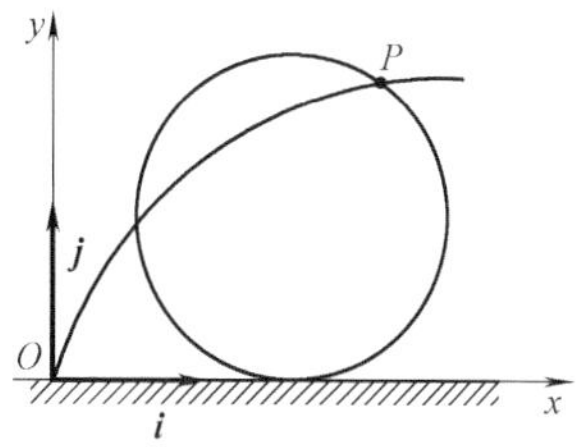

例题 1-3 图

解　已知轮缘上一点 P 的运动函数，则 P 点在任一时刻的位矢为

$$\boldsymbol{r}=x\boldsymbol{i}+y\boldsymbol{j}=(R\omega t-R\sin\omega t)\boldsymbol{i}+(R-R\cos\omega t)\boldsymbol{j}$$

速度为

$$\boldsymbol{v} = (\mathrm{d}x/\mathrm{d}t)\boldsymbol{i} + (\mathrm{d}y/\mathrm{d}t)\boldsymbol{j} = (R\omega - R\omega\cos\omega t)\boldsymbol{i} + (R\omega\sin\omega t)\boldsymbol{j}$$

加速度为

$$\boldsymbol{a} = (\mathrm{d}^2x/\mathrm{d}t^2)\boldsymbol{i} + (\mathrm{d}^2y/\mathrm{d}t^2)\boldsymbol{j} = (R\omega^2\sin\omega t)\boldsymbol{i} + (R\omega^2\cos\omega t)\boldsymbol{j}$$

其大小为

$$|\boldsymbol{a}| = [(R\omega^2\sin\omega t)^2 + (R\omega^2\cos\omega t)^2]^{1/2} = R\omega^2$$

其方向可用与 Ox 轴所成夹角 θ 表示，即

$$\theta = \arctan\frac{a_y}{a_x} = \arctan\frac{R\omega^2\cos\omega t}{R\omega^2\sin\omega t} = \arctan(\cot\omega t)$$

故

$$\theta = k\pi + \pi/2 - \omega t$$

按初始条件：$t=0$ 时，$\theta=\pi/2$，由上式可得 $k=0$，由此得

$$\theta = \pi/2 - \omega t$$

问题 1-8　在下列情况中，哪几种运动是可能的？

（A）一物体的速度为零，但加速度不等于零；

（B）一物体的加速度方向朝西，与此同时，其速度的方向朝东；

（C）一物体具有恒定的速度和不等于零的加速度；

（D）一物体的加速度和速度都不是恒量.

1.4　直线运动

前述各节，我们引入了描述质点运动的一些物理量，如位矢、位移、速度和加速度等. 下面我们将讨论几种常见的运动. 本节先讨论质点的直线运动，这是一种较简单而又最基本的运动.

现在我们讨论直线运动的标量表述. 当质点相对于一定的参考系做直线运动时，只需沿此直线取 Ox 轴，并在其上选定一个合适的原点 O 和规定一个 Ox 轴的正方向，如图 1-5所示. 于是，描述质点直线运动的位矢、位移、速度和加速度等物理量皆可用标量处理，它们的矢量性体现在其方向可用正、负来标示，即凡与选定的 Ox 轴正向一致者，取正值；反之则取负值. 这些标量式为

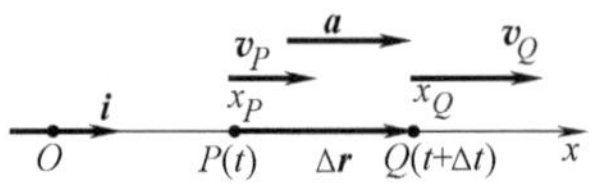

图 1-5　质点的直线运动

$$\left.\begin{aligned}
&\text{运动函数} && x = x(t)\\
&\text{位移} && \Delta x = x_P - x_Q\\
&\text{速度} && v = \frac{\mathrm{d}x}{\mathrm{d}t}\\
&\text{加速度} && a = \frac{\mathrm{d}v}{\mathrm{d}t} = \frac{\mathrm{d}^2x}{\mathrm{d}t^2}
\end{aligned}\right\} \qquad (1\text{-}20)$$

不难理解，做直线运动的质点，若其加速度 a 与速度 v 同号，即二者方向相同，则做加速运动；若二者异号，则做减速运动.

例题 1-4　一质点沿 Ox 轴做直线运动，其运动函数为

$$x = t^3 - 4t^2 + 10t + 1 \qquad \text{(SI)}$$

求：(1) 质点在 $t=0$、1s、2s 时的位矢、速度和加速度以及 $t=0$ 到 $t=2$s 内的平均速度；

(2) 质点的最小速度和相应的位置坐标，并绘出 v-t 图线.

解　(1) 由质点运动函数

$$x=t^3-4t^2+10t+1 \qquad \text{(a)}$$

可相继对时间 t 求导，便得质点的速度和加速度分别为

$$v=\frac{dx}{dt}=3t^2-8t+10 \qquad \text{(b)}$$

$$a=\frac{dv}{dt}=6t-8 \qquad \text{(c)}$$

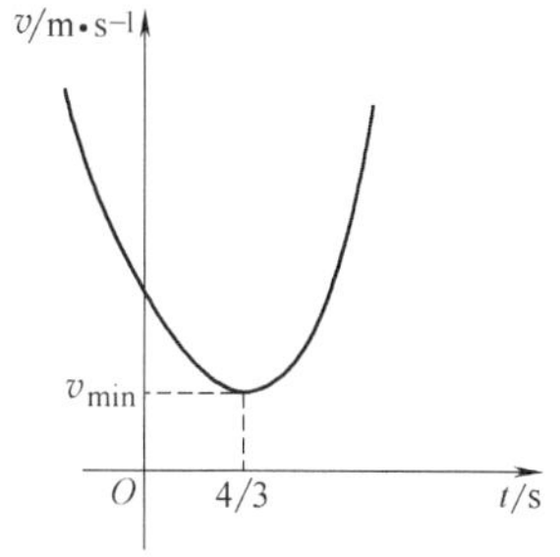

例题 1-4 图

由式（a）~式（c）可分别求得质点在题设各时刻的位矢（即位置坐标）、速度和加速度：

$$t=0,\ x_0=1\text{m},\ v_0=10\text{m}\cdot\text{s}^{-1},\ a_0=-8\text{m}\cdot\text{s}^{-2}$$
$$t=1\text{s},\ x_1=8\text{m},\ v_1=5\text{m}\cdot\text{s}^{-1},\ a_1=-2\text{m}\cdot\text{s}^{-2}$$
$$t=2\text{s},\ x_2=13\text{m},\ v_2=6\text{m}\cdot\text{s}^{-1},\ a_2=4\text{m}\cdot\text{s}^{-2}$$

则在 $t=0$ 到 $t=2\text{s}$ 内，质点的平均速度为

$$\bar{v}=\frac{\Delta x}{\Delta t}=\frac{x_2-x_0}{t_2-t_0}=\frac{13\text{m}-1\text{m}}{2\text{s}-0}=6\text{m}\cdot\text{s}^{-1}$$

（2）令 $dv/dt=0$，由式（c），得 $t=4/3\text{s}$，且 $d^2v/dt^2|_{t=4/3\text{s}}=6>0$. 根据求函数极值的充要条件，则在 $t=4/3\text{s}$ 时，速度具有极小值 v_{min}，因而可从式（b）算出这个最小速度为

$$v_{min}=v|_{t=4/3\text{s}}=\left[3\left(\frac{4}{3}\right)^2-8\left(\frac{4}{3}\right)+10\right]\text{m}\cdot\text{s}^{-1}=4.67\text{m}\cdot\text{s}^{-1}$$

由式（a），可求相应于质点速度最小时的位置坐标为

$$x=\left[\left(\frac{4}{3}\right)^3-4\left(\frac{4}{3}\right)^2+10\left(\frac{4}{3}\right)+1\right]\text{m}=\frac{259}{27}\text{m}=9.59\text{m}$$

根据上述这些结果，可大致绘出 v-t 图线，如例题 1-4 图所示.

注意　从式（c）可知，质点的加速度 a 随时间 t 而改变，故质点做变速直线运动. 为此，求平均速度时，应从它的定义式 $\bar{v}=\Delta x/\Delta t$ 入手，切忌任意套用匀变速直线运动中求平均速度的公式 $v=(v_0+v_2)/2$.

例题 1-5　导出质点的**匀变速直线运动**公式.

解　设质点沿 Ox 轴做匀变速直线运动，则其加速度 a 为恒量. 若已知质点运动的初始条件为：当 $t=0$ 时，$x=x_0$，$v=v_0$. 于是，按加速度的定义式 $a=dv/dt$，有

$$dv=a\,dt$$

并由初始条件，求上式的定积分，即

$$\int_{v_0}^{v}dv=a\int_0^t dt$$

由此可得质点在任一时刻的速度为

$$v=v_0+at \qquad (1\text{-}21)$$

由 $v=dx/dt$，可改写为 $dx=v\,dt$，并将式（1-21）代入，成为

$$dx=(v_0+at)\,dt$$

按初始条件，对上式求定积分，有

$$\int_{x_0}^{x}dx=\int_0^{t_0}v_0\,dt+a\int_0^t t\,dt$$

由此可得质点在任一时刻 t 的位移为

$$x-x_0=v_0t+\frac{1}{2}at^2 \qquad (1\text{-}22)$$

又因 $a=dv/dt=(dv/dx)(dx/dt)=v\,dv/dx$，可把它改写为

$$v\,dv=a\,dx$$

按初始条件，对上式求定积分，有

$$\int_{v_0}^{v}v\,dv=a\int_{x_0}^{x}dx$$

得
$$v^2 = v_0^2 + 2a(x - x_0) \tag{1-23}$$

应用式（1-21）、式（1-22）和式（1-23）时，其中位置坐标的正、负取决于原点 O 的位置，速度和加速度的正、负则决定于它们的方向：凡是沿 Ox 轴正向的，用正值代入；凡是沿 Ox 轴负向的，用负值代入，所得结果若为正值，表示其方向沿 Ox 轴正向；若为负值，则沿 Ox 轴负向.

问题 1-9　（1）质点做直线运动时，其位置、速度和加速度的意义如何？它们的大小和方向是如何确定的？试与曲线运动的情况相比较.

（2）物体在静止或做匀速直线运动时，它们的速度和加速度各如何？

问题 1-10　质点沿 Ox 轴做直线运动时，速度 $\boldsymbol{v}$ 和加速度 $\boldsymbol{a}$ 的方向分别如问题 1-10 图所示，试根据它们的运动方向说明是做减速运动还是做加速运动？

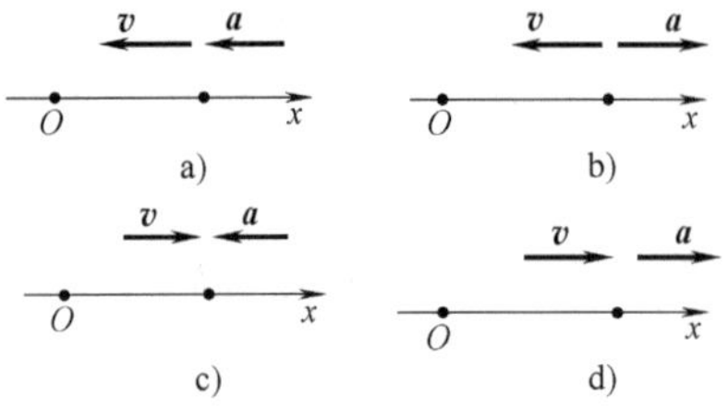

问题 1-10 图

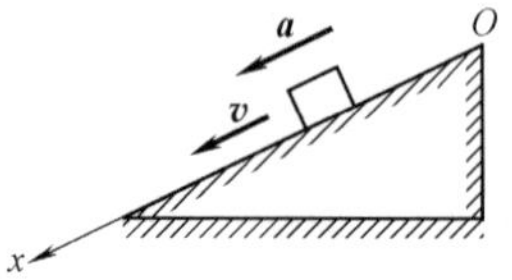

问题 1-11 图

问题 1-11　设一木块在斜面顶端 O 自静止开始下滑，沿斜面做直线运动，如问题 1-11 图所示，以出发点 O 为原点，沿斜面向下取 Ox 轴，则木块的运动函数为 $x = 4t^2$（SI）. 试绘制木块运动中的位置、速度和加速度与时间的函数关系 $x = x(t)$、$v = v(t)$、$a = a(t)$ 的图线，即所谓 x-t 图、v-t 图和 a-t 图.

例题 1-6　在 20m 高的塔顶以速度 $6\mathrm{m \cdot s^{-1}}$ 竖直向上抛一石子，求 2s 后石子离地面的高度.

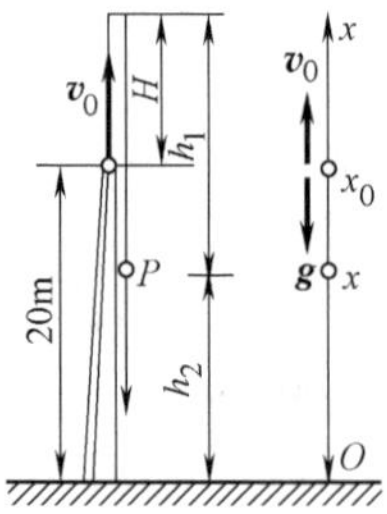

例题 1-6 图

解　先建立坐标系，令地面（塔底）为坐标原点 O，取 Ox 轴向上为正向（见例题 1-6 图），则初位置 x_0 为正，$x_0 = +20\mathrm{m}$；初速 $\boldsymbol{v}_0$ 与 Ox 轴正向一致，亦取正值，$v_0 = +6\mathrm{m \cdot s^{-1}}$. 重力加速度 $\boldsymbol{g}$ 的方向向下，沿 Ox 轴负向，故取负值，$a = -g = -9.80\mathrm{m \cdot s^{-2}}$. 在匀变速直线运动式（1-22）中，$x - x_0$ 为位移，x 为末位置. 把已知值代入式(1-22)，算得

$$x = (+20\mathrm{m}) + (+6\mathrm{m \cdot s^{-1}}) \times 2\mathrm{s} + \frac{1}{2} \times (-9.80\mathrm{m \cdot s^{-2}}) \times (2\mathrm{s})^2 = +12.4\mathrm{m}$$

末位置坐标为正值，说明在 2s 后石子位于地面（原点）以上高 12.4m 处.

说明　本例解法简明方便，其原因在于采取了坐标系和运用了位移、速度和加速度等物理量的矢量性. 因此，在全过程中，无论是上升期间或后来的下落期间，实际上就是受重力加速度支配的同一个匀变速直线运动. 因而便可直接求出式（1-22）中的位移 $x - x_0$，而无须分段考虑中间的路程如何.

1.5　抛体运动

抛体运动是一种平面曲线运动.

当地面附近的物体以速度 $\boldsymbol{v}_0$ 沿仰角为 θ 的方向斜抛出去后（见图 1-6），若物体的速度不大而可忽略空气阻力等，则物体在整个运动过程中只具有一个竖直向下的重力加速度 $\boldsymbol{g}$.

将开始抛出的时刻作为计时零点，即 $t = 0$，由于初速 $\boldsymbol{v}_0$ 与 $\boldsymbol{g}$ 两者方向不一致，运动轨道不可能是一直线，而是在 $\boldsymbol{v}_0$ 与 $\boldsymbol{g}$ 两矢量所决定的竖直平面内做曲线运动.

在上述物体运动的竖直平面内，以抛出点作为原点 O，沿水平和竖直方向分别取坐标轴 Ox、Oy. 在所建立的直角坐标系 Oxy 中，由于物体只具有一个竖直向下的重力加速度 $\boldsymbol{g}$，因而沿 Ox、Oy 轴的加速度分量分别为 $a_x=0$、$a_y=-g$，按平面运动的加速度定义式，有

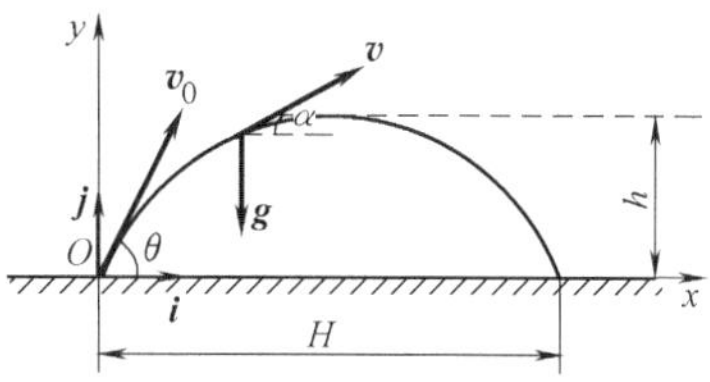

图 1-6　抛体运动

$$\boldsymbol{a}=a_x\boldsymbol{i}+a_y\boldsymbol{j}=\frac{\mathrm{d}v_x}{\mathrm{d}t}\boldsymbol{i}+\frac{\mathrm{d}v_y}{\mathrm{d}t}\boldsymbol{j}=0\boldsymbol{i}+(-g)\boldsymbol{j} \qquad \text{(a)}$$

则
$$\frac{\mathrm{d}v_x}{\mathrm{d}t}=0,\quad \frac{\mathrm{d}v_y}{\mathrm{d}t}=-g$$

将上两式分别进行不定积分，得 Ox、Oy 轴的速度分量为

$$v_x=c_1,\quad v_y=-gt+c_1' \qquad \text{(b)}$$

式中，c_1、c_1'都是积分常量. 考虑到 $t=0$ 时，初速 $\boldsymbol{v}_0$ 在 Ox、Oy 轴上的分量为$v_x=v_0\cos\theta$、$v_y=v_0\sin\theta$，将这组速度的初始条件代入式（b），得

$$c_1=v_0\cos\theta,\quad c_1'=v_0\sin\theta$$

将它们代回式（b），得
$$v_x=v_0\cos\theta,\quad v_y=v_0\sin\theta-gt \qquad \text{(c)}$$

它们分别是物体在任一时刻 t 的速度 $\boldsymbol{v}$ 沿 Ox、Oy 轴的分量式. 上式表明，物体沿水平的 Ox 轴方向做匀速直线运动，沿竖直的 Oy 轴方向以初速 $v_0\sin\theta$ 做匀变速直线运动. 由式（c）可得沿 Ox 轴、Oy 轴的运动函数分别为

$$x=(v_0\cos\theta)t,\quad y=(v_0\sin\theta)t-\frac{1}{2}gt^2$$

以上两式中消去时间参量 t，即得抛体运动的轨道方程

$$y=x\tan\theta-\frac{gx^2}{2v_0^2\cos^2\theta} \qquad (1\text{-}24)$$

式（1-24）表明，轨道是一条抛物线. 令式（1-24）中的 $y=0$，可解得此抛物线与 Ox 轴的两个交点的坐标分别为

$$x_1=0,\quad x_2=\frac{v_0^2\sin2\theta}{g}$$

其中，x_2 即为抛体的**射程**，记作 H，则

$$H=\frac{v_0^2\sin2\theta}{g} \qquad (1\text{-}25)$$

显然，当以仰角 $\theta=45°$抛射时，射程可达最大值 $H_{\max}=v_0^2/g$.

将式（1-24）对 x 求导，并令 $\mathrm{d}y/\mathrm{d}x=0$，则得 $x=\dfrac{v_0^2\sin2\theta}{2g}$，将它代回式（1-24），可得抛体在飞行时所能达到的最大高度 $y_{\max}$，称为**射高**，记作 h，即

$$h=\frac{v_0\sin^2\theta}{2g} \qquad (1\text{-}26)$$

问题 1-12　（1）试导出抛体运动的轨道方程. 若抛射角 $\theta=0°$，即成为平抛运动，试求其运动函数及轨道

方程.

（2）利用问题 1-12 图所示的装置可测量子弹的速率. A、B 为两块竖直的平行板，相距为 d. 使子弹水平地穿过 A 板上的小孔 S 后，射击于 B 板上. 若测得小孔 S 与 B 板上着弹点 P 之间的竖直距离 l，求子弹射入小孔 S 时的速率 v. ［**答**：$v=\sqrt{gd^2/(2l)}$］

问题 1-13 如问题 1-13 图所示，一颗炮弹以仰角 θ 抛射出去，不计空气阻力，当这颗炮弹到达位于轨道上的 P 点时，其位移 $\Delta\boldsymbol{r}$ 和速度 $\boldsymbol{v}$ 与 Ox 轴正向分别成 α 和 β 角. 求证：$2\tan\alpha-\tan\beta=\tan\theta$.

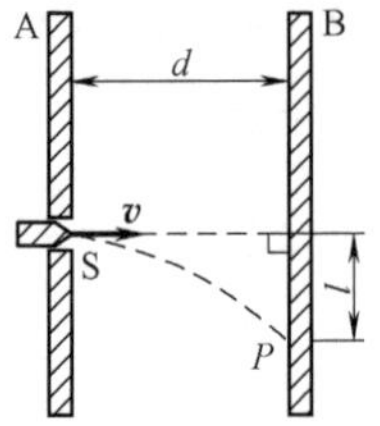

问题 1-12 图

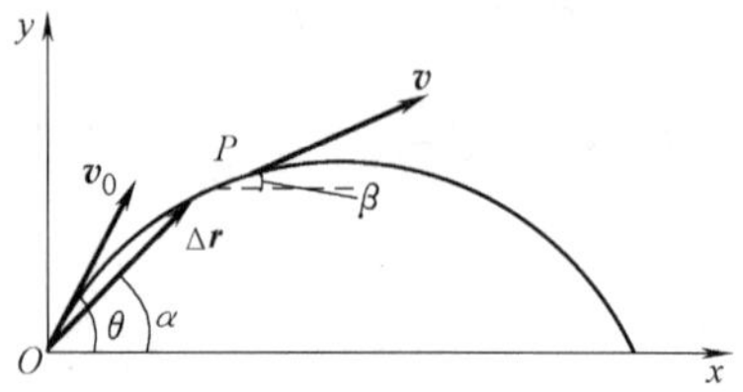

问题 1-13 图

1.6 圆周运动

质点沿固定的圆周轨道运动，称为**圆周运动**. 它是一种平面曲线运动.

1.6.1 自然坐标系 变速圆周运动

当质点做半径为 R 的圆周运动时，显然，其运动轨道是既定的. 在这种场合下，如果仍用前述的直角坐标系来讨论也未尝不可；但若采用自然坐标系，似更简明合适. 所谓**自然坐标系**，就是在圆周轨道上任取一点 O' 作为原点，质点在时刻 t 的位置 P 取决于质点与原点 O'间的轨道长度 s，如图 1-7 所示. 这样，质点沿轨道的运动函数便可写作

$$s=s(t) \tag{1-27}$$

同时，规定两条随质点一起运动的正交坐标轴：一条是沿质点运动方向的坐标轴（即轨道的切线方向），并沿运动方向取单位矢量 $\boldsymbol{e}_t$，标示此坐标轴的正向，$\boldsymbol{e}_t$ 称为**切向单位矢量**；另一条是垂直于切向、并指向轨道凹侧的坐标轴，它沿法线方向指向圆心 O，用单位矢量 $\boldsymbol{e}_n$ 标示，称为**法向单位矢量**.

在上述自然坐标系中，质点在时刻 t 位于轨道上的 P 点，其速度 $\boldsymbol{v}$ 的方向总是沿轨道上 P 点的切线方向，$\boldsymbol{v}$ 的大小为 $v=\mathrm{d}s/\mathrm{d}t$. 因而时刻 t 的速度可写作

$$\boldsymbol{v}=v(t)\boldsymbol{e}_t(t) \tag{1-28}$$

式中，$\boldsymbol{e}_t(t)$ 为质点在时刻 t 位于轨道上 P 点的切向单位矢量. 当质点沿圆周轨道运动时，它随时间 t 在不断改变其方向. 经 Δt 时间，质点运动到 Q 点，其切向单位矢量变为 $\boldsymbol{e}_t(t+\Delta t)$. 按加速度的定义，将式（1-28）对时间 t 求导，有

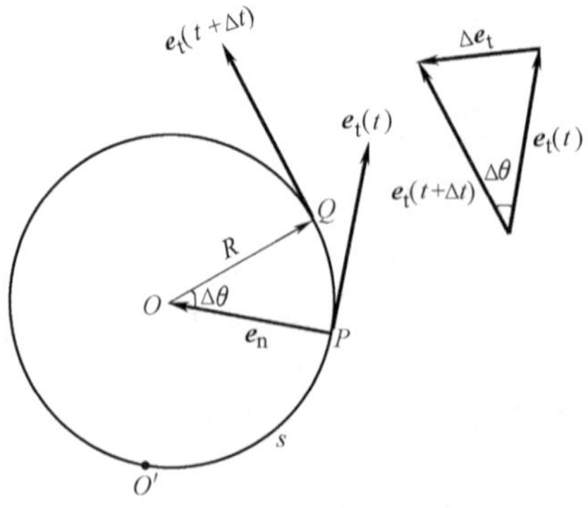

图 1-7 圆周运动

$$\boldsymbol{a}=\frac{\mathrm{d}\boldsymbol{v}}{\mathrm{d}t}=\frac{\mathrm{d}v}{\mathrm{d}t}\boldsymbol{e}_{\mathrm{t}}+v\frac{\mathrm{d}\boldsymbol{e}_{\mathrm{t}}}{\mathrm{d}t} \tag{1-29}$$

式中，$\frac{\mathrm{d}v}{\mathrm{d}t}\boldsymbol{e}_{\mathrm{t}}$ 表示由于速度大小改变所引起的加速度．因为$\frac{\mathrm{d}v}{\mathrm{d}t}$就是速率 v 对时间 t 的变化率，其方向沿轨道切向，所以叫作**切向加速度**，记作 $\boldsymbol{a}_{\mathrm{t}}$，即

$$\boldsymbol{a}_{\mathrm{t}}=\frac{\mathrm{d}v}{\mathrm{d}t}\boldsymbol{e}_{\mathrm{t}} \tag{1-30}$$

至于式（1-29）中的 $v\frac{\mathrm{d}\boldsymbol{e}_{\mathrm{t}}}{\mathrm{d}t}$这一项，由于表征速度方向的切向单位矢量 $\boldsymbol{e}_{\mathrm{t}}$ 的大小 $|\boldsymbol{e}_{\mathrm{t}}|=1$，那么，可以想见，$\mathrm{d}\boldsymbol{e}_{\mathrm{t}}/\mathrm{d}t$ 必是质点沿圆周轨道运动时速度方向随时间 t 的变化率，所以 $v\frac{\mathrm{d}\boldsymbol{e}_{\mathrm{t}}}{\mathrm{d}t}$表示由于速度方向改变所引起的加速度．如图 1-7 所示，当 $\Delta t\to 0$ 时，$\Delta\theta\to 0$，$\Delta\boldsymbol{e}_{\mathrm{t}}$ 将垂直于轨道上 P 点处的切向单位矢量 $\boldsymbol{e}_{\mathrm{t}}$，并指向轨道凹侧、沿法线方向指向圆心 O，即与该点 P 的法向单位矢量 $\boldsymbol{e}_{\mathrm{n}}$ 同方向，$\Delta\boldsymbol{e}_{\mathrm{t}}$ 的大小为 $|\Delta\boldsymbol{e}_{\mathrm{t}}|=|\boldsymbol{e}_{\mathrm{t}}|\Delta\theta=\Delta\theta$，且

$$\frac{\mathrm{d}\boldsymbol{e}_{\mathrm{t}}}{\mathrm{d}t}=\lim_{\Delta t\to 0}\frac{\Delta\boldsymbol{e}_{\mathrm{t}}}{\Delta t}=\lim_{\Delta t\to 0}\frac{|\Delta\boldsymbol{e}_{\mathrm{t}}|}{\Delta t}\boldsymbol{e}_{\mathrm{n}}=\lim_{\Delta t\to 0}\frac{\Delta\theta}{\Delta t}\boldsymbol{e}_{\mathrm{n}}=\frac{\mathrm{d}\theta}{\mathrm{d}t}\boldsymbol{e}_{\mathrm{n}}$$

且可写成

$$\frac{\mathrm{d}\boldsymbol{e}_{\mathrm{t}}}{\mathrm{d}t}=\frac{\mathrm{d}\theta}{\mathrm{d}s}\frac{\mathrm{d}s}{\mathrm{d}t}\boldsymbol{e}_{\mathrm{n}}=\frac{v}{R}\boldsymbol{e}_{\mathrm{n}}$$

式中，$R=\mathrm{d}s/\mathrm{d}\theta$ 是圆周轨道的半径．将上式代入式（1-29）的第二项，便得加速度沿法线方向的分量，叫作**法向加速度**，记作 $\boldsymbol{a}_{\mathrm{n}}$，则 $\boldsymbol{a}_{\mathrm{n}}=v\frac{\mathrm{d}\boldsymbol{e}_{\mathrm{t}}}{\mathrm{d}t}$ 便可改写成

$$\boldsymbol{a}_{\mathrm{n}}=\frac{v^2}{R}\boldsymbol{e}_{\mathrm{n}} \tag{1-31}$$

于是，质点的变速圆周运动加速度应为

$$\boldsymbol{a}=a_{\mathrm{t}}\boldsymbol{e}_{\mathrm{t}}+a_{\mathrm{n}}\boldsymbol{e}_{\mathrm{n}}=\frac{\mathrm{d}v}{\mathrm{d}t}\boldsymbol{e}_{\mathrm{t}}+\frac{v^2}{R}\boldsymbol{e}_{\mathrm{n}} \tag{1-32}$$

据此可用变速圆周运动加速度的切向分量 $a_{\mathrm{t}}=\mathrm{d}v/\mathrm{d}t=\mathrm{d}^2s/\mathrm{d}t^2$ 和法向分量 $a_{\mathrm{n}}=v^2/R$ 来求加速度的大小和方向（可用 $\boldsymbol{a}$ 与 $\boldsymbol{v}$ 的夹角 φ 表示），即

$$\left.\begin{aligned}a&=\sqrt{a_{\mathrm{t}}^2+a_{\mathrm{n}}^2}=\sqrt{\left(\frac{\mathrm{d}v}{\mathrm{d}t}\right)^2+\left(\frac{v^2}{R}\right)^2}\\ \varphi&=\arctan\frac{a_{\mathrm{n}}}{a_{\mathrm{t}}}\end{aligned}\right\} \tag{1-33}$$

加速度 $\boldsymbol{a}$ 的方向总是指向圆周的凹侧．当 $a_{\mathrm{t}}=\mathrm{d}v/\mathrm{d}t>0$ 时，速率增快，这时 $\boldsymbol{a}_{\mathrm{t}}$ 与 $\boldsymbol{v}$ 同向，质点做加速圆周运动（见图 1-8a）；当 $a_{\mathrm{t}}=\mathrm{d}v/\mathrm{d}t<0$ 时，速率减慢，这时 $\boldsymbol{a}_{\mathrm{t}}$ 与 $\boldsymbol{v}$ 反向，质点做减速圆周运动，φ 为钝角（$90°<\varphi<180°$）（图 1-8b）．

若质点在圆周运动中的速率 v 不随时间 t 而改变，显然，加速度的切向分量 $a_{\mathrm{t}}=\mathrm{d}v/\mathrm{d}t=0$，即 $v=$恒量，这时，质点做**匀速率圆周运动**．由于其速度方向仍在不断地改变，因而 $a_{\mathrm{n}}\neq 0$．按式（1-33），质点做匀速率圆周运动的加速度大小等于法向分量，即

$$a=\frac{v^2}{R} \tag{1-34}$$

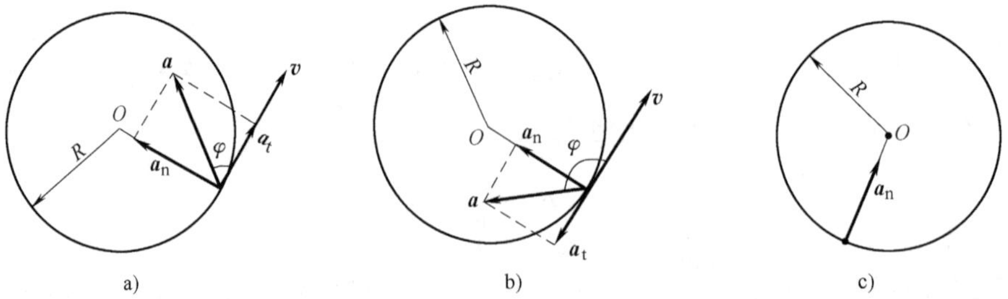

图 1-8　几种圆周运动

a）加速圆周运动　b）减速圆周运动　c）匀速率圆周运动

方向沿半径、并指向圆心（图 1-8c），故常将这个加速度称为**向心加速度**.

问题 1-14　（1）在变速圆周运动中，切向加速度和法向加速度是如何引起的？加速度的方向是否向着圆心？为什么？

（2）在匀速率圆周运动中，速度、加速度两者的大小和方向变不变？

（3）人体可经受 9 倍的重力加速度. 若飞机在飞行时保持 $770\text{km}\cdot\text{h}^{-1}$ 的速率，则飞机驾驶员沿竖直圆周轨道俯冲时，能够安全地向上转弯的最小半径为多少？[**答：** $R=519\text{m}$]

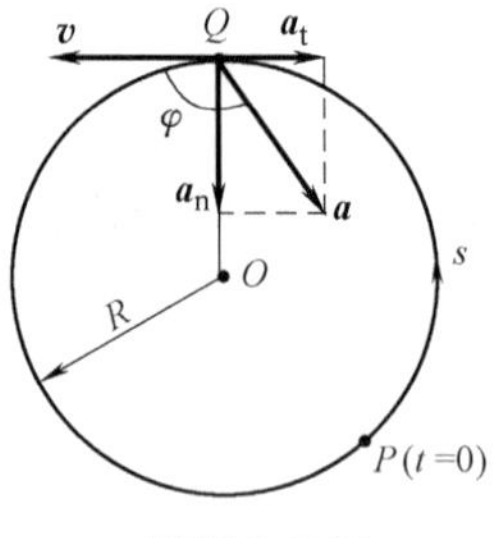

例题 1-7 图

例题 1-7　一质点沿圆心为 O、半径为 R 的圆周运动，设在 P 点开始计时（即 $t=0$），其路程从 P 点开始用圆弧 $\widehat{PQ}$ 表示，并令 $\widehat{PQ}=s$，它随时间变化的规律为 $s=v_0t-bt^2/2$，且 v_0、b 都是正的恒量. 求：（1）时刻 t 的质点加速度；（2）t 为何值时加速度的大小等于 b?（3）加速度大小达到 b 值时，质点已沿圆周运行了几圈？

解　（1）由题设，可得质点的速率为

$$v=\frac{\mathrm{d}s}{\mathrm{d}t}=\frac{\mathrm{d}}{\mathrm{d}t}\left(v_0t-\frac{1}{2}bt^2\right)=v_0-bt$$

可见，质点沿圆周运动的速率 v 随时间 t 而均匀减小，乃是一种匀减速的变速圆周运动. 欲求质点的加速度，需先求加速度的切向分量 a_t 和法向分量 a_n，即

$$a_n=\frac{v^2}{R}=\frac{(v_0-bt)^2}{R},\quad a_t=\frac{\mathrm{d}v}{\mathrm{d}t}=\frac{\mathrm{d}}{\mathrm{d}t}(v_0-bt)=-b$$

上式表明，加速度的法向分量 a_n 随时间 t 而改变. 由上列两式可求质点在 t 时刻的加速度 $\boldsymbol{a}$（见例题 1-7 图），其大小为

$$a=\sqrt{a_t^2+a_n^2}=\sqrt{(-b)^2+\left[\frac{(v_0-bt)^2}{R}\right]^2}=\frac{1}{R}\sqrt{R^2b^2+(v_0-bt)^4}$$

如例题 1-7 图所示，其方向与速度所成的夹角

$$\varphi=\arctan\frac{(v_0-bt)^2}{-Rb}$$

（2）由（1）中求得的加速度 $\boldsymbol{a}$ 的大小，根据题设条件，有

$$\frac{1}{R}\sqrt{R^2b^2+(v_0-bt)^4}=b$$

解上式可知，在

$$t=\frac{v_0}{b}$$

时，加速度的大小等于 b.

（3）由（1）中求出的 v 的表达式，按题设可知，在 $t=v_0/b$ 时，$v=0$，可见在 $t=0$ 到 $t=v_0/b$ 这段时间内，v 恒

为正值. 因此，质点已转过的圈数 n 为

$$n=\frac{s}{2\pi R}=\frac{v_0\left(\frac{v_0}{b}\right)-\frac{1}{2}b\left(\frac{v_0}{b}\right)^2}{2\pi R}=\frac{v_0^2}{4\pi Rb}$$

讨论　根据已求得的结果不难看出，在 $t=v_0/b$ 时刻，$a_n=0$. 试问，这意味着什么？又，当 $t>v_0/b$ 时，速度 v 将如何变化？

1.6.2　圆周运动的角量描述

如图 1-9 所示，设质点沿半径为 R 的圆周运动，在某时刻 t 位于 P 点，它相对于圆心 O 的位矢为 $\boldsymbol{r}$. 以圆心 O 为原点，取直角坐标系 Oxy，则 P 点的位置坐标为

$$x=R\cos\theta,\quad y=R\sin\theta \tag{1-35}$$

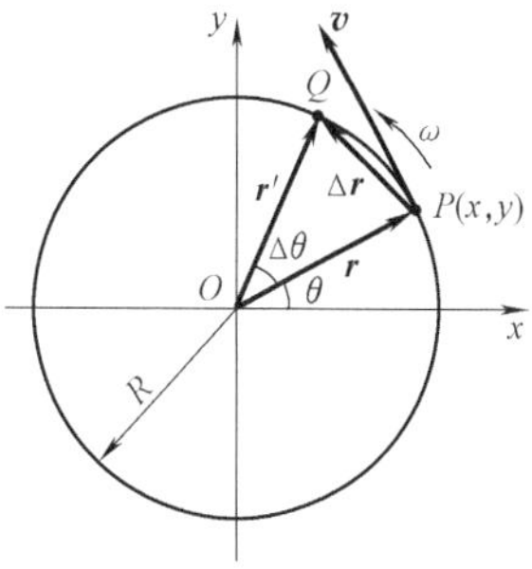

图 1-9　圆周运动的角量描述

式中，θ 为位矢 $\boldsymbol{r}$ 与 Ox 轴所成的角，且 $|\boldsymbol{r}|=R$ 是给定的. 故由式（1-35）可知，只需用 θ 角就可确定质点在圆周上的位置，θ 称为对 O 点的**角坐标**. 当质点沿圆周运动时，角坐标 θ 随时间 t 而改变，其运动函数可表述为 $\theta=\theta(t)$. 在时间 t 到 $t+\Delta t$ 内，位矢 $\boldsymbol{r}$ 转过 $\Delta\theta$ 角，质点到达 Q 点，$\Delta\theta$ 称为对 O 点的**角位移**，令 Δt 趋向于零，取角位移 $\Delta\theta$ 与时间 Δt 之比的极限，此极限称为质点在 t 时刻对 O 点的**瞬时角速度**，简称**角速度**，用 ω 表示，即

$$\omega=\lim_{\Delta t\to 0}\frac{\Delta\theta}{\Delta t}=\frac{\mathrm{d}\theta}{\mathrm{d}t} \tag{1-36}$$

设质点在某一时刻 t 的角速度为 ω，经过时间 Δt 后，角速度变为 ω'. 在 Δt 时间内，角速度的增量为 $\Delta\omega=\omega'-\omega$. 令 Δt 趋近于零，取角速度增量 $\Delta\omega$ 与时间 Δt 之比的极限，此极限称为质点在 t 时刻对 O 点的**瞬时角加速度**，简称**角加速度**，以 α 表示，即

> 质点做圆周运动时，其路程 Δs、位移 $\Delta\boldsymbol{r}$、速度 $\boldsymbol{v}$、加速度 $\boldsymbol{a}$ 统称为**线量**；而把角坐标 θ、角位移 $\Delta\theta$、角速度 ω、角加速度 α 等统称为**角量**.

$$\alpha=\lim_{\Delta t\to 0}\frac{\Delta\omega}{\Delta t}=\frac{\mathrm{d}\omega}{\mathrm{d}t} \tag{1-37}$$

角坐标和角位移的单位都是 rad（弧度），角速度和角加速度的单位分别是 $\mathrm{rad\cdot s^{-1}}$（弧度·秒$^{-1}$）和 $\mathrm{rad\cdot s^{-2}}$（弧度·秒$^{-2}$）.

对给定的圆周轨道而言，用上述这些相对于圆心 O 的角量来描述圆周运动，则这些角量都可视作标量. 其大小即为相应标量的绝对值. 质点绕圆心的转向可用相应标量的正、负表示. 一般规定：循圆周逆时针转向作为正的转向，各角量与正转向相同时，取正值；反之，取负值.

当 α 与 ω 同号时，两者同向，质点做加速圆周运动；当 α 与 ω 异号时，两者反向，质点做减速圆周运动.

现在，我们来寻求角量与线量之间的关系. 由图 1-9 可知，与 $\Delta\theta$ 对应的弧长为 $\widehat{PQ}=\Delta s$，则有

$$\Delta s=R\Delta\theta$$

由此，可得质点速度的大小（速率）v 与角速率 ω 的关系，即

$$v=\lim_{\Delta t\to 0}\frac{\Delta s}{\Delta t}=R\lim_{\Delta t\to 0}\frac{\Delta\theta}{\Delta t}=R\omega \tag{1-38}$$

质点做匀速率圆周运动时，因 v、R 是恒量，所以 ω 也是恒量．也可以说，这时质点对圆心 O 点做**匀角速转动**．

由式（1-37）、式（1-38）可得法向加速度 a_n 和切向加速度 a_t 的角量表示式

$$a_n=\frac{v^2}{R}=\frac{1}{R}(R\omega)^2=R\omega^2 \tag{1-39}$$

和

$$a_t=\frac{dv}{dt}=\frac{d}{dt}(R\omega)=R\frac{d\omega}{dt}=R\alpha \tag{1-40}$$

问题 1-15　一质点做匀变速圆周运动时，对圆心 O 的角加速度 α 为一恒量，试用积分法证明：（1）$\omega=\omega_0+\alpha t$；（2）$\theta=\omega_0 t+\frac{1}{2}\alpha t^2$；（3）$\omega^2=\omega_0^2+2\alpha\theta$，其中 θ、ω、ω_0 分别表示角坐标、角速度和初角速度（即 $t=0$ 时，$\omega=\omega_0$）．并将上述各式与匀变速直线运动的三个公式相比较．

例题 1-8　一质点开始做圆周运动时，在经历一段较短弧段的过程中，其切向加速度与法向加速度的大小恒保持相等．设 θ 为同一圆周轨道平面上相近两点的速度 $\boldsymbol{v}_1$ 与 $\boldsymbol{v}_2$ 的夹角，其值不大．试证：$v_2=v_1 e^{\theta}$．

证　如例题 1-8 图所示，设圆周轨道的半径为 R，则按题设，$a_n=a_t$，即

$$R\omega^2=R\alpha$$

为了便于运算，可将角加速度改写成 $\alpha=d\omega/dt=(d\omega/d\theta)(d\theta/dt)=\omega d\omega/d\theta$，并代入上式，化简后，得

$$d\theta=\frac{d\omega}{\omega}$$

再由角量与线量的关系式 $R\omega=v$，上式可化成

$$d\theta=\frac{dv}{v}$$

积分之，有

$$\int_0^{\theta}d\theta=\int_{v_1}^{v_2}\frac{dv}{v}$$

得

$$\theta=\ln\frac{v_2}{v_1}$$

即

$$v_2=v_1 e^{\theta}$$

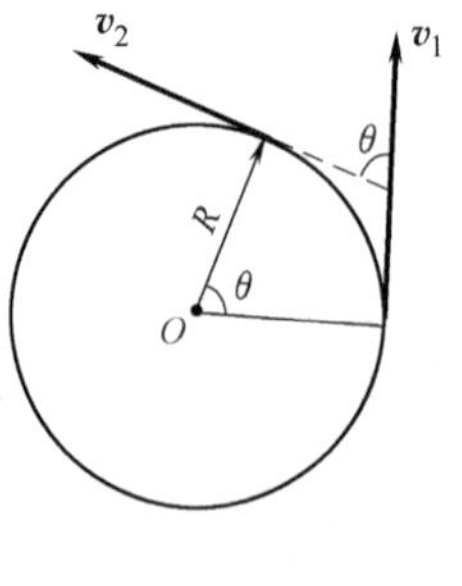

例题 1-8 图

例题 1-9　如例题 1-9 图所示，一直立在地面上的伞形洒水器，其边缘的半径为 $O'O=R$，离地面的高度为 h，当洒水器绕中心的竖直输水管以匀角速 ω 旋转时，求证：从输水管顶端 S 喷出的水循圆锥形伞面淌下而沿边缘飞出后，将洒落在地面上半径为 $r=R\sqrt{1+2h\omega^2/g}$ 的圆周上．

证　水滴流到锥面边缘时将以速度 $\boldsymbol{v}$ 水平地沿切向飞出；而一旦脱离边缘，将同时具有竖直向下的重力加速度 $\boldsymbol{g}$．今取坐标系 Oxy（见例题 1-9 图），令 Ox 轴沿离开边缘上 O 点的水滴速度 $\boldsymbol{v}$ 的方向．按题设，$v=R\omega$，则水滴在落地过程中的运动函数为

$$x=R\omega t,\ y=-\frac{1}{2}gt^2$$

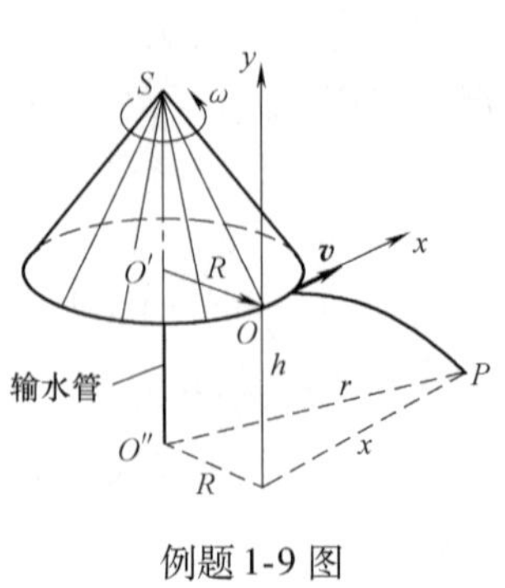

例题 1-9 图

落地时，$y=-h$，由上述后一式得所需时间为

$$t=\sqrt{\frac{2h}{g}}$$

这时

$$x=R\omega\sqrt{\frac{2h}{g}}$$

输水管轴位于地面上的点 O''，它与水滴着地点 P 的距离为

$$r=O''P=\sqrt{R^2+x^2}=\sqrt{R^2+R^2\omega^2(2h/g)}=R\sqrt{1+2h\omega^2/g}$$

即水滴落在半径为 r 的圆周上. 倘若 R、h、ω 的大小可以根据需要进行调节，则水滴便可洒落在半径不同的圆周上.

前面所讲的质点运动学，仅从几何观点描述了质点的运动，并未涉及引起运动和运动改变的原因. 质点动力学则研究物体（可视作质点）之间相互作用，以及这种相互作用和物体本身属性两者所引起的物体运动状态的改变.

1687 年，英国物理学家牛顿（I. Newton，1642—1727）分析和概括了意大利科学家伽利略（Galileo，1564—1642）等人对力学的研究成果，又根据本人的实验和观察，奠定了动力学的基础. 尔后，经过许多科学家的努力，把质点动力学的基本规律总结成三条定律，总称为**牛顿运动定律**. 在此基础上，从宏观上可进一步推导出许多力学规律，从而形成了一个完整的理论体系，通常称为**牛顿力学**或**经典力学**.

1.7　牛顿运动定律

1.7.1　牛顿第一定律

牛顿第一定律的表述：**任何物体都保持静止或匀速直线运动状态，直至其他物体所作用的力迫使它改变这种状态为止**.

（1）这条定律表明，物体在不受外力作用时，保持静止状态或匀速直线运动状态. 可见，保持静止状态或匀速直线运动状态必然是物体自身某种固有性质的反映. 这种性质称为物体的**惯性**.

物体仅在惯性支配下所做的匀速直线运动，叫作**惯性运动**. 无论是静止或匀速直线运动状态，都意味着速度 $\boldsymbol{v}$ 是恒矢量，即其大小和方向皆不变，或者说没有加速度. 牛顿第一定律也称为**惯性定律**，可表示为

$$\boldsymbol{v}=\text{恒矢量} \tag{1-41}$$

（2）人们不禁要问：惯性运动究竟是相对于哪个参考系而言的？这个参考系是否像运动学中那样可以任意选取？

事实上，牛顿第一定律是一条经验定律，它的正确性是以地面上观察到的大量实验事实为依据的. 因此，定律中所说的静止或匀速直线运动显然皆相对于地面而言. 亦即，选地球为参考系，牛顿第一定律所表述的结论可以认为是正确的. 例如，当汽车紧急制动时，静坐在车中的乘客会向前倾倒. 站在地面上的观察者（即以地面为参考系）认为，在未制动前，乘客随着汽车以相同的速度前进；在紧急制动时，乘客由于惯性还保持着自己原来的运动状态，但汽车已减速，因而乘客的上半身向前倾倒. 这一例子以及许多事实都表明，物体相对于地面的运动表现出惯性，牛顿第一定律成立.

但是，若以汽车为参考系，坐着的乘客相对于汽车原是静止的，在汽车紧急制动时，乘客突然前倾，故乘客相对于汽车并不保持静止状态，亦即并不表现出惯性．也就是说，以紧急制动的汽车为参考系，乘客的运动并不服从牛顿第一定律．可见，牛顿第一定律并非在任何参考系中都适用．

如果牛顿第一定律在某个参考系中适用，则这种参考系称为**惯性参考系**，简称**惯性系**；否则，就称为**非惯性参考系**，简称**非惯性系**．观察和理论均指出，**凡是相对于惯性系静止或做匀速直线运动的参考系都是惯性系**．反之，相对于任一惯性系做加速运动的参考系，一定是非惯性系．进一步的实验发现，**地球仅是一个近似的惯性系**；不过实践表明，相对于地球运动的物体都足够精确地遵守牛顿第一定律．因此，**地球或静止在地面上的物体都可看作惯性系，在地面上做匀速直线运动的物体也可看作惯性系**．我们平常观察和研究物体运动时，大都是立足于地面上的，实际上是以地球作为参考系．因此，应用牛顿第一定律所得的结果总是近似正确的．

（3）若物体相对于惯性系不保持静止，也不做匀速直线运动，则牛顿第一定律断言，物体必受到力的作用．因此，牛顿第一定律在惯性系概念已经建立的基础上，定性地提出了力的定义：**力是物体在惯性系中运动状态发生变化的一个原因**．

（4）牛顿第一定律中的物体都是指质点，不能视作质点的物体是不符合这个定律的．

（5）总而言之，牛顿第一定律仅定性地指出在惯性系中力与质点运动状态改变的关系．

1.7.2　牛顿第二定律

牛顿第二定律在牛顿第一定律的基础上，进一步说明物体在外力作用下运动状态的改变情况，并给出力、质量（惯性的量度）和加速度三者之间的定量关系．现在，我们将根据实验结果归纳出第二定律的内容．

（1）加速度与力的关系：通常，力的大小可用测力计（例如弹簧秤）测定．若用**不同大小的力**相继作用于任一物体，实验证明：同一物体所获得的加速度 $\boldsymbol{a}$ 的大小与它所受外力 $\boldsymbol{F}$ 的大小成正比，加速度的方向与外力作用的方向一致，即

$$a \propto F \tag{a}$$

（2）加速度与质量的关系：如果我们用各种**不同物体**来做实验，将会发现，在相同的外力作用下，惯性越大的物体越不容易改变其原有的运动状态，其加速度越小．量度惯性大小的量，称为物体的**惯性质量**，简称**质量**，以 m 表示．在 SI 中，质量是基本量，它的单位是 kg（千克）．实验证明：在**相等的外力**作用下，各物体获得的加速度的大小与它自身的质量成反比，即

> 切莫把质量误解为“物质的量”．应当指出，当前在 SI 中，“物质的量”是七个基本物理量之一，其单位是 mol（摩尔）．

$$a \propto \frac{1}{m} \tag{b}$$

（3）把式（a）、式（b）合并，可得关系式 $a \propto F/m$，或

$$F = kma \tag{c}$$

式中，比例系数 k 取决于力、质量和加速度的单位．

在国际单位制（SI）中，我们规定：**以质量为1kg的物体产生$1\mathrm{m\cdot s^{-2}}$的加速度所需的力作为力的量度单位，即为1N（牛顿，简称牛）**. 因此，把这些选定的单位代入式（c），有

$$1\mathrm{N}=k(1\mathrm{kg})(1\mathrm{m\cdot s^{-2}})$$

从上式两边的数值上来看，$k=1$；从等式两边的单位来看，有

$$1\mathrm{N}=1\mathrm{kg\cdot m\cdot s^{-2}}$$

按各量的单位确定比例系数$k=1$后，则式（c）成为

$$F=ma \tag{d}$$

（4）根据式（d）可计算力F的大小；但要确认力是矢量，还得证明力的合成符合平行四边形法则. 为此，尚需补充一条**力的独立作用原理：“由几个力作用于物体上所产生的加速度，等于其中每个力分别作用于该物体时所产生的加速度的矢量和”**. 亦即，这些力各自对同一物体产生自己的加速度而互不影响. 这是一个由实验所证实的经验性原理. 据此，设有一组力$\boldsymbol{F}_1,\boldsymbol{F}_2,\cdots,\boldsymbol{F}_i,\cdots,\boldsymbol{F}_n$同时作用于一个质量为$m$的质点上，则其中任一力$\boldsymbol{F}_i$将和其他力无关、而独自对该质点产生加速度$\boldsymbol{a}_i$，且$\boldsymbol{F}_i$与$\boldsymbol{a}_i$同方向，即有$\boldsymbol{F}_i=m\boldsymbol{a}_i$. 这样，质点将同时分别获得加速度

$$\boldsymbol{a}_1=\frac{\boldsymbol{F}_1}{m},\boldsymbol{a}_2=\frac{\boldsymbol{F}_2}{m},\cdots,\boldsymbol{a}_n=\frac{\boldsymbol{F}_n}{m}$$

由于质点所获得的总加速度$\boldsymbol{a}$是按照矢量的平行四边形合成法则相加的，即

$$\boldsymbol{a}=\sum_{i=1}^{n}\boldsymbol{a}_i=\frac{1}{m}\sum_{i=1}^{n}\boldsymbol{F}_i \tag{e}$$

可见质点宛如仅受到一个单力$\boldsymbol{F}$，它等于力$\boldsymbol{F}_1,\boldsymbol{F}_2,\cdots,\boldsymbol{F}_n$的矢量和，即

$$\boldsymbol{F}=\sum_{i=1}^{n}\boldsymbol{F}_i \tag{f}$$

这就表明，**力也是服从矢量相加的平行四边形法则的**，即**力确是矢量**，而$\boldsymbol{F}$就称为质点所受的**合外力**.

（5）由式（e）、式（f），得

$$\boldsymbol{F}=m\boldsymbol{a}=m\frac{\mathrm{d}\boldsymbol{v}}{\mathrm{d}t}=\frac{\mathrm{d}(m\boldsymbol{v})}{\mathrm{d}t}=\frac{\mathrm{d}\boldsymbol{p}}{\mathrm{d}t} \tag{1-42}$$

在经典力学中，认为物体质量m是恒量，故可把它移到微分号内. 式中，$\boldsymbol{p}=m\boldsymbol{v}$是**物体（视作质点）的质量$m$与速度$\boldsymbol{v}$之乘积**，称为**物体的动量**，**记作$\boldsymbol{p}$. 动量$\boldsymbol{p}$是矢量，其方向就是速度$\boldsymbol{v}$的方向.**

这就是牛顿第二定律的数学表达式，可陈述如下：**质点所获得的加速度大小与合外力的大小成正比，与质点的质量成反比；加速度与合外力两者方向相同.**

> 牛顿最初就是以$\boldsymbol{F}=\mathrm{d}\boldsymbol{p}/\mathrm{d}t$的形式来表述牛顿第二定律的，即**质点所受的合外力等于质点动量对时间的变化率.** 表达式$\boldsymbol{F}=\mathrm{d}\boldsymbol{p}/\mathrm{d}t$比$\boldsymbol{F}=m\boldsymbol{a}$更具有普遍意义. 在相对论力学中，$\boldsymbol{F}=m\boldsymbol{a}$不再适用，而$\boldsymbol{F}=\mathrm{d}\boldsymbol{p}/\mathrm{d}t$仍然成立.

（6）对牛顿第二定律的几点说明：

1）式（1-42）是**质点动力学的基本方程**，亦称**质点的运动方程**，它只适用于质点的运动. 今后，如果未指出要考虑物体的形状和大小，一般地，我们都把物体看成质点.

2）从式（1-42）可知，对于质量 m 一定的物体来说，若合外力 $\boldsymbol{F}$ 不变，则 $\boldsymbol{a}$ 也不变，可见匀加速运动是物体在恒力作用下的运动；若物体不受外力或所受合外力 $\boldsymbol{F}$ 为零，则 $\boldsymbol{a}$ 也为零，物体处于**平衡状态**．这时，物体将做匀速直线运动，或者处于静止状态（亦称**静平衡**）．

3）式（1-42）表明 $\boldsymbol{a}$ 只与合外力 $\boldsymbol{F}$ 同方向，但不一定与其中某个外力同方向．

4）牛顿第二定律只是说明瞬时关系，如 $\boldsymbol{a}$ 表示某时刻的加速度，则 $\boldsymbol{F}$ 表示该时刻物体所受的合外力．在另一时刻，合外力一旦改变了，加速度也将同时改变．

5）前面说过，牛顿第一定律适用于惯性参考系，并在惯性系概念已经建立的基础上定义了力，即力是物体在惯性系中运动状态改变（即有加速度）的一个原因．牛顿第二定律则在牛顿第一定律的基础上定量地给出一物体所受外力与加速度的关系，显然，这个加速度也是相对于惯性系而言的．因此，**牛顿第二定律也只适用于惯性参考系**．这也是观察和理论所证实的．今后我们应用牛顿第一、第二定律时，如果未明确指出参考系，就认为以地球作为惯性系了．

6）式（1-42）是矢量式，按照此式具体求解力学问题时，可利用它的正交分量式，把矢量运算转化为标量运算．通常，在选定的直角坐标系 $Oxyz$ 中，将合外力 $\boldsymbol{F}$ 分别沿各坐标轴 Ox、Oy 和 Oz 分解，便可得三个正交分量 F_x、F_y、F_z；加速度 $\boldsymbol{a}$ 也可相应地分解为三个正交分量 a_x、a_y 和 a_z．并令 $\boldsymbol{i}$、$\boldsymbol{j}$、$\boldsymbol{k}$ 分别为沿 Ox、Oy、Oz 轴的单位矢量，则式（1-42）成为

$$F_x\boldsymbol{i}+F_y\boldsymbol{j}+F_z\boldsymbol{k}=m(a_x\boldsymbol{i}+a_y\boldsymbol{j}+a_z\boldsymbol{k})$$

移项、合并同类项后，可得

$$(F_x-ma_x)\boldsymbol{i}+(F_y-ma_y)\boldsymbol{j}+(F_z-ma_z)\boldsymbol{k}=\boldsymbol{0}$$

因 $|\boldsymbol{i}|=|\boldsymbol{j}|=|\boldsymbol{k}|=1\neq0$，故要求上式成立，意味着：

$$F_x-ma_x=0,\quad F_y-ma_y=0,\quad F_z-ma_z=0$$

于是，在直角坐标系 $Oxyz$ 中，就得到了与矢量式 $\boldsymbol{F}=m\boldsymbol{a}$ 等价的一组分量式，即

$$\left.\begin{aligned}F_x&=ma_x\\F_y&=ma_y\\F_z&=ma_z\end{aligned}\right\}\tag{1-43}$$

实际上，根据力的独立作用原理，上式相当于物体同时沿三个正交方向做直线运动的牛顿第二定律的标量表达式．

需要注意，分量式（1-43）中的 F_x 是物体所受各外力的合力 $\boldsymbol{F}$ 在 Ox 轴上的分量，它等于各个外力在 Ox 轴上的分量之代数和．至于各外力在 Ox 轴上的正、负，则视它们的方向与规定的 Ox 轴正方向一致与否而定．同理，对分量式中的 F_y、F_z 也可以做类似的理解．同时，对于加速度 $\boldsymbol{a}$ 的各分量，凡与相应坐标轴正方向一致者，取正值；反之，取负值．

在物体做圆周运动的情况下，我们也可以对式（1-42）写出相应的切向分量式和法向分量式，即

$$\left.\begin{aligned} F_t &= m\frac{dv}{dt} \\ F_n &= m\frac{v^2}{R} \end{aligned}\right\} \tag{1-44}$$

7）顺便指出，在合外力为零的情况下，牛顿第二定律归结为牛顿第一定律，即牛顿第一定律似乎是牛顿第二定律的特例．这从形式上来理解，似是正确的．但从本源上讲，没有牛顿第一定律，就没有惯性参考系和力这些概念，牛顿第二定律也就无从说起．牛顿第一定律乃是牛顿第二定律的前奏，并不仅仅是牛顿第二定律的特例．

1.7.3　牛顿第三定律

我们讲过，力是物体间的相互作用．事实上，任何一个物体所受的力一定来自其他物体，施力者与受力者不可能是同一个物体．**牛顿第三定律**在于进一步说明物体间相互作用的关系，可陈述如下：**当物体 A 以力 $\boldsymbol{F}_2$ 作用在物体 B 上时，物体 B 同时也以力 $\boldsymbol{F}_1$ 作用在物体 A 上，$\boldsymbol{F}_1$ 与 $\boldsymbol{F}_2$ 在一条直线上，大小相等而方向相反**（见图 1-10），即

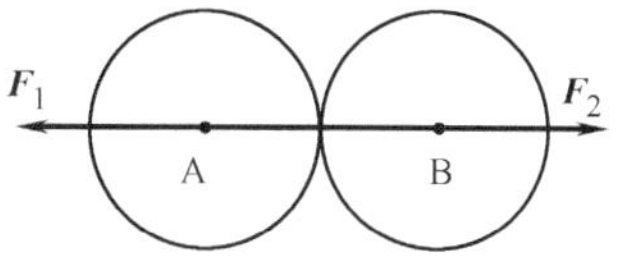

图 1-10　作用力与反作用力

$$\boldsymbol{F}_1 = \boldsymbol{F}_2 \tag{1-45}$$

现在来说明牛顿第三定律的含义：

（1）牛顿第三定律指出物体间的作用是相互的，即力是成对出现的．如果把物体 A 作用在物体 B 上的力称为**作用力**，那么，物体 B 作用在物体 A 上的力就称为**反作用力**；反之亦然．

（2）**作用力和反作用力同时存在、同时消失**；当它们存在的时候，不论在哪一时刻，一定沿同一条直线，而且大小相等、方向相反．必须特别注意，**作用力和反作用力是作用在不同物体上的**，因此，一个物体所受的作用力决不能和这个力的反作用力相互抵消．当物体 B 受到物体 A 的作用力时，可获得相应的加速度；与此同时，物体 A 受到物体 B 的反作用力，也可获得相应的加速度．

（3）力是按它在惯性系中产生的效应来定义的，作用力和反作用力当然也是如此，所以牛顿第三定律也只适用于惯性系．

（4）**作用力和反作用力是属于同一性质的力**．例如，作用力是弹性力（或摩擦力），那么反作用力也一定相应地是弹性力（或摩擦力）．

问题 1-16　正确完备地叙述牛顿运动定律．在 SI 中，力的单位是怎样规定的？

问题 1-17　（填空）

（1）力是物体之间的一种__________．改变物体运动状态依靠______；维持物体运动状态凭借______．

（2）如果质点所受合外力的方向与质点运动方向相同，则质点的加速度与速度的方向______，于是，质点做______运动；如果质点所受合外力的方向与质点的运动方向相反，则质点的加速度与速度的方向______，于是，质点做______运动．

（3）质点做变速圆周运动时，其法向力 F_n = ______，切向力 F_t = ______，法向力改变质点的__________，切向力改变质点的__________．

（4）如果质点所受合外力等于非零的恒矢量，则质点做______运动；如果这个合外力为零，则质点的加速度为______，质点处于______或做__________．

1.8　力学中常见的力

1.8.1　万有引力　重力

1680 年，牛顿发表了著名的万有引力定律，它是针对两个质点之间存在相互吸引力而言的，可表述为：**在自然界中，任何两个质点之间都存在着引力，引力的大小与两个质点的质量 m_1、m_2 的乘积成正比，与两个质点间的距离 r 的平方成反比；引力的方向在两个质点的连线上**（见图 1-11）. 万有引力 $\boldsymbol{F}$（或 $\boldsymbol{F}'$）的大小可表示为

$$F = G\frac{m_1 m_2}{r^2} \tag{1-46}$$

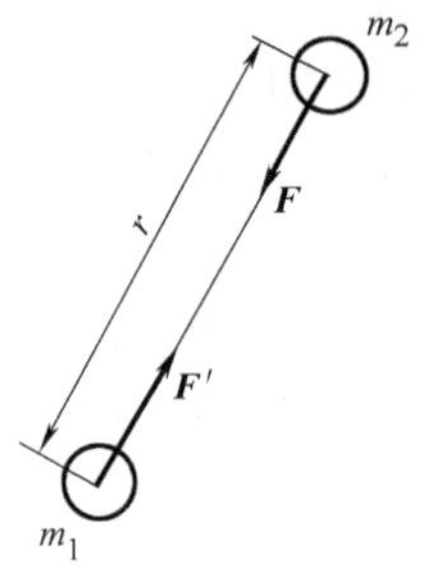

图 1-11　万有引力

式中，G 是一个普适常量，对任何物体都适用，称为**引力常量**，其值可由实验测得，通常取其近似值为

$$G = 6.672 \times 10^{-11}\mathrm{N \cdot m^2 \cdot kg^{-2}}$$

需要指出，在万有引力定律中出现的质量，它是反映物体和其他物体之间引力强弱的一种定量描述，称为**引力质量**，它不涉及惯性；而牛顿第二定律 $\boldsymbol{F} = m\boldsymbol{a}$ 中的质量是指**惯性质量**，它反映质点保持其运动状态不变的顽强程度，而不涉及引力. 引力质量和惯性质量是物体的两种不同属性. 近代的精密实验证明，惯性质量等于引力质量. 因此，以后两者不加区分，统称为**质量**.

通常，我们把**地球对地面附近物体所作用的万有引力**，称为物体所受的**重力**，记作 $\boldsymbol{W}$，重力的大小亦称为物体的**重量**，重力的方向可认为竖直向下而指向地球中心. 在重力作用下，物体获得重力加速度 $\boldsymbol{g}$，其方向与重力 $\boldsymbol{W}$ 方向相同. 按式（1-42），质量为 m 的物体所受重力为

$$\boldsymbol{W} = m\boldsymbol{g} \tag{1-47}$$

设物体离开地面的高度为 h，地球的半径为 r_e，地球的质量为 m_e，则质量为 m 的物体在地面附近（即 $h \ll r_e$）的重力大小为

$$F = G\frac{mm_e}{(r_e + h)^2} = m\frac{Gm_e}{(r_e + h)^2} = mg$$

> 计算时需用的 G、r_e、m_e 等物理常量的大小可在书末附录 A 中查取.

式中，将 $(r_e + h)^{-2}$ 按泰勒公式展开，且因 $h \ll r_e$，可得 g 的近似值为

$$g = \frac{Gm_e}{(r_e + h)^2} \approx \frac{Gm_e}{r_e^2}\left(1 - 2\frac{h}{r_e}\right)$$

可见重力加速度 g 随离地面高度 h 的增大而减小. 而当 $h/r_e \ll 1$ 时，可取

$$g = \frac{Gm_e}{r_e^2} \tag{1-48}$$

g 近似为一常量，可按 G、m_e、r_e 等值算出 $g = 9.82\mathrm{m \cdot s^{-2}}$，在通常计算时，可取 $g = 9.80\mathrm{m \cdot s^{-2}}$.

前面说过，万有引力定律只适用于计算两个质点之间的引力，因而在上述计算地球对它附近的物体的引力时，不应把地球视作质点而直接应用式（1-46）. 不过，如果地球内部质量均匀分布并具有球对称性，则可以证明（从略），一个均匀球体（或球壳）对球外一个质点的万有引力，等于整个球体（或球壳）的质量集中于球心时对球外这个质点的引力. 因此，我们在上述求地球附近物体所受的地球引力时，就可以把地球近似看作质量集中于球心的一个质点.

近代物理指出，只有相互接触的物体之间才能够相互作用. 那么，读者也许会进一步拷问：任何物体之间若并未直接接触，为何存在万有引力呢？牛顿时代的有些人认为，任何物体并不需要直接接触，就可凭借无限大的速度即时地超越时空来传递万有引力. 这就是所谓**超距作用**. 这一观点是无法被近代物理学所接受的.

近代物理学指出，任何具有质量 m 的物体，在它周围空间都存在着某种特殊形式的物质㊀，这种物质称为**引力场**. 当质量 m_2 的物体进入 m_1 的引力场内时，由于与该引力场接触，就在接触处受到 m_1 的引力场对它所作用的引力；与此同时，在 m_2 周围的空间也存在着引力场，物体 m_1 在 m_2 的引力场内，也要接触 m_2 的引力场而受到对它所作用的引力，而 m_1 与 m_2 所受引力的反作用力应是 m_1 和 m_2 分别对引力场所作用的. 所以 m_1 与 m_2 所受的引力作用，是通过它们周围的引力场来实现的.

由此看来，两质点之间的这一对引力并不能认为是一对作用力与反作用力. 可是，当两质点静止时，它们互施的这一对引力是等值、反向、共线的，因此，可以认为牛顿第三定律仍是成立的；并且近代物理指出，当这两质点相距甚远且两个质点低速运动时，牛顿第三定律对这一对引力仍近似适用.

地球在其地面附近的引力场称为**重力场**. 今后，我们在研究地面附近的物体运动时，必须考虑它所受的重力.

问题 1-18　（1）若两个质量都为 1kg 的均匀球体，球心相距 1m，求此两球之间的引力大小.

（2）质量 1kg 的物体在地面附近，它受地球的引力为多大？（将地球看作均匀球体；已知地球的赤道半径 r_e = 6370km，地球质量 $m_e = 5.977\times10^{24}$kg）［**答：**（1）6.637×10^{-11}N，这个力可忽略不计；（2）9.8N，这个力就不能忽视了！］

1.8.2　弹性力

物体在外力作用下发生形变（即改变形状或大小）时，由于物体具有弹性，产生企图恢复原来形状的力，这就是**弹性力**. 它的方向要根据物体形变的情况来决定. **弹性力产生在直接接触的物体之间，并以物体的形变为先决条件.** 下面介绍几种常见的弹性力.

1. 弹簧的弹性力

弹簧在外力作用下要发生形变（伸长或压缩），与此同时，弹簧反抗形变而对施力物体有力作用，这个力就是**弹簧的弹性力**. 如图 1-12 所示，把一条不计重力的轻弹簧的一端固定，另一端连接一个放置在水平面上的物体. O 点为弹簧在**原长**（即没有伸长或压

㊀ 引力场、电磁场等都是客观存在的物质，场与实物粒子乃是宇宙间的两类基本物质. 场的观点是近代物理学中最基本的观点之一.

缩）时物体的位置，称为**平衡位置**. 以平衡位置 O 为原点，并取向右为 Ox 轴的正方向，则当物体自 O 点向右移动而将弹簧稍微拉长时，弹簧对物体作用的弹性力 $\boldsymbol{F}$ 指向左方；当物体自 O 点向左移动而稍微压缩弹簧时. $\boldsymbol{F}$ 就指向右方. 实验表明，**在弹簧的形变（伸长或压缩）甚小，而处于弹簧的弹性限度内时，弹性力的大小为**

$$F=-kx \tag{1-49}$$

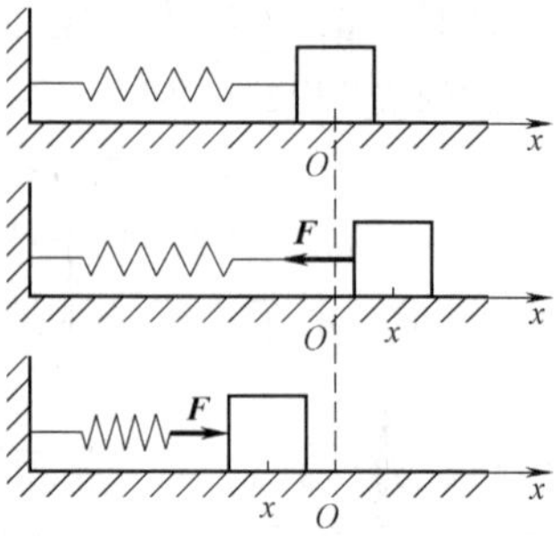

图 1-12　弹簧的弹性力

式中，x 是**物体相对于平衡位置**（原点 O）的位移，其大小（绝对值）即为弹簧的伸长（或压缩）量；k 是一个正的恒量，称为弹簧的**劲度系数**，它表征弹簧的力学性能，即弹簧发生单位伸长量（或压缩量）时弹性力的大小，k 的单位是 $\mathrm{N\cdot m^{-1}}$（牛 · 米$^{-1}$）. 式（1-49）中的负号表示弹性力的方向，即当 $x>0$ 时，$F<0$，弹性力 $\boldsymbol{F}$ 指向 Ox 轴负向；当 $x<0$ 时，$F>0$，弹性力 $\boldsymbol{F}$ 指向 Ox 轴正向.

2. 物体间相互挤压而引起的弹性力

这种弹性力是由于彼此挤压的物体发生形变所引起的；其形变一般极为微小，肉眼不易觉察. 例如，屋架压在柱子上，柱子因压缩形变而产生向上的弹性力，托住屋架；又如，物体压在支承面（如斜面、地面等）上，物体与支承面之间因相互挤压也要产生弹性力. 如图 1-13 所示，一重物放置在桌面上，桌面受重物挤压而发生形变，它要力图恢复原状，对重物作用一个向上的弹性力 $\boldsymbol{F}_{\mathrm{N}}$，这就是桌面对重物的**支承力**；与此同时，重物受桌面挤压而发生形变，也要力图恢复原状而对支承的桌面作用一个向下的弹性力 $\boldsymbol{F}'_{\mathrm{N}}$，即重物对桌面的**压力**.

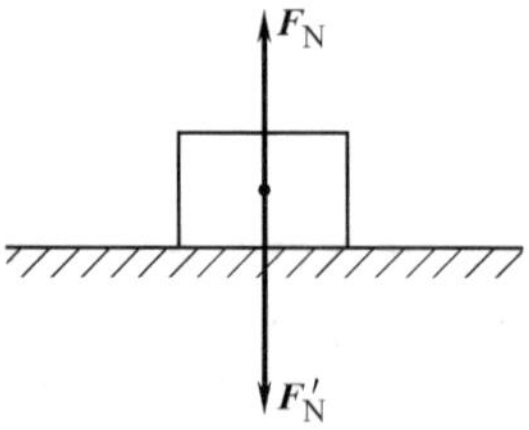

图 1-13　挤压弹性力

上述这种挤压弹性力总是垂直于物体间的接触面或接触点的公切面，故亦称为**法向力**.

3. 绳子的拉力

一根杆在外界作用下，在一定程度上具有抵抗拉伸、压缩、弯曲和扭转的性能，但是，对一条柔软的绳子来说，它毫无抵抗弯曲、扭转的性能，也不能沿绳子方向受外界的推压，**而只能与相接触的物体沿绳子方向互施拉力**. 这种拉力也是一种弹性力，它是在绳子受拉而发生拉伸形变（一般也很微小）时所引起的.

现在讨论绳子产生拉力时绳内的张力问题. 如图 1-14 所示，手对绳施加一水平拉力 $\boldsymbol{F}$，拖动一质量为 m 的物体沿水平面以加速度 $\boldsymbol{a}$ 运动（见图 1-14a）. 这时，绳子被近乎水平地拉直而发生拉伸形变，绳子内部相邻各段之间便产生弹性力，这种弹性力称为**张力**. 一般而言，绳内各处的张力是不相等的. 设想把绳子分成数段，取其中任一段质量为 Δm 的绳子 CD，

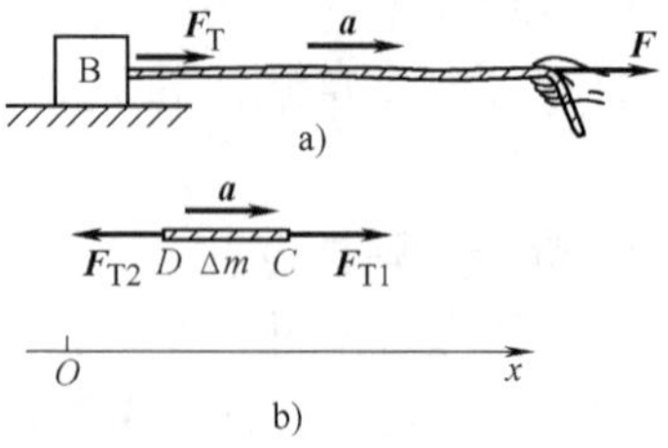

图 1-14　绳子的拉力

它要受前、后方相邻绳段的张力 $\boldsymbol{F}_{\mathrm{T1}}$ 和 $\boldsymbol{F}_{\mathrm{T2}}$ 作用. 当绳子和物体一起以加速度 $\boldsymbol{a}$ 前进时，沿绳长取 Ox 轴正向，如图 1-14b 所示，则对绳段 CD 而言，按牛顿第二定律的分量式（1-43）有 $F_x=ma_x$，即

$$F_{T1}-F_{T2}=\Delta ma$$

可知，张力大小 $F_{T1}\neq F_{T2}$，并可推断绳中各处张力大小也是不相等的. 但是，如果绳子是一条质量可以忽略不计（即 $m\approx 0$）的细线（或轻绳），则绳子各段的质量 $\Delta m=0$；或者绳子质量不能忽略（$m\neq 0$），而处于匀速运动或静止状态（$a=0$），在这两种情况下，由上式可得出，绳中各处的张力大小处处相等，且与拉重物的外力大小相等. 于是，手拉绳子的力 $\boldsymbol{F}$ 和绳拉物体的力 $\boldsymbol{F}_T$ 大小相等，亦即，拉力 $\boldsymbol{F}$ 便大小不变地传递到绳的另一端.

> 注意：今后凡是讲到"细绳"或"轻绳"，都是指绳的质量可以忽略不计. 对于"轻杆"或"细杆""轻弹簧"或"轻滑轮"等也都可做这样的理解.

类似地，当杆受拉伸或压缩时，其内部各处的内力情况也可仿此说明. 不过，在受压时，杆中任何一点的内力是相向的一对作用力与反作用力，即**压力**. 对轻杆而言，其中任何一点的压力的大小都相等，外力的大小也可以沿杆不变地传递.

1.8.3　摩擦力

两个彼此接触而相互挤压的物体，当存在着相对运动或相对运动趋势时[㊀]，在两者的接触面上就会引起相互作用的摩擦力. **摩擦力产生在直接接触的物体之间，**并以两物体之间是否有相对运动或相对运动的趋势为先决条件. 摩擦力的方向沿两物体接触面的切线方向，并与物体相对运动或相对运动趋势的方向相反. 粗略地说，产生摩擦力的原因通常是由于两物体的接触表面粗糙不平.

1. 静摩擦力

一物体静置在平地上，这时，它与支承的地面之间没有相对运动或相对运动趋势，两者的接触面之间就不存在摩擦力. 若用不大的力 $\boldsymbol{F}$ 去拉该物体（见图 1-15），物体虽相对于支承面有滑动趋势，但并不开始运动，这是由于物体与支承面之间出现了摩擦力，它与力 $\boldsymbol{F}$ 相互平衡，所以，物体相对于支承面仍为静止，这个摩擦力叫作**静摩擦力**，以 $\boldsymbol{F}_{f0}$ 表示. $\boldsymbol{F}_{f0}$ 的大小与物体所受的其他外力有关，需由力学方程求解，**$\boldsymbol{F}_{f0}$ 的方向总是与相对滑动趋势的方向相反.**

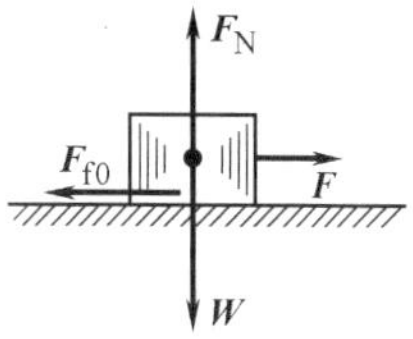

图 1-15　静摩擦力

当拉力 $\boldsymbol{F}$ 逐渐增大到一定程度时，物体将要开始滑动，这表明静摩擦力并非可以无限度地增大，而是有一最大限度，称为**最大静摩擦力**. 根据实验，最大静摩擦力的大小 F_{fmax} 与接触面间的法向支承力（亦称**正压力**）的大小 F_N 成正比，即

$$F_{fmax}=\mu' F_N \tag{1-50}$$

㊀ 读者特别要注意"相对"两字. 这里是指彼此接触的两个物体中的任一个物体相对于另一个物体存在着运动或运动趋势. 例如，汽车相对于地面朝前运动，这是指观察者立足于地面所看到的；如果观察者站在汽车上，他就可以说，地面相对于汽车同时在后退，这就是地面与汽车存在着相对运动的情况. 若汽车静止在地面上，则两者虽有接触，但无相对运动. 如果用一外力推汽车，汽车未动，这是由于地面对汽车存在着阻碍相对运动的摩擦力；而不能说外力对改变汽车运动状态的效应消失了. 因此，这时汽车与地面虽无相对运动，但彼此相对运动的趋势是存在的. 亦即，假想没有摩擦力的话，汽车在推力作用下，将相对于地面运动了，其运动方向，即为汽车沿地面的相对运动趋势的方向；同时，地面相对于汽车则存在着与之相反的相对运动趋势.

式中，μ'称为**静摩擦因数**，它与两物体接触面的材料性质、粗糙程度、干湿情况等因素有关，通常由实验测定，或查阅有关物理手册.

显然，静摩擦力的大小介于零与最大静摩擦力之间，即

$$0 < F_{f0} \leqslant F_{fmax} \tag{1-51}$$

在许多场合下，静摩擦力可以是一种驱动力. 例如，汽车行驶的驱动力就是凭借后轮轮胎与地面之间的静摩擦力；人们走路，就是依靠脚底与地面之间的静摩擦力. 否则将寸步难移.

2. 滑动摩擦力

当作用于上述物体的力 $\boldsymbol{F}$ 超过最大静摩擦力而发生相对运动时，两接触面之间的摩擦力称为**滑动摩擦力**. 滑动摩擦力的方向与两物体之间相对滑动的方向相反；滑动摩擦力的大小 F_f 也与法向支承力的大小 F_N 成正比，即

$$F_f = \mu F_N \tag{1-52}$$

式中，μ 称为**动摩擦因数**，通常它比静摩擦因数稍小一些，计算时，一般可不加区别，近似地认为 $\mu = \mu'$.

至于滑动摩擦力的方向，总是与物体相对运动的方向相反. 读者仍需注意“相对”两字. 例如，自行车的前轮是被动轮，当自行车后轮受地面作用的静摩擦力 $\boldsymbol{F}_{f1}$ 而前进时（图 1-16），就推动前轮相对于地面的接触点向前滚动，从而地面对它作用着向后的滑动摩擦力 $\boldsymbol{F}_{f2}$.

图 1-16　自行车轮所受的摩擦力

3. 黏滞阻力

以上所说的仅是固体之间的摩擦力. 另外，当固体在流体（液体、气体等）中运动时，或流体内部的各部分之间存在相对运动时，流体与固体之间或流体内部相互之间也存在着一种摩擦力，称为**黏滞阻力**或**黏性阻力**，记作 $\boldsymbol{F}_r$. 黏滞阻力的大小主要取决于固体或流体的速度，但也与固体的形状、流体的性质等因素有关. 本书中如不特别指出，均不考虑这种阻力，例如空气阻力等.

问题 1-19　（1）“摩擦力是阻碍物体运动的力”或“摩擦力总是与物体运动的方向相反”，这种说法为什么是不妥当的？你如何理解“相对滑动”和“相对滑动趋势”？如何判断静摩擦力和滑动摩擦力的方向？它们的大小如何决定？如何判断究竟真正发生了滑动还是仅仅有滑动趋势？

（2）重力为 98N 的物体静置在平地上，物体与地面间的静摩擦因数 $\mu' = 0.5$. 今以水平向右的力 $F = 0.1\text{N}$ 推物体，问地面对物体作用的摩擦力的方向如何？摩擦力的大小是否为 $F_{f0} = \mu' F_N = 0.5 \times 98\text{N} = 49\text{N}$？如果是的话，物体将会朝什么方向运动？不然的话，物体受到的摩擦力应为多大？

问题 1-20　人推小车时，小车也推人. 结果，小车向前行而人不向后退，这是为什么？试分析一下人和小车各受哪些力的作用. 小车向前行而人不向后退的情况，是否仅由小车与人之间的相互作用力所决定的？

问题 1-21　根据下述题设，检查问题 1-21 图中物体 A 的示力有无错误. 如有错误，试重新绘图订正.

a）已知物体 A 与斜面之间的摩擦因数为 $\mu = 0.64$，物体 A 以初速 $v_0 = 25\text{m} \cdot \text{s}^{-1}$ 沿斜面上滑到最高点 P.

b）绳拉一个小木块 A 绕 O 点在平地上循逆时针转向做圆周运动.

c）砖夹在提升力 $\boldsymbol{F}_T$ 作用下，夹起一块混凝土砌块 A 上升.

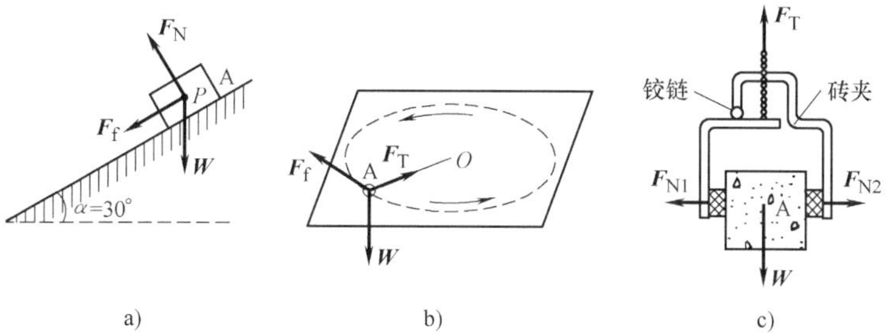

问题 1-21 图

1.9　牛顿运动定律应用示例

应用牛顿运动定律求解质点动力学问题，通常都是以牛顿第二定律为核心而展开的. 大致有下述两类问题：

（1）已知质点运动函数，对其求导，可得加速度；再由 $\boldsymbol{F}=m\boldsymbol{a}$，就可求质点所受的合外力.

（2）已知质点所受的合外力，求质点的运动规律. 若质点所受的是变力，则把 $\boldsymbol{F}=m\boldsymbol{a}$ 写成微分方程 $\boldsymbol{F}=m\mathrm{d}\boldsymbol{v}/\mathrm{d}t$ 或 $\boldsymbol{F}=m\mathrm{d}^2\boldsymbol{r}/\mathrm{d}t^2$，结合初始条件，进行积分，就可解得质点运动函数.

应用牛顿第二定律求解问题的一般步骤为：

（1）根据题设条件和需求，有目的地选取一个或几个物体，分别隔离出来，称为**隔离体**；以此作为研究对象.

（2）选定可以作为惯性系的参考系.

（3）分析隔离体的受力情况，画**示力图**，并标示出其运动情况.

（4）按牛顿第二定律的表达式 $\boldsymbol{F}=m\boldsymbol{a}$［式(1-42)］列出质点运动方程（矢量式）.

（5）在惯性参考系中建立合适的坐标轴，对上述矢量形式的质点运动方程，写出它沿各坐标轴的分量式［参阅式（1-43）或式（1-44）］.

（6）解出用字母表示的所求结果（代数式）；如题中给出已知量的具体数据，应将各量统一换算成用国际制单位来表示，再代入用字母表示的式中，算出具体答案. 必要时，还应对所得结果进行讨论.

> 读者亦可不列出矢量形式的质点运动方程，直接按所选定的坐标轴列出与之等价的一组运动方程分量（标量）式，在本书中有时就是这样做的.

其中，正确无误地分析隔离体的受力情况和画出示力图，乃是解决力学问题的关键性一步. 否则，按照不准确的示力图去列式计算，是徒劳无益的，只能得出错误的答案.

鉴于力是物体之间的相互作用，因此，对所选定的隔离体分析受力情况时，除了重力和已知外力可先在示力图上画出外，接下来应无遗漏地逐一考察该隔离体与哪些物体存在着相互接触或联系，经过判断，如果它们在接触或联系处对该隔离体有弹性力或摩擦力等作用，亦在示力图上逐个画出，并标出各力的方向.

例题 1-10　质量为 m 的小艇在靠岸时关闭发动机，此时的船速为 v_0. 设水对小艇的阻力 $\boldsymbol{F}_r$ 正比于船速 v，其大小为 $F_r = kv$（系数 k 为正的恒量），问小艇在关闭发动机后还能前进多远？

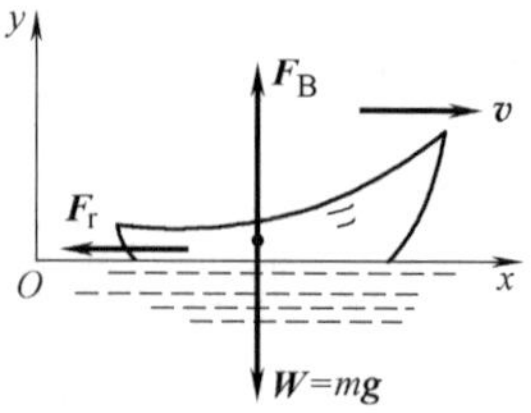

例题 1-10 图

解　小艇受重力 $\boldsymbol{W}=m\boldsymbol{g}$、水对它的浮力 $\boldsymbol{F}_B$ 和阻力 $\boldsymbol{F}_r$ 三力，其方向如例题 1-10图所示.

按牛顿第二定律，小艇的运动方程为

$$\boldsymbol{W}+\boldsymbol{F}_B+\boldsymbol{F}_r=m\boldsymbol{a}$$

小艇的运动方程在所取坐标系 Oxy 中分别沿 Ox 轴、Oy 轴方向的分量式为

$$-F_r = ma_x \tag{a}$$

$$F_B - mg = ma_y \tag{b}$$

式中，由于沿 Oy 轴方向水对小艇的浮力 $\boldsymbol{F}_B$ 和重力 $\boldsymbol{W}$ 平衡，故 $a_y=0$；阻力 $F_r=kv$. 今设小艇沿水面上的 Ox 轴的运动速度大小为 v，则 $a_x=\mathrm{d}v/\mathrm{d}t=(\mathrm{d}v/\mathrm{d}x)(\mathrm{d}x/\mathrm{d}t)=v(\mathrm{d}v/\mathrm{d}x)$. 将这些量代入式（a），化简得

$$\frac{\mathrm{d}v}{\mathrm{d}x}=-\frac{k}{m}$$

当 $x=0$ 时，$v=v_0$，积分上式，有

$$\int_{v_0}^{v}\mathrm{d}v=-\int_0^x\frac{k}{m}\mathrm{d}x$$

即

$$v=v_0-\frac{kx}{m}$$

当 $v=0$ 时，由上式可得小艇前进的距离为

$$x=\frac{mv_0}{k}$$

说明　从本题的要求来说，式（b）无助于求解，故亦可不列出此式.

例题 1-11　试计算一质量为 m 的小球在阻尼介质（水、空气或油等，这里是指水）中竖直沉降的速度. 已知：水对小球的浮力为 $\boldsymbol{F}_B$，水对小球运动的黏性阻力为 $\boldsymbol{F}_r$，其大小为 $F_r=\gamma v$. 式中，v 为小球在水中运动的速度；γ 是与小球的半径、水的黏性等有关的一个恒量.

解　小球受重力 $\boldsymbol{W}=m\boldsymbol{g}$、浮力 $\boldsymbol{F}_B$ 和黏滞阻力 $\boldsymbol{F}_r$ 作用，各力方向如例题 1-11 图 a 所示. 按牛顿第二定律，有

$$\boldsymbol{W}+\boldsymbol{F}_B+\boldsymbol{F}_r=m\boldsymbol{a}$$

取 Ox 轴方向竖直向下，并将小球开始下落处取为 Ox 轴的原点 O，列出上述运动方程沿 Ox 轴的分量式为

$$mg-F_B-\gamma v=ma \tag{a}$$

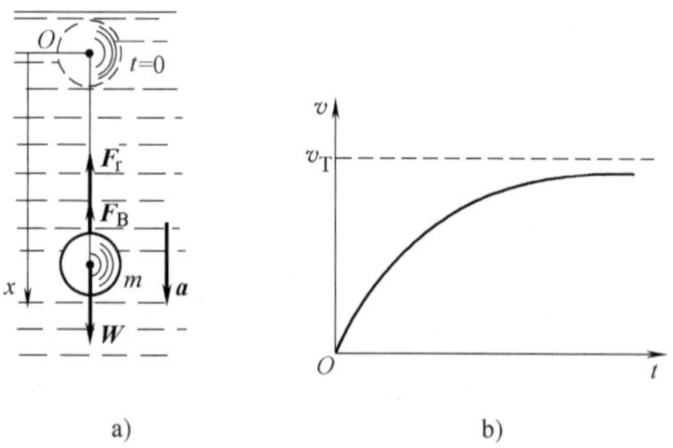

例题 1-11 图

显然，当小球开始下落时，即 $t=0$ 时，$x=0$，$v=0$，则由式（a）可知，这时，加速度却具有最大值 $a=g-F_B/m$. 继而，沉降速度 v 逐渐增加，黏滞阻力也随之增大，小球的加速度就逐渐减小. 当小球的加速度减小到零时，其速度称为**收尾速度**，记作 v_T，由式（a）可得小球的收尾速度为

$$v_T=\frac{mg-F_B}{\gamma} \tag{b}$$

这时，小球所受的重力 $\boldsymbol{W}$、浮力 $\boldsymbol{F}_B$ 和黏性阻力 $\boldsymbol{F}_r$ 三者达到平衡；此后，小球将以收尾速度 v_T 匀速地沉降. 由式（b）得 $\gamma v_T=mg-F_B$，并代入式（a），有

$$\gamma(v_T-v)=m\frac{\mathrm{d}v}{\mathrm{d}t}$$

分离变量，并积分之，有

$$\int_0^v \frac{\mathrm{d}v}{v_T - v} = \int_0^t \frac{\gamma}{m}\mathrm{d}t$$

可解得

$$v = v_T\left(1 - e^{-\frac{\gamma}{m}t}\right) \tag{c}$$

上述 v 与 t 的关系曲线如例题1-11图b所示.

说明　利用收尾速度的概念可解释许多常见的现象. 例如，轮船的速度不能无限制地增大. 这是由于黏滞阻力随速度而变，当船速达到收尾速度 v_T 后，阻力已增大到与轮船推进力相平衡，即推进力已全部用于克服阻力，故不可能再加速，而以匀速行驶. 又如，飞行员的跳伞、江河中的泥沙沉降和空气中的尘粒或雨滴降落等，当达到重力、阻力与浮力三者平衡时，亦以收尾速度下降.

从式（c）还可看出，小球在阻尼介质中的沉降速度 v 与 γ 有关，而实验表明，γ 又与小球的半径有关. 这样，大小不同的小球在同一介质中将具有不同的沉降速度. 据此，在工农业生产中（例如选矿、净化颗粒等）常可用来分离不同粒径的球状微粒.

例题1-12　如例题1-12图所示，一长为 l 的细绳，上端固定于 O' 点，下端拴一质量为 m 的小球. 当小球在水平面上以匀角速 ω 绕竖直轴 OO' 做圆周运动时，绳子将画出一圆锥面，故这种装置被称为**圆锥摆**. 求此时绳与竖直轴所成的夹角 θ.

解　小球在水平面上做圆周运动的任一时刻，受重力 $\boldsymbol{W}=m\boldsymbol{g}$ 和绳的拉力 $\boldsymbol{F}_T$ 作用，其加速度为 $\boldsymbol{a}$，且恒指向圆心 O；小球所受 $\boldsymbol{W}$、$\boldsymbol{F}_T$ 的合力，其方向应与加速度 $\boldsymbol{a}$ 的方向一致. 故在任一时刻，$\boldsymbol{W}$、$\boldsymbol{F}_T$ 与 $\boldsymbol{a}$ 三者必处于同一竖直面内. 据此，我们就可以在运动过程中任一时刻的这样竖直平面内，建立一个与地面相连接的平面坐标系 Oxy，如例题1-12图所示. 于是，也可直接写出沿 Ox、Oy 轴方向的分量式，即

$$\left.\begin{aligned} F_T\sin\theta &= ma_x \\ -W + F_T\cos\theta &= ma_y \end{aligned}\right\}$$

由于小球在竖直方向无运动，即 $a_y=0$；而 $a_x = R\omega^2 = (l\sin\theta)\omega^2$ 为小球向心加速度，代入上两式，可求得

$$\theta = \arccos\frac{g}{l\omega^2}$$

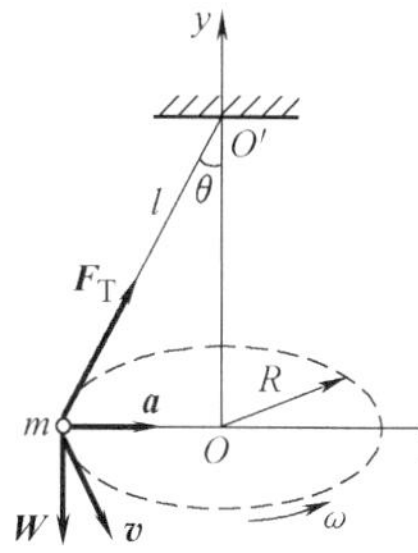

例题1-12图

讨论　由上式可知，若角速度 ω 与绳长 l 已定，则 θ 也就一定. 若角速度 ω 增大，$\cos\theta$ 就减小，θ 便增大，因而 $R=l\sin\theta$ 也随之增大；反之亦然. 工厂里常见的离心调速器就是根据圆锥摆的这一原理做成的.

例题1-13　如果人造地球卫星绕地球中心的角速度 ω 等于地球自转的角速度，则这种与地球同步运转的卫星叫作**同步卫星**. 试求在地球赤道平面上空的同步卫星与地球中心的距离.

解　设地球中心与此卫星的距离为 r，且它们的质量分别为 m_e 和 m. 由于卫星在高空运行时，空气阻力可忽略不计，故仅受地球对它作用的万有引力 $\boldsymbol{F}$，其大小为 $F=G\dfrac{m_e m}{r^2}$，其方向指向地球中心. 显然，力 $\boldsymbol{F}$ 是使卫星绕地球中心以角速度 ω 做匀速率圆周运动的向心力，相应的向心加速度为 $a_n = r\omega^2$. 按牛顿第二定律的法向分量式（1-44），有

$$G\frac{m_e m}{r^2} = mr\omega^2$$

从而得出此卫星与地球中心的距离为

$$r = \sqrt[3]{\frac{Gm_e}{\omega^2}}$$

例题1-14　质量分别为 $m_1=5\text{kg}$、$m_2=3\text{kg}$ 的两物体A、B在水平桌面上靠置在一起，如例题1-14图a所示.

在物体A上作用一水平向左的推力 $F=10\mathrm{N}$，不计摩擦力，求两物体的加速度及其相互作用力，以及桌面作用于两物体上的支承力.

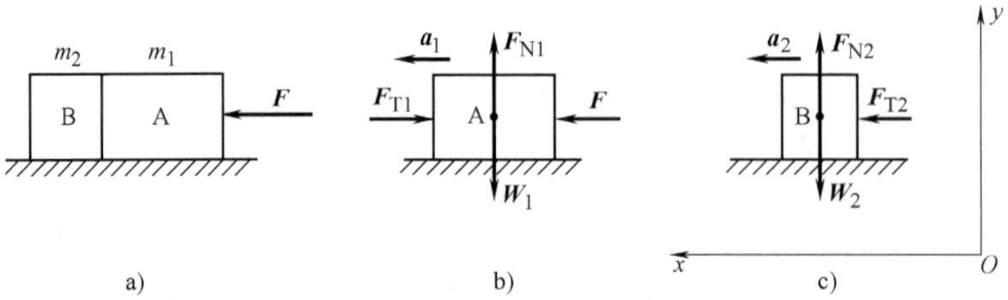

例题1-14图

分析　本题研究的对象不止一个物体，并且还要求解物体间的相互作用力，因此在求解时，须分别取物体A和B为隔离体.

解　(1) 分别选取物体A和B为隔离体.

(2) 以地面为惯性系，按题意分析物体A和B的受力和运动情况.

物体A受四个力作用：已知的外力 $\boldsymbol{F}$、重力 $\boldsymbol{W}_1=m_1\boldsymbol{g}$、桌面的支承力 $\boldsymbol{F}_{\mathrm{N1}}$ 和物体B对它的作用力 $\boldsymbol{F}_{\mathrm{T1}}$（这是由于在推力 $\boldsymbol{F}$ 的作用下，物体A、B间相互挤压而引起的弹性力），它们的方向如例题1-14图b所示. 设物体A的加速度为 $\boldsymbol{a}_1$.

物体B受三个力作用：重力 $\boldsymbol{W}_2=m_2\boldsymbol{g}$、桌面的支承力 $\boldsymbol{F}_{\mathrm{N2}}$ 和物体A对它的作用力 $\boldsymbol{F}_{\mathrm{T2}}$，方向如例题1-14图c所示. 设物体B的加速度为 $\boldsymbol{a}_2$.

(3) 按牛顿第二定律，分别列出物体A和B的运动方程：

$$\left.\begin{aligned}&\text{物体A}\quad \boldsymbol{W}_1+\boldsymbol{F}+\boldsymbol{F}_{\mathrm{N1}}+\boldsymbol{F}_{\mathrm{T1}}=m_1\boldsymbol{a}_1\\&\text{物体B}\quad \boldsymbol{W}_2+\boldsymbol{F}_{\mathrm{N2}}+\boldsymbol{F}_{\mathrm{T2}}=m_2\boldsymbol{a}_2\end{aligned}\right\}\tag{a}$$

(4) 选取坐标系，给出上述运动方程的分量式. 初看起来，两物体都做水平运动，只要取水平的 Ox 轴就行了；但题中尚需求竖直方向的支承力，因而还得取 Oy 轴. 今选取 Oy 轴方向竖直向上，Ox 轴方向水平向左，则物体A、B的运动方程沿 Ox 轴、Oy 轴的分量式分别为

$$\text{物体A}\quad\left.\begin{aligned}F-F_{\mathrm{T1}}&=m_1a_1\\F_{\mathrm{N1}}-m_1g&=0\end{aligned}\right\}\qquad\text{物体B}\quad\left.\begin{aligned}F_{\mathrm{T2}}&=m_2a_2\\F_{\mathrm{N2}}-m_2g&=0\end{aligned}\right\}\tag{b}$$

(5) 求解. 由于两物体在外力 $\boldsymbol{F}$ 作用下紧靠在一起运动，它们的加速度必相同，其大小以 a 表示，即 $a_1=a_2=a$，又因物体A、B间的相互作用力 $\boldsymbol{F}_{\mathrm{T1}}$、$\boldsymbol{F}_{\mathrm{T2}}$ 是一对作用力与反作用力，大小相等，以 F_{T} 表示，即 $F_{\mathrm{T1}}=F_{\mathrm{T2}}=F_{\mathrm{T}}$，则由式(b)解得

$$F_{\mathrm{T}}=\frac{m_2}{m_1+m_2}F,\qquad a=\frac{F}{m_1+m_2}\tag{c}$$

$$F_{\mathrm{N1}}=m_1g,\qquad F_{\mathrm{N2}}=m_2g\tag{d}$$

(6) 计算. 将 $m_1=5\mathrm{kg}$、$m_2=3\mathrm{kg}$、$F=10\mathrm{N}=10\mathrm{kg\cdot m\cdot s^{-2}}$ 代入式(c)、式(d)中的各式，读者可自行算出物体的加速度、两物体之间的相互作用力和桌面对物体A、B的支承力分别为

$$a=1.25\mathrm{m\cdot s^{-2}},\quad F_{\mathrm{T}}=3.75\mathrm{N},\quad F_{\mathrm{N1}}=49\mathrm{N},\quad F_{\mathrm{N2}}=29.4\mathrm{N}$$

讨论　在式(c)中，$m_2/(m_1+m_2)<1$，所以 $F_{\mathrm{T}}<F$. 如果 $m_1\gg m_2$，则两物体间的相互作用力 $F_{\mathrm{T}}\approx0$；若 $m_1\ll m_2$，则 $F_{\mathrm{T}}\approx F$，这相当于外力 $\boldsymbol{F}$ 的大小通过物体A不变地传递到物体B.

说明　如果本例的物体A、B不是独立的两个物体，而是一个物体不可分割的两部分，则 $\boldsymbol{F}_{\mathrm{T1}}$、$\boldsymbol{F}_{\mathrm{T2}}$ 就是这物体内相邻两部分的交界面之间的相互作用力，它们都称为物体的**内力**. 物体的内力总是成对出现的，它们是一对作用力与反作用力，服从牛顿第三定律.

设想用一截面将物体隔离成 A、B 两部分，如果 A、B 在截面处相互作用的内力 $\boldsymbol{F}_{T1}$、$\boldsymbol{F}_{T2}$ 的方向都是分别朝向截面的，这样的内力叫作**压力**，本例图示的 $\boldsymbol{F}_{T1}$、$\boldsymbol{F}_{T2}$ 两力就是压力；如果这对内力 $\boldsymbol{F}_{T1}$、$\boldsymbol{F}_{T2}$ 的方向都是分别背离截面的，这样的内力叫作**张力**．如杆件或绳索受拉时，其内部相互作用的内力就是张力．

在材料力学、结构力学和流体力学中，内力的分析是极其重要的．分析内力的方法，通常就是利用隔离体法，即在物体（固体或流体）内部取一截面，将物体假想分割成为两部分，以暴露出这两部分间相互作用的内力，然后再根据力学方法求出内力．因此，隔离体法不仅可用在上述由几个物体组成的分立的物体系统上，也可以用在连续的物体系统（如流体、固体等）上．

例题 1-15　如例题 1-15 图 a 所示，质量分别为 m_1、m_2 的物体 B_1 和 B_2，分别放置在倾角为 α 和 β 的斜面上，借一跨过轻滑轮 P 的细绳相连接，设此两物体与斜面的摩擦因数皆为 μ．求物体的加速度．

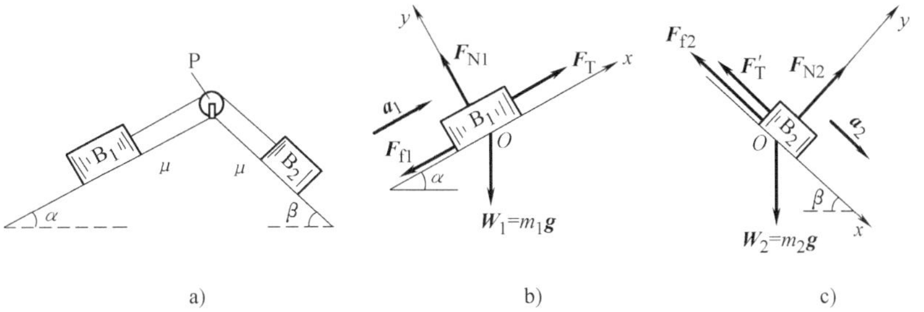

例题 1-15 图

解　取物体 B_1 和 B_2 为隔离体，它们的受力情况如例题 1-15 图 b、c 所示．设物体 B_1 上滑，物体 B_2 下滑，则物体 B_1、B_2 所受绳子的拉力分别为 $\boldsymbol{F}_T$、$\boldsymbol{F}'_T$，而两斜面各对物体 B_1、B_2 的摩擦力分别为 $\boldsymbol{F}_{f1}$、$\boldsymbol{F}_{f2}$，则按牛顿第二定律，物体 B_1 和 B_2 的运动方程分别为

$$\boldsymbol{W}_1+\boldsymbol{F}_{N1}+\boldsymbol{F}_T+\boldsymbol{F}_{f1}=m_1\boldsymbol{a}_1$$

$$\boldsymbol{W}_2+\boldsymbol{F}_{N2}+\boldsymbol{F}'_T+\boldsymbol{F}_{f2}=m_2\boldsymbol{a}_2$$

选取图示的 Ox 轴和 Oy 轴，则上两式沿 Ox、Oy 轴的分量式分别为

$$F_T-m_1g\sin\alpha-F_{f1}=m_1a_1 \tag{a}$$

$$F_{N1}-m_1g\cos\alpha=0 \tag{b}$$

$$m_2g\sin\beta-F'_T-F_{f2}=m_2a_2 \tag{c}$$

$$F_{N2}-m_2g\cos\beta=0 \tag{d}$$

且

$$F_T=F'_T \tag{e}$$

$$F_{f1}=\mu F_{N1} \tag{f}$$

$$F_{f2}=\mu F_{N2} \tag{g}$$

因为 $a_1=a_2=a$，联立求解式（a）～式（g），得物体的加速度

$$a=\frac{m_2g(\sin\beta-\mu\cos\beta)-m_1g(\sin\alpha+\mu\cos\alpha)}{m_1+m_2}$$

讨论　（1）当 $m_2g(\sin\beta-\mu\cos\beta)-m_1g(\sin\alpha+\mu\cos\alpha)>0$，即 $\frac{m_2}{m_1}>\frac{\sin\alpha+\mu\cos\alpha}{\sin\beta-\mu\cos\beta}$ 时，$a>0$，则物体 B_1 上滑，物体 B_2 下滑．

（2）当 $\frac{m_2}{m_1}=\frac{\sin\alpha+\mu\cos\alpha}{\sin\beta-\mu\cos\beta}$ 时，$a=0$，则物体 B_1 与 B_2 皆静止或以初速沿斜面做匀速运动．

（3）同理，设物体 B_2 上滑、物体 B_1 下滑，这时，除摩擦力 $\boldsymbol{F}_{f1}$、$\boldsymbol{F}_{f2}$ 的方向改变以外，其他情况皆相同，读者可自行求出此时物体的加速度．

例题 1-16　(1) 如例题 1-16 图所示，质量分别为 m_1 和 m_2 的两物体 A、B 与一个定滑轮和一个动滑轮用细绳按照图示的方式连接起来. 滑轮和绳的质量以及它们之间的摩擦力均可不计. 试求两物体的加速度及绳中张力. (2) 若 $m_2=50\text{kg}$，另一端将物体换成一只质量为 $m_1=20\text{kg}$ 的猴子，猴子抓住绳子向上攀登. 求证：当猴子以加速度 $g/4$ 攀登时，物体 B 在整个时间内都位于同一高度.

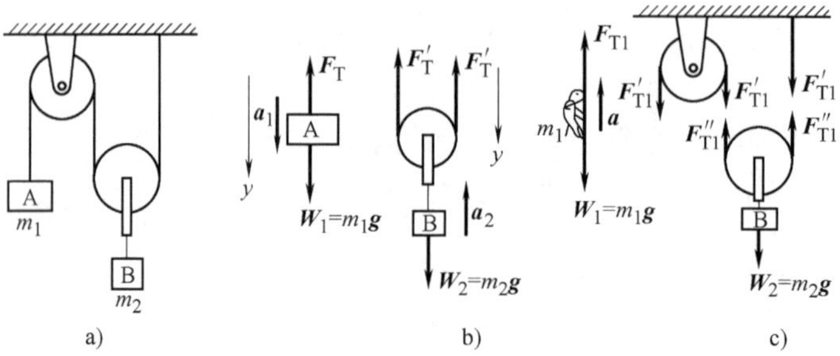

例题 1-16 图

解　(1) 如例题 1-16 图 b 所示，分别列出两物体 A、B 的运动方程沿竖直向下的 y 轴方向的分量式. 即

$$m_1g-F_T=m_1a_1$$

及

$$\left.\begin{aligned}-2F'_T+m_2g&=-m_2a_2\\a_1&=2a_2\\F'_T&=F_T\end{aligned}\right\}$$

联立求解上述方程组，得两物体的加速度 a_1、a_2 及绳中的张力 F_T 为

$$a_1=\frac{2(2m_1-m_2)g}{4m_1+m_2},\qquad a_2=\frac{(2m_1-m_2)g}{4m_1+m_2},\qquad F_T=\frac{3m_1m_2g}{4m_1+m_2}$$

(2) 如例题 1-16 图 c 所示，分别列出猴子和物体 B 的运动方程沿竖直方向（取向上为正）的分量式：

$$\left.\begin{aligned}F_{T1}-m_1g&=m_1a\\F''_{T1}+F''_{T1}&=m_2g\end{aligned}\right\}$$

且

$$F_{T1}=F'_{T1}=F''_{T1}$$

联立以上各式，并按题设，解算出猴子的加速度 a 为

$$a=\frac{(m_2g/2)-m_1g}{m_1}=\frac{[(50/2)-20]g}{20}=\frac{g}{4}$$

[大国名片] 北斗卫星导航系统

2020 年 6 月 23 日，我国成功发射北斗系统第 55 颗导航卫星，即北斗三号最后一颗全球组网卫星，至此，北斗三号全球卫星导航系统星座部署比原计划提前半年全面完成。2020 年 7 月 31 日，北斗三号全球卫星导航系统建成暨开通仪式在人民大会堂举行，习近平总书记宣布北斗三号全球卫星导航系统正式开通。中国北斗卫星导航系统（BDS）是中国自行研制的全球卫星导航系统，也是继美国全球定位系统（GPS）、俄罗斯格洛纳斯卫星导航系统（GLONASS）之后第三个成熟的卫星导航系统，是联合国卫星导航委员会已认定的供应商。目前，全世界一半以上的国家都开始使用北斗系统。后续，中国北斗将持续参与国际卫星导航事务，推进多系统兼容共用，开展国际交流合作，根据世界民众需求推动北斗海外应用，共享北斗最新发展成果。

北斗卫星导航系统是中国着眼于国家安全和经济社会发展需要，自主建设运行的全球

卫星导航系统，是为全球用户提供全天候、全天时、高精度的定位、导航和授时服务的国家重要时空基础设施。北斗系统为经济社会发展提供重要时空信息保障，是中国实施改革开放 40 余年来取得的重要成就之一，是新中国成立 70 年来重大科技成就之一，是中国贡献给世界的全球公共服务产品。

[大国名片] 中国高铁

从世界范围来看，与发达国家相比，中国高铁发展起步较晚。从引进技术到不断创新，中国高铁以前所未有的发展规模、运营时速和技术水平，创造了从“追赶者”到“引领者”的发展成就。

我国已成功建设了世界上规模最大、现代化水平最高的高速铁路网。同时，我国高铁平均票价约为其他国家的 1/3 至 1/4。以 2008 年我国第一条设计时速 350 公里的京津城际铁路建成运营为标志，一大批高铁相继建成投产。特别是党的十八大以来，我国高铁发展进入快车道，年均投产 3500 公里，发展速度之快、质量之高令世界惊叹。

——运营里程世界最长。到 2021 年年底，我国高铁营业里程突破 4 万公里，占世界高铁总里程的 2/3 以上；其中时速 300 至 350 公里的高铁运营里程 1.57 万公里，占比 39%；时速 200 至 250 公里的高铁运营里程 2.44 万公里，占比 61%。

——商业运营速度世界最快。目前，在京沪高铁、京津城际、京张高铁、成渝高铁、京广高铁京武段近 3200 公里的线路上，“复兴号”列车常态化按时速 350 公里运营。我国成为世界上唯一实现高铁时速 350 公里商业运营的国家，树起了世界高铁商业化运营标杆，以最直观的方式向世界展示了“中国速度”。

——运营网络通达水平世界最高。从林海雪原到江南水乡，从大漠戈壁到东海之滨，我国高铁跨越大江大河、穿越崇山峻岭、通达四面八方，“四纵四横”高铁网已经形成，“八纵八横”高铁网正加速成型，全国 99% 的 20 万人口以上城市实现铁路网覆盖，全国 94.9% 的 50 万人口以上城市实现高铁覆盖。

中国高铁已走出国门，成为代表中国形象的亮丽名片。2015 年 6 月 18 日，中国与俄罗斯签署莫斯科—喀山段的高速铁路项目。2017 年 4 月 14 日，中国与印度尼西亚签署雅加达至万隆高速铁路项目。

党的十八大以来，我国铁路发展坚定不移走自主创新之路，持续提升科技自立自强能力，从桥梁、隧道、无砟轨道等线路工程，到牵引供电和列车运行控制系统，再到高速列车的研制，中国的高速铁路走出了一条独具特色的创新之路，推动中国在这一领域占据世界领先地位。从一无所有，到构建起完备、成熟的技术体系，这一奋斗历程既坎坷曲折，又波澜壮阔。当中国迈入高铁时代，高速铁路不仅为人们构筑起生活新时空，也为社会提供了优质的公共产品，并成为经济社会发展的强大推动力。

习　题　1

1-1　若某质点做直线运动的运动学方程为 $x=3t-5t^3+6$（SI），则该质点做

（A）匀加速直线运动，加速度沿 x 轴正方向．

（B）匀加速直线运动，加速度沿 x 轴负方向．

（C）变加速直线运动，加速度沿 x 轴正方向．

（D）变加速直线运动，加速度沿 x 轴负方向．［　　］

1-2　一质点做直线运动，某时刻的瞬时速度 $v=2\text{m}\cdot\text{s}^{-1}$，瞬时加速度 $a=-2\text{m}\cdot\text{s}^{-2}$，则 1s 后质点的速度

（A）等于零．　（B）等于 $-2\text{m}\cdot\text{s}^{-1}$．　（C）等于 $2\text{m}\cdot\text{s}^{-1}$．　（D）不能确定．［　　］

1-3　质点沿半径为 R 的圆周做匀速率运动，每 T 时间转一圈．在 $2T$ 时间间隔中，其平均速度大小与平均速率大小分别为

（A）$2\pi R/T$，$2\pi R/T$．　（B）0，$2\pi R/T$．　（C）0，0．　（D）$2\pi R/T$，0．［　　］

1-4　如习题 1-4 图所示，一光滑的内表面半径为 10cm 的半球形碗，以匀角速度 ω 绕其对称 OC 旋转．已知放在碗内表面上的一个小球 P 相对于碗静止，其位置高于碗底 4cm，则由此可推知碗旋转的角速度约为

（A）$10\text{rad}\cdot\text{s}^{-1}$．　（B）$13\text{rad}\cdot\text{s}^{-1}$．

（C）$17\text{rad}\cdot\text{s}^{-1}$．　（D）$18\text{rad}\cdot\text{s}^{-1}$．［　　］

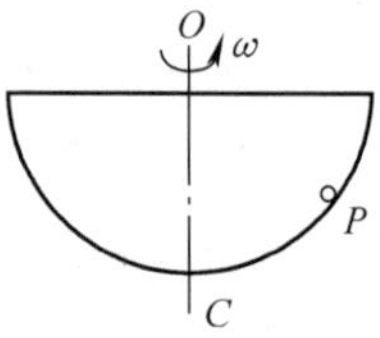

习题 1-4 图

1-5　一质点沿 x 方向运动，其加速度随时间的变化关系为

$$a=3+2t\quad(\text{SI})$$

如果初始时刻质点的速度 v_0 为 $5\text{m}\cdot\text{s}^{-1}$，则当 t 为 3s 时，质点的速度 $v=$________．

1-6　灯距离地面高度为 h_1，一个人身高为 h_2，在灯下以匀速率 v 沿水平直线行走，如习题 1-6 图所示．他的头顶在地上的影子 M 点沿地面移动的速度为________．

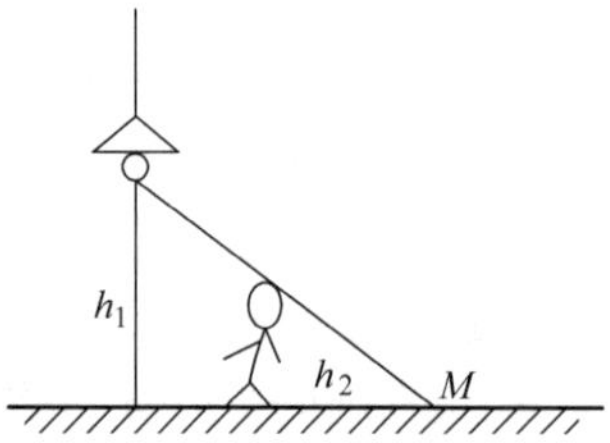

习题 1-6 图

1-7　质点沿半径为 R 的圆周运动，运动学方程为

$$\theta=3+2t^2\quad(\text{SI})$$

则 t 时刻质点的法向加速度大小为 $a_n=$________；角加速度 $\beta=$________．

1-8　一物体做如习题 1-8 图所示的斜抛运动，测得在轨道 A 点处速度的大小为 v，其方向与水平方向夹角成 30°．则物体在 A 点的切向加速度 $a_t=$________，轨道的曲率半径 $\rho=$________．

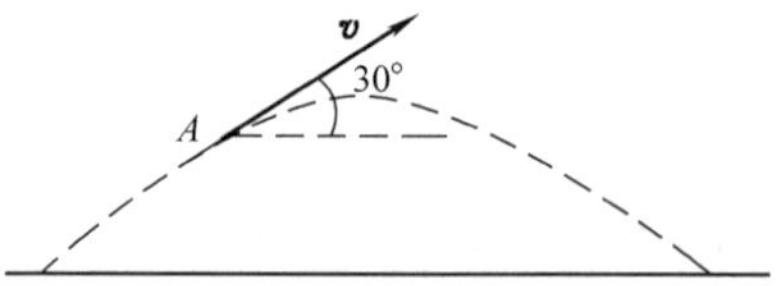

习题 1-8 图

1-9　质量为 m 的小球，用轻绳 AB、BC 连接，如习题1-9 图所示，其中 AB 水平．剪断绳 AB 前后的瞬间，绳 BC 中的张力比 $F_T : F'_T=$________．

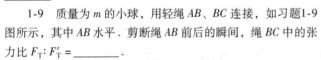

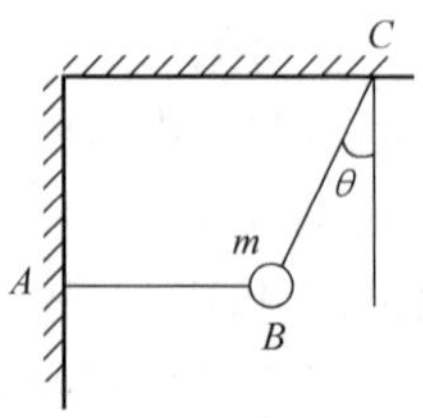

习题 1-9 图

1-10　一质点沿 x 轴运动，其加速度 a 与位置坐标 x 的关系为

$$a=2+6x^2\quad(\text{SI})$$

如果质点在原点处的速度为零，试求其在任意位置处的速度．

1-11　有一质点沿 x 轴做直线运动，t 时刻的坐标为 $x=4.5t^2-2t^3$（SI）．试求：

（1）第 2s 内的平均速度；

（2）第 2s 末的瞬时速度；

（3）第 2s 内的路程．

1-12　为了估测上海市杨浦大桥桥面离黄浦江正常水面的高度，可在静夜时从桥栏旁向水面自由释放一颗石子，同时用秒表大致测得经过 3.3s 在桥面上听到石子击水声．已知声音在空气中传播的速度为 330m/s，试估算桥面离江面有多高？

1-13　如习题 1-13 图所示，一条质量分布均匀的绳子，质量为 m、长度为 L，一端拴在竖直转轴 OO' 上，并以恒定角速度 ω 在水平面上旋转. 设转动过程中绳子始终伸直不打弯，且忽略重力，求距转轴为 r 处绳中的张力 $F_T(r)$.

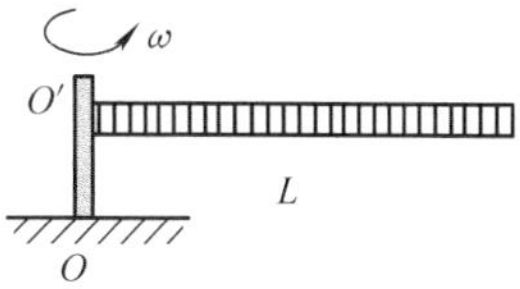

习题 1-13 图

1-14　一艘正在沿直线行驶的电艇，在发动机关闭后，其加速度方向与速度方向相反，大小与速度平方成正比，即 $dv/dt = -Kv^2$，式中，K 为常量. 试证明电艇在关闭发动机后又行驶 x 距离时的速度为 $v = v_0 \exp(-Kx)$，其中 v_0 是发动机关闭时的速度.

1-15　质量为 m 的小球，在水中受的浮力为常力 F，当它从静止开始沉降时，受到水的黏滞阻力大小为 $F_r = kv$（k 为常数）. 证明小球在水中竖直沉降的速度 v 与时间 t 的关系为

$$v = \frac{mg - F}{k}(1 - e^{-kt/m})$$

［传承·大力弘扬中国科学家精神］中国航天之父——钱学森

钱学森，世界著名科学家，空气动力学家，中国载人航天奠基人，中国科学院及中国工程院院士，被誉为“中国航天之父”和“中国导弹之父”. 1991年，国务院、中央军委授予钱学森“国家杰出贡献科学家”荣誉称号和一级英雄模范奖章. 1999年，中共中央、国务院、中央军委授予钱学森“两弹一星”功勋奖章.

中学毕业时，为了实业救国的理想，钱学森毅然报考了交通大学铁道机械工程专业. 学习期间“一·二八”事变爆发，日本对中国的狂轰滥炸刺激了钱学森，因而改学航空专业. 1934年大学毕业后，他报考了清华大学公费留学生，进入麻省理工学院学习. 之后，钱学森在美国成为世界著名空气动力学教授冯·卡门的学生，1949年任加州理工学院喷气推进中心主任、教授. 当听到新中国成立的消息后，在美国功成名就的钱学森历经磨难，在1955年终于回到了魂牵梦绕的祖国，为我国“两弹一星”事业做出了杰出贡献.

“我的事业在中国，我的成就在中国，我的归宿在中国.”——钱学森

第2章　刚体力学基础

为与刚体力学知识做对比，在正式学习本章内容之前，先介绍质点的角动量相关知识. 质点是作为抽象模型而引入的，如问题不涉及转动，或物体的大小对于研究的问题并不重要，可以将实际的物体抽象成质点.

2.1　质点的角动量守恒定律

为了便于描述物体具有转动特征的运动状态，尚需引用一个新的物理量——**角动量**.

在日常经验中，我们不难观察到，物体在外力作用下，不仅可以平动，还可以转动；而转动则与力的作用点有关. 为了考察力的不同作用点对物体转动状态的影响，还需引入**力矩**这一物理量. 正是由于力矩的时间累积效应，将引起物体角动量的改变.

2.1.1　质点的角动量

如图2-1所示，在某时刻，设一质量为 m 的质点位于 P 点时，相对于惯性系中给定的参考点 O，其位矢为 $\boldsymbol{r}$，速度为 $\boldsymbol{v}$，动量为$m\boldsymbol{v}$，则**质点位矢 $\boldsymbol{r}$ 与其动量 $m\boldsymbol{v}$ 的矢量积称为质点对定点 O 的角动量**（亦称**动量矩**），显然，它是描述质点运动状态（$\boldsymbol{r}$，$m\boldsymbol{v}$）的函数，用 $\boldsymbol{L}$ 表示，即

$$\boldsymbol{L}=\boldsymbol{r}\times m\boldsymbol{v} \tag{2-1a}$$

$\boldsymbol{L}$ 是一个矢量，按矢量积定义，$\boldsymbol{L}$ 的方向垂直于位矢 $\boldsymbol{r}$ 与动量 $m\boldsymbol{v}$ 所构成的平面（显然，此平面必通过参考点 O），并按右手螺旋法则确定其指向，如图2-1所示；$\boldsymbol{L}$ 的大小为

$$L=|\boldsymbol{L}|=mvr\sin\theta \tag{2-1b}$$

式中，θ 为 $\boldsymbol{r}$ 与 $m\boldsymbol{v}$（或 $\boldsymbol{v}$）之间小于 180°的夹角，通常将角动量矢量 $\boldsymbol{L}$ 的始端画在参考点 O 上．角动量的单位是 $\mathrm{kg \cdot m^2 \cdot s^{-1}}$（千克·米²·秒⁻¹）．

值得注意的是，由于位矢 $\boldsymbol{r}$ 总是相对于参考点而言的，因而质点的角动量（包括大小和方向）一般随所选参考点位置的不同而异．所以，在谈到角动量时，必须指明是以哪一点作为参考点的角动量．

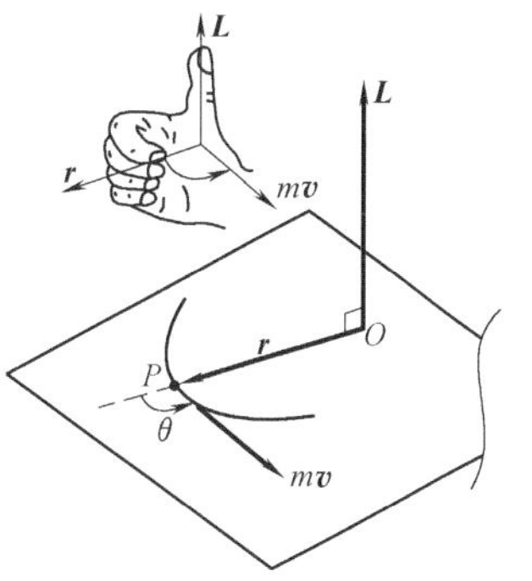

图 2-1　角动量 $\boldsymbol{L}$ 的方向

2.1.2　力矩

如图 2-2 所示，设力 $\boldsymbol{F}$ 的作用点 P 相对于惯性系中给定参考点 O 的位矢为 $\boldsymbol{r}$，则定义这个**力 $\boldsymbol{F}$ 相对于参考点 O 的力矩为**

$$\boldsymbol{M}=\boldsymbol{r}\times\boldsymbol{F} \tag{2-2a}$$

力矩是矢量，不仅与力的大小和方向有关，还与其作用点的位置有关．其大小为

$$M=|\boldsymbol{M}|=rF\sin\varphi \tag{2-2b}$$

式中，φ 是 $\boldsymbol{r}$ 与 $\boldsymbol{F}$ 之间小于 180°的夹角，$r\sin\varphi=r_{\perp}$ 是垂直于力 $\boldsymbol{F}$ 的位矢分量，亦称**力臂**．因此，**力矩的大小等于力乘力臂**．力矩的方向按右手螺旋法则确定．

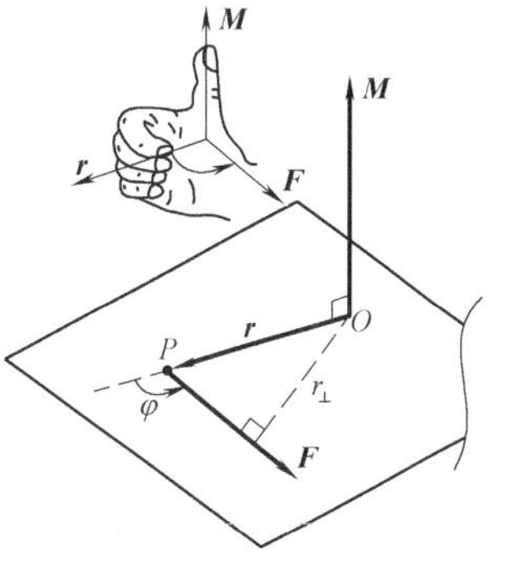

图 2-2　力矩的定义

经验表明，只有垂直于位矢的分力 $F\sin\varphi$ 才能形成力矩．当 $\varphi=0°$ 或 180°时，力的作用线通过参考点 O，它对参考点 O 的力矩 $\boldsymbol{M}=\boldsymbol{0}$.

如果质点受 n 个力 $\boldsymbol{F}_1,\boldsymbol{F}_2,\cdots,\boldsymbol{F}_n$ 作用，这些共点力对参考点 O 的力矩分别为 $\boldsymbol{M}_1=\boldsymbol{r}\times\boldsymbol{F}_1,\boldsymbol{M}_2=\boldsymbol{r}\times\boldsymbol{F}_2,\cdots,\boldsymbol{M}_n=\boldsymbol{r}\times\boldsymbol{F}_n$，则对参考点 O 的力矩 $\boldsymbol{M}$ 等于其合力 $\boldsymbol{F}$ 对同一参考点 O 的合力矩．即

$$\begin{aligned}\boldsymbol{M}&=\boldsymbol{r}\times\boldsymbol{F}_1+\boldsymbol{r}\times\boldsymbol{F}_2+\cdots+\boldsymbol{r}\times\boldsymbol{F}_n\\&=\boldsymbol{r}\times(\boldsymbol{F}_1+\boldsymbol{F}_2+\cdots+\boldsymbol{F}_n)\\&=\boldsymbol{r}\times\sum_{i=1}^{n}\boldsymbol{F}_i=\boldsymbol{r}\times\boldsymbol{F}\end{aligned} \tag{2-3}$$

力矩的单位是 N·m（牛·米）或 $\mathrm{kg \cdot m^2 \cdot s^{-2}}$（千克·米²·秒⁻²）．它绝不能用功和能的专门名称的单位——J（焦耳）来表示．

2.1.3　质点的角动量定理

当质点相对于参考点 O 运动时，其位矢 $\boldsymbol{r}$ 和动量 $m\boldsymbol{v}$ 都可能随时间 t 而改变，因而质点对 O 点的角动量 $\boldsymbol{L}=\boldsymbol{r}\times m\boldsymbol{v}$ 也随时间而改变，现在我们来研究质点角动量随时间的变化率 $\mathrm{d}\boldsymbol{L}/\mathrm{d}t$．按矢量积的求导法则，有

$$\frac{\mathrm{d}\boldsymbol{L}}{\mathrm{d}t}=\frac{\mathrm{d}}{\mathrm{d}t}(\boldsymbol{r}\times m\boldsymbol{v})=\frac{\mathrm{d}\boldsymbol{r}}{\mathrm{d}t}\times(m\boldsymbol{v})+\boldsymbol{r}\times\frac{\mathrm{d}}{\mathrm{d}t}(m\boldsymbol{v})$$

因 $\mathrm{d}\boldsymbol{r}/\mathrm{d}t=\boldsymbol{v}$，它与 $m\boldsymbol{v}$ 是共线矢量，故其矢量积 $\boldsymbol{v}\times m\boldsymbol{v}=\boldsymbol{0}$；又因 $\mathrm{d}(m\boldsymbol{v})/\mathrm{d}t=m\boldsymbol{a}=\boldsymbol{F}$，而 $\boldsymbol{r}\times\boldsymbol{F}$ 就是合力 $\boldsymbol{F}$ 对 O 点的力矩 $\boldsymbol{M}$．于是，上式可写作

$$\boldsymbol{M}=\frac{\mathrm{d}\boldsymbol{L}}{\mathrm{d}t} \tag{2-4}$$

即质点所受合力对任一参考点的力矩等于该质点对同一参考点的角动量随时间的变化率. 这一结论就是**质点的角动量定理**.

我们对式（2-4）在一段时间 $\Delta t=t_2-t_1$ 内进行积分，得

$$\int_{t_1}^{t_2}\boldsymbol{M}\mathrm{d}t=\boldsymbol{L}_2-\boldsymbol{L}_1 \tag{2-5}$$

式中，$\int_{t_1}^{t_2}\boldsymbol{M}\mathrm{d}t$ 称为质点在时间 Δt 内相对于参考点 O 所受合外力矩的**冲量矩**，它表示合力矩对质点持续作用一段时间的累积效应；由此引起了该段时间内质点运动状态的改变，即角动量的增量 $\boldsymbol{L}_2-\boldsymbol{L}_1$，$\boldsymbol{L}_1$ 和 $\boldsymbol{L}_2$ 分别为质点在时刻 t_1 和 t_2 相对于同一参考点的始、末角动量. 式（2-5）是质点角动量定理的积分形式，可表述为：**相对于同一参考点，质点所受合外力矩的冲量矩等于质点角动量的增量**. 而式（2-4）则为质点角动量定理的微分表达式.

2.1.4 质点的角动量守恒定律及应用

在质点运动过程中，若所受合外力 $\boldsymbol{F}$ 对某一点 O 的力矩为零，即 $\boldsymbol{M}=0$，则由式（2-4），得 $\mathrm{d}\boldsymbol{L}/\mathrm{d}t=\boldsymbol{0}$，或

$$\boldsymbol{L}=\boldsymbol{r}\times m\boldsymbol{v}=\text{恒矢量} \tag{2-6}$$

式（2-6）表明，**如果作用于质点上的合力对参考点的力矩等于零，则质点对该参考点的角动量始终保持不变**. 这就是**质点的角动量守恒定律**[⊖]. 它在天体力学和原子物理学中有重要应用. 例如，当一颗行星 P（如地球）在太阳的万有引力 $\boldsymbol{F}$ 作用下绕太阳沿椭圆轨道运动时（见图 2-3），由于万有引力 $\boldsymbol{F}$ 的作用线恒指向太阳中心 O，它与行星相对于太阳中心 O（看作为固定不动的参考点）的位矢 $\boldsymbol{r}$ 共线，即 $\boldsymbol{M}=\boldsymbol{r}\times\boldsymbol{F}=\boldsymbol{0}$，所以行星相对于太阳的角动量 $\boldsymbol{L}=\boldsymbol{r}\times m\boldsymbol{v}$ 守恒. 又如，原子中带负电的电子在带正电的原子核的静电吸力（即库仑力）作用下绕原子核转动时，相对于原子核的力矩恒等于零，所以电子相对于原子核的角动量是一恒量.

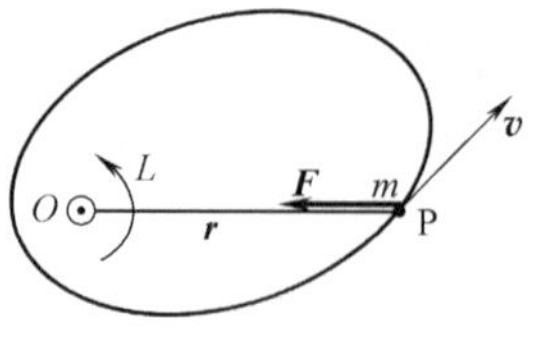

图 2-3 行星绕太阳沿椭圆轨道运动

问题 2-1 （1）质点对一点的角动量和力对一点的力矩是如何定义的？导出质点的角动量定理和角动量守恒定律.

（2）当小球在水平面上绕圆心 O 做匀速圆周运动时，其速率为 v. 问：小球的机械能和动量是否都守恒？对 O 点的角动量是否守恒？为什么？

例题 2-1 如例题 2-1 图所示，质量为 m 的小球拴在细绳的一端，绳的另一端穿过水平桌面上的小孔 O 而下垂，先使小球在桌面上以速度 $\boldsymbol{v}_1$ 沿半径为 r_1 的圆周匀速转动，然后非常缓慢地将绳向下拉，使圆的半径减小到 r_2，设小球与桌面的摩擦不计，求此时小球的速度 $\boldsymbol{v}_2$.

解 小球在运动过程中受重力 $\boldsymbol{W}=m\boldsymbol{g}$、桌面支承力 $\boldsymbol{F}_{\mathrm{N}}$ 和绳子拉力 $\boldsymbol{F}_{\mathrm{T}}$ 作用，其中 $\boldsymbol{W}$ 与 $\boldsymbol{F}_{\mathrm{N}}$ 相互平衡，绳子拉力 $\boldsymbol{F}_{\mathrm{T}}$ 的作用线恒通过 O 点，故拉力 $\boldsymbol{F}_{\mathrm{T}}$ 对

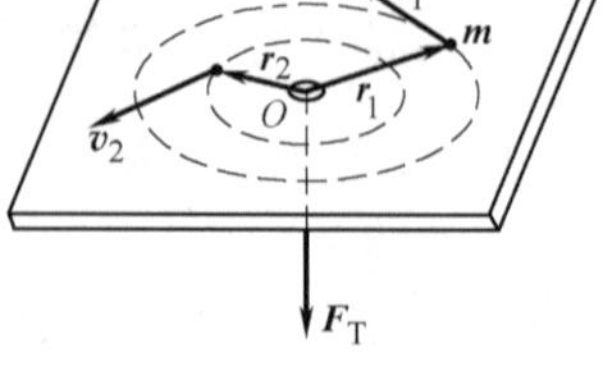

例题 2-1 图

⊖ 由于力矩与参考点的选择有关，因而，质点的角动量守恒与否，取决于所选取的参考点. 质点对某一点 O 的合外力矩为零，而对另一点 O' 不为零，则质点对 O 点的角动量守恒，而对 O' 点的角动量不守恒.

O 点的力矩为零. 因此小球对 O 点的角动量守恒. 按矢量积的右手螺旋法则可以判断，始、末角动量 $\boldsymbol{r}_1 \times m\boldsymbol{v}_1$、$\boldsymbol{r}_2 \times m\boldsymbol{v}_2$ 均垂直于水平桌面，指向朝上，乃是两个同方向的矢量，因而均可按标量处理；又由于是缓慢拉绳，小球沿绳方向的速度甚小，可略去不计，故 $\boldsymbol{v}_1 \perp \boldsymbol{r}_1$，$\boldsymbol{v}_2 \perp \boldsymbol{r}_2$. 于是，有

$$mv_1 r_1 = mv_2 r_2$$

得

$$v_2 = v_1 \frac{r_1}{r_2}$$

因 $r_1 > r_2$，故 $v_2 > v_1$，即小球速率随半径的减小而增大.

在上一章中，我们研究物体的运动时，根据具体情况，可以把物体看作质点，即忽略了物体的形状和大小. 可是，在有些场合中，物体的形状和大小是不能忽略的. 例如，在研究机床上的传动轮绕轴转动时，轮子上各点的运动情况不尽相同；并且在力的作用下还会引起轮子的微小形变. 因此，当我们进一步研究物体的转动时，或者，在讨论物体受力而引起形变的问题时，就不能再将物体简化为质点.

倘若根据问题的性质和要求，物体在外力作用下所引起的形变甚小，可以不予考虑，即把物体的形状和大小视作不变，那么，我们就将这种**在外力作用下形状和大小保持不变的物体**称为**刚体**. 其实，刚体也是从实际物体抽象出来的一种理想模型.

并且，我们在研究刚体运动时，可以将刚体看成由无数个拥有质量 dm 的刚性微小体积元 dV、一个挨一个地连续组成的系统，这种体积元称为刚体的**质元**. 由于刚体的形状和大小在运动过程中始终保持不变，因而这种系统具有如下的基本特征：**刚体内任何两个质元之间的距离，在运动过程中始终保持不变**. 在研究刚体力学时，我们务必随时考虑到刚体的这一特征.

基于上述观点，我们就能够把构成刚体的全部质元的运动加以综合，给出刚体的整体运动所具有的规律.

问题 2-2　为什么说刚体是物体的一种理想模型?刚体这种模型具有什么特征? 在什么条件下，实际物体可当作刚体看待?

2.2　刚体的基本运动形式

一般来说，刚体的运动是很复杂的. 平动和转动是刚体的两种最基本的运动形式. 本章主要研究刚体的定轴转动.

2.2.1　刚体的平动

当刚体运动时，如果**刚体中任意一条直线始终保持平行移动**，则这种运动称为**平动**，如图 2-4 所示. 由于刚体上任意一条直线（如 AB、AC、AD 等）在刚体平动过程中始终保持平行移动，则直线上所有的点在任何一段时间内的位移和任一时刻的速度和加速度皆应完全相等. 况且该直线又是任意的. 因而，刚体在平动时，其上各点的运动情况是完全相同的，刚体内任一点的运动皆能代表整个刚体的运动. 这样，我们也就可以用前述的质点运动规律来描述刚体的平动了.

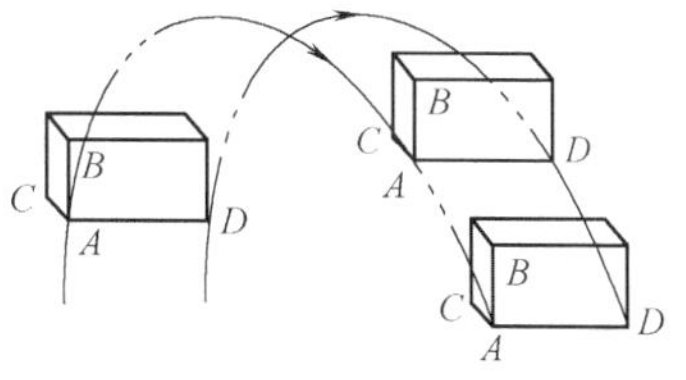

图 2-4　刚体的平动

2.2.2 刚体的定轴转动

刚体运动时，如果从几何上来看，**刚体内各点都绕同一直线做圆周运动**，这种运动称为刚体的**转动**；这一直线称为**轴**（见图 2-5）．例如机器上飞轮的转动，电动机的转子绕轴旋转，旋转式门窗的开、关，地球的自转等都是转动．如果轴相对于我们所取的参考系（如地面等）是固定不动的，就称为刚体**绕固定轴的转动**，简称**定轴转动**.

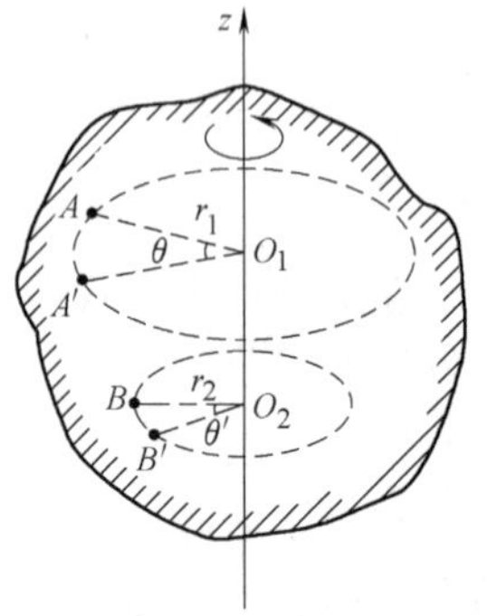

图 2-5 刚体绕定轴的转动

当刚体做定轴转动时，如图 2-5 所示，刚体内不在转轴 z 上的任一点，都在垂直于转轴且通过该点的平面上做圆周运动．这个平面就是该点的**转动平面**，它与转轴的交点（如图中的 O_1 和 O_2）就是该点在此平面上做圆周运动的圆心．半径就是该点与轴的垂直距离．当刚体转动时，其内各点因位置不同（即半径不同），在同一段时间内通过的圆弧路程$\widehat{AA'}$、$\widehat{BB'}$等亦不相同，但由于刚体内各点之间相对位置不变，其中某点的半径在其转动平面内扫过多大的中心角，所有其他的点也在各自的转动平面内一起扫过同样大小的中心角（如图中的 θ 角)，并且各点都具有相同的角位移、角速度和角加速度．这样，刚体在同一段时间内也必定以与上述相同的角位移、角速度和角加速度等角量绕定轴转动．因而我们可用任一点在其转动平面内做圆周运动的角量来描述整个刚体的定轴转动．这样，刚体定轴转动的角坐标 θ 随时间 t 的变化规律（运动函数)、角位移 $\Delta\theta$、角速度 ω、角加速度 α 便可用角量分别表示成

$$\theta=\theta(t) \tag{2-7}$$

$$\Delta\theta=\theta(t+\Delta t)-\theta(t) \tag{2-8}$$

$$\omega=\frac{\mathrm{d}\theta}{\mathrm{d}t} \tag{2-9}$$

$$\alpha=\frac{\mathrm{d}\omega}{\mathrm{d}t}=\frac{\mathrm{d}^2\theta}{\mathrm{d}t^2} \tag{2-10}$$

按上述各个角量的定义式，相应地可给出它们的单位．其中角坐标、角位移的单位是 rad，时间的单位是 s，因此，角速度的单位是 $\mathrm{rad\cdot s^{-1}}$（弧度· 秒$^{-1}$），读作“弧度每秒”．工程上，机器的角速度常用 $\mathrm{r\cdot min^{-1}}$（每分钟的转数）做单位．因为 1 转相当于 2πrad，故每分钟 n 转相当于

$$\omega=\frac{2\pi n}{60}\mathrm{rad\cdot s^{-1}}=\frac{\pi n}{30}\mathrm{rad\cdot s^{-1}} \tag{2-11}$$

角加速度的单位是 $\mathrm{rad\cdot s^{-2}}$（弧度· 秒$^{-2}$)，读作“弧度每二次方秒”.

若已知刚体转动的初始条件：$t=0$ 时，$\theta=\theta_0$，$\omega=\omega_0$，按上述各个定义式，利用积分法，也可导出**刚体绕定轴做匀变速转动**（即 α = 恒量）的三个公式（它们类似于匀变速直线运动的公式)：

$$\omega=\omega_0+\alpha t \tag{2-12}$$

$$\theta=\theta_0+\omega_0 t+\frac{1}{2}\alpha t^2 \tag{2-13}$$

$$\omega^2 - \omega_0^2 = 2\alpha(\theta - \theta_0) \tag{2-14}$$

至于描述刚体定轴转动的这些角量，它们与刚体内各个点运动的位移、速度和加速度等线量的关系（见图 2-6）仍可依照式（1-38）、式（1-39）和式（1-40）表示成

$$v = r\omega \tag{2-15}$$

$$a_n = \frac{v^2}{r} = r\omega^2 \tag{2-16}$$

$$a_t = r\alpha \tag{2-17}$$

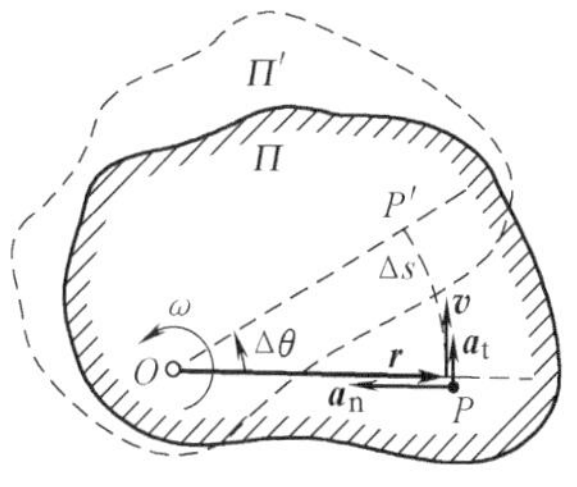

图 2-6　定轴转动刚体内一点的运动的线量描述

式中，r 为刚体内一点相对于转轴的位矢 $\boldsymbol{r}$ 的大小.

其次，考虑到刚体的定轴转动只有逆时针和顺时针两种转向. 一般规定：俯视转轴 z 所规定的正方向时，刚体循逆时针转动，则角量 θ、$\Delta\theta$、ω 和 α 皆取正值，而循顺时针转动，则皆取负值. 当然，这也并非绝对的，有时根据问题的情况和需要，也可取顺时针转向的各角量为正值. 于是，在计算时，我们就可把描述刚体定轴转动的这些角量都视作标量（代数量）. 例如，当刚体加速转动时，α 与 ω 同号；减速转动时，α 与 ω 异号.

综上所述，刚体平动时，可借用质点运动规律来处理；刚体定轴转动时，其整体运动可用角量来描述.

问题 2-3　试述刚体平动的特征.

问题 2-4　（1）试述刚体定轴转动的特征. 描述刚体定轴转动的角坐标、角位移、角速度和角加速度等角量是如何表述的？并由此导出刚体绕定轴做匀变速转动的三个运动学公式.

（2）若规定逆时针转向为正，问下列各组不等式 $\theta>0$，$\omega<0$；$\theta<0$，$\omega>0$；$\omega>0$，$\alpha<0$；$\omega<0$，$\alpha<0$；$\omega<0$，$\alpha>0$ 等分别表示刚体的什么运动情况？

（3）当刚体以角速度 ω、角加速度 α 绕定轴转动时，刚体上距轴 r 处的一点，其加速度的大小和方向如何确定？

例题 2-2　如例题 2-2 图所示，卷扬机转筒的直径为 $d=40\text{cm}$，在制动的 2s 内，鼓轮的运动函数为 $\theta=-t^2+4t$. 式中，θ 以 rad 为单位；t 以 s 为单位. 绳端悬挂一重物 B，绳上方与鼓轮边缘相切于 P 点；且绳与鼓轮之间无相对滑动. 求 $t=1\text{s}$ 时轮缘上 P 点及重物 B 的速度和加速度.

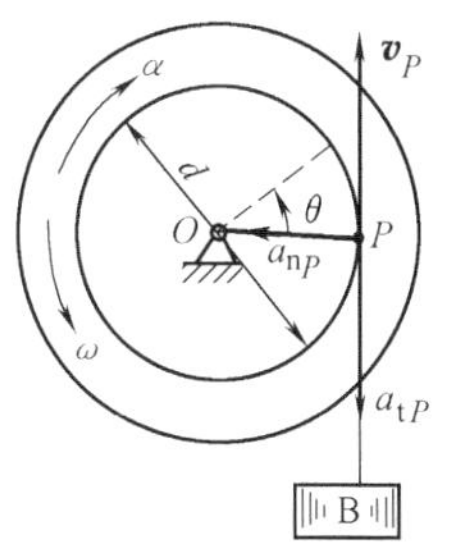

例题 2-2 图

解　按题设，鼓轮在制动过程中的角速度和角加速度分别为

$$\omega = \frac{d\theta}{dt} = \frac{d}{dt}(-t^2+4t) = -2t+4(\text{rad}\cdot\text{s}^{-1})$$

$$\alpha = \frac{d\omega}{dt} = \frac{d}{dt}(-2t+4) = -2\text{rad}\cdot\text{s}^{-2}$$

当 $t=1\text{s}$ 时，由上两式可算得

$$\omega = 2\text{rad}\cdot\text{s}^{-1},\quad \alpha = -2\text{rad}\cdot\text{s}^{-2}$$

ω 与 α 异号，且 α 为恒量，表明转筒做匀减速转动，此时 P 点的速度、切向和法向加速度的大小分别为

$$v_P = r\omega = [(0.4/2)\text{m}](2\text{rad}\cdot\text{s}^{-1}) = 0.4\text{m}\cdot\text{s}^{-1}$$

$$a_{tP} = r\alpha = [(0.4/2)\text{m}](-2\text{rad}\cdot\text{s}^{-2}) = -0.4\text{m}\cdot\text{s}^{-2}$$

$$a_{nP} = r\omega^2 = [(0.4/2)\text{m}](2\text{rad}\cdot\text{s}^{-1})^2 = 0.8\text{m}\cdot\text{s}^{-2}$$

P 点的加速度大小为

$$a_P = \sqrt{a_{tP}^2 + a_{nP}^2} = \sqrt{(-0.4\text{m}\cdot\text{s}^{-2})^2 + (0.8\text{m}\cdot\text{s}^{-2})^2} = 0.894\text{m}\cdot\text{s}^{-2}$$

方向可用与速度 $\boldsymbol{v}_P$ 所成的夹角 φ 表示，即

$$\begin{aligned}\varphi &= \arctan\frac{a_{nP}}{a_{tP}} = \arctan\frac{r\omega^2}{r\alpha} = \arctan\frac{\omega^2}{|\alpha|}\\ &= \arctan\frac{(2\text{rad}\cdot\text{s}^{-1})^2}{2\text{rad}\cdot\text{s}^{-2}} = \arctan 2\text{rad} = 63.5°\end{aligned}$$

由于绳与鼓轮之间无相对滑动，所以绳在 P 点的速度和加速度，必定等于鼓轮轮缘上与 P 点相接触的那点的速度和加速度，并因绳无伸缩，因而重物 B 的速度和加速度也就分别等于轮缘上 P 点的速度和切向加速度，即

$$v_B = v_P = 0.4\text{m}\cdot\text{s}^{-1},\quad a_B = a_{tP} = -0.4\text{m}\cdot\text{s}^{-2}$$

2.3　刚体定轴转动的转动动能　转动惯量

2.3.1　刚体定轴转动的转动动能

刚体以角速度 ω 绕定轴 O 转动时，体内各质元具有不同的线速度. 如图 2-7 所示，设其中第 i 个质元的质量为 m_i，离转轴 O 的垂直距离为 r_i，其线速度大小 $v_i = r_i\omega$，相应的动能为 $m_i v_i^2/2 = m_i r_i^2\omega^2/2$. 整个**刚体的转动动能**就是**刚体内所有质元的动能之和**，即

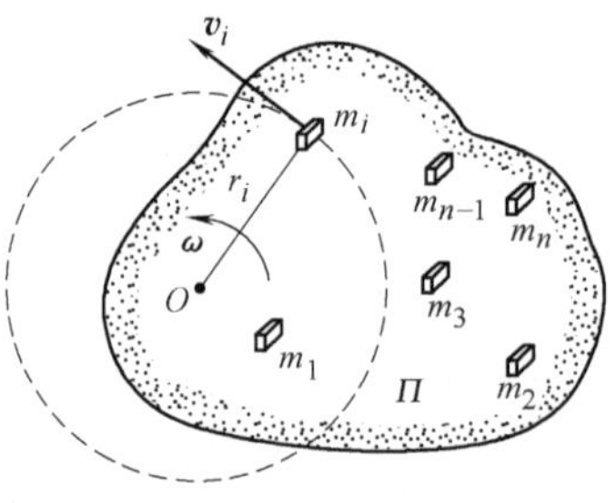

图 2-7　刚体定轴转动的转动动能计算用图

$$\begin{aligned}E_k &= \frac{1}{2}m_1r_1^2\omega^2 + \frac{1}{2}m_2r_2^2\omega^2 + \cdots\\ &= \frac{1}{2}(m_1r_1^2 + m_2r_2^2 + \cdots)\omega^2\\ &= \frac{1}{2}\left(\sum_i m_ir_i^2\right)\omega^2\end{aligned}$$

式中，$\sum\limits_i m_ir_i^2$ 称为**刚体对给定轴的转动惯量** J，故上式可写成

$$E_k = \frac{1}{2}J\omega^2 \tag{2-18}$$

即**刚体绕定轴的转动动能等于刚体对此轴的转动惯量与角速度平方的乘积的一半**. 将物体绕定轴的转动动能 $J\omega^2/2$ 与物体的平动动能 $mv^2/2$ 相比较，也可看出物体的转动惯量 J 与物体平动时的质量 m 相对应.

2.3.2　刚体的转动惯量

从上述转动惯量的定义

$$J = \sum m_ir_i^2 = m_1r_1^2 + m_2r_2^2 + \cdots + m_ir_i^2 + \cdots \tag{2-19}$$

可知，**刚体对某一轴的转动惯量 J 等于构成此刚体的各质元的质量和它们分别到该轴距离的平方的乘积之总和**，其单位为 $\text{kg}\cdot\text{m}^2$（千克·米^2）.

一般刚体的质量可以认为是连续分布的，式（2-19）可写成积分形式

$$J = \iiint_m r^2\,\mathrm{d}m \tag{2-20}$$

几何形状简单、密度均匀（均质）的几种物体对不同转轴的转动惯量见表 2-1，读者解题时可直接查用.

表 2-1　几种物体对不同转轴的转动惯量

薄圆环 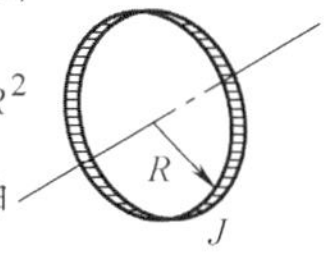 $J=mR^2$ 轴线通过中心，与环面垂直	圆环 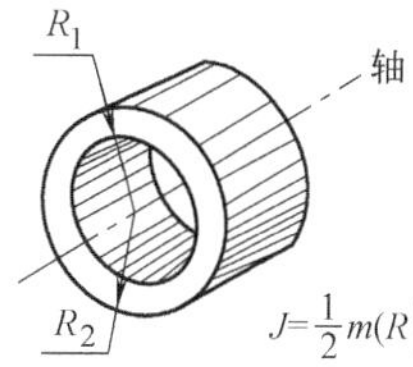 $J=\frac{1}{2}m(R_1^2+R_2^2)$ 轴线通过中心，与环面垂直
薄圆盘或圆柱 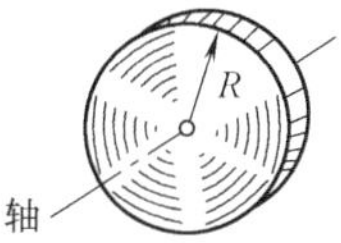 $J=\frac{1}{2}mR^2$ 轴线通过中心，与盘面(或圆柱横截面)垂直	球体 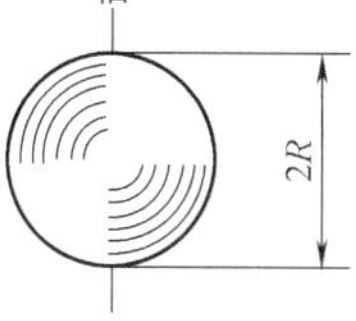 $J=\frac{2}{5}mR^2$ 轴线沿直径
细棒 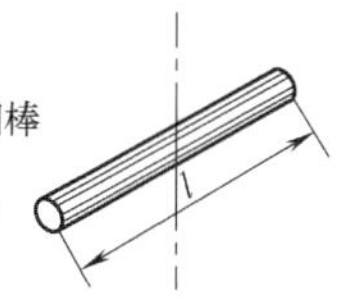 $J=\frac{1}{12}ml^2$ 轴线通过中心，与棒垂直	细棒 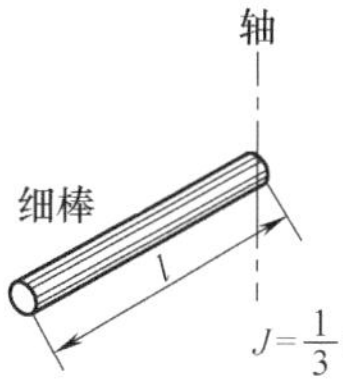 $J=\frac{1}{3}ml^2$ 轴线通过端点，与棒垂直

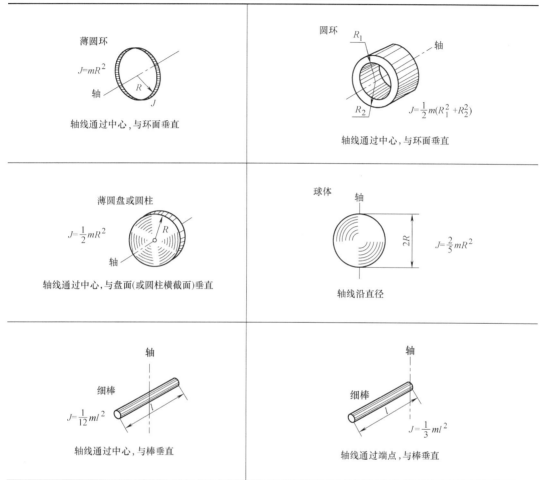

从表 2-1 所列的公式可以看到，物体的转动惯量除与轴的位置有关以外，还与刚体的质量 m 有关；在质量一定的情况下，转动惯量又与质量的分布有关，亦即与刚体的形状、大小和各部分的密度有关. 例如，同质料的质量相等的空心圆柱体和实心圆柱体，对中心轴来说，前者的转动惯量比后者为大. 这是因为物体的质量分布得离轴越远，即 r 越大，它的转动惯量也就越大. 所以制造飞轮时，常做成大而厚的边缘，借以增大飞轮的转动惯量，使飞轮转动得较为稳定.

在工程上，根据相应于刚体转轴的转动惯量 J，还定义刚体对转轴的**回转半径**，记作 r_G，即

$$r_G=\sqrt{\frac{J}{m}} \tag{2-21}$$

式中，m 为整个刚体的质量. 例如，半径为 R、质量为 m 的均质圆盘，其转轴通过圆盘中心且垂直于盘面，则查表 2-1 知，圆盘对此轴的转动惯量为 $J=\dfrac{1}{2}mR^2$，其回转半径为

$$r_G = \sqrt{\frac{J}{m}} = \sqrt{\frac{mR^2/2}{m}} = \frac{R}{\sqrt{2}}$$

问题 2-5　(1) 试述刚体转动惯量的含义和计算方法. 一个给定的刚体, 它的转动惯量的大小是否一定?

(2) 设有两个圆盘是用密度不同的金属制成的, 但重量和厚度都相同. 对通过盘心且垂直于盘面的轴而言, 试讨论哪个圆盘具有较大的转动惯量.

问题 2-6　一根长为 l 的刚杆, 在杆的两端和中心分别固定一个相同质量 m 的小物体. 如果取轴和杆垂直并通过与杆一端相距为 $l/4$ 的一点. 求这个系统对该轴的转动惯量和回转半径. 杆的质量不计. [**答:** $J = 11ml^2/16$; $r_G = 0.48l$]

2.4　力矩的功　刚体定轴转动的动能定理

2.4.1　力矩

如图 2-8a 所示, 设刚体所受外力 $\boldsymbol{F}$ 在转动平面 Π 内, 其作用点 P 与转轴相距为 r (相应的位矢为 $\boldsymbol{r}$), 力的作用线与转轴的垂直距离为 d, 叫作**力对转轴的力臂**. 若力 $\boldsymbol{F}$ 与位矢 $\boldsymbol{r}$ 的夹角为 φ, 则 $d = r\sin\varphi$. 我们定义: 力的大小与力臂的乘积称为**力对转轴的力矩**, 记作 M, 于是有

$$M = Fd = Fr\sin\varphi \tag{2-22}$$

力矩是改变物体转动状态的一个物理量. 大家知道, 开关门窗的把手总是安装在离转轴尽可能远的地方. 如果作用力的方向平行于转轴或通过转轴, 纵然用很大的力也难以开、关门窗. 只有在转动平面内, 且与转轴不相交的力才能改变物体的转动状态. 因此, 如果这个力 $\boldsymbol{F}$ 不在转动平面 Π 内 (见图 2-8b), 我们可把 $\boldsymbol{F}$ 分解为两个分力: 一个是平行于转轴的分力 $\boldsymbol{F}_{/\!/}$, 它对刚体的转动不起作用; 另一个是垂直于转轴而在转动平面内的分力 $\boldsymbol{F}_{\perp}$, 它对刚体的转动有影响. 这时, 在计算力 $\boldsymbol{F}$ 对转轴的力矩公式 (2-22) 中, F 应理解为 $F_{\perp}$.

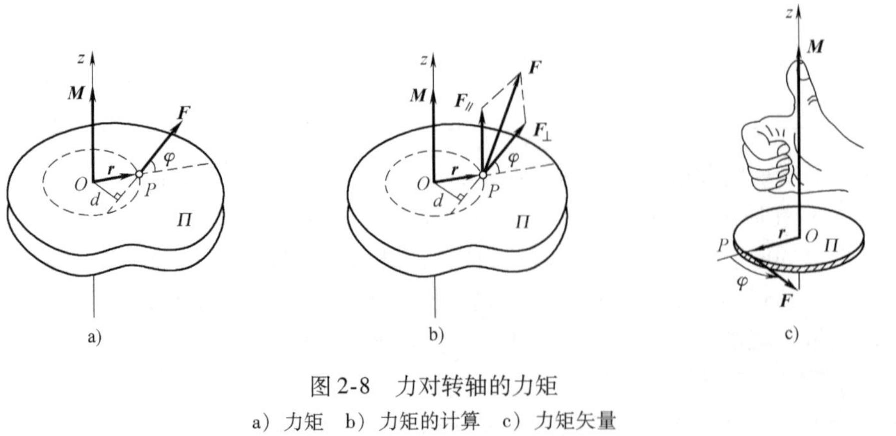

图 2-8　力对转轴的力矩

a) 力矩　b) 力矩的计算　c) 力矩矢量

力矩不仅有大小, 也有方向, 是一个矢量, 记作 $\boldsymbol{M}$. 它的方向可用右手螺旋法则确定, 即右手四指自 $\boldsymbol{r}$ 循小于 180°角转向力 $\boldsymbol{F}$ 的方向时 (见图 2-8c), 大拇指的指向就是 $\boldsymbol{M}$ 的方向. 按矢量积定义, 便可将式 (2-22) 表示成矢量形式, 即

$$\boldsymbol{M} = \boldsymbol{r} \times \boldsymbol{F} \tag{2-23}$$

对定轴转动的刚体而言，力矩 $\boldsymbol{M}$ 的方向可画在转轴上．由于沿转轴只有两个可能的方向，通常就规定：若按右手螺旋法则判定的方向沿转轴 Oz 的正向，$\boldsymbol{M}$ 取正值；反之，取负值．这时，力矩便可作为标量处理．

当有几个力同时作用于定轴转动的刚体上时（见图 2-9），它们对转轴的力矩可以用效果相同的一个对同轴的力矩来代替，这个力矩称为这几个力的**合力矩**．**由于力对定轴的力矩是标量，故对同一定轴而言，合力矩等于这几个力的力矩的代数和．**

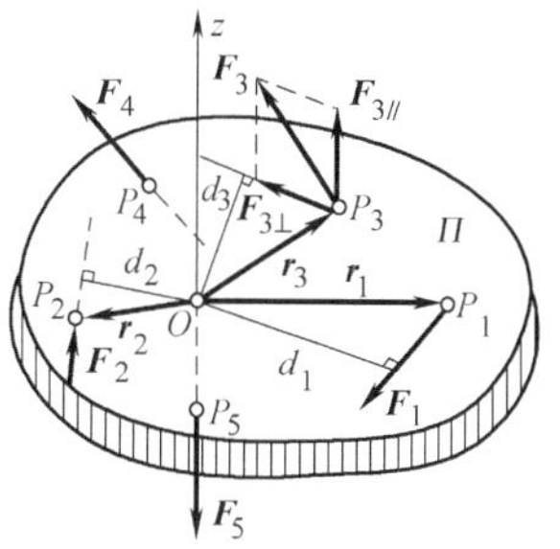

图 2-9　几个力的合力矩

如图 2-9 所示，读者可按力对轴的力矩定义式（2-22），求出刚体所受外力 $\boldsymbol{F}_1$、$\boldsymbol{F}_2$、$\boldsymbol{F}_3$、$\boldsymbol{F}_4$、$\boldsymbol{F}_5$ 对 Oz 轴的力矩以及合外力矩为（其中 $M_4=M_5=0$）

$$\begin{aligned} M &= -M_1-M_2+M_3+M_4+M_5 \\ &= -F_1d_1-F_2d_2+F_{3\perp}d_3 \end{aligned}$$

2.4.2　力矩的功

如图 2-10 所示，刚体在垂直于 Oz 轴的外力 $\boldsymbol{F}$ 作用下转动．力 $\boldsymbol{F}$ 的作用点 P 离开轴的距离 $OP=r$（相应的位矢为 $\boldsymbol{r}$）．经时间 $\mathrm{d}t$ 后，刚体的角位移为 $\mathrm{d}\theta$，位矢 $\boldsymbol{r}$ 也随之扫过 $\mathrm{d}\theta$ 角，使 P 点发生位移 $\mathrm{d}\boldsymbol{r}$．由于时间 $\mathrm{d}t$ 很小，位移 $\mathrm{d}\boldsymbol{r}$ 与 P 点沿圆周轨道移过的路程相重合，故位移 $\mathrm{d}\boldsymbol{r}$ 的大小 $|\mathrm{d}\boldsymbol{r}|=\mathrm{d}s=r\mathrm{d}\theta$，位移 $\mathrm{d}\boldsymbol{r}$ 的方向与 OP 相垂直．按功的定义，力 $\boldsymbol{F}$ 在这段位移中所做的**元功**为

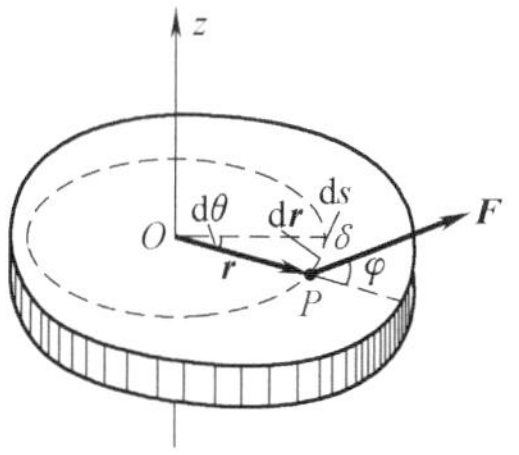

图 2-10　力矩所做的功

$$\begin{aligned} \mathrm{d}A &= \boldsymbol{F}\cdot\mathrm{d}\boldsymbol{r}=F|\mathrm{d}\boldsymbol{r}|\cos\delta=F\cos\delta\mathrm{d}s \\ &= F\cos(90°-\varphi)r\mathrm{d}\theta=Fr\sin\varphi\mathrm{d}\theta \end{aligned}$$

式中，φ 为 $\boldsymbol{F}$ 与 $\boldsymbol{r}$ 的正方向之间小于 180°的夹角；而 $Fr\sin\varphi$ 是作用于点 P 的力 $\boldsymbol{F}$ 对 Oz 轴的力矩 M，故上式可写成

$$\mathrm{d}A=M\mathrm{d}\theta \tag{2-24}$$

若刚体受有许多外力作用，这些外力在转动平面上的分力为 $\boldsymbol{F}_1,\boldsymbol{F}_2,\cdots,\boldsymbol{F}_n$，当刚体转过角位移 $\mathrm{d}\theta$ 时，各力作用点的位矢皆扫过 $\mathrm{d}\theta$ 角，而各外力的力矩做功的代数和就等于这些外力的合力矩所做的元功，即

$$\mathrm{d}A=\sum_i\mathrm{d}A_i=\sum_i M_i\mathrm{d}\theta=\left(\sum_i M_i\right)\mathrm{d}\theta=M\mathrm{d}\theta$$

式中，$M=\sum\limits_i M_i=M_1+M_2+\cdots+M_n$ 为作用于刚体的合外力矩．若刚体在合外力矩作用下转过 θ 角，则此力矩对刚体做功为

$$A=\int_0^\theta\mathrm{d}A=\int_0^\theta M\mathrm{d}\theta \tag{2-25}$$

设力矩 M 是恒定的，则式（2-25）成为

$$A=\int_0^\theta M\mathrm{d}\theta=M\int_0^\theta\mathrm{d}\theta=M\theta \tag{2-26}$$

由功率的定义，可给出**力矩的瞬时功率**（简称**功率**）为

$$P = \frac{dA}{dt} = M\frac{d\theta}{dt} = M\omega \tag{2-27}$$

式（2-27）表明，**力矩对刚体定轴转动所做的功，其功率等于力矩与角速度的乘积.**

力矩所做的功，实质上仍是力所做的功. 只是在刚体转动的情况下，这个功在形式上表现为力矩与角速度的乘积而已. 力矩的功，其单位仍是 J.

2.4.3　刚体定轴转动的动能定理

我们说过，刚体是由无数个质元所组成的系统. 设在合外力矩 M 作用下，刚体绕定轴转动的角速度自 ω_1 变为 ω_2. 在这过程中，按系统的功能原理，外力和非保守内力对系统所做的功之和等于系统机械能的增量. 考虑到刚体内质元之间保持距离不变，所有内力做功皆为零. 对定轴转动的刚体来说，外力做功实质上就是外力矩所做的功，系统的机械能就是刚体的转动动能 E_k. 于是，刚体在转过角位移 $d\theta$ 的元过程中应有如下的关系，即

$$dA = dE_k \tag{2-28}$$

当刚体在转过 θ 角的过程中，角速度自 ω_1 变到 ω_2，积分上式，有

$$A = \int_\theta dA = \int_{\omega_1}^{\omega_2} d\left(\frac{1}{2}J\omega^2\right)$$

即

$$A = \frac{1}{2}J\omega_2^2 - \frac{1}{2}J\omega_1^2 \tag{2-29}$$

式（2-29）表明，**合外力矩对刚体所做的功等于刚体转动动能的增量.** 这就是**刚体定轴转动的动能定理.**

当定轴转动的刚体受到阻力矩的作用时，由于阻力矩与角位移的转向相反，阻力矩做负功，由式（2-29）可知，转动动能的增量为负值；或者说，定轴转动的刚体克服阻力矩做功，它的转动动能就减少. 在这种情况下，刚体的转动角速度也就逐渐减慢下来，直至停止转动.

上述对单个刚体定轴转动的动能定理可推广到定轴转动的刚体与其他质点所组成的系统，这时，式（2-29）可写成

$$A = E_{k2} - E_{k1} \tag{2-30}$$

这里，A 表示作用于系统所有外力（及外力矩）做功的代数和；E_{k1} 和 E_{k2} 分别表示系统在始、末状态的总动能（即系统内所有的刚体转动动能和质点平动动能之和）.

例题 2-3　如例题 2-3 图所示，一根质量为 m、长为 l 的均质直杆 OA，可绕通过其一端的轴 O 在竖直平面内转动，杆在轴承处的摩擦不计. 若让杆自水平位置自由释放，求直杆转到竖直位置时杆端 A 的速度.

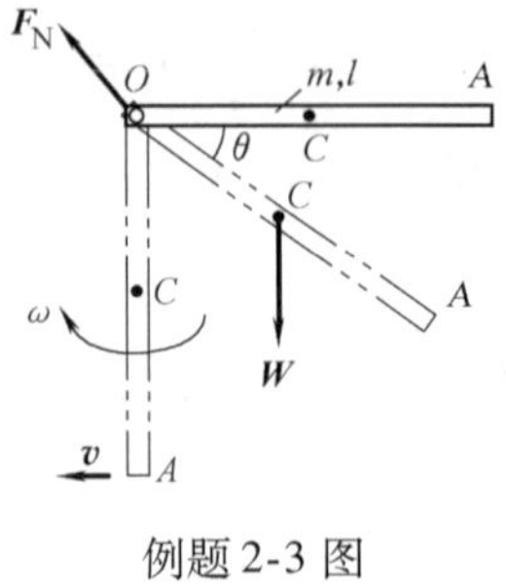

例题 2-3 图

解　首先分析杆 OA 所受的力. 均质直杆受有重力 $\boldsymbol{W} = m\boldsymbol{g}$，作用于杆的重心（即中点 C），方向竖直向下；轴与杆之间由题设不计摩擦力，轴对杆的支承力 $\boldsymbol{F}_N$ 作用于杆和轴的接触面且通过 O 点. 在杆的下落过程中，支承力 $\boldsymbol{F}_N$ 的大小和方向是随时改变的，但对轴的力矩等于零，对杆不做功. 由于在杆下落的过程中，重力 $\boldsymbol{W}$ 的力臂是变化的，所以重力的力矩是一个变力矩，大小等于 $mg(l/2)\cos\theta$，杆转过一微小角位移 $d\theta$ 时，重力矩所做的元功为

$$dA = mg\frac{l}{2}\cos\theta d\theta$$

而在杆从水平位置下落到竖直位置的过程中，重力矩所做的功为

$$A = \int_0^{\frac{\pi}{2}} \mathrm{d}A = \int_0^{\frac{\pi}{2}} mg\frac{l}{2}\cos\theta\mathrm{d}\theta = mg\frac{l}{2}$$

按题意，杆的初角速度 $\omega_1 = 0$，设杆转到竖直位置时的角速度为 $\omega_2 = \omega$，根据刚体定轴转动的动能定理［式（2-29）］，有

$$mg\frac{l}{2} = \frac{1}{2}J\omega^2 - 0$$

式中，$J = \frac{1}{3}ml^2$（查表 2-1）. 于是由上式解得杆转到竖直位置时的角速度为 $\omega = \sqrt{3g/l}$，这时，杆端速度的方向向左，大小为

$$v = l\omega = l\sqrt{\frac{3g}{l}} = \sqrt{3gl}$$

问题 2-7　（1）比较力和力矩所做的功和功率的表达式. 试导出刚体定轴转动的动能定理.

（2）一直径为 d、厚度为 h、密度为 ρ 的均质砂轮，在电动机驱动下由静止开始做匀变速转动，在第 t 秒时角速度达到 ω，若不计一切摩擦，求该时刻砂轮的动能 E_k 和电动机的功率 P. ［**答**：$E_k = \pi d^4 h\rho\omega^2/64$，$P = \pi d^4 h\omega^2/(32t)$］

例题 2-4　如例题 2-4 图所示，冲床上装配一质量为 1000kg 的飞轮，尺寸见图. 今用转速为 $900\mathrm{r\cdot min^{-1}}$ 的电动机借带传动来驱动这飞轮，已知电动机的传动轴直径为 10cm. 求：(1) 飞轮的转动动能；(2) 若冲床冲断 0.5mm 厚的薄钢片需用冲力 $9.80\times10^4\mathrm{N}$，并且所消耗的能量全部由飞轮提供，求冲断钢片后飞轮的转速变为多大？

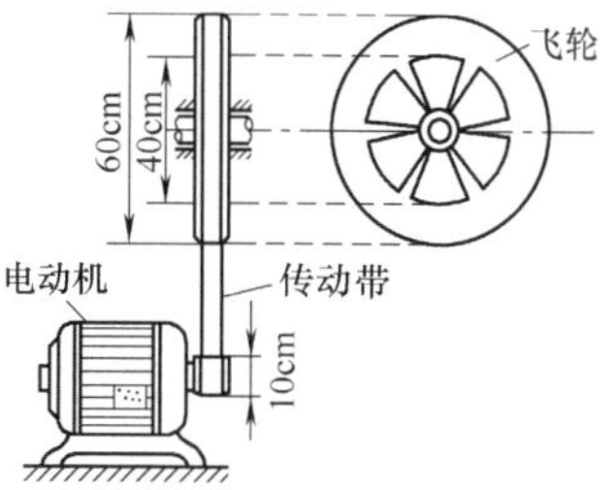

例题 2-4 图

解　(1) 为了求飞轮的转动动能，需先求出飞轮的转动惯量 J 和转速 ω. 由于飞轮的质量大部分分布在轮缘上，故可按图示尺寸，近似用圆筒的转动惯量公式（查表 2-1）来求，即

$$J = \frac{m}{2}(r_1^2 + r_2^2) = \frac{1}{2}\times1000\mathrm{kg}\times\left[\left(\frac{0.6}{2}\mathrm{m}\right)^2 + \left(\frac{0.4}{2}\mathrm{m}\right)^2\right] = 65\mathrm{kg\cdot m^2}$$

在带传动机构中，电动机的传动轴是主动轮，飞轮是从动轮. 设两轮与带间无相对滑动，则两轮的转速 $n_{主}$、$n_{从}$ 与它们的直径 $d_{主}$、$d_{从}$ 成反比（为什么?），即飞轮的转速为

$$n_{从} = n_{主}\frac{d_{主}}{d_{从}} = (900\mathrm{r\cdot min^{-1}})\times\frac{10\mathrm{cm}}{60\mathrm{cm}} = 150\mathrm{r\cdot min^{-1}}$$

由此得飞轮的角速度

$$\omega = \frac{2\pi n_{从}}{60} = \frac{2\times3.14\mathrm{rad\cdot r^{-1}}}{60\mathrm{s\cdot min^{-1}}}\times150\mathrm{r\cdot min^{-1}} = 15.7\mathrm{rad\cdot s^{-1}}$$

于是，得飞轮的转动动能

$$E_k = \frac{1}{2}J\omega^2 = \frac{1}{2}\times65\mathrm{kg\cdot m^2}\times(15.7\mathrm{rad\cdot s^{-1}})^2 = 8011\mathrm{J}$$

（2）在冲断钢片过程中，冲力 $\boldsymbol{F}$ 所做的功为

$$A = Fd = 9.80\times10^4\mathrm{N}\times0.5\times10^{-3}\mathrm{m} = 49\mathrm{J}$$

这也就是飞轮所消耗的能量. 此后，飞轮的能量变为

$$E_k' = E_k - A$$

这时飞轮的角速度 ω' 可由

$$\omega' = \sqrt{\frac{2E_k'}{J}} = \sqrt{\frac{2(E_k - A)}{J}}$$

决定；因而飞轮的转速变为

$$n_{从}' = \frac{60}{2\pi}\omega' = \frac{60}{2\pi}\sqrt{\frac{2(E_k - A)}{J}}$$

$$=\frac{30}{\pi}\sqrt{\frac{2\times(8011-49)\mathrm{J}}{65\mathrm{kg}\cdot\mathrm{m}^2}}$$

$$=149.5\mathrm{r}\cdot\mathrm{min}^{-1}$$

计算表明，冲断钢片后的飞轮转速变化很小. 尔后，飞轮借传动带在电动机传动下，仍可很快达到额定转速，从而保证冲床连续平稳地工作.

冲床在冲制钢板时，冲力有时可高达本例所给数据的数十倍以至上百倍，若由电动机直接带动冲头，电动机是无法承受如此巨大负荷的. 中间配置飞轮的目的，就在于使运转的飞轮把能量以转动动能 $J\omega^2/2$ 的形式储存起来. 在冲制时，由飞轮带动冲头向下对钢板冲孔做功，把所储存能量的一部分释放出来，这样，可以大大减少电动机的负荷，使冲床能平稳地工作.

2.5　刚体定轴转动定律

在刚体定轴转动时，由式（2-28），将合外力矩对刚体所做的元功和刚体动能的增量代入，有

$$M\mathrm{d}\theta=\mathrm{d}\left(\frac{1}{2}J\omega^2\right)=J\omega\mathrm{d}\omega$$

对上式两边同除以 dt，且因 $\mathrm{d}\theta/\mathrm{d}t=\omega$，$\mathrm{d}\omega/\mathrm{d}t=\alpha$，将上式化简，可得

$$M=J\alpha \tag{2-31}$$

式（2-31）表明，**刚体绕定轴转动时，所受的合外力矩等于刚体对该轴的转动惯量与刚体在此合外力矩作用下所获得的角加速度的乘积**. 这一结论称为**刚体的定轴转动定律**. 与牛顿第二定律 $\boldsymbol{F}=m\boldsymbol{a}$ 相对照：力矩 $\boldsymbol{M}$ 对应于力 $\boldsymbol{F}$，它是刚体定轴转动状态变化的一个原因；转动惯量 J 对应于质量 m，反映了改变转动状态的难易程度；角加速度 α 对应于线加速度 $\boldsymbol{a}$，体现了力矩对刚体作用所产生的瞬时转动效果. 式（2-31）表述了刚体定轴转动的基本规律. 需要注意：

（1）在刚体定轴转动中，角加速度 α 的方向沿着轴向，并恒与合外力矩 $\boldsymbol{M}$ 的方向一致，因此，式（2-31）为标量式.

（2）式（2-31）中的 M、J、α 都是对同一转轴而言的.

（3）由式（2-31），有 $J=M/\alpha$，即刚体所受合外力矩 M 一定时，J 越大，α 就越小，就越难改变其角速度，越能保持其原来的转动状态；反之亦然. 这就是说，转动惯量 J 是量度刚体转动惯性的物理量.

（4）转动定律表明了刚体在合外力矩作用下绕定轴转动的瞬时效应，即某时刻的合外力矩将引起该时刻刚体转动状态的改变，亦即使刚体获得角加速度. 当合外力矩为零时，角加速度也为零，则刚体处于静止或匀角速转动状态. 若合外力矩为一恒量，则刚体做匀角加速转动.

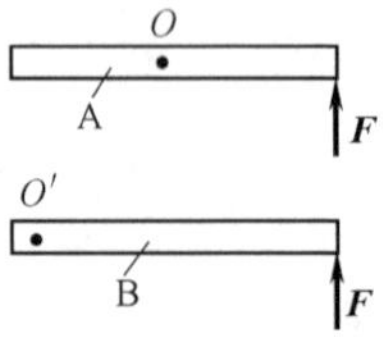

问题 2-8 图

问题 2-8　（1）试述刚体定轴转动定律，并回答下列选择题：下列各种叙述中，哪个是正确的？

（A）刚体受力作用必有力矩；

（B）刚体受力越大，此力对刚体定轴的力矩也越大；

（C）如果刚体绕定轴转动，则一定受到力矩的作用；

（D）刚体绕定轴的转动定律表述了对轴的合外力矩与角加速度两者的瞬时关系.

（2）如问题 2-8 图所示，两条质量和长度相同的直棒 A、B，可分别绕通过中点 O 和左端 O' 的水平轴转动，设它

们在右端都受到一个垂直于杆的力 $\boldsymbol{F}$ 作用，则它们绕各自转轴的角加速度 α_A 与 α_B 为

（A）$\alpha_A=\alpha_B$　（B）$\alpha_A>\alpha_B$　（C）$\alpha_A<\alpha_B$　（D）不能确定

例题 2-5　如例题 2-5 图 a 所示，一细绳绕在质量为 m_0、半径为 R 的定滑轮（可视作均质圆盘）边缘，绳的下端挂一质量为 m 的重物 A. 今将重物 A 自静止开始释放、并带动滑轮绕轴 O 转动，这时，轴对滑轮的摩擦阻力矩为 M_f. 求重物下降的角加速度.

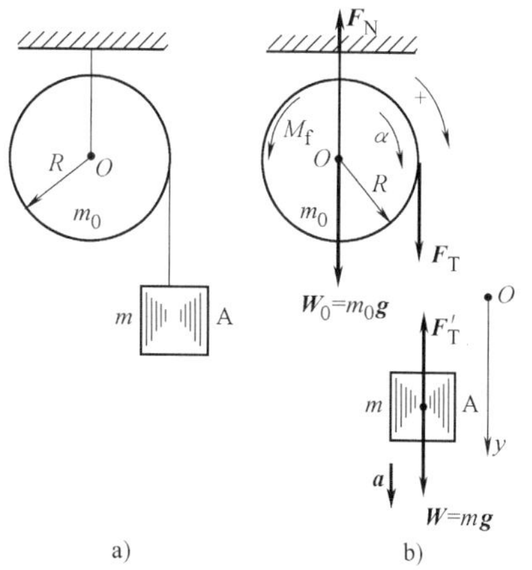

例题 2-5 图

分析　重物 A 下降时，绳的张力 $\boldsymbol{F}_T$ 对定轴 O 的力矩 $M=F_TR$ 将带动滑轮旋转，其角加速度 α 可用转动定律来求；而重物在下降时做平动，可用质点力学的有关规律来处理.

解　以地面为惯性参考系，考察本题中重物和滑轮的运动情况，为便于讨论，不妨选顺时针的转向和竖直向下的 Oy 轴作为正向.

滑轮的角加速度 α 为未知值，可姑且设它沿顺时针转向，并设沿顺时针转向为正.

滑轮受重力 $\boldsymbol{W}_0=m_0\boldsymbol{g}$ 和转轴对它的支承力 $\boldsymbol{F}_N$，均作用于滑轮中心 O 处，对转轴的力矩皆为零. 滑轮还受转轴对它作用的摩擦阻力矩 M_f，它与滑轮的角加速度 α 转向相反；而绳子对滑轮作用的拉力 $\boldsymbol{F}_T$ 方向向下.

重物 A 受重力 $\boldsymbol{W}=m\boldsymbol{g}$ 和绳子拉力 $\boldsymbol{F}'_T$ 作用，竖直向下运动，设其加速度 $\boldsymbol{a}$ 的方向沿 Oy 轴正向，竖直向下.

据上所述，绘出以滑轮和重物 A 为隔离体的受力图（见例题 2-5 图 b），按牛顿第二定律和转动定律，列出重物 A 和滑轮的运动方程为

$$-F'_T+mg=ma \tag{a}$$

$$F_TR-M_f=J\alpha \tag{b}$$

上两式中，有 F'_T、F_T、a 和 α 四个未知量，为此尚需列出两个方程，才能求解. 按牛顿第三定律和考虑到滑轮定轴转动的角量与线量的关系，在大小上有

$$F'_T=F_T,\quad a=R\alpha \tag{c}$$

联立式（a）、式（b）和式（c），便可解出

$$\alpha=\frac{mgR-M_f}{J+mR^2}$$

查表 2-1，把 $J=m_0R^2/2$ 代入上式，最后便得滑轮绕定轴 O 的角加速度为

$$\alpha=\frac{2(mgR-M_f)}{(m_0+2m)R^2}$$

问题 2-9　在例题 2-5 中，若绳的下端不挂重物，而代之以用手拉绳. 手的拉力大小 $F_T=mg$. 求这时定滑轮的角加速度 α'. [**答：** $\alpha'=2(mgR-M_f)/(m_0R^2)$]

例题 2-6　如例题 2-6 图 a 所示，一细绳跨过质量为 $m_{轮}$、半径为 R 的均质定滑轮，一端与劲度系数为 k 的竖直轻弹簧相连，另一端与质量为 m 的物块 B 相连，物块 B 置于倾角为 θ 的斜面上. 开始时滑轮与物块 B 皆静止，而弹簧处于原长. 求物块 B 释放后沿斜面下滑距离 l 时的速度. 不计物块 B 与斜面间和滑轮与轴承间的摩擦.

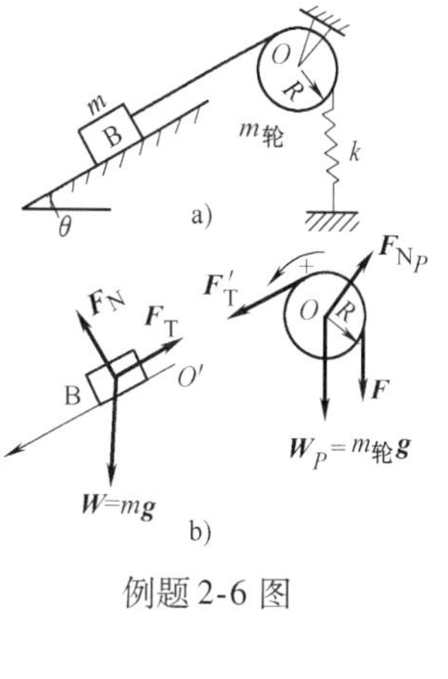

例题 2-6 图

解　分析滑轮和物块 B 的受力情况，并分别规定滑轮正的转向和沿斜面的 $O'x$ 轴正向，如例题 2-6 图 b 所示. 按转动定律和牛顿第二定律沿 $O'x$ 轴的分量式，分别对滑轮和物块 B 列出运动方程

$$F'_TR-kxR=J\alpha \tag{a}$$

$$mg\sin\theta - F_T = ma \tag{b}$$

及
$$a = R\alpha \tag{c}$$

且
$$F_T = F'_T \tag{d}$$

其中，滑轮对轴的转动惯量为 $J = m_{轮} R^2/2$，弹性力 $\boldsymbol{F}$ 的大小为 $F = |-kx|$（x 为弹簧伸长量），对上述方程（a）~方程(d) 联立求解，得

$$a = \frac{2(mg\sin\theta - kx)}{m_{轮} + 2m}$$

式中，$a = dv/dt = (dv/dx)(dx/dt) = v dv/dx$，代入上式，并分离变量积分之，得

$$\int_0^v v dv = \frac{2}{m_{轮} + 2m}\int_0^l (mg\sin\theta - kx)dx$$

由此可求出滑块的速度为

$$v = \left[\frac{4(mgl\sin\theta - 0.5kl^2)}{m_{轮} + 2m}\right]^{1/2}$$

例题2-7 一质量为 $m_0 = 60$kg、半径为 $R = 15$cm 的圆柱状均质鼓轮 A，往下运送一质量为 $m = 40$kg 的重物 B（见例题2-7 图 a）．重物以匀速率 $v = 0.8\text{m}\cdot\text{s}^{-1}$ 向下运动．为了使重物停止，用一摩擦式制动器 K 以正压力 $F_N = 1962$N 作用在轮缘上，制动器 K 与轮缘之间的摩擦因数为 $\mu = 0.4$．求制动开始后，重物的下降距离 h（不计其他摩擦）．

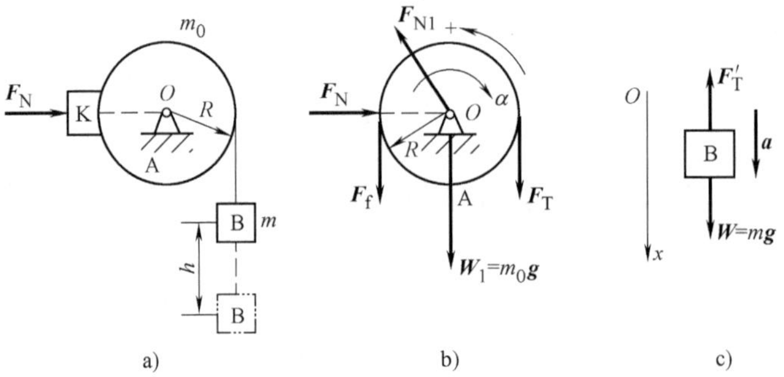

例题2-7 图

解 取鼓轮 A 为隔离体，它受重力 $\boldsymbol{W}_1 = m_0\boldsymbol{g}$、轴的支承力 $\boldsymbol{F}_{N1}$、制动器 K 的正压力 $\boldsymbol{F}_N$ 与摩擦力 $\boldsymbol{F}_f$、绳的拉力 $\boldsymbol{F}_T$ 等五个力作用，设其角加速度为 α，如例题2-7 图 b 所示．若规定逆时针转向为正，则按刚体的定轴转动定律，可列出鼓轮的转动方程为

$$-F_T R + F_f R = J(-\alpha) \tag{a}$$

重物 B 受重力 $\boldsymbol{W} = m\boldsymbol{g}$ 和绳的拉力 $\boldsymbol{F}'_T (F'_T = F_T)$ 作用，设其加速度为 $\boldsymbol{a}$，按所取的 Ox 轴正向（见例题2-7 图 c），由牛顿第二定律，可列出物体的运动方程为

$$mg - F'_T = ma \tag{b}$$

再考虑刚体定轴转动的角加速度 α 与重物的平动加速度 a 的运动学关系

$$a = R\alpha \tag{c}$$

又因
$$F_f = \mu F_N \tag{d}$$

将 $J = mR^2/2$ 和 $F_f = \mu F_N$ 代入式（a），联立求解式（a）~式（d），可得

$$a = \frac{mg - \mu F_N}{0.5m_0 + m}$$

代入题给数据，可算出 $a = -5.61\text{m}\cdot\text{s}^{-2}$；又由 $v^2 - v_0^2 = 2ah$，且因 $v = 0$，$v_0 = 0.8\text{m}\cdot\text{s}^{-1}$，便可解算出重物的下降距离为

$$h=\frac{-v_0^2}{2a}=\frac{-(0.8\mathrm{m}\cdot\mathrm{s}^{-1})^2}{2\times(-5.61\mathrm{m}\cdot\mathrm{s}^{-2})}=0.057\mathrm{m}$$

2.6 刚体定轴转动的角动量定理 角动量守恒定律

刚体的定轴转动定律 $M=J\alpha$ 表达了合外力矩对刚体作用的瞬时效应. 现在我们来讨论合外力矩在一段时间内的累积效应.

2.6.1 角动量 冲量矩 角动量定理

把刚体定轴转动定律 $M=J\alpha=J\frac{\mathrm{d}\omega}{\mathrm{d}t}$改写为

$$M=\frac{\mathrm{d}(J\omega)}{\mathrm{d}t} \tag{2-32}$$

设刚体在定轴转动的过程中，相应于时刻 t_1 和 t_2 的角速度分别为 ω_1 和 ω_2，则对式（2-32）积分，得

$$\int_{t_1}^{t_2}M\mathrm{d}t = J\omega_2 - J\omega_1 \tag{2-33}$$

式中，$\int_{t_1}^{t_2}M\mathrm{d}t$ 称为刚体在 $\Delta t=t_2-t_1$ 时间内所受的**冲量矩**；$J\omega$ 称为**刚体对转轴的角动量**，它是描述刚体定轴转动状态的一个物理量，记作 L. 式（2-33）表明，**作用于定轴转动刚体上的冲量矩，等于在作用时间内刚体对同一转轴的角动量的增量**. 这一结论称为**刚体定轴转动的角动量定理**. 这一定理反映了作用于定轴转动的刚体所受合外力矩对时间的累积效应——冲量矩引起刚体角动量的改变.

在定轴转动情况下，角动量和冲量矩都是标量. 角动量的正、负取决于角速度的正、负；当力矩为恒量时，冲量矩 $\int_{t_1}^{t_2}M\mathrm{d}t = M(t_2-t_1)$，即其正、负与力矩的正、负相同.

角动量的单位是 $\mathrm{kg\cdot m^2\cdot s^{-1}}$（千克·米^2·秒$^{-1}$），冲量矩的单位为$\mathrm{N\cdot m\cdot s}$（牛·米·秒）.

2.6.2 角动量守恒定律

根据刚体定轴转动的角动量定理，若**刚体绕定轴转动时所受的合外力矩为零**，即

$$M=0 \tag{2-34}$$

则由式（2-32），有$\frac{\mathrm{d}(J\omega)}{\mathrm{d}t}=0$，或

$$J\omega=\text{恒量} \tag{2-35}$$

式（2-35）告诉我们：**在刚体做定轴转动时，如果它所受外力对轴的合外力矩为零（或不受外力矩作用），则刚体对同轴的角动量保持不变**. 这就是刚体定轴转动的**角动量守恒定律**. 式（2-34）是这条定律的适用条件.

现在我们来说明应用角动量守恒定律的几种情形.

（1）由于单个刚体对定轴的转动惯量 J 保持不变，若所受外力对同轴的合外力矩 M 为零，则该刚体对同轴的角动量是守恒的，即任一时刻的角动量 $J\omega$ 应等于初始时刻的角动量 $J\omega_0$，亦即 $J\omega=J\omega_0$，因而 $\omega=\omega_0$. 这时，物体对定轴做匀角速转动.

（2）当物体定轴转动时，如果它对轴的转动惯量是可变的，则在满足角动量守恒的条件下，变化前、后的角动量之间的关系满足 $J\omega=J_0\omega_0$. 遂得 $\omega=(J_0/J)\omega_0$，这就是说，物体的角速度 ω 随转动惯量 J 的改变而变，但二者的乘积 $J\omega$ 却保持不变. 当 J 变大时，ω 变小；J 变小时，ω 变大. 例如，芭蕾舞演员表演时，如欲在原地绕其自身飞快旋转，需先伸开两臂以增大转动惯量 J_0，使其初始角速度 ω_0 较小；然后再将两臂突然收拢，使转动惯量 J 尽量减小，由于演员的重力和地面支承力沿竖直方向相互抵消，对轴的合外力矩为零，故演员的角动量守恒，从而就可获得较大的旋转角速度 ω.

（3）若由几个物体（其中除了可视作刚体的物体外，也包括可视作质点的物体）所组成的系统绕一条公共的固定轴转动，则因系统的内力总是成对、共线的作用力和反作用力，它们对轴的合力矩的代数和为零，不影响系统整体的转动状态，因而在系统所受外力对公共轴的合外力矩为零的条件下，该系统对此轴的总角动量也守恒. 这时，将式（2-35）推广，可得**系统绕定轴转动的角动量守恒定律**的表达式为

$$\sum_i J_i\omega_i=\text{恒量} \tag{2-36}$$

例题 2-8　如例题 2-8 图所示，一水平均质圆形转台，质量为 $m_{台}$，半径为 R，绕铅直的中心轴 Oz 转动. 质量为 m 的人相对于地面以不变的速率 u 在转台上行走，且与 Oz 轴的距离始终保持为 r，开始时，转台与人均静止. 问转台以多大的角速度 ω 绕轴转动?

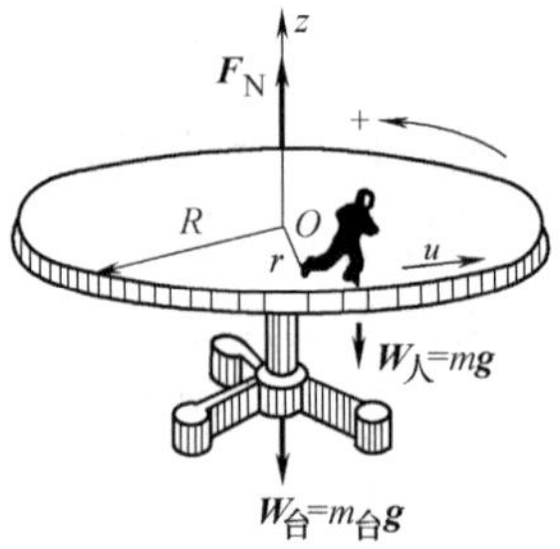

例题 2-8 图

分析　可将人和转台看作一个系统. 人行走时，人作用于转台的力和转台对人的反作用力都是系统的内力. 系统所受的外力有：人和转台的重力 $\boldsymbol{W}_人$ 和 $\boldsymbol{W}_台$ 以及竖直轴对转台的支承力 $\boldsymbol{F}_N$，这些力的方向均与竖直轴平行，对轴的力矩均为零，故该系统不受外力矩作用，它对 Oz 轴的角动量守恒.

解　以地面为参考系，取逆时针转向为正. 转台的角速度 $\omega_台$ 是未知的，但其转向可假定为正（如计算结果为负，表明其实际转向与所假定的相反）；人距 Oz 轴为 r，沿转台行走的速度是相对于地面而言的，因此，人（可视作质点）相对于地面的角速度为 $\omega_人=u/r$，设转台相对于地面转动的角速度为 ω. 按题设，走动前 $\omega_{人0}=\omega_{台0}=0$. 于是，按系统绕定轴转动的角动量守恒定律，有

$$0+0=\frac{1}{2}m_台 R^2\omega+mr^2\frac{u}{r}$$

由此可求得转台的角速度为

$$\omega=-\frac{2mru}{m_台 R^2}$$

负号表示转台的转动方向与假定的正方向相反.

例题 2-9　如例题 2-9 图所示，两轮 A、B 分别绕通过其中心的垂直轴同向转动，且此两轮的中心轴共线. 角速度分别为 $\omega_A=50\text{rad}\cdot\text{s}^{-1}$，$\omega_B=200\text{rad}\cdot\text{s}^{-1}$. 已知两轮的半径与质量分别为 $r_A=0.2\text{m}$，$r_B=0.1\text{m}$，$m_A=2\text{kg}$，$m_B=4\text{kg}$. 试求两轮对心衔接（即啮合）后的角速度 ω.

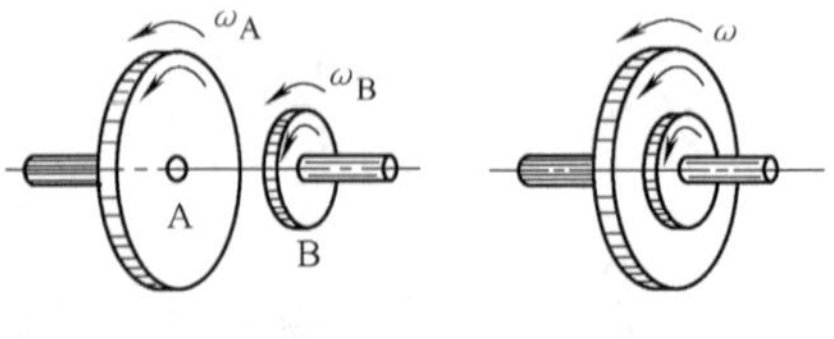

例题 2-9 图
a）衔接前　b）衔接后

解　在衔接过程中，对转轴无外力矩作用，故由两轮构成的

系统的角动量守恒，即衔接前两轮的角动量之和等于衔接后两轮的角动量之和. 于是有

$$J_A\omega_A + J_B\omega_B = (J_A + J_B)\omega$$

得
$$\omega = \frac{J_A\omega_A + J_B\omega_B}{J_A + J_B} = \frac{m_A r_A^2\omega_A/2 + m_B r_B^2\omega_B/2}{m_A r_A^2/2 + m_B r_B^2/2} = \frac{0.04\times50 + 0.02\times200}{0.04 + 0.02}\text{rad}\cdot\text{s}^{-1} = 100\text{rad}\cdot\text{s}^{-1}$$

问题 2-10　(1) 试导出刚体定轴转动的角动量守恒定律，角动量守恒的条件是什么？并讨论系统绕定轴转动的角动量守恒定律.

(2) 有人将握着哑铃的两手伸开，坐在以一定角速度 ω 转动着的转椅上，摩擦不计. 如果此人把手缩回，使转动惯量减为原来的一半. 试问：角速度变为多少？[答：2ω]

[大国名片] 中国“天宫”空间站

20 世纪 90 年代初，为抢占战略制高点，世界上主要航天大国竞相发展载人航天. 当时，美俄等 16 国酝酿联合建造国际空间站，却没有将中国纳入其中.

1992 年，中国正式立项建造自己的空间站. 这是一场站在不同起跑线上的比赛，一切须从零开始.

2021 年 4 月 29 日，海南文昌航天发射场，长征五号 B 遥二运载火箭以万钧之力，将中国空间站天和核心舱成功送入太空，中国空间站在轨组装建造全面展开.

2022 年 12 月 31 日，中国国家主席习近平在新年贺词中向全世界郑重宣布，中国空间站全面建成. 几代中国航天人用了整整 30 年，完成了中国载人航天工程“三步走”战略任务，建成了自主建造、独立运行的“天宫”空间站，在浩瀚宇宙书写了用航天梦托举中国梦的壮丽篇章.

中国空间站包括天和核心舱、梦天实验舱、问天实验舱、载人飞船（神舟飞船）和货运飞船（天舟飞船）五个模块. 各飞行器既是独立的飞行器，具备独立的飞行能力，又可以与核心舱组合成多种形态的空间组合体，在核心舱统一调度下协同工作，完成空间站承担的各项任务.

探索浩瀚宇宙，发展航天事业，建设航天强国，是中华民族不懈追求的航天梦. 从追梦、筑梦到圆梦，中国空间站一步步从蓝图变为现实. 中国不仅攻克了空间站组装建造、大型柔性组合体控制、再生生保等多项核心关键技术，空间站技术水平跻身国际领先行列，还实现了在轨应用新突破，取得多项原创科技成果.

如今，中国空间站正式开启长期有人驻留模式，标志着中国载人航天工程“三步走”规划圆满收官，标志着中国航天的崭新高度，中国空间站铸就了中华民族飞天梦圆的时代丰碑，也将成为人类向无垠宇宙探索的太空科学平台.

[大国名片] 中国载人航天

载人航天是当今世界高新技术发展水平的集中展示，是衡量一个国家综合国力的重要标志. 20 世纪 90 年代初，面对世界科技进步突飞猛进、综合国力竞争日趋激烈的新形势，党中央做出实施载人航天工程的重大战略决策.

1992 年 9 月我国载人航天工程正式起步，规划“三步走”发展战略. 从 2003 年 10 月我国第一艘载人飞船神舟五号成功发射，到实现太空出舱、交会对接、在轨补加等多项核心技术“零”的突破，经过几代航天人接续奋斗，我国成为世界上第三个独立掌握载

人天地往返技术、独立掌握空间出舱技术、独立自主掌握交会对接技术的国家.

“神十”任务完成我国载人航天首次应用性飞行；“神十一”任务完成太空 33 天中期驻留；我国第一艘货运飞船天舟一号与天宫二号空间实验室完成首次“太空加油”……党的十八大以来，载人航天工程全线奋力拼搏，突破和掌握大量关键技术，取得众多创新成果，实现载人航天工程“第二步”全部既定任务目标，为空间站建造和运营积累了重要经验，推动着我国从航天大国迈向航天强国.

随着载人航天工程开启第三步，“太空家园”建造大幕开启. 天和核心舱成功发射，神舟十二号航天员代表中国人首次进入自己的空间站；神舟十三号航天员首次完成长达半年之久的太空飞行任务；神舟十四号航天员见证空间站三舱“合拢”；“问天”“梦天”入列，中国空间站“T”字基本构型成型；2022 年 12 月 2 日晚，神舟十四号航天员乘组向神舟十五号航天员乘组移交中国空间站的钥匙……空间站在轨组装建造阶段一气呵成，筑起中国“天宫”. 三十而立的载人航天工程用全胜的优异战绩，在探索宇宙的新征程上跑出了中国航天“加速度”. 进入新时代，我国载人航天事业不断刷新纪录，中国空间站从规划一步步变为现实.

载人航天工程起步以来，在党中央坚强领导下，在全国人民大力支持下，中国载人航天事业一次次在浩瀚太空创造“中国奇迹”，同时也在中华民族的历史长河中培育铸就了“特别能吃苦、特别能战斗、特别能攻关、特别能奉献”的载人航天精神.

每一次对太空的叩问，都是下一次探索的开始. 在一代代航天人不忘初心、接续奋斗的时光里，中国载人航天事业发展写就了壮美篇章，也必将在充满光荣和梦想的新征程上，“飞”得更稳、更远.

习　题　2

2-1　均匀细棒 OA 可绕通过其一端 O 而与棒垂直的水平固定光滑轴转动，如习题 2-1 图所示. 今使棒从水平位置由静止开始自由下落，在棒摆动到竖直位置的过程中，下述说法哪一种是正确的?

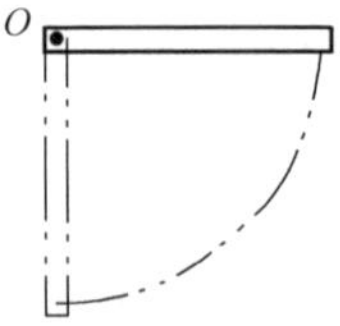

习题 2-1 图

(A) 角速度从小到大，角加速度从大到小.

(B) 角速度从小到大，角加速度从小到大.

(C) 角速度从大到小，角加速度从大到小.

(D) 角速度从大到小，角加速度从小到大.　　[　　]

2-2　关于刚体对轴的转动惯量，下列说法中正确的是

(A) 只取决于刚体的质量，与质量的空间分布和轴的位置无关

(B) 取决于刚体的质量和质量的空间分布，与轴的位置无关

(C) 取决于刚体的质量、质量的空间分布和轴的位置

(D) 只取决于转轴的位置，与刚体的质量和质量的空间分布无关　　[　　]

2-3　花样滑冰运动员绕通过自身的竖直轴转动，开始时两臂伸开，转动惯量为 J_0，角速度为 ω_0. 然后她将两臂收回，使转动惯量减少为$\frac{1}{3}J_0$. 这时她转动的角速度变为

(A) $\frac{1}{3}\omega_0$.　　(B) $\frac{1}{\sqrt{3}}\omega_0$.

(C) $\sqrt{3}\omega_0$.　　(D) $3\omega_0$.　　[　　]

2-4　光滑的水平桌面上有长为 $2l$、质量为 m 的匀质细杆，可绕通过其中点 O 且垂直于桌面的竖直

固定轴自由转动，转动惯量为$\frac{1}{3}ml^2$，起初杆静止．有一质量为 m 的小球在桌面上正对着杆的一端，在垂直于杆长的方向上，以速率 v 运动，如习题 2-4 图所示．当小球与杆端发生碰撞后，就与杆粘在一起随杆转动．则这一系统碰撞后的转动角速度是

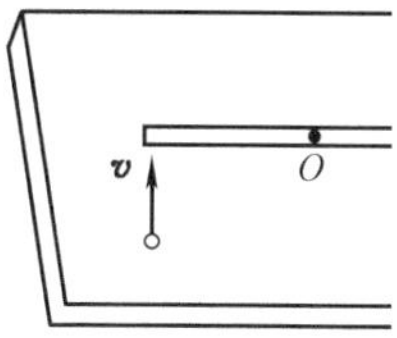

习题 2-4 图

（A）$\frac{lv}{12}$.　　（B）$\frac{2v}{3l}$.

（C）$\frac{3v}{4l}$.　　（D）$\frac{3v}{l}$.　　[　　]

2-5　如习题 2-5 图所示，一匀质细杆可绕通过上端与杆垂直的水平光滑固定轴 O 旋转，初始状态为静止悬挂．现有一个小球自左方水平打击细杆．设小球与细杆之间为非弹性碰撞，则在碰撞过程中对细杆与小球这一系统

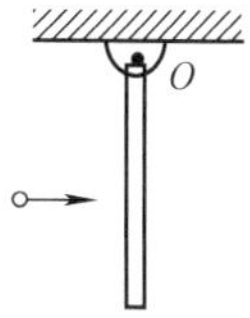

习题 2-5 图

（A）只有机械能守恒．

（B）只有动量守恒．

（C）只有对转轴 O 的角动量守恒．

（D）机械能、动量和角动量均守恒．　　[　　]

2-6　利用带传动，用电动机拖动一个真空泵．电动机上装一半径为 0.1m 的轮子，真空泵上装一半径为 0.29m 的轮子，如习题 2-6 图所示．如果电动机的转速为 $1450\mathrm{r}\cdot\mathrm{min}^{-1}$，则真空泵上的轮子的边缘上一点的线速度为________，真空泵的转速为________．

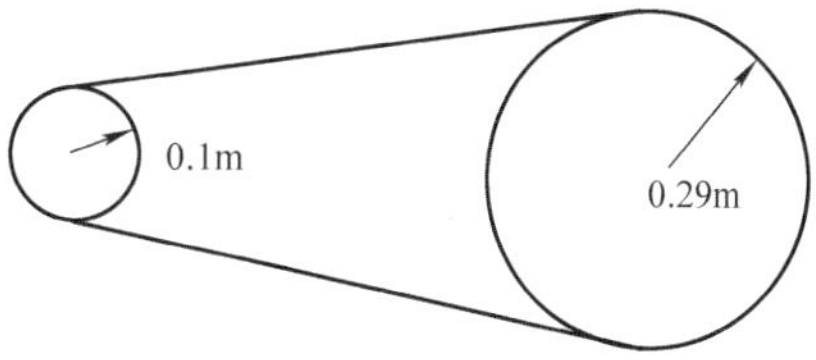

习题 2-6 图

2-7　质量为 20kg、边长为 1.0m 的均匀立方物体，放在水平地面上．有一拉力 $\boldsymbol{F}$ 作用在该物体一顶边的中点，且与包含该顶边的物体侧面垂直，如习题 2-7 图所示．地面极粗糙，物体不可能滑动．若要使该立方体翻转 90°，则拉力的大小 F 不能小于________．

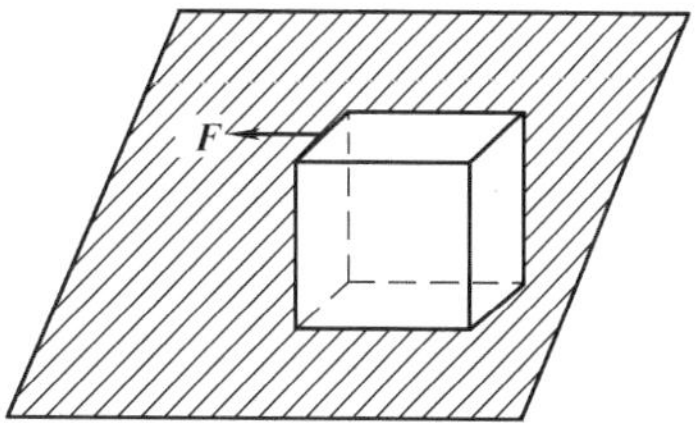

习题 2-7 图

2-8　一个以恒定角加速度转动的圆盘，如果在某一时刻的角速度为 $\omega_1=20\pi\ \mathrm{rad}\cdot\mathrm{s}^{-1}$，再转 60 转后角速度为 $\omega_2=30\pi\ \mathrm{rad}\cdot\mathrm{s}^{-1}$，则角加速度 $\alpha=$________，转过上述 60 转所需的时间 $\Delta t=$________．

2-9　决定刚体转动惯量的因素是________________．

2-10　一长为 l、质量可以忽略的直杆，可绕通过其一端的水平光滑轴在竖直平面内做定轴转动，在杆的另一端固定着一质量为 m 的小球，如习题 2-10图所示．现将杆由水平位置无初转速地释放．则杆刚被释放时的角加速度 $\alpha_0=$________，杆与水平方向夹角为 60°时的角加速度 $\alpha=$________．

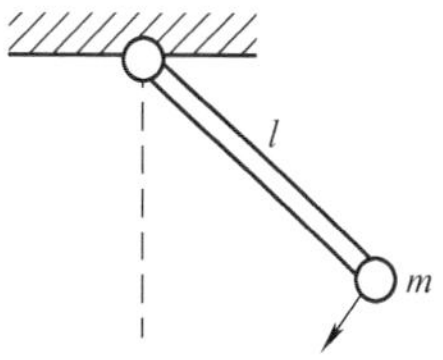

习题 2-10 图

2-11　一长为 l、质量可以忽略的直杆，两端分别固定有质量为 $2m$ 和 m 的小球，杆可绕通过其中心 O 且与杆垂直的水平光滑固定轴在铅直平面内转动．开始时杆与水平方向成某一角度 θ，处于静止状态，如习题 2-11 图所示．释放后，杆绕 O 轴转动．则当杆转到水平位置时，该系统所受到的合外力矩的大小 $M=$________，此时该系统角加速度的大小 $\alpha=$________．

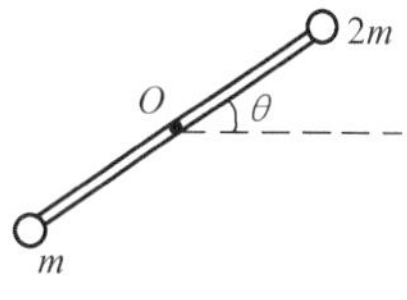

习题 2-11 图

2-12　一飞轮以 $600\mathrm{r}\cdot\mathrm{min}^{-1}$的转速旋转，转动惯量为 $2.5\mathrm{kg}\cdot\mathrm{m}^2$，现加一恒定的制动力矩使飞轮在 1s 内停止转动，则该恒定制动力矩的大小 $M=$________．

2-13　一飞轮以角速度 ω_0 绕光滑固定轴旋转，飞轮对轴的转动惯量为 J_1；另一静止飞轮突然和上述转动的飞轮啮合，绕同一转轴转动，该飞轮对轴的转动惯量为前者的两倍．啮合后整个系统的角速度 $\omega =$ ________．

2-14　如习题 2-14 图所示，一个质量为 m 的物体与绕在定滑轮上的绳子相连，绳子质量可以忽略，它与定滑轮之间无滑动．假设定滑轮质量为 $m_{轮}$、半径为 R，其转动惯量为 $\frac{1}{2}m_{轮}R^2$，滑轮轴光滑．试求该物体由静止开始下落的过程中，下落速度与时间的关系．

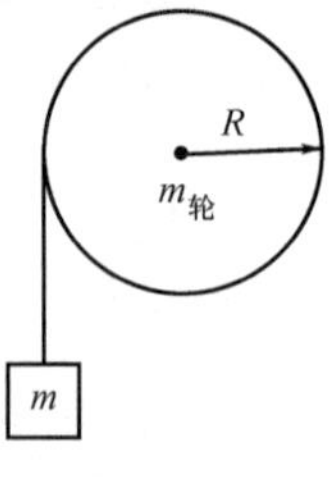

习题 2-14 图

2-15　一质量 $m = 6.00\text{kg}$、长 $l = 1.00\text{m}$ 的匀质棒，放在水平桌面上，可绕通过其中心的竖直固定轴转动，对轴的转动惯量 $J = ml^2/12$．$t = 0$ 时棒的角速度 $\omega_0 = 10.0\text{rad}\cdot\text{s}^{-1}$．由于受到恒定的阻力矩的作用，$t = 20\text{s}$ 时，棒停止运动．求：

（1）棒的角加速度的大小；

（2）棒所受阻力矩的大小；

（3）从 $t = 0$ 到 $t = 10\text{s}$ 时间内棒转过的角度．

2-16　质量为 5kg 的一桶水悬于绕在辘轳上的轻绳的下端，辘轳可视为一质量为 10kg 的圆柱体．桶从井口由静止释放，求桶下落过程中绳中的张力．辘轳绕轴转动时的转动惯量为 $\frac{1}{2}m'R^2$，其中 m' 和 R 分别为辘轳的质量和半径，轴上摩擦忽略不计．

2-17　一根放在水平光滑桌面上的匀质棒，可绕通过其一端的竖直固定光滑轴 O 转动．棒的质量为 $m = 1.5\text{kg}$，长度为 $l = 1.0\text{m}$，对轴的转动惯量为 $J = \frac{1}{3}ml^2$．初始时棒静止．今有一水平运动的子弹垂直地射入棒的另一端，并留在棒中，如习题 2-17 图所示．子弹的质量为 $m' = 0.020\text{kg}$，速率为 $v = 400\text{m}\cdot\text{s}^{-1}$．试问：

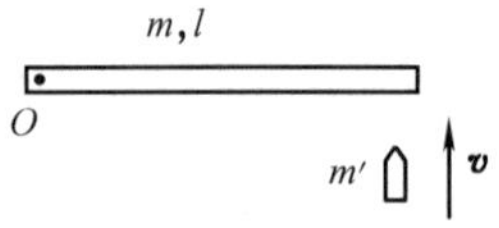

习题 2-17 图

（1）棒开始和子弹一起转动时角速度 ω 有多大？

（2）若棒转动时受到大小为 $M_r = 4.0\ \text{N}\cdot\text{m}$ 的恒定阻力矩作用，棒能转过多大的角度 θ？

2-18　如习题 2-18 图所示，A 和 B 两飞轮的轴杆在同一中心线上，设两轮的转动惯量分别为 $J_1 = 10\text{kg}\cdot\text{m}^2$ 和 $J_2 = 20\text{kg}\cdot\text{m}^2$．开始时，A 轮转速为 $600\text{r}\cdot\text{min}^{-1}$，B 轮静止．C 为摩擦啮合器，其转动惯量可忽略不计．A、B 分别与 C 的左、右两个组件相连，当 C 的左右组件啮合时，B 轮得到加速而 A 轮减速，直到两轮的转速相等为止．设轴光滑，求：

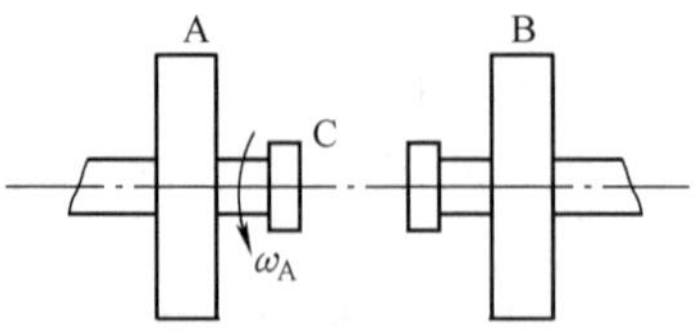

习题 2-18 图

（1）两轮啮合后的转速 n；

（2）两轮各自所受的冲量矩．

[世界杰出物理学家] 电学之父——迈克尔·法拉第

迈克尔·法拉第是世界著名的自学成才的科学家，英国物理学家、化学家，发电机和电动机的发明者. 1791 年法拉第出生于一个贫苦铁匠家庭，仅上过两年小学. 为生计所迫，他当过报童和书商家的学徒，带着强烈的求知欲望，如饥似渴地阅读各类书籍，汲取了许多自然科学方面的知识. 1831 年，他做出了关于电力场的关键性突破，永远改变了人类文明. 法拉第的发现奠定了电磁学的基础，是麦克斯韦的先导. 1831 年 10 月 17 日，法拉第首次发现电磁感应现象，并进而得到产生交流电的方法. 1831 年 10 月 28 日，法拉第发明了圆盘发电机，是人类创造出的第一个发电机. 由于他在电磁学方面做出了伟大贡献，被称为“电学之父”和“交流电之父”.

法拉第的一生是伟大的，法拉第其人又是平凡的. 他非常热心科学普及工作，在他任皇家研究所实验室主任后不久，即发起举行星期五晚间讨论会和圣诞节少年科学讲座. 他在 100 多次星期五晚间讨论会上做过讲演，在圣诞节少年科学讲座上讲演达 19 年之久. 他的科普讲座深入浅出，并配以丰富的演示实验，深受欢迎. 他为人质朴、不图名利. 为了专心从事科学研究，他放弃了一切有丰厚报酬的商业性工作. 他在 1857 年谢绝了皇家学会拟选他为会长的提名，甘愿以平民的身份实现献身科学的诺言，在皇家学院实验室工作了一辈子，堪称科学界淡泊名利的楷模.

第 3 章　静　电　学

从本章开始，我们将研究**电磁学**，它是论述物质之间电磁相互作用及其基本规律的一门学科.

当前，在日常生活和工农业生产的电气化、自动化、数字化方面以及医疗、生物学等各个领域中，电磁学获得了长足的进展和广泛的应用，从而成为工程和自然科学的重要基础.

19 世纪以来，许多科学家对电磁现象的规律和物质的电结构做了大量的实验和理论研究，总结出了本书所要讨论的**经典电磁理论**.

本章将从静止电荷之间存在着作用力这一事实出发，引述静电场的两个基本概念（即电场强度和电势）以及两者之间的关联，并由此总结出静电场的基本规律，为以后各章内容的学习打好基础.

3.1　电荷　库仑定律

3.1.1　电荷　电荷守恒定律

实验表明，两个不同材质的物体（例如丝绸和玻璃棒）相互摩擦后，都能吸引羽毛或纸屑等轻小物体. 这时，显示出这两种物体都处于**带电状态**，我们把这两种物体都称为**带电体**. 今后，我们也往往把**带电体本身简称为电荷**（如运动电荷、自由电荷等）.

其实，自然界并不存在脱离物质而单独存在的电或电荷. **电或电荷乃是物质的**

一种固有属性. 并且，实验证明，**自然界只存在两种不同性质的电荷；正（+）电荷和负（-）电荷. 同种电荷互相排斥，异种电荷互相吸引**. 这种相互作用的斥力或吸力便是**电性力**.

通常可用验电器来检验物体是否带电. 检验结果表明，当一个带电体增加同种电荷时，这个带电体的电荷为二者之和；当一个带电体增加异种电荷时，则一种电荷消失，另一种电荷也减小，甚至两种电荷都消失. 因此，我们可以用代数学中的正和负来区别这两种电荷，至于何者为正，何者为负，我们一直沿袭历史上的规定，即在室温下，凡与被丝绸摩擦过的玻璃棒上所带电荷同种的电荷，称为**正电荷**，凡与被毛皮摩擦过的硬橡胶棒所带电荷同种的电荷，称为**负电荷**.

通常用**电荷量**表示物体所带电荷的多少. 在国际单位制（SI）中，电荷量的单位是 C（库仑，简称**库**）. 不过，我们在叙述时，往往对电荷和电荷量不加区分，且皆用 q 或 Q 表示. 对正、负电荷而言，可分别表示为 $q>0$ 和 $q<0$. 这样，如果将存在等量异种电荷的物体相互接触，它们所带的正、负电荷的代数和为零，表现为对外的电效应互相抵消，在宏观上宛如不带电一样，它们呈现**电中性**. 这种现象叫作**放电**或**电中和**. 并且，在放电时还可发现闪光的火花.

我们知道，宏观物体（固体、液体、气体等）都是由分子、原子组成的. 任何化学元素的原子，都含有一个带正电的原子核和若干个在原子核周围运动的带负电的电子. 原子核中含有带正电荷的质子和不带电的中子，原子核所带的正电就是核内全部质子所带正电的总和. 一个质子所带的电荷量和一个电子所带的电荷量的大小相等，都用 e 表示. 据测定，$e \approx 1.60 \times 10^{-19}$ C.

由此可见，任何物体都是一个拥有大量正、负电荷的集合体. 在正常状态下，原子核外电子的数目等于原子核内质子的数目，亦即每个原子里电子所带的负电荷和原子核所带的正电荷都相等，原子内的**净电荷**为零（即正、负电荷的代数和为零），因而，每个原子都呈**电中性**. 这时，整个物体对外界不显示电性. 换句话说，在一切不带电的中性物体中，并非其固有的属性——电消失了，而总是有等量的正、负电荷同时存在.

然而，两种不同质料的中性物体通过相互摩擦或借其他方式而起电的过程，会使每个物体中都有一些电子摆脱了带正电荷的原子核的束缚而转移到另一个物体上去. 虽然不同质料的物体，彼此向对方转移的电子个数往往不相等，但其结果必然是，一个物体因失去一部分电子而带正电，另一个物体则得到这部分电子而带负电. 所以，在起电时，两个物体总是同时带异种而等量的电荷.

总而言之，一切起电过程其实都是使物体上正、负电荷分离或转移的过程，在这一过程中，电荷既不能消灭，也不能创生，只能使原有的电荷重新分布. 由此可以总结出**电荷守恒定律：一个孤立系统的总电荷（即系统中所有正、负电荷的代数和）在任何物理过程中始终保持不变**，即

$$\sum_i q_i = \text{恒量} \tag{3-1}$$

这里所指的孤立系统，就是它与外界没有电荷的交换. 电荷守恒定律也是自然界中一条基本的守恒定律，在宏观和微观领域中普遍适用.

尚需指出，在不同的惯性系中观测物体所带电荷的多少是相同的，即电荷不随物体的

运动速度而改变. 这就是**电荷不变性原理**.

最后，我们指出电荷的量子化. 自然界中有许多事物是**量子化**的，例如动植物的个数、珍珠的粒数、台阶的高度等；另一些事物是可以**连续变化**的，如时间的流逝、空间的长度、质量的大小、速率的大小、力的强弱等.

然而，人们起初意想不到的是，电荷竟是不连续的. 实验表明，电子是自然界具有最小电荷的带电粒子. 任一带电体所拥有的电荷量都是电子所带电荷量 e 的整数倍，这就是说，**e 是电荷的一个基本单元**. 当带电体的电荷发生改变时，它只能按元电荷 e 的整数倍改变其大小，不能做连续的任意改变. 这种电荷只能一份一份地取分立的、不连续的量值的性质，叫作**电荷的量子化**. **电荷的量子就是** e. 不过，常见的宏观带电体所带的电荷远大于元电荷 e，在一般灵敏度的电学测试仪器中，电荷的量子性是显示不出来的. 因此，在分析带电情况时，可以认为电荷是连续变化的. 这正像人们看到不尽长江滚滚流时，认为水流总是连续的，而并不觉得水是由一个个分子、原子等微观粒子组成的一样.

问题 3-1 （1）何谓电荷的量子化？试述电荷守恒定律.

（2）在干燥的冬天，人在地毯上走动时，为什么鞋和地毯都有可能带电？人在夜里脱卸化纤衣服时，为什么衣服上会出现闪光的火花？

3.1.2 库仑定律 静电力叠加原理

带电体之间存在着作用力，它与带电体的大小、形状、电荷分布、相互间的距离等因素有关. 当带电体之间的距离远大于它们自身的几何线度时，上述因素所导致的影响可以忽略不计. 这时，就可把带电体视作“**点电荷**”. 可见，点电荷这个概念和力学中的“质点”概念相仿，只有相对的意义. 例如，有两个带电体，其线度皆为 d，若两者相距为 r，则只有在 $r \gg d$ 的情况下，才能把它们当作点电荷来处理.

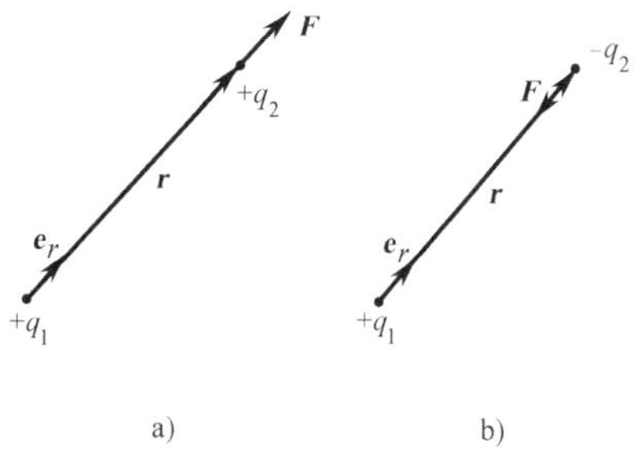

图 3-1 q_1 对 q_2 的作用力

a) q_1、q_2 同号 b) q_1、q_2 异号

下面讨论真空中两个静止点电荷之间的作用力. 假定这两个点电荷的电荷量分别为 q_1 和 q_2，它们相距为 r（见图 3-1）. 实验表明，**两个静止的点电荷之间存在着作用力 $\boldsymbol{F}$，其大小与两个点电荷的电荷量的乘积成正比，与两个点电荷之间距离的二次方成反比；作用力的方向沿着两个点电荷的连线；同号电荷相斥，异号电荷相吸**. 这就是**真空中的库仑定律**，它是库仑（C. A. Coulomb，1736—1806）从实验中总结出来的静电学基本定律. 今设从 q_1 指向 q_2 的单位矢量为 $\boldsymbol{e}_r$，则如图 3-1 所示，电荷 q_2 受到电荷 q_1 的作用力 $\boldsymbol{F}$ 可表示为

$$\boldsymbol{F}=\frac{1}{4\pi\varepsilon_0}\frac{q_1q_2}{r^2}\boldsymbol{e}_r \qquad (3\text{-}2a)$$

> 若 $\boldsymbol{r}$ 为 q_1 指向 q_2 的位矢，则自 q_1 指向 q_2 的单位矢量 $\boldsymbol{e}_r=\boldsymbol{r}/r$ 标志了位矢 $\boldsymbol{r}$ 的方向.

式中，比例常量 $\dfrac{1}{4\pi\varepsilon_0}=8.987776\times10^9\,\mathrm{N\cdot m^2\cdot C^{-2}}\approx9\times$

$10^9 N \cdot m^2 \cdot C^{-2}$（计算时取近似值）；其中 ε_0 称为**真空电容率**（习惯上亦称**真空介电常量**），它表征真空的电学特性. $\varepsilon_0 = 8.85 \times 10^{-12} C^2 \cdot N^{-1} \cdot m^{-2}$.

静电力 $\boldsymbol{F}$ 通常又称为**库仑力**. 当 q_1、q_2 为同种电荷时，$\boldsymbol{F}$ 与 $\boldsymbol{e}_r$ 同方向，两者之间表现为斥力；当 q_1、q_2 为异种电荷时，$\boldsymbol{F}$ 与 $\boldsymbol{e}_r$ 反方向，两者之间表现为引力.

在一般情况下，对于两个以上的点电荷，实验证明：**其中每个点电荷所受的总静电力，等于其他点电荷单独存在时作用于该点电荷上的静电力的矢量和**. 这就是**静电力叠加原理**. 也就是说，不管周围有无其他电荷存在，两个点电荷之间的作用力总是符合库仑定律的. 设 $\boldsymbol{F}_1, \boldsymbol{F}_2, \cdots, \boldsymbol{F}_n$ 分别为点电荷 $q_1, q_2, \cdots, q_n$ 单独存在时对点电荷 q_0 作用的静电力，则 q_0 所受静电力的合力 $\boldsymbol{F}$（矢量和）为

$$\boldsymbol{F} = \boldsymbol{F}_1 + \boldsymbol{F}_2 + \cdots + \boldsymbol{F}_n = \sum_{i=1}^{n} \boldsymbol{F}_i \tag{3-2b}$$

式（3-2b）即为静电力叠加原理的表达式.

问题 3-2　（1）试述库仑定律及其比例常量. 什么叫作点电荷？在库仑定律中，按教材中图 3-1 所示的 $\boldsymbol{e}_r$ 方向的规定，试按式（3-2）写出电荷 q_2 对电荷 q_1 的作用力 $\boldsymbol{F}'$ 的表达式. 倘若令 $r \to 0$，则库仑力 $F \to \infty$，显然没有意义. 试对此做出解释.

（2）试述静电力叠加原理. 如问题 3-2（2）图所示，两个带负电的静止点电荷，在其电荷量 $|Q_1|$ 和 $|Q_2|$ 相等或不相等的各种情况下，相距为 l，一个正的点电荷 Q 放在两者连线的中点 O，试分别讨论电荷 Q 所受静电力的合力方向.

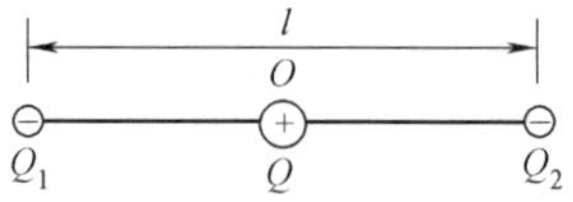

问题 3-2（2）图

例题 3-1　计算氢原子内电子和原子核之间的库仑力与万有引力的比值（注意，氢原子的核外只有一个带 $-e$ 的电子，核内只有一个带 $+e$ 的质子）.

解　设氢原子里电子与原子核相距为 r，且因电子和原子核所带的电荷等量异种，电荷大小均为 e，故电子与原子核之间的库仑力（吸引力）大小为

$$F_e = \frac{1}{4\pi\varepsilon_0} \frac{e^2}{r^2}$$

设电子质量为 m_1、原子核质量为 m_2，则电子与原子核之间的万有引力大小为

$$F_m = G \frac{m_1 m_2}{r^2}$$

> 今后，凡对电荷周围介质的情况未加任何说明时，均指真空而言.

式中，G 为引力常量. 把以上两式相比，有

$$\frac{F_e}{F_m} = \frac{1}{4\pi\varepsilon_0 G} \frac{e^2}{m_1 m_2}$$

查书末附录 A，$e = 1.60 \times 10^{-19} C$，$m_1 = 9.11 \times 10^{-31} kg$，$m_2 = 1840 m_1$；常量 $1/4\pi\varepsilon_0 = 9 \times 10^9 N \cdot m^2 \cdot C^{-2}$，$G = 6.67 \times 10^{-11} N \cdot m^2 \cdot kg^{-2}$，将它们代入上式，可算出库仑力与万有引力的比值为

$$\frac{F_e}{F_m} = \frac{(9 \times 10^9 N \cdot m^2 \cdot C^{-2}) \times (1.60 \times 10^{-19} C)^2}{(6.67 \times 10^{-11} N \cdot m^2 \cdot kg^{-2}) \times 1840 \times (9.11 \times 10^{-31} kg)^2}$$

$$= 2.26 \times 10^{39}$$

显然，在微观粒子之间的作用力中，万有引力远小于静电力，可略去不计. 然而，在讨论宇宙中的行星、恒星、星系等大型天体之间的作用力时，则主要考虑万有引力. 因为这些星体也是由带正电和带负电的粒子所组成的，可是它们相距是如此遥远，其正电与正电之间的斥力、负电与负电之间的斥力以及正电和负电之间的引力的合力微不足道，所以其静电作用力表现不出来，而可视作中性的.

例题3-2 如例题3-2图所示，两个相等的正点电荷q，相距为$2l$. 若一个点电荷q_0放在上述两电荷连线的中垂线上. 问：欲使q_0受力最大，q_0到两电荷连线中点的距离r为多大？

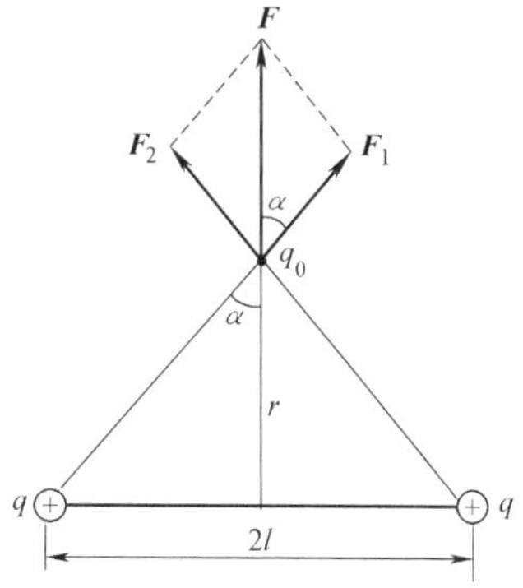

例题3-2图

由于两个点电荷q相对于中垂线对称，故中垂线上任一点的静电力$\boldsymbol{F}_1$和$\boldsymbol{F}_2$，其水平分量$F_1\sin\alpha = F_2\sin\alpha$，等值反向共线，互相抵消. 因此，合力$\boldsymbol{F}$的大小等于$F_1\cos\alpha + F_2\cos\alpha = 2F_2\cos\alpha$.

解 由库仑定律和静电力叠加原理可知，电荷q_0受两个电荷q的静电力分别为$\boldsymbol{F}_1$和$\boldsymbol{F}_2$，合力为$\boldsymbol{F}$，其值随r而变. 当r较大时，q_0与q之间的距离较大，合力随这个距离的增加而减小；当r较小时，q_0受q的力增大，但所受两个力之间的夹角2α变大，合力仍是减小. 因此，当r为某一定值时，q_0所受的合力有最大值. 相应的r值可用求函数极值方法算出. 由于$F_1 = F_2$，则合力为

$$F = 2F_1\cos\alpha = \frac{2q_0q}{4\pi\varepsilon_0(l^2+r^2)}\frac{r}{(l^2+r^2)^{\frac{1}{2}}}$$

$$= \frac{q_0qr}{2\pi\varepsilon_0\sqrt{(l^2+r^2)^3}}$$

且 $$\frac{\mathrm{d}F}{\mathrm{d}r} = \frac{q_0q}{2\pi\varepsilon_0}\left[\frac{\sqrt{(l^2+r^2)^3} - 3\sqrt{l^2+r^2}\,r^2}{(l^2+r^2)^3}\right]$$

令$\frac{\mathrm{d}F}{\mathrm{d}r} = 0$，则化简后，得$r = \frac{l}{\sqrt{2}}$.

又可求出$\left.\frac{\mathrm{d}^2F}{\mathrm{d}r^2}\right|_{r=\frac{l}{\sqrt{2}}} < 0$. 因此，当$r = \frac{l}{\sqrt{2}}$时，$F$具有极大值.

3.2 电场 电场强度

3.2.1 电场

库仑定律给出了两个点电荷之间作用力的定量关系，但并未阐明电荷之间的作用是如何实现的. 过去，人们一直认为，这种作用无须通过中间的媒介物质，也不需要传递的时间，而可以从一个带电体直接作用到另一个带电体. 这种所谓“超距作用”的观点随着近代物理学的发展而被摒弃，并提出了新的观点，认为在带电体的周围空间存在着电场，其他带电体处于此电场中时，所受到的作用力是由该电场所施加的，称为**电场力**. 那么，此力的反作用力，也就应该作用在该电场上了. 因此，电荷之间的作用力是通过电场来传递的. 可表示为

$$\text{电荷 A} \underset{\text{作用于}}{\overset{\text{激发}}{\rightleftharpoons}} \text{电场} \underset{\text{激发}}{\overset{\text{作用于}}{\rightleftharpoons}} \text{电荷 B}$$

理论和实验都已证明，后一种观点是正确的. 电场与由分子、原子等组成的实物一样，也具有能量、动量和质量，所以电场也是物质的一种形态. 不过，场与实物的一个重要区别，就是同一个空间不能同时被两个实物所占据，但可以存在两个以上的场；如果是同一性质的场，还可以在同一空间内叠加. 我们在本章只研究由静止电荷所激发的电场，称为**静电场**. 这里所说的“静止”，当然也是相对于惯性参考系而言的. 静电场对外的表现主要有如下三个特征：

（1）引入电场中的任何带电体，都将受到电场力的作用.

（2）当带电体在电场中移动时，电场力将对带电体做功，这意味着电场拥有能量.

（3）电场能使导体中的电荷重新分布，能使电介质极化.

3.2.2 电场强度 电场强度叠加原理

由于电场对电荷有力作用，因此可以利用电荷作为检测电场的工具. 用于判断电场的存在与否和电场强弱的电荷称为**试探电荷**，记作 q_0. 通常将激发电场的电荷称为**场源电荷**. 场源电荷可以是若干个点电荷或具有某种电荷分布和任意形状的带电体. 试探电荷则应满足下列两个条件：首先，试探电荷的电荷量 q_0 应足够小，不因 q_0 引入电场而导致场源电荷分布发生显著的变化；其次，试探电荷的几何线度应足够小，可视作点电荷，以能确切地探测电场内每一点（即**场点**）的电场强弱和方向. 这样，我们就可借试探电荷 q_0 对空间各点电场的强弱和方向进行检测和探究.

实验表明，对场源电荷及其分布给定的电场，在其中任一确定场点 P_1 上放置试探电荷 q_0；适当改变 q_0 的大小，q_0 所受电场力 $\boldsymbol{F}$ 将随之改变，但其比值 $\boldsymbol{F}/q_0$ 却不变；如果任意选择电场中不同的场点 $P_1, P_2, \cdots, P_n$，重复上述实验，比值 $\boldsymbol{F}/q_0$ 只随地点不同而异，而与试探电荷 q_0 的大小无关. 因此，可用比值 $\boldsymbol{F}/q_0$ 描述电场中各点电场的强弱和方向. 称 $\boldsymbol{F}/q_0$ 为**电场强度**，它是一个矢量，既有大小，又有方向. 通常用 $\boldsymbol{E}$ 表示电场强度矢量，即

$$\boldsymbol{E}=\frac{\boldsymbol{F}}{q_0} \tag{3-3}$$

在式（3-3）中，取 $q_0=+1$，则 $\boldsymbol{E}=\boldsymbol{F}$. 这就是说，**电场中任一点的电场强度在量值上等于一个单位正电荷放在该点所受到的电场力的大小，电场强度的方向规定为正电荷在该点所受电场力的方向.**

在 SI 中，力的单位是 N，电荷的单位是 C，则按式（3-3），电场强度的单位应是 $\mathrm{N \cdot C^{-1}}$（牛 · 库$^{-1}$），也可写作 $\mathrm{V \cdot m^{-1}}$（伏 · 米$^{-1}$）.

如果电场中各点的电场强度的大小都相同，方向也都相同，这样的电场称为**均匀（或匀强）电场**.

若已知电场中任一点的电场强度，则放在该点的电荷所受的电场力为

$$\boldsymbol{F}=q\boldsymbol{E} \tag{3-4}$$

显然，放在该点的电荷 q 为正，则 $\boldsymbol{F}$ 与 $\boldsymbol{E}$ 同方向；反之，若此电荷 q 为负，则 $\boldsymbol{F}$ 与 $\boldsymbol{E}$ 反方向.

值得指出，电场对电荷的作用力与电场强度是两个不同的概念. 前者是指电场与电荷的相互作用，它取决于电场与引入场中的电荷；后者则是描述电场中各场点的强弱和方向，仅与场源电荷有关.

若电场是由一组场源电荷 $q_1, q_2, \cdots, q_n$ 所共同激发的，为了计算它们周围空间某一点的电场强度，仍可把试探电荷 q_0 放在该点，从它的受力情况来计算电场强度. 设 $\boldsymbol{F}_1, \boldsymbol{F}_2, \cdots, \boldsymbol{F}_n$ 分别表示点电荷 $q_1, q_2, \cdots, q_n$ 单独存在时对 q_0 的作用力，则按静电力叠加原理式（3-2b），q_0 所受的合力为

$$\boldsymbol{F}=\boldsymbol{F}_1+\boldsymbol{F}_2+\cdots+\boldsymbol{F}_n$$

将上式两边同除以 q_0，得

$$E = E_1 + E_2 + \cdots + E_n = \sum_i E_i \tag{3-5}$$

式（3-5）表明，**电场中某点的总电场强度等于各个点电荷单独存在时在该点的电场强度的矢量和**. 这就是**电场强度叠加原理**. 利用这个原理，我们可以计算任意的**点电荷系**或带电体的电场强度. 所谓点电荷系，就是由若干个点电荷组成的集合.

问题 3-3 （1）试述电场强度的定义. 它的单位是怎样规定的？何谓电场强度叠加原理？

（2）在一个带正电的大导体附近的一点 P，放置一个试探电荷 q_0（$q_0>0$），实际测得它所受力的大小为 F. 若电荷 q_0 不是足够小，则 F/q_0 的值比点 P 原来的电场强度 E 大还是小？若大导体带负电，情况又将如何？

（3）有人问："对于电场中的某定点，电场强度的大小 $E=F/q_0$，不是与试探电荷 q_0 成反比吗？为何却说 $\boldsymbol{E}$ 与 q_0 无关？"你能回答这个问题吗？

3.3 电场强度和电场力的计算

本节将根据电场强度的定义和电场强度叠加原理，推导出几种典型分布电荷在真空中激发的电场内各点电场强度的表达式，供读者在阅读教材和解题计算时作为公式直接引用.

3.3.1 点电荷电场中的电场强度

如图 3-2 所示，在真空中有一个静止的点电荷 q，在与它相距为 r 的场点 P 上，设想放一个试探电荷 q_0（$q_0>0$），按库仑定律，试探电荷 q_0 所受的力为

$$\boldsymbol{F} = \frac{1}{4\pi\varepsilon_0}\frac{qq_0}{r^2}\boldsymbol{e}_r$$

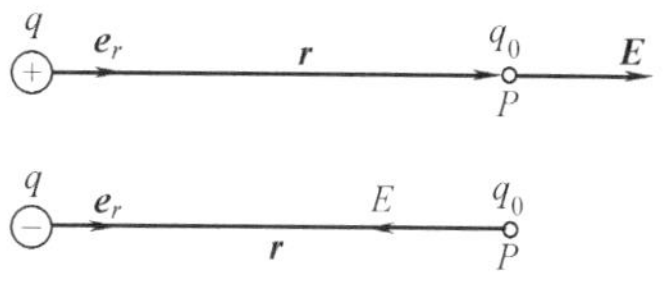

图 3-2 点电荷电场中的电场强度

式中，$\boldsymbol{e}_r$ 是单位矢量，用来标示点 P 相对于场源点电荷 q 的位矢 $\boldsymbol{r}$ 的方向. 按电场强度定义，$\boldsymbol{E}=\boldsymbol{F}/q_0$，由上式即得点 P 的电场强度为

$$\boldsymbol{E} = \frac{1}{4\pi\varepsilon_0}\frac{q}{r^2}\boldsymbol{e}_r \tag{3-6}$$

即在点电荷 q 的电场中，任一点 P 的电场强度大小为 $E=|q|/(4\pi\varepsilon_0 r^2)$，其值与场源电荷的大小 $|q|$ 成正比，并与点电荷 q 到该点距离 r 的二次方成反比，且当 $r\to\infty$ 时，电场强度大小 $E\to 0$；电场强度 $\boldsymbol{E}$ 的方位沿场源电荷 q 和点 P 的连线，其指向取决于场源电荷 q 的正、负（见图 3-2）：若 q 为正电荷（$q>0$），其方向与 $\boldsymbol{e}_r$ 的方向相同，即沿 $\boldsymbol{e}_r$ 而背离 q；若 q 为负电荷（$q<0$），其方向与 $\boldsymbol{e}_r$ 的方向相反，而指向 q.

显然，在点电荷 q 的电场中，以点电荷 q 为中心、以 r 为半径的球面上各点的电场强度大小均相同，电场强度的方向皆分别沿半径向外（若 $q>0$）（见图 3-3）或指向中心（若 $q<0$），通常说，具有

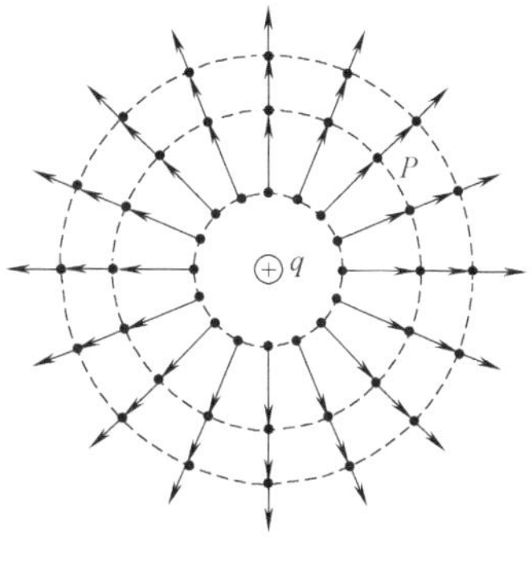

图 3-3 点电荷的电场是球对称的

这样特点的电场是**球对称**的.

3.3.2 点电荷系电场中的电场强度

设电场是由一组点电荷 $q_1,q_2,\cdots,q_n$ 所构成的**点电荷系**共同激发的，而场点 P 与各个点电荷的距离分别为 $r_1,r_2,\cdots,r_n$（相应的位矢为 $\boldsymbol{r}_1,\boldsymbol{r}_2,\cdots,\boldsymbol{r}_n$），则各个点电荷激发的电场在点 P 的电场强度按式（3-6）分别为

$$\boldsymbol{E}_1=\frac{q_1}{4\pi\varepsilon_0 r_1^2}\boldsymbol{e}_{r1},\quad \boldsymbol{E}_2=\frac{q_2}{4\pi\varepsilon_0 r_2^2}\boldsymbol{e}_{r2},\quad \cdots,\quad \boldsymbol{E}_n=\frac{q_n}{4\pi\varepsilon_0 r_n^2}\boldsymbol{e}_{rn}$$

式中，$\boldsymbol{e}_{r1},\boldsymbol{e}_{r2},\cdots,\boldsymbol{e}_{rn}$分别是场点 P 相对于场源电荷 $q_1,q_2,\cdots,q_n$ 的位矢 $\boldsymbol{r}_1,\boldsymbol{r}_2,\cdots,\boldsymbol{r}_n$ 方向上的单位矢量，按照电场强度叠加原理［式（3-5）］，这些点电荷各自在点 P 激发的电场强度的矢量和，等于点 P 的总电场强度 $\boldsymbol{E}$，即

$$\boldsymbol{E}=\boldsymbol{E}_1+\boldsymbol{E}_2+\cdots+\boldsymbol{E}_n=\sum_i \boldsymbol{E}_i=\sum_i \frac{q_i}{4\pi\varepsilon_0 r_i^2}\boldsymbol{e}_{ri} \tag{3-7}$$

问题 3-4 在问题 3-4 图 a、b 所示的静电场中，试绘出 P 点的电场强度 $\boldsymbol{E}$ 的方向，其中 $+q$、$-q$ 为场源点电荷.

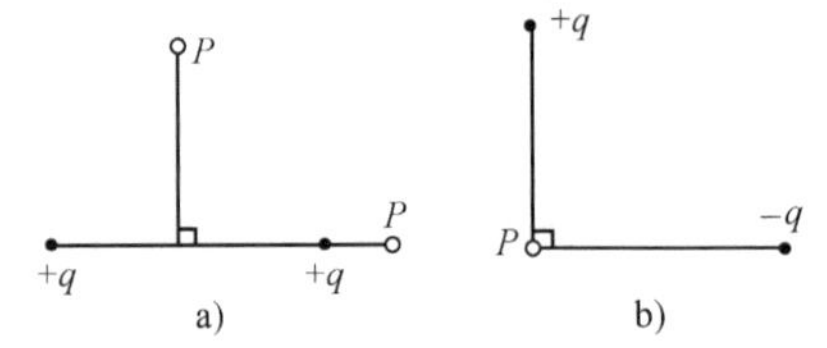

问题 3-4 图

例题 3-3 如例题 3-3 图所示，有一对相距为 l 的等量异种点电荷 $+q$ 和 $-q$，试求这两个点电荷连线的延长线上一点 P 的电场强度. 设 P 点离这两个点电荷连线的中点 O 的距离为 r.

解 这两个点电荷 $+q$ 和 $-q$ 在 P 点所激发的电场强度大小分别为

$$E_+=\frac{q}{4\pi\varepsilon_0\left(r-\dfrac{l}{2}\right)^2},\ E_-=\frac{q}{4\pi\varepsilon_0\left(r+\dfrac{l}{2}\right)^2}$$

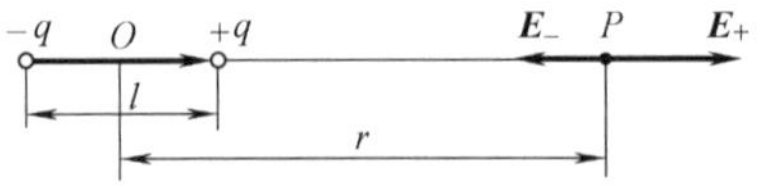

例题 3-3 图

由于共线矢量 $\boldsymbol{E}_+$ 和 $\boldsymbol{E}_-$ 方向相反，所以，根据电场强度叠加原理，P 点处的电场强度 $\boldsymbol{E}_P$ 的大小为

$$E_P=E_+-E_-=\frac{q}{4\pi\varepsilon_0\left(r-\dfrac{l}{2}\right)^2}-\frac{q}{4\pi\varepsilon_0\left(r+\dfrac{l}{2}\right)^2}=\frac{2qrl}{4\pi\varepsilon_0\left[r^2-\left(\dfrac{l}{2}\right)^2\right]^2}$$

$\boldsymbol{E}_P$ 的方向向右.

当 $r\gg l$ 时，我们将这样一对等量异种电荷称为**电偶极子**. 这时，可以用电矩 $\boldsymbol{p}_\mathrm{e}=q\boldsymbol{l}$ 来描述电偶极子，其中 $\boldsymbol{l}$ 是从 $-q$ 指向 $+q$ 的矢量. 因而电偶极子的电矩是矢量，其方向与 $\boldsymbol{l}$ 的方向相同. 由于 $r^2-\left(\dfrac{l}{2}\right)^2\approx r^2$，故有

$$E_P=\frac{2ql}{4\pi\varepsilon_0 r^3}$$

若用电矩 $\boldsymbol{p}_\mathrm{e}$ 表示，则可写成如下的矢量式，即

$$\boldsymbol{E}_P=\frac{2\boldsymbol{p}_\mathrm{e}}{4\pi\varepsilon_0 r^3} \tag{3-8}$$

今后，常要用到电偶极子的概念. 例如，由于无线电台的发射天线里电子的运动，而在其两端交替地带正、负电荷时，就可以把天线看作一个振荡电偶极子；又如，在研究电介质的极化时，其中每个分子等效于一个电偶极子.

顺便指出，如果 $l=0$，则 $+q$ 与 $-q$ 将重合在一起，点 P 的电场强度为零，即

$$E_P = \frac{q}{4\pi\varepsilon_0 r^2} + \frac{(-q)}{4\pi\varepsilon_0 r^2} = 0$$

这就是**电中和**的意义. 所谓等量异种电荷的中和，并不是说这些电荷消失了，也就不激发电场了，而是指它们聚集在一起，对外所激发的电场相互抵消.

3.3.3 连续分布电荷电场中的电场强度

如果场源电荷在空间某一范围内是连续分布的，则在计算该电荷系所激发的电场时，一般可将全部电荷看成许多微小的电荷元 $\mathrm{d}q$ 的集合，每个电荷元 $\mathrm{d}q$ 在空间任一点所激发的电场强度，与点电荷在同一点激发的电场强度相同，即按式（3-6），可表示为

$$\mathrm{d}\boldsymbol{E} = \frac{1}{4\pi\varepsilon_0}\frac{\mathrm{d}q}{r^2}\boldsymbol{e}_r \tag{3-9}$$

式中，$\boldsymbol{e}_r$ 为场点 P 相对于电荷元 $\mathrm{d}q$ 的位矢 $\boldsymbol{r}$ 方向上的单位矢量. 根据电场强度叠加原理，求各电荷元在点 P 的电场强度的矢量和（即求矢量积分），就可得到电荷系在点 P 的电场强度为

$$\boldsymbol{E} = \iiint_V \mathrm{d}\boldsymbol{E} = \iiint_V \frac{1}{4\pi\varepsilon_0}\frac{\mathrm{d}q}{r^2}\boldsymbol{e}_r \tag{3-10}$$

其中，积分号下的 V 表示对场源电荷的集合在整个分布范围求积分. 式（3-10）是一个矢量积分，具体计算时要利用分量式转化为标量积分.

问题3-5 （1）试写出电荷在电场中所受电场力的公式.

（2）如问题3-5（2）图 a、b、c、d 所示，在点电荷 $+q$（或 $-q$）的电场中，请绘出 P 点电场强度 $\boldsymbol{E}$ 的方向；若在 P 点放置一个点电荷 $+q_0$（或 $-q_0$），试绘出它所受电场力的方向.

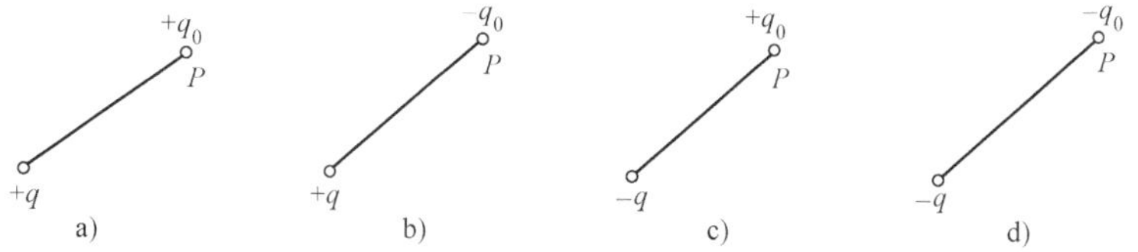

问题3-5（2）图

（3）如何计算连续分布电荷的电场?

例题3-4 如例题3-4图 a 所示，设一长为 L 的均匀带电细棒，带电荷 Q（$Q>0$），求棒的中垂线上一点 P 的电场强度.

解 以棒的中点 O 为原点，建立坐标系 Oxy，在棒上坐标为 x 处取一线元 $\mathrm{d}x$，其上带电荷为 $\mathrm{d}q$. 按题设，细棒均匀带电，则电荷线密度 $\lambda = Q/L$ 为一恒量，因此电荷元为 $\mathrm{d}q = \lambda\mathrm{d}x$，它在场点 P 激发的电场强度为

$$\mathrm{d}E = \frac{1}{4\pi\varepsilon_0}\frac{\lambda\mathrm{d}x}{x^2 + r^2}$$

其方向如图所示. 上式中的 r 为中垂线上的场点 P 与棒的中点 O 的距离.

将 $\mathrm{d}\boldsymbol{E}$ 分解成 $\mathrm{d}\boldsymbol{E}_x$ 和 $\mathrm{d}\boldsymbol{E}_y$ 两个分矢量，由于电荷对中垂线为对称分布，应有 $\int_L \mathrm{d}\boldsymbol{E}_x = \boldsymbol{0}$（读者可自行分析），而 $\mathrm{d}\boldsymbol{E}_y$ 分量的大小为

$$dE_y = dE\sin\alpha = \frac{1}{4\pi\varepsilon_0}\frac{\lambda dx}{x^2+r^2}\frac{r}{\sqrt{x^2+r^2}}$$

因而，P 点的总电场强度为

$$E = E_y = \int_L dE_y = \int_{-\frac{L}{2}}^{\frac{L}{2}} \frac{\lambda r dx}{4\pi\varepsilon_0\sqrt{(x^2+r^2)^3}} = \frac{\lambda r}{4\pi\varepsilon_0}\frac{x}{r^2\sqrt{x^2+r^2}}\Bigg|_{-\frac{L}{2}}^{\frac{L}{2}}$$

$$= \frac{\lambda r L}{4\pi\varepsilon_0 r^2\sqrt{\frac{L^2}{4}+r^2}} = \frac{Q}{4\pi\varepsilon_0 r\sqrt{\frac{L^2}{4}+r^2}}$$

$\boldsymbol{E}$ 沿 Oy 轴正方向，当 $r \ll L$ 时，上式成为

$$E = \frac{\lambda}{2\pi\varepsilon_0 r} \tag{3-11}$$

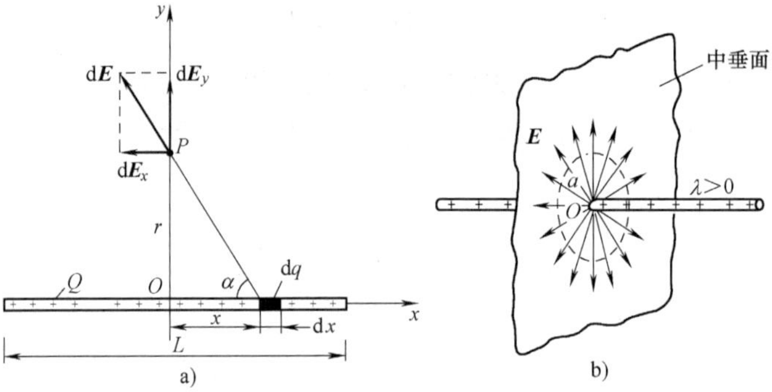

例题 3-4 图

此时，相对于距离 r，可将该细棒看作“无限长”，而上式就是与**无限长均匀带电细棒**相距为 r 处的电场强度的大小 E 的公式. $\boldsymbol{E}$ 的方向垂直细棒向外（如棒带负电，即 $Q<0$，则 $\boldsymbol{E}$ 的方向垂直地指向细棒).

在细棒为无限长的情况下，棒上任一点都可当作中点，任何垂直于细棒的平面都可看成是中垂面，那么，按式 (3-11)，无限长均匀带电细棒的中垂面上的电场强度分布情况如例题3-4 图 b 所示. **并且，在垂直于它的任一平面上其电场强度分布情况都是相同的**，亦即都和例题 3-4 图 b 所示的情况一样. 我们说，具有这种特点的电场是轴对称的.

值得指出，无限长的带电细棒是不存在的，实际上都是有限长的，但如果我们研究棒的中央附近而又离棒很近区域内的电场，就可以近似地把棒看成是无限长的.

例题 3-5　如例题 3-5 图所示，求垂直于均匀带电细圆环的轴线上任一场点 P 的电场强度. 设圆环半径为 R，带电荷量为 Q. 环心 O 与场点 P 相距为 x.

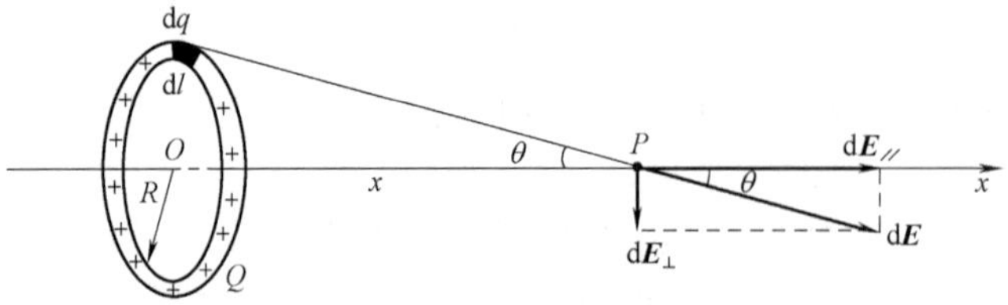

例题 3-5 图

解　设 P 点在圆环右侧的轴线上，以此轴线为坐标轴 Ox，按题设，圆环均匀带电，其电荷线密度为 $\lambda = Q/(2\pi R)$. 任取一电荷元 dq，长为 dl，它所带的电荷量为 $dq = \lambda dl$，电荷元在 P 点的电场强度为 $d\boldsymbol{E}$，其方向如图所示，大小为

$$dE = \frac{dq}{4\pi\varepsilon_0 r^2} = \frac{\lambda dl}{4\pi\varepsilon_0 (R^2 + x^2)}$$

将 $d\boldsymbol{E}$ 分解为沿 Ox 轴的分量 $d\boldsymbol{E}_{/\!/}$ 和垂直于 Ox 轴的分量 $d\boldsymbol{E}_{\perp}$，由于相对于轴线而言，电荷分布具有对称性，则 $\int_L d\boldsymbol{E}_{\perp} = \boldsymbol{0}$，于是 P 点的总电场强度为

$$\begin{aligned} E &= \int_L dE_{/\!/} = \int_L dE\cos\theta = \int_0^{2\pi R} \frac{\lambda dl}{4\pi\varepsilon_0 (R^2 + x^2)} \frac{x}{\sqrt{R^2 + x^2}} \\ &= \frac{\lambda(2\pi R)x}{4\pi\varepsilon_0 \sqrt{(R^2 + x^2)^3}} = \frac{Qx}{4\pi\varepsilon_0 \sqrt{(R^2 + x^2)^3}} \end{aligned} \tag{3-12}$$

式（3-12）即为均匀带电圆环中心轴线上一点的电场强度. 若 $Q>0$，$\boldsymbol{E}$ 沿 Ox 轴正向；若 $Q<0$，$\boldsymbol{E}$ 沿 Ox 轴负向.

当 $x \gg R$ 时，$E = \dfrac{Qx}{4\pi\varepsilon_0 x^3} = \dfrac{Q}{4\pi\varepsilon_0 x^2}$，与点电荷的电场强度公式相同.

同理，沿圆环左侧的 Ox 轴负向，亦可同样给出式（3-12），但当 $Q>0$ 时，$\boldsymbol{E}$ 的方向则沿 Ox 轴负向；$Q<0$ 时，$\boldsymbol{E}$ 沿 Ox 轴正向. 所以，在垂直于均匀带电圆环的轴线上，其两侧的电场强度是对称分布的.

说明 从以上各例可以看到，利用电场强度叠加原理求各点的电场强度时，由于电场强度是矢量，具体运算中需将矢量的叠加转化为各分量（标量）的叠加；并且在计算时，关于电场强度的对称性的分析也是不可忽视的，在某些情形下，它往往能使我们立即看出矢量 $\boldsymbol{E}$ 的某些分量相互抵消而等于零，使计算大为简化.

例题 3-6 一半径为 R 的均匀带电圆平面 S 上，电荷面密度为 σ（即单位面积所带电荷，其单位为 $C \cdot m^{-2}$），设圆平面带正电，即 $\sigma>0$，求垂直于圆平面的轴上任一场点 P 的电场强度.

分析 按题设，S 为一均匀带电圆平面，因而电荷面密度 σ 为一恒量. 求解时，可将均匀带电圆平面视作由许多不同半径的同心带电圆环所组成，如例题 3-6 图所示，每一圆环在轴上任一场点的电场强度 $d\boldsymbol{E}$ 可借上例的结果［式（3-12）］给出，再按电场强度叠加原理，通过积分，就可以求出整个带电圆平面在点 P 的电场强度 $\boldsymbol{E}$.

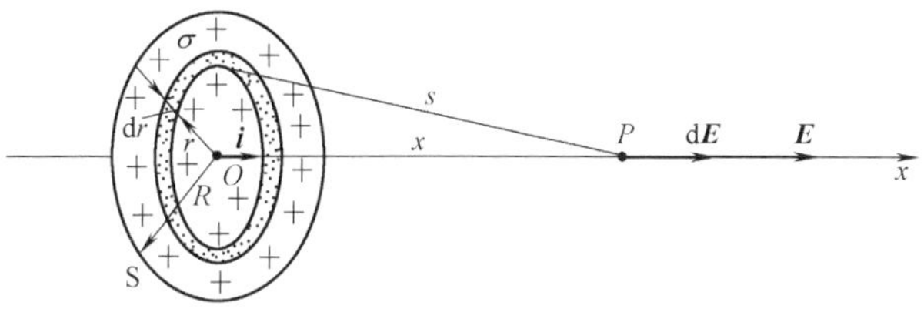

例题3-6图

正如上例所说，垂直于圆平面的轴上各点电场强度相对于圆平面是左、右对称的. 为此，这里只对右侧的场点进行讨论.

解 如例题 3-6 图所示，在圆平面上距中心 O 为 r 处，取宽度 dr 的圆环，在这个圆环上带有电荷 $dq = \sigma(2\pi r dr)$，利用式（3-12）. 它在沿垂直于圆平面的 Ox 轴上（其单位矢量为 $\boldsymbol{i}$）的点 P，其电场强度为

$$d\boldsymbol{E} = \frac{1}{4\pi\varepsilon_0} \frac{(dq)x}{(x^2 + r^2)^{3/2}} \boldsymbol{i} = \frac{2\pi r\sigma x dr}{4\pi\varepsilon_0 (x^2 + r^2)^{3/2}} \boldsymbol{i} = \frac{\sigma x}{2\varepsilon_0} \frac{r dr}{(x^2 + r^2)^{3/2}} \boldsymbol{i}$$

由于各带电同心圆环在 P 点的电场强度 $d\boldsymbol{E}$ 方向相同，所以对上式只需进行标量积分，可得整个带电圆平面在轴上一点 P（x 为定值）的电场强度为

$$\boldsymbol{E} = \iint_S d\boldsymbol{E} = \left[\frac{\sigma x}{2\varepsilon_0} \int_0^R \frac{r dr}{(x^2 + r^2)^{3/2}}\right] \boldsymbol{i}$$

$$\boldsymbol{E} = \frac{\sigma}{2\varepsilon_0} \left(1 - \frac{x}{\sqrt{x^2 + R^2}}\right) \boldsymbol{i} \tag{3-13}$$

由于所述均匀带电圆平面两侧沿 Ox 轴的电场分布也是对称的，所以在圆平面左侧沿 Ox 轴负向的电场强度亦与式（3-13）相同，但其方向则沿 Ox 轴负向.

例题 3-7　设有一很大的、电荷面密度为 σ 的均匀带电平面．在靠近平面的中部而且离开平面的距离比平面的几何线度小得多的区域内的电场，称为“无限大”均匀带电平面的电场．试证此带电平面两侧的电场都是均匀电场.

证明　在上例中，若 $x \ll R$，则均匀带电圆平面就可视作无限大的均匀带电平面；对无限大的平面而言，凡是 $x \ll R$ 的点都处于本例中所述的区域内．因此，由式（3-13），可得无限大均匀带电平面的电场中各点电场强度 $\boldsymbol{E}$ 的大小为

$$E = \frac{\sigma}{2\varepsilon_0} \tag{3-14}$$

可见，在上述电场区域内，各点电场强度 $\boldsymbol{E}$ 的大小相等，且与上述区域内各点离开平面的距离无关，也与平面的形状和线度无关．至于电场强度 $\boldsymbol{E}$ 的方向，理应沿着垂直于该平面的中心轴，由于平面为“无限大”，所以在上述区域内，任一条垂直于该平面的轴线都可视作中心轴，因而各点电场强度 $\boldsymbol{E}$ 的方向都垂直于平面而相互平行；若该平面带正电，即 $\sigma>0$，则电场强度 $\boldsymbol{E}$ 的方向背离平面（见例题 3-7 图 a）；反之，若平面带负电，即 $\sigma<0$，则电场强度 $\boldsymbol{E}$ 的方向指向平面（见例题 3-7 图 b）.

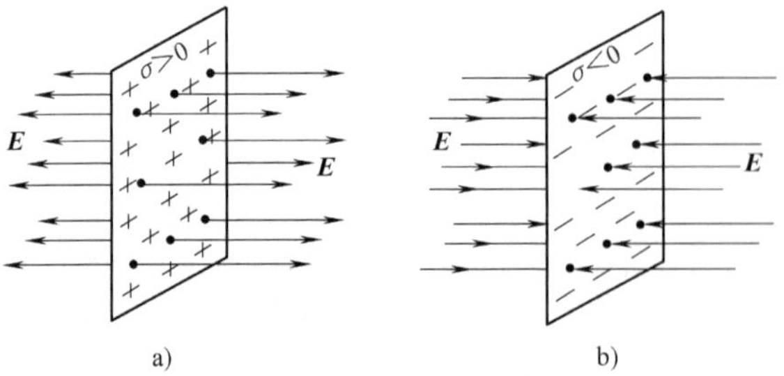

例题 3-7 图

综上所述，**“无限大”均匀带电平面两侧的电场皆是均匀电场**.

说明　实际上，任何一个带电平面，其大小总是有限的．因此，也只有在靠近平面中部附近的区域，电场才是均匀的，而相对于平面边缘附近的点而言，就不能将平面看作是无限大的，该处的电场也是不均匀的，这就是所谓**边缘效应**．因此，对该处而言，式（3-14）不再适用.

例题 3-8　设有两个平行平面 A 和 B，两平面的线度比它们的间隔要大得多，则两平面皆可视作无限大平面．平面 A 均匀地带正电，平面 B 均匀地带负电，电荷面密度分别为 $\sigma>0$ 和 $\sigma<0$（见例题 3-8 图 a）．求该两个带电平面所激发的电场.

解　根据电场强度叠加原理，两个带电平面在任一场点所激发的电场强度 $\boldsymbol{E}$，是每个带电平面分别在该点激发的电场强度 $\boldsymbol{E}_{\mathrm{A}}$ 和 $\boldsymbol{E}_{\mathrm{B}}$ 的矢量和，即

$$\boldsymbol{E} = \boldsymbol{E}_{\mathrm{A}} + \boldsymbol{E}_{\mathrm{B}}$$

除两平面边缘的附近处以外，$\boldsymbol{E}_{\mathrm{A}}$ 和 $\boldsymbol{E}_{\mathrm{B}}$ 分别是“无限大”均匀带电平面 A 和 B 所激发的电场强度，由上例可知，其大小皆为 $\dfrac{\sigma}{2\varepsilon_0}$，方向分别如例题 3-8 图 a 中的实线和虚线箭头所示.

在两平面之间的区域内，$\boldsymbol{E}_{\mathrm{A}}$、$\boldsymbol{E}_{\mathrm{B}}$ 的方向相同，都从 A 面指向 B 面，其大小均为 $\dfrac{\sigma}{2\varepsilon_0}$，所以总电场强度的方向是从电荷面密度为 $\sigma>0$ 的 A 面指向电荷面密度为 $\sigma<0$ 的 B 面，显而易见，其大小为 $E = E_{\mathrm{A}} + E_{\mathrm{B}} = \dfrac{\sigma}{2\varepsilon_0} + \dfrac{\sigma}{2\varepsilon_0}$，即

$$E=\frac{\sigma}{\varepsilon_0} \tag{3-15}$$

在两平面的外侧区域，$\boldsymbol{E}_A$ 和 $\boldsymbol{E}_B$ 的方向相反、大小相等，所以总电场强度的大小为

$$E=E_A-E_B=0$$

因此，均匀地分别带上等量正、负电荷的两个无限大平行平面（即电荷面密度的大小相同），当平面的线度远大于两平面的间距时，除了边缘附近为非均匀电场而存在边缘效应外，电场全部集中于两平面之间（见例题3-8图b），而且是**均匀电场**. 局限于上述区域内的电场，称为**“无限大”均匀带电平行平面的电场.**

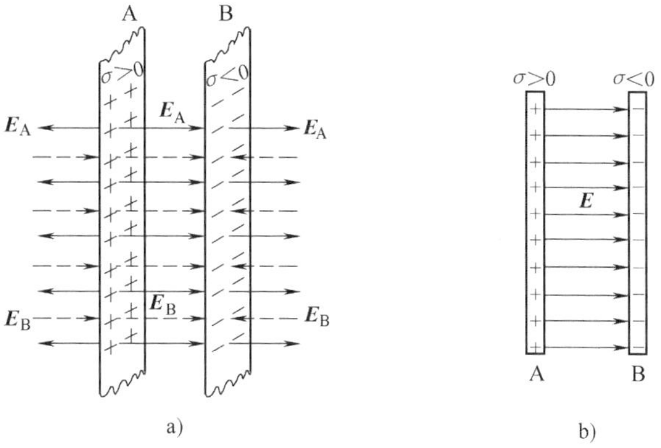

例题3-8 图

3.3.4 电荷在电场中所受的力

例题3-9 求电偶极子在均匀电场中所受的作用.

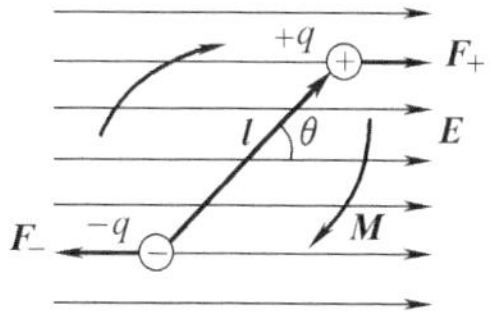

例题3-9 图

解 如例题3-9图所示，设电偶极子处于电场强度为 $\boldsymbol{E}$ 的均匀电场中，$\boldsymbol{l}$ 表示从 $-q$ 指向 $+q$ 的矢量，电偶极子的电矩 $\boldsymbol{p}_e=q\boldsymbol{l}$，方向与 $\boldsymbol{E}$ 之间的夹角为 θ. 作用于电偶极子正、负电荷上的电场力分别为 $\boldsymbol{F}_+$ 和 $\boldsymbol{F}_-$，其大小相等，按式（3-4），有

$$F=|\boldsymbol{F}_+|=|\boldsymbol{F}_-|=qE$$

其方向相反，因此两力的矢量和为零，电偶极子不会发生平动；但由于电场力 $\boldsymbol{F}_+$ 和 $\boldsymbol{F}_-$ 的作用线不在同一直线上，此两力组成一个力偶㊀，使电偶极子发生转动. 电偶极子所受力偶矩的大小为

$$M=Fl\sin\theta=qEl\sin\theta=p_eE\sin\theta \tag{a}$$

式中，$l\sin\theta$ 为力偶矩的力臂；$p_e=ql$ 为电偶极子的电矩大小. 式（a）表明，当 $\boldsymbol{p}_e\perp\boldsymbol{E}$（$\theta=\pi/2$）时，力偶矩最大；当 $\boldsymbol{p}_e/\!/\boldsymbol{E}$（$\theta=0$ 或 π）时，力偶矩等于零. 在力偶矩作用下，电偶极子发生转动，其电矩 $\boldsymbol{p}_e$ 将转到与外电场 $\boldsymbol{E}$ 一致的方向上去.

综上所述，我们也可将式（a）表示成矢量式（$\boldsymbol{p}_e$ 与 $\boldsymbol{E}$ 的矢积），即

$$\boldsymbol{M}=\boldsymbol{p}_e\times\boldsymbol{E} \tag{3-16}$$

㊀ 作用于同一物体上的大小相等、指向相反而不在同一直线上的两个平行力，称为**力偶**. 力偶对物体所产生的效应是使物体转动，力偶作用的强弱决定于力偶的力矩（简称**力偶矩**）. 此力矩的大小 M 等于力偶中任何一个力的大小 F 和这两个平行力之间的垂直距离 l（称为力臂）的乘积. 即力偶矩为 $M=Fl$. 如果力偶矩为零，则原来静止的物体不会转动，原来转动的物体做匀角速转动.

例题 3-10　压碎的某种磷酸盐矿石是磷酸盐和石英颗粒的混合体，在通过输送器 A 时它们将振动，引起摩擦带电，使磷酸盐带正电，石英带负电，而后从两块平行带电平板（可视作无限大均匀带电平行平面）之间的中央落入，设其间的电场强度大小为 $E=0.5\times10^{5}\mathrm{N\cdot C^{-1}}$，方向如例题 3-10 图所示，它们所带电荷的大小均为每千克 10^{-5}C. 为了使磷酸盐能分离出来，两种粒子必须至少分开 10cm. 求：(1) 粒子在两板间至少通过多少距离？(2) 板上的电荷面密度大小.

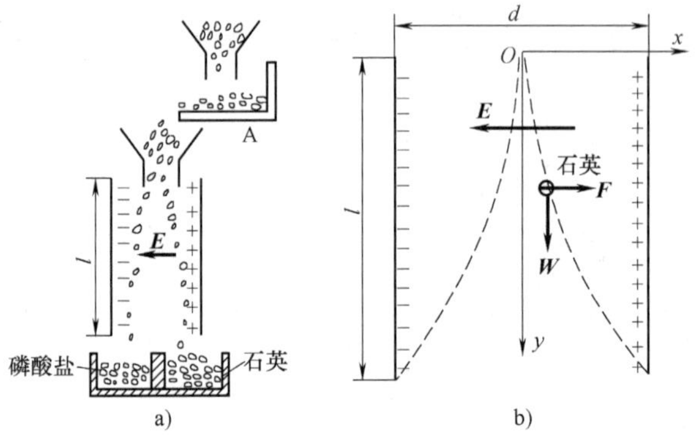

例题 3-10 图

解　(1) 石英颗粒带负电 $q=-10^{-5}\mathrm{C\cdot kg^{-1}}$，进入电场强度 $E=0.5\times10^{5}\mathrm{N\cdot C^{-1}}$ 的平行带电平板之间的中央时，受水平向右的电场力 $\boldsymbol{F}$（$F=|q|E$）和竖直向下的重力 $\boldsymbol{W}=m\boldsymbol{g}$ 作用. 在图示的坐标系 Oxy 中，按牛顿第二定律，粒子运动方程沿 Ox、Oy 轴方向的分量式分别为

$$|q|E=ma_x,\qquad mg=ma_y$$

设 $m=1\mathrm{kg}$，则上两式成为

$$a_x=|q|E,\qquad a_y=g$$

对上两式进行两次积分，并根据初始条件：$t=0$ 时 $x=0$，$v_x=v_y=0$，则得

$$x=\frac{1}{2}|q|Et^2,\quad y=\frac{1}{2}gt^2$$

因粒子从中央进入，即 $x=d/2$，$d=10\mathrm{cm}$；并设粒子通过的距离为 l，即 $y=l$，代入上两式，得

$$l=\frac{gd}{2|q|E}$$

代入题设数据，可算出 $l=0.98\mathrm{m}$.

(2) 由 $E=\sigma/\varepsilon_0$，得平板上的电荷面密度大小为

$$\sigma=\varepsilon_0E=(8.85\times10^{-12}\mathrm{C^2\cdot N^{-1}\cdot m^{-2}})\times(0.5\times10^{5}\mathrm{N\cdot C^{-1}})=4.43\times10^{-7}\mathrm{C\cdot m^{-2}}$$

问题 3-6　(1) 如问题 3-6 (1) 图所示，三个场源电荷在点 $P(x,y,z)$ 激发的电场强度分别为

$$\boldsymbol{E}_1=(-10\mathrm{N\cdot C^{-1}})\boldsymbol{i}+(-5\mathrm{N\cdot C^{-1}})\boldsymbol{j}+(12\mathrm{N\cdot C^{-1}})\boldsymbol{k}$$

$$\boldsymbol{E}_2=(5\mathrm{N\cdot C^{-1}})\boldsymbol{i}+(3\mathrm{N\cdot C^{-1}})\boldsymbol{j}+(9\mathrm{N\cdot C^{-1}})\boldsymbol{k}$$

$$\boldsymbol{E}_3=(2\mathrm{N\cdot C^{-1}})\boldsymbol{i}+(-4\mathrm{N\cdot C^{-1}})\boldsymbol{j}+(-7\mathrm{N\cdot C^{-1}})\boldsymbol{k}$$

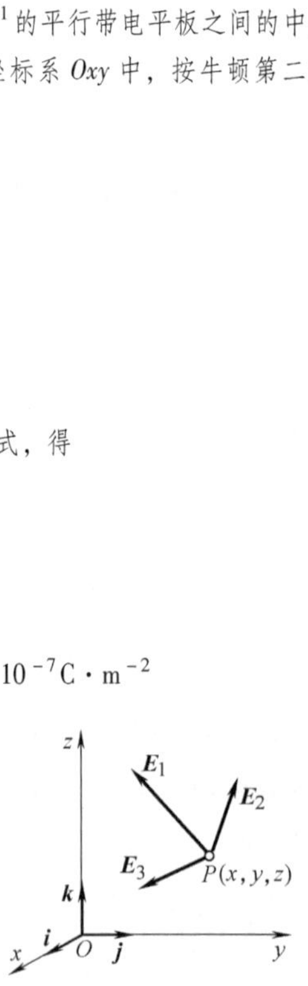

问题 3-6 (1) 图

求点 P 的电场强度 $\boldsymbol{E}$ 的大小和方向（用三个方向余弦表示）. [**答**：$E=15.5\ \mathrm{N\cdot C^{-1}}$；$\cos\alpha=-0.194$，$\cos\beta=-0.387$，$\mathrm{cso}\gamma=0.903$]

(2) 一竖直大平板的一侧表面上均匀带电，它的电荷面密度为 $\sigma=0.33\times10^{-4}\mathrm{C\cdot m^{-2}}$. 一条长 $l=5\mathrm{cm}$ 的棉线，一端固定于该平板上，另一端悬有质量 $m=1\mathrm{g}$ 的带正电小球，若线与铅直方向成 $\varphi=30°$ 角而达到平衡，求球上的电荷 q. [**答**：$q=3.04\times10^{-9}\mathrm{C}$]

(3) 求均匀带电细圆环的环心 O 点的电场强度，并根据电场强度的对称性分布阐释所得结果.

3.4 电场强度通量 真空中的高斯定理

3.4.1 电场线

为了形象地描述电场的分布，我们引入电场线的概念．**在电场中画出一系列有指向的曲线，使这些曲线上的每一点的切线方向和该点的电场强度方向一致**．这样的曲线就叫作**电场线**．

为了使电场线不仅能表示电场强度的方向，而且又能表示电场强度的大小，我们规定：**在电场中任一点附近，通过该处垂直于电场强度 $\boldsymbol{E}$ 方向的单位面积的电场线条数 ΔN 等于该点电场强度 $\boldsymbol{E}$ 的大小，即** $\Delta N/\Delta S_{\perp}=E$．这样，就可以看到，在电场中电场强度较大的地方，电场线较密；电场强度较小的地方，电场线较疏．图 3-4 表示几种典型电场的电场线分布．从图中可以看出，静电场的电场线有以下两个性质：①电场线总是起始于正电荷，终止于负电荷，不会形成闭合曲线，也不会在没有电荷的地方中断；②任何两条电场线都不会相交．

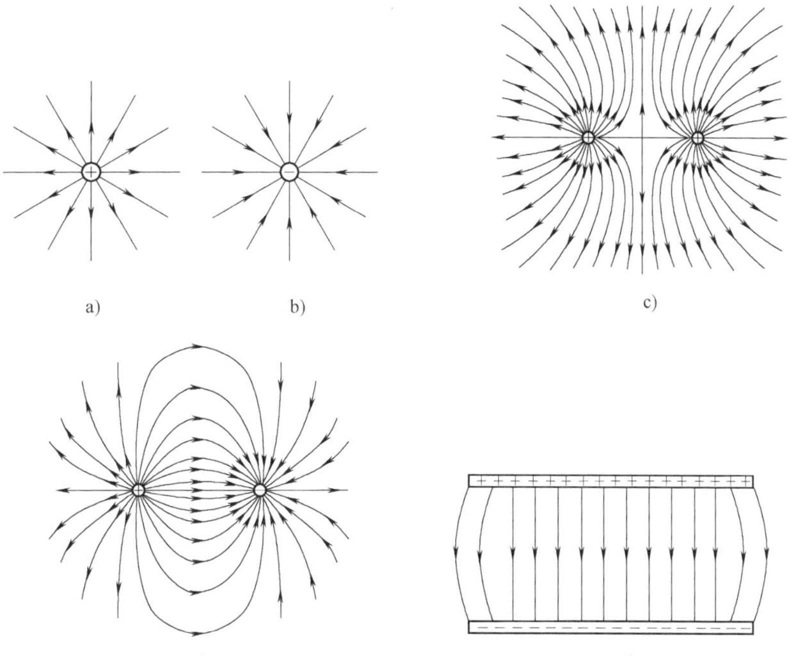

图 3-4 几种典型电场的电场线分布图形

a）正点电荷 b）负点电荷 c）一对等量同种点电荷 d）一对等量异种点电荷 e）均匀带异种电荷的平行板

问题 3-7 什么叫作电场线？电场线有什么性质？试用电场线大致表示点电荷和电偶极子的电场．为什么均匀电场的电场线是一系列疏密均匀的同方向平行直线？

3.4.2 电场强度通量

在电场中任一点处，取一块面积元 $\Delta S_{\perp}$，与该点电场强度 $\boldsymbol{E}$ 的方向相垂直，我们把

电场强度的大小 E **与面积元** $\Delta S_{\perp}$ **的乘积**，称为穿过该面积元 $\Delta S_{\perp}$ 的**电场强度通量**（简称**电通量**），用 $\Delta\Phi_{e}$ 表示，即

$$\Delta\Phi_{e}=E\Delta S_{\perp} \tag{3-17}$$

另一方面，由上面有关电场线的描述，可得 $\Delta N=E\Delta S_{\perp}$. 这样，我们就可以把穿过电场中任一个给定面积 S 的电通量 $\boldsymbol{\Phi}_{e}$ 用通过该面积的电场线条数来表述.

在均匀电场中，电场线是一系列均匀分布的同方向平行直线（见图 3-5a）. 想象一个面积为 S 的平面，它与电场强度 $\boldsymbol{E}$ 的方向相垂直. 由于在均匀电场中，电场强度的大小 E 处处相等，这样，根据式（3-17），穿过 S 面的电通量为

$$\Phi_{e}=ES \tag{a}$$

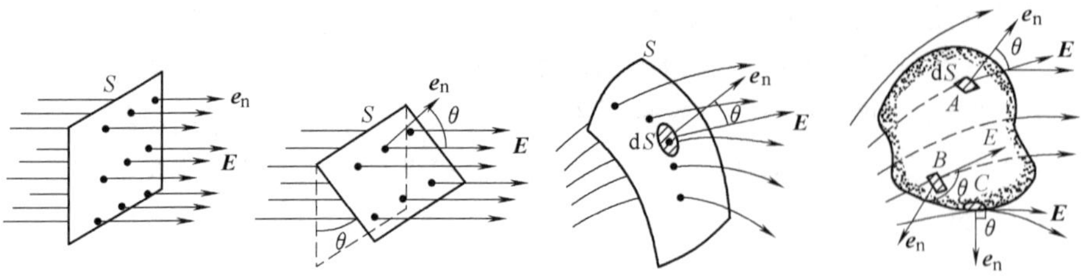

a)　　b)　　c)　　d)

图 3-5　计算电通量用图

如果在均匀电场中，平面 S 与电场强度 $\boldsymbol{E}$ 不相垂直，我们可以用平面的**法线矢量** e_{n} ⊖ 来标示平面 S 在空间的方位. 设 $\boldsymbol{e}_{n}$ 与 $\boldsymbol{E}$ 的方向成 θ 角（见图 3-5b），这时可先求出平面 S 在垂直于 $\boldsymbol{E}$ 的平面上的投影面积 $S_{\perp}$，即 $S_{\perp}=S\cos\theta$. 由图可见，通过面积 $S_{\perp}$ 的电场线必定全部穿过面积 S. 按式（a），通过 $S_{\perp}$ 的电场线条数等于 $ES_{\perp}=ES\cos\theta$，所以穿过倾斜面积 S 的电通量也应该是

$$\boldsymbol{\Phi}_{e}=ES\cos\theta \tag{b}$$

即穿过给定平面的电通量 $\boldsymbol{\Phi}_{e}$，等于电场强度 $\boldsymbol{E}$ 在该平面上的法向分量 $E\cos\theta$ 与面积 S 的乘积. 显然，穿过给定面积的电通量是一个标量，其正、负取决于这个面的法线矢量 $\boldsymbol{e}_{n}$ 和电场强度 $\boldsymbol{E}$ 两者方向之间的夹角 θ.

如果是非均匀电场，并且 S 也不是平面，而是一个任意曲面（见图 3-5c），那么，可以先把曲面分成无限多个面积元 $\mathrm{d}S$，每个面积元 $\mathrm{d}S$ 都可视作平面，而且在面积元 $\mathrm{d}S$ 的微小区域上，各点的电场强度 $\boldsymbol{E}$ 也可视作相等，则由式（b），穿过面积元 $\mathrm{d}S$ 上的电通量为

$$\mathrm{d}\Phi_{e}=E\mathrm{d}S\cos\theta \tag{c}$$

式中，θ 为面积元的法线矢量 $\boldsymbol{e}_{n}$ 与该处电场强度 $\boldsymbol{E}$ 之间的夹角. 通过整个曲面 S 的电通量为

$$\boldsymbol{\Phi}_{e}=\iint_{S}\mathrm{d}\boldsymbol{\Phi}_{e}=\iint_{S}E\cos\theta\mathrm{d}S=\iint_{S}\boldsymbol{E}\cdot\mathrm{d}\boldsymbol{S} \tag{d}$$

⊖　平面的法线矢量 $\boldsymbol{e}_{n}$ 是指垂直于平面的一个单位矢量. 它的指向可以背离平面（或曲面）向外或朝向平面（或曲面），可由我们任意选定. 对下面将要讲到的闭合曲面来说，一点的法线矢量 $\boldsymbol{e}_{n}$ 垂直于过该点的切平面. 数学上规定，其指向朝着闭合曲面的外侧；或者说，**$\boldsymbol{e}_{n}$ 沿闭合曲面的外法线方向**.

式中，d$\boldsymbol{S}$ **为面积元矢量，其大小为** dS，**方向用法线矢量** $\boldsymbol{e}_n$（$\boldsymbol{e}_n$ 的大小是1）**表示**，可写作 d$\boldsymbol{S}$ = d$S\boldsymbol{e}_n$.

“$\oiint_S$” 表示对整个闭合曲面求积分.

对电场中的一个封闭曲面来说，所通过的电通量为

$$\Phi_e = \oiint_S \mathrm{d}\Phi_e = \oiint_S \boldsymbol{E}\cdot\mathrm{d}\boldsymbol{S} = \oiint_S E\cos\theta\mathrm{d}S \tag{3-18}$$

值得注意，**对一个封闭曲面而言，通常规定面积元法线矢量 $\boldsymbol{e}_n$ 的正方向为垂直于曲面向外**. 因而，由图3-5d可见，在电场线从曲面内穿出来的地方（如点 A），电场强度 $\boldsymbol{E}$ 和曲面法线矢量 $\boldsymbol{e}_n$ 的夹角 $\theta<90°$，$\cos\theta>0$，故电通量 dΦ_e 为正；在电场线穿入曲面的地方（如点 B），$180°>\theta>90°$，$\cos\theta<0$，电通量 dΦ_e 为负；在电场线与曲面相切的地方（如点 C），$\theta=90°$，$\cos 90°=0$，电通量 d$\Phi_e=0$.

问题3-8 （1）何谓电通量？试根据它的定义，读者自行推出其单位为 $\mathrm{N\cdot m^2\cdot C^{-1}}$.

（2）在电场中，通过一平面、曲面或闭合曲面的电通量如何计算？

3.4.3 高斯定理及应用高斯定理求静电场中的电场强度

从电通量的概念出发，可以引述真空中静电场的**高斯定理**.

我们先讨论点电荷的静电场. 设在真空中有一个正的点电荷 q，则在其周围存在着静电场. 以点电荷 q 的所在处为中心，取任意长度 r 为半径，作一个闭合球面，包围这个点电荷（见图3-6a）. 显然，点电荷 q 的电场具有球对称性，球面上任一点电场强度 $\boldsymbol{E}$ 的大小都是 $q/(4\pi\varepsilon_0 r^2)$，方向都是以点电荷 q 为中心，对称地沿着半径方向呈辐射状，并且处处与球面垂直. 在此闭合球面上任取一面积元矢量 d$\boldsymbol{S}$，其方向也沿半径向外，与电场强度 $\boldsymbol{E}$ 的夹角 $\theta=0°$. 按式（3-18），穿过整个闭合球面的电通量为

$$\begin{aligned}\Phi_e &= \oiint_S \mathrm{d}\Phi_e = \oiint_S \boldsymbol{E}\cdot\mathrm{d}\boldsymbol{S} = \oiint_S \frac{q}{4\pi\varepsilon_0 r^2}\cos 0°\mathrm{d}S \\ &= \frac{q}{4\pi\varepsilon_0 r^2}\oiint_S \mathrm{d}S = \frac{q}{4\pi\varepsilon_0 r^2}4\pi r^2 = \frac{q}{\varepsilon_0}\end{aligned} \tag{a}$$

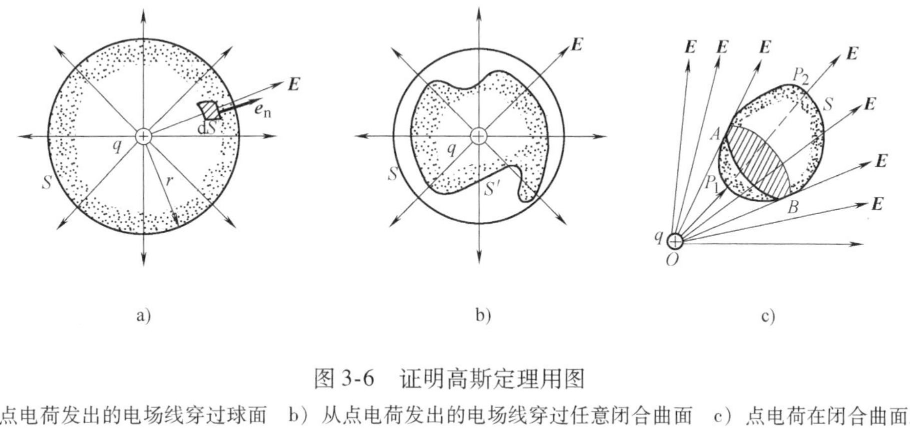

图3-6 证明高斯定理用图

a）从点电荷发出的电场线穿过球面 b）从点电荷发出的电场线穿过任意闭合曲面 c）点电荷在闭合曲面之外

即穿过此球面的电通量 Φ_e 只与被球面所包围的点电荷 q 有关，而与半径 r 无关. 式（a）中的 q 是正的，因此 $\Phi_e>0$，这表示电场线从正电荷处发出，并穿出球面；若 q 为负，读者同样可以推出上述结果，但这时 $\Phi_e<0$，表示电场线穿入球面，并终止于负电荷.

其次，我们来讨论穿过包围点电荷 q（设 $q>0$）的任意闭合曲面 S' 的电通量. 如图 3-6b所示，在 S' 的外面作一个以点电荷 q 为中心的球面 S，S 和 S' 包围同一个点电荷 q，S 和 S' 之间并无其他电荷，故电场线不会中断，穿过闭合曲面 S' 和穿过球面 S 的电场线条数是相等的. 由式（a）可知，穿过球面 S 的电通量等于 q/ε_0，因此穿过任意闭合曲面 S' 的电通量 Φ_e 也应等于 q/ε_0. 并且在电场中作包围点电荷 q 的无限多个形状和大小不一的闭合曲面，我们不用计算就能断定，穿过每一闭合曲面的电通量 Φ_e 也都等于 q/ε_0.

如果点电荷 q 在闭合曲面 S 之外（见图 3-6c），则只有与闭合曲面相切的锥体 AOB 范围内的电场线才能通过此闭合曲面，而且每一条电场线从某处穿入曲面（如图中点 P_1 处），必从另一处穿出曲面（如图中点 P_2 处）. 按照规定，电场线从曲面穿入，电通量为负，电场线从曲面穿出，电通量为正，一进一出，正负相消. 这样，从这一曲面穿入和穿出的电场线条数是相等的，即穿过这一闭合曲面的电通量的代数和为零，有

$$\oint_S \boldsymbol{E}\cdot\mathrm{d}\boldsymbol{S}=0 \tag{b}$$

以上我们只讨论了单个点电荷的电场中，穿过任一闭合面的电通量. 现在，将上述结果推广到点电荷系 $q_1, q_2, \cdots, q_n, q_{n+1}, \cdots, q_s$ 的电场中去. 今作一任意闭合面 S，它包围了 n 个点电荷 $q_1, q_2, \cdots, q_n$，对其中每个点电荷来说，由式（a），有 $\Phi_{e1}=q_1/\varepsilon_0$，$\Phi_{e2}=q_2/\varepsilon_0$，…，$\Phi_{en}=q_n/\varepsilon_0$；而对于在闭合面 S 以外的点电荷 $q_{n+1}, \cdots, q_s$，由式（b），它们对闭合面 S 上电通量的贡献分别为零. 于是，穿过闭合面 S 的电通量合计为

$$\Phi_e=\frac{q_1}{\varepsilon_0}+\frac{q_2}{\varepsilon_0}+\cdots+\frac{q_n}{\varepsilon_0}+0+\cdots+0=\frac{1}{\varepsilon_0}\sum_i q_i(i=1,2,3,\cdots,n)$$

根据穿过闭合曲面 S 的电通量表达式（3-18），可将上式写成

$$\oint_S \boldsymbol{E}\cdot\mathrm{d}\boldsymbol{S}=\frac{1}{\varepsilon_0}\sum_i q_i \tag{3-19}$$

式（3-19）表明，**穿过静电场中任一闭合面的电通量 Φ_e，等于包围在该闭合面 S（称为高斯面）内所有电荷的代数和 $\sum_i q_i$ 的 $1/\varepsilon_0$ 倍，而与闭合面外的电荷无关**. 这一结论称为真空中静电场的**高斯**（K. F. Gauss）**定理**.

读者注意，高斯定理指出了通过闭合面的电通量，只与该面所包围的总电荷（净电荷）有关；而闭合面上任意一点的电场强度则是由激发该电场的所有场源电荷（包括闭合面内、外所有的电荷）共同决定的，并非只由闭合曲面所包围的电荷激发的.

前面说过，电场线起自正电荷、终止于负电荷，其实，这是高斯定理的必然结果. 所以，高斯定理是一条反映静电场基本性质的普遍定理，即**静电场是有源场**. 激发电场的电荷则为该电场的“源头”. 或者形象地说，正电荷是电场的“源头”，每单位正电荷向四周发出 $1/\varepsilon_0$ 条电场线；负电荷是电场的“尾闾”，每单位负电荷有 $1/\varepsilon_0$ 条电场线向它会聚（或终止）.

高斯定理是一条反映静电场规律的普遍定理，在进一步研究电学时，这条定理很重要. 在这里，我们只是应用它来计算某些具有对称分布的电场.

问题3-9 试证真空中静电场的高斯定理；并据以阐明静电场的一个基本性质.

例题3-11 （1）电荷 q（>0）均匀分布在半径为 R 的球面上；（2）一半径为 R、电荷体密度为 ρ（即单位体积所带的电荷，其单位为 $C \cdot m^{-3}$）的均匀带电球体. 试求上述球面和球体外的电场分布.

分析 应用高斯定理求电场强度时，首先要分析电场分布的对称性. 如例题3-11图b所示，我们以带电球面为例，来考虑球面外与球心 O 相距 r 的任一场点 P，点 P 和球心 O 的连线 OP 沿半径方向. 由于电荷均匀分布在球面上，故对球面上任一电荷元 dq_1，总可在球面上找到等量的另一电荷元 dq_2，两者对连线 OP 是完全对称的，故 dq_1、dq_2 与点 P 的距离相等. 即 $r_1 = r_2$，因而，在点 P 的电场强度 $dE_1 = dq_1/(4\pi\varepsilon_0 r_1^2)$ 和 $dE_2 = dq_2/(4\pi\varepsilon_0 r_2^2)$，大小相等，且与 OP 成等角，即对称于连线 OP. 显然，它们的矢量和 $d\boldsymbol{E} = d\boldsymbol{E}_1 + d\boldsymbol{E}_2$ 是沿着连线 OP 的. 将整个带电球面上的每一对的对称电荷元在点 P 的电场强度叠加，所得的总电场强度 $\boldsymbol{E}$ 也必定沿连线 OP，即沿半径方向.

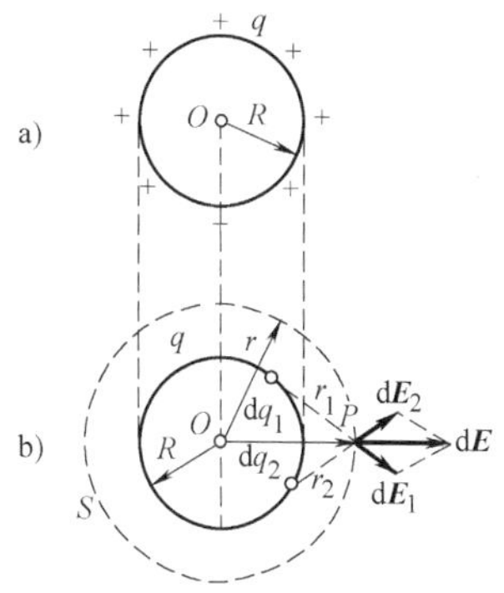

例题3-11图

同理，分析通过点 P、并与带电球面同心的球面（图中的虚线球面）上各点的电场强度，其方向各自沿所在点的半径指向球外，即整个电场的电场线呈辐射状；其大小都和点 P 的相同. 所以，**均匀带电球面的电场分布是球对称的**.

解 （1）既然电场是球对称的，我们就以通过点 P 的同心球面作为高斯面 S（如虚线所示），在 S 面上各点的电场强度 $\boldsymbol{E}$ 的大小处处都和点 P 的电场强度 E 相同；方向各沿其半径而指向球外，与球面上所在点的外法线方向一致，因而处处有 $\theta = 0°$，$\cos\theta = 1$，通过此高斯面（球面）S 的电通量为

$$\Phi_e = \oiint_S \boldsymbol{E} \cdot d\boldsymbol{S} = \oiint_S E\cos\theta dS = E\oiint_S dS = E(4\pi r^2)$$

其中 $r = OP$，是球面 S 的半径.

由于所取场点 P 在带电球面外（$r > R$），则高斯面所包围的电荷 $\sum_i q_i$ 即为球面上所带电荷 q. 于是，按高斯定理，有

$$4\pi r^2 E = \frac{q}{\varepsilon_0}$$

故在球面外的场点 P，其电场强度的大小为

$$E = \frac{1}{4\pi\varepsilon_0}\frac{q}{r^2} \qquad (r > R) \tag{3-20}$$

$\boldsymbol{E}$ 的方向沿半径指向球外（如 $q < 0$，则沿半径指向球内），因而可用沿径向的单位矢量 $\boldsymbol{e}_r$ 标示，则式（3-20）可表示为矢量式

$$\boldsymbol{E} = \frac{1}{4\pi\varepsilon_0}\frac{q}{r^2}\boldsymbol{e}_r \qquad (r > R) \tag{3-21}$$

（2）今计算均匀带电球体外的电场分布. 由于电荷的分布对球心 O 是对称的，所以电场分布也具有球对称性，即以 O 为圆心的同心球面上，各点电场强度大小均相等，方向皆分别沿半径指向球外.

为了计算球外离球心为 r 处的电场强度. 以 O 为圆心、$r > R$ 为半径作一球形高斯面，则高斯面内的电荷为 $\sum_i q_i = \rho(4\pi R^3/3)$，按高斯定理，由于高斯面上各点处处有 $\boldsymbol{E} \perp d\boldsymbol{S}$ 的关系，且高斯面上各点 E 相等，则

$$\oiint_S \boldsymbol{E} \cdot d\boldsymbol{S} = \oiint_S E\cos 0° dS = E\oiint_S dS = E(4\pi r^2)$$

从而有

$$E(4\pi r^2) = \frac{1}{\varepsilon_0}\rho\left(\frac{4}{3}\pi R^3\right)$$

得

$$E=\frac{1}{4\pi\varepsilon_0}\frac{q}{r^2}\qquad (r>R)$$

同理，可用矢量式表示为

$$\boldsymbol{E}=\frac{1}{4\pi\varepsilon_0}\frac{q}{r^2}\boldsymbol{e}_r\qquad (r>R)\tag{3-22}$$

综上所述，可得如下结论：**均匀带电球面（或球体）外的电场强度分布，与球面（或球体）上电荷全部集中于球心的点电荷所激发的电场强度分布相同.**

问题 3-10　试导出均匀带电的球面和球体在球内空间（$r<R$）的电场强度.［**答**：$E=0$，$r<R$；$E=\frac{\rho r}{3\varepsilon_0}$，$r\leqslant R$］

3.5　静电场的环路定理　电势

在前几节中，我们从电荷在电场中受电场力作用这一事实出发，引入了电场强度等概念，研究了描述静电场性质的一条基本定理——高斯定理. 现在从电场力对电荷做功这一表观，将推出描述静电场性质的另一条基本定理，并由此从功能观点引入电势等概念.

3.5.1　静电力的功

如图 3-7 所示，在点电荷 q 的电场中，场点 a 和 b 到点电荷 q 的距离分别为 r_a 和 r_b，C 点为从 a 点到 b 点的任意路径 l 上的任一点，C 点到 q 的距离为 r，C 点处的电场强度大小为

$$E=\frac{1}{4\pi\varepsilon_0}\frac{q}{r^2}$$

当试探电荷 q_0 沿路径 l 自 C 点经历位移元 $\mathrm{d}\boldsymbol{l}$ 时，电场力 $\boldsymbol{F}=q\boldsymbol{E}$ 所做的元功为

$$\mathrm{d}A=\boldsymbol{F}\cdot\mathrm{d}\boldsymbol{l}=q_0\boldsymbol{E}\cdot\mathrm{d}\boldsymbol{l}=q_0E\cos\theta\mathrm{d}l=q_0E\mathrm{d}r\tag{a}$$

式中，θ 为电场强度 $\boldsymbol{E}$ 与位移元 $\mathrm{d}\boldsymbol{l}$ 之间的夹角；$\mathrm{d}r$ 为位移元 $\mathrm{d}\boldsymbol{r}$ 沿电场强度 $\boldsymbol{E}$ 方向的分量. 当试探电荷 q_0 从 a 点移到 b 点时，电场力所做的功为

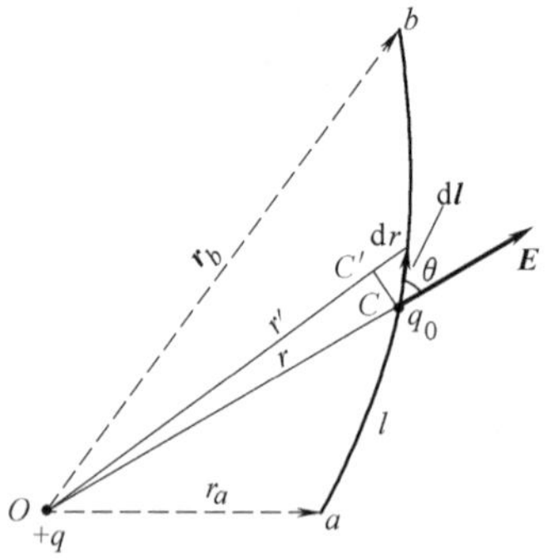

图 3-7　静电场力所做的功

$$A=\int_a^b\mathrm{d}A=\int_{r_a}^{r_b}q_0E\mathrm{d}r=\frac{q_0}{4\pi\varepsilon_0}\int_{r_a}^{r_b}\frac{q\mathrm{d}r}{r^2}=\frac{q_0q}{4\pi\varepsilon_0}\left(\frac{1}{r_a}-\frac{1}{r_b}\right)\tag{3-23}$$

式（3-23）表明，试探电荷 q_0 在静止点电荷 q 的电场中移动时，静电场力所做的功只与始点和终点的位置以及试探电荷的量值 q_0 有关，而与试探电荷在电场中所经历的路径无关.

上述结论对于任何静电场皆适用. 考虑到任何静电场都可看作由点电荷系所激发的，根据电场强度叠加原理，其电场强度 $\boldsymbol{E}$ 是各个点电荷 $q_1,q_2,\cdots,q_n$ 单独存在时的电场强度 $\boldsymbol{E}_1,\boldsymbol{E}_2,\cdots,\boldsymbol{E}_i,\cdots,\boldsymbol{E}_n$ 的矢量和，即

$$\boldsymbol{E}=\boldsymbol{E}_1+\boldsymbol{E}_2+\cdots+\boldsymbol{E}_i+\cdots+\boldsymbol{E}_n$$

当试探电荷 q_0 在电场中从场点 a 沿任意路径 l 移动到场点 b 时，由式（a），按矢量标积的分配律，电场力所做的功为

$$A_{ab} = q_0\int_a^b \boldsymbol{E}\cdot \mathrm{d}\boldsymbol{l} = q_0\int_a^b (\boldsymbol{E}_1 + \boldsymbol{E}_2 + \cdots + \boldsymbol{E}_i + \cdots + \boldsymbol{E}_n)\cdot \mathrm{d}\boldsymbol{l}$$

$$= q_0\int_a^b \boldsymbol{E}_1\cdot \mathrm{d}\boldsymbol{l} + q_0\int_a^b \boldsymbol{E}_2\cdot \mathrm{d}\boldsymbol{l} + \cdots + q_0\int_a^b \boldsymbol{E}_i\cdot \mathrm{d}\boldsymbol{l} + \cdots + q_0\int_a^b \boldsymbol{E}_n\cdot \mathrm{d}\boldsymbol{l}$$

或

$$A_{ab} = A_1 + A_2 + \cdots + A_i + \cdots + A_n = \sum_i A_i \tag{3-24}$$

即**静电场力所做的功等于各个场源点电荷 q_n 对试探电荷 q_0 所施电场力做功的代数和**. 由于每一个场源点电荷施于试探电荷 q_0 的电场力所做的功，都与路径无关［见式（3-23）］，那么，这些功的代数和也与路径无关，故得结论：**试探电荷在任何静电场中移动时，静电场力所做的功，仅与试探电荷以及始点和终点的位置有关，而与所经历的路径无关.**

3.5.2 静电场的环路定理

上述静电场力做功与路径无关这一结论，还可换成另一种说法：**静电场力沿任何闭合路径所做的功等于零.** 如图3-8所示，设试探电荷 q_0 在静电场中从某点 a 出发，沿任意闭合路径 l 绕行一周，又回到原来的点 a，即始点与终点重合. 为了计算沿闭合路径 l 所做的功，设想在 l 上再任取一点 c，将 l 分成 l_1 和 l_2 两段，则沿闭合路径 l 绕行一周，电场力对试探电荷 q_0 所做的功为

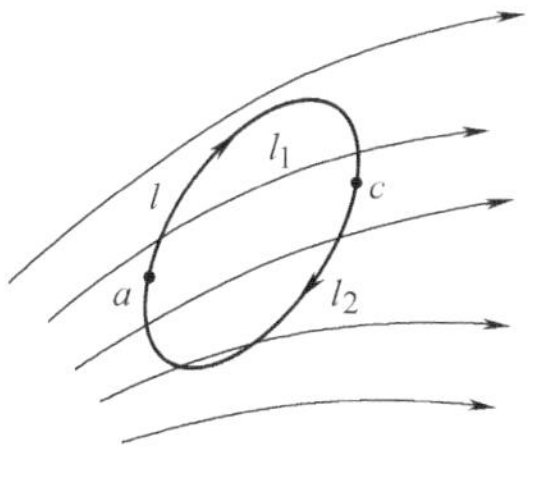

图3-8 静电场的环流等于零

$$q_0\oint_l \boldsymbol{E}\cdot \mathrm{d}\boldsymbol{l} = q_0\int_{a\,(l_1)}^{c} \boldsymbol{E}\cdot \mathrm{d}\boldsymbol{l} + q_0\int_{c\,(l_2)}^{a} \boldsymbol{E}\cdot \mathrm{d}\boldsymbol{l} = q_0\int_{a\,(l_1)}^{c} \boldsymbol{E}\cdot \mathrm{d}\boldsymbol{l} - q_0\int_{a\,(l_2)}^{c} \boldsymbol{E}\cdot \mathrm{d}\boldsymbol{l} \tag{b}$$

由于电场力做功与路径无关，对相同的始点和终点而言，有

$$q_0\int_{a\,(l_1)}^{c} \boldsymbol{E}\cdot \mathrm{d}\boldsymbol{l} = q_0\int_{a\,(l_2)}^{c} \boldsymbol{E}\cdot \mathrm{d}\boldsymbol{l} \tag{c}$$

将式（c）代入式（b），并因 $q_0 \neq 0$，故可证得

$$\oint_l \boldsymbol{E}\cdot \mathrm{d}\boldsymbol{l} = 0 \tag{3-25}$$

式中，$\oint_l \boldsymbol{E}\cdot \mathrm{d}\boldsymbol{l}$ 是电场强度 $\boldsymbol{E}$ 沿闭合路径 l 的线积分，称为电场强度 $\boldsymbol{E}$ 的**环流**. 式（3-25）表示，**静电场中电场强度 $\boldsymbol{E}$ 的环流恒等于零.** 这一结论是电场力做功与路径无关的必然结果，称为**静电场的环路定理.** 它是描述静电场性质的另一条重要定理.

> 静电场中电场强度 $\boldsymbol{E}$ 的环流为零，表明静电场是**无旋场**. 数学上可以证明：无旋场必是**有势场.**

静电场力做功与路径无关这一特性，表明静电场是保守力场，因此，是一种有势场，亦即静电场力和重力相类同，也是一种保守力.

静电场的高斯定理和环路定理是描述静电场性质的两条基本定理. **高斯定理指出静电场是有源的；环路定理指出静电场是有势的，是一种保守力场.** 因此，要完全地描述一个

静电场，必须联合运用这两条定理.

问题 3-11　证明电荷在静电场中移动时，电场力做功与路径无关. 并由此导出静电场环路定理. 试问环路定理说明了静电场的什么性质?

3.5.3　电势能

对于每一种保守力，都可以引入相应的势能. 正如重力与重力势能的关系一样，静电场力也有与之相关的势能——静电势能（简称**电势能**）. 由保守力做功与势能改变的关系可知，**静电场力做的功等于电势能的减少.** 如以 W_a 和 W_b 分别表示试探电荷 q_0 在电场中始点 a 和终点 b 处的电势能，则试探电荷从 a 点移到 b 点，静电场力对它做的功为

$$A_{ab} = q_0 \int_a^b \boldsymbol{E} \cdot \mathrm{d}\boldsymbol{l} = W_a - W_b \tag{3-26}$$

势能都是相对的量，电势能也是如此，其量值与势能零点的选择有关. 当电荷分布在有限区域时，通常规定无限远处的电势能为零. 这样，若令式（3-26）中的 b 点在无限远处，则 $W_b = W_\infty = 0$，于是

$$W_a = q_0 \int_a^\infty \boldsymbol{E} \cdot \mathrm{d}\boldsymbol{l} \tag{3-27}$$

即试探电荷 q_0 在电场中 a 点的电势能，在量值上等于把它从 a 点移到势能零点处静电场力所做的功. 一般地说，这个功有正（例如斥力场中）有负（例如引力场中），电势能也有正有负. 式（3-27）所表示的试探电荷 q_0 的电势能，乃是对形成那个电场的场源电荷而言的，实际上是由于试探电荷 q_0 与这一场源电荷间存在着电场力这种保守力而具有的. 因此，电势能是属于场源电荷和引入电场中的电荷所组成的带电系统的. 电势能的单位为 J（焦耳）.

问题 3-12　电势能是如何规定的? 试与重力势能相比较，说明负的试探电荷在正电荷的电场中移动时所做的功和相应电势能的增减情况.

3.5.4　电势　电势差

静电势能不仅与给定点的位置有关，而且与试探电荷 q_0 的大小有关，尚不能用来反映电场的做功本领，而比值 W_a/q_0 却与 q_0 无关，只取决于给定点 a 的位置，故可用来表征电场在一点所拥有的做功本领，我们把这个比值称为 a 点的**电势**，记为 V_a，由式（3-27）可得

$$V_a = \int_a^\infty \boldsymbol{E} \cdot \mathrm{d}\boldsymbol{l} \tag{3-28}$$

式（3-28）说明，**电场中某点的电势在量值上等于单位正电荷放在该点时所具有的电势能，也等于单位正电荷从该点经过任意路径移到无穷远处时静电场力所做的功.** 电势是标量，是有正或负的量值.

在静电场中，任意两点 a 和 b 的电势之差，叫作该两点间的**电势差**，也叫作**电压**，用符号 U_{ab} 表示. 依定义

$$U_{ab} = V_a - V_b = \int_a^b \boldsymbol{E} \cdot \mathrm{d}\boldsymbol{l} \tag{3-29}$$

这就是说，**静电场中 a、b 两点的电势差（或电压），在数值上等于单位正电荷从 a 点经任意路径移到 b 点时，静电场力所做的功.** 因此，当试探电荷 q_0 在电场中从 a 点移到 b 点时，静电场力所做的功可用电势差表示为

$$A_{ab}=q_0(V_a-V_b) \tag{3-30}$$

和电势能一样，电势也是一个相对量，电势零点可以任意选择. 当研究有限大小的带电体时，一般选无限远处电势为零. 在实用中，往往选取地球（或接地的电器外壳）的电势为零.

在SI中，电势的单位是V（**伏特**，简称**伏**），$1\mathrm{V}=1\mathrm{J}\cdot\mathrm{C}^{-1}$. 电势差（或电压）的单位也是V（伏）. 在电势（或电势差）较大或较小的情形下，有时也用kV（千伏）或mV（毫伏）作单位，其换算关系为

$$1\mathrm{kV}=10^3\mathrm{V},\quad 1\mathrm{mV}=10^{-3}\mathrm{V}$$

已知电子电荷 e 等于 $1.60\times10^{-19}\mathrm{C}$，当电子在电场中经过电势差为1V的两点时，所增加（或减少）的能量称为**电子伏特**，简称**电子伏**，符号为eV. 电子伏是近代物理学中常用的一种能量单位，它与焦耳的换算关系为

$$1\mathrm{eV}=1.60\times10^{-19}\mathrm{C}\times1\mathrm{V}=1.60\times10^{-19}\mathrm{J}$$

有时用电子伏作为单位显得太小，而常用MeV（兆电子伏）作为单位，$1\mathrm{MeV}=10^6\mathrm{eV}$.

问题3-13 （1）为什么不用电势能而用电势来描述电场？电势和电势差及其单位是如何规定的？如何根据电势差计算电场力所做的功？

（2）设在一直线上的两点 a 和 b 分别距点电荷 $+q$ 为 r_a 和 $r_b(r_a<r_b)$. 将一试探电荷 $-q_0$ 从点 a 移到点 b，试决定电场力做功的正负和大小？a、b 两点哪一点电势较高？[**答**：$qq_0(1/r_b-1/r_a)/4\pi\varepsilon_0$，$V_a>V_b$]

（3）当场源电荷分布在有限区域内时，通常取无限远处的电势为零，这样，电场中各点的电势是否一定为正？如果我们把地球的电势不取为零，而取为10V，可以吗？这对测量电势的数值和测量电势差的数值是否都有影响？

（4）在电子机件的装修技术中，有时将整机的机壳作为电势零点. 若机壳未接地，能否说因为机壳电势为零，人站在地上就可以任意接触机壳？若机壳接地，则又如何？

3.5.5 电势的计算

点电荷电场中某一点的电势可由式（3-28）和式（3-23）求得. 设在点电荷 q 的电场中有一点 a，a 点距点电荷 q 的距离为 r，则可得 a 点的电势为

$$V_a=\int_a^\infty \boldsymbol{E}\cdot\mathrm{d}\boldsymbol{l}=\frac{q}{4\pi\varepsilon_0}\left(\frac{1}{r}-\frac{1}{r_\infty}\right)=\frac{q}{4\pi\varepsilon_0 r} \tag{3-31}$$

式（3-31）表明，在选取无限远处的电势为零后，在正的点电荷电场中，各点的电势值总是正的，负点电荷电场中各点的电势值总是负的.

设在有限空间内分布着 n 个点电荷 $q_1,q_2,\cdots,q_n$. 为了求这个点电荷系电场中一点 a 的电势 V_a，按电场强度叠加原理和矢量标积的分配律，有

$$\begin{aligned}V_a&=\int_a^\infty \boldsymbol{E}\cdot\mathrm{d}\boldsymbol{l}=\int_a^\infty(\boldsymbol{E}_1+\boldsymbol{E}_2+\cdots+\boldsymbol{E}_i+\cdots+\boldsymbol{E}_n)\cdot\mathrm{d}\boldsymbol{l}\\&=\int_a^\infty \boldsymbol{E}_1\cdot\mathrm{d}\boldsymbol{l}+\int_a^\infty \boldsymbol{E}_2\cdot\mathrm{d}\boldsymbol{l}+\cdots+\int_a^\infty \boldsymbol{E}_i\cdot\mathrm{d}\boldsymbol{l}+\cdots+\int_a^\infty \boldsymbol{E}_n\cdot\mathrm{d}\boldsymbol{l}\end{aligned}$$

即

$$V_a=\sum_{i=1}^n\int_a^\infty \boldsymbol{E}_i\cdot\mathrm{d}\boldsymbol{l}=\sum_{i=1}^n V_i=\sum_{i=1}^n\frac{1}{4\pi\varepsilon_0}\frac{q_i}{r_i}=\frac{1}{4\pi\varepsilon_0}\sum_{i=1}^n\frac{q_i}{r_i} \tag{3-32}$$

式中，E_i 和 V_i 分别为第 i 个点电荷 q_i 单独在与之相距为 r_i 的 P 点激发的电场强度和电势. 式（3-32）表明，**在点电荷系的电场中，任意一点的电势等于各个点电荷在该点激发的电势的代数和.** 这一结论称为**电势的叠加原理**.

欲求连续分布电荷电场中任意一点的电势，可根据连续带电体上的电荷分布情况，分别引用体电荷密度ρ、面电荷密度σ和线电荷密度λ，将式（3-32）分别写成

$$V_a = \frac{1}{4\pi\varepsilon_0}\iiint_\tau \frac{\rho \mathrm{d}\tau}{r},\quad V_a = \frac{1}{4\pi\varepsilon_0}\iint_S \frac{\sigma \mathrm{d}S}{r},\quad V_a = \frac{1}{4\pi\varepsilon_0}\int_l \frac{\lambda \mathrm{d}l}{r} \tag{3-33}$$

例题 3-12　如例题3-12图所示，两个点电荷相距20cm，电荷分别为 $q_1=-10\times10^{-9}$C 和 $q_2=30\times10^{-9}$C，求连线中点 O 处的电场强度和电势.

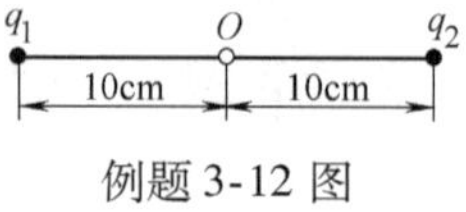

例题 3-12 图

分析　将两个点电荷分别在点 O 处激发的电场强度和电势叠加，即得所求结果. 电场强度是矢量，为此需分别求出它们的大小（绝对值）和方向，再求矢量和. 电势是标量，所以只要求出它们的代数和就可以了.

解　在点电荷 q_1、q_2 的电场中，点 O 处的电场强度大小和方向分别为

$$E_1 = \frac{1}{4\pi\varepsilon_0}\frac{|q_1|}{r^2} = 9\times10^9\times\frac{10\times10^{-9}}{(0.1)^2}\mathrm{N\cdot C^{-1}} = 9.0\times10^3\mathrm{N\cdot C^{-1}}\quad（方向沿着连线向左）$$

$$E_2 = \frac{1}{4\pi\varepsilon_0}\frac{q_2}{r^2} = 9\times10^9\times\frac{30\times10^{-9}}{(0.1)^2}\mathrm{N\cdot C^{-1}} = 27.0\times10^3\mathrm{N\cdot C^{-1}}\quad（方向沿着连线向左）$$

由于电场强度 $\boldsymbol{E}_1$、$\boldsymbol{E}_2$ 是同方向的两个矢量，故可按标量求和法则，算得 O 点的总电场强度 $\boldsymbol{E}$ 的大小为

$$E = E_2 + E_1 = (27.0+9.0)\times10^3\mathrm{N\cdot C^{-1}} = 36.0\times10^3\mathrm{N\cdot C^{-1}}\quad（方向沿着连线向左）$$

在点电荷 q_1、q_2 的电场中，点 O 处的电势分别为

$$V_1 = \frac{1}{4\pi\varepsilon_0}\frac{q_1}{r} = 9\times10^9\times\left(-\frac{10\times10^{-9}}{0.1}\right)\mathrm{V} = -0.9\times10^3\mathrm{V}$$

$$V_2 = \frac{1}{4\pi\varepsilon_0}\frac{q_2}{r} = 9\times10^9\times\frac{30\times10^{-9}}{0.1}\mathrm{V} = 2.7\times10^3\mathrm{V}$$

故 O 点的总电势 V 为

$$V = V_1 + V_2 = -0.9\times10^3\mathrm{V} + 2.7\times10^3\mathrm{V} = 1.8\times10^3\mathrm{V}$$

例题 3-13　一半径为 R 的细圆环连续均匀地带有电荷 q. 求：(1) 垂直于环面的轴上一点 A 的电势，已知点 A 与环面相距为 x；(2) 环心的电势.

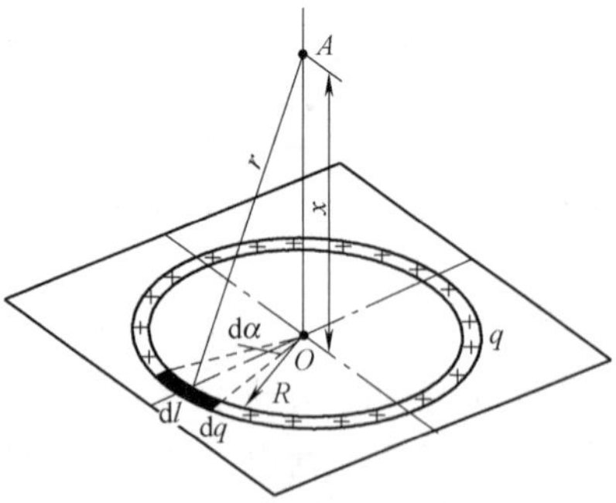

例题 3-13 图

解　(1) 点 A 的电势是环上所有电荷元在该点的电势的代数和. 由于电荷在环上是连续均匀分布的，则环上的线电荷密度为 $\lambda = q/(2\pi R)$. 现在我们在环上任取一电荷元 $\mathrm{d}q = \lambda\mathrm{d}l = \lambda R\mathrm{d}\alpha$（$\mathrm{d}\alpha$ 是对应于弧长 $\mathrm{d}l$ 的中心角，见例题3-13图）. 则根据式（3-33）中的第三式，得点 A 的电势为

$$\begin{aligned}V_A &= \int_l \frac{\mathrm{d}q}{4\pi\varepsilon_0 r} = \int_0^{2\pi}\frac{1}{4\pi\varepsilon_0}\frac{\lambda R\mathrm{d}\alpha}{\sqrt{R^2+x^2}} = \frac{1}{4\pi\varepsilon_0}\frac{\lambda R}{\sqrt{R^2+x^2}}\int_0^{2\pi}\mathrm{d}\alpha \\ &= \frac{1}{4\pi\varepsilon_0}\frac{\lambda 2\pi R}{\sqrt{R^2+x^2}} = \frac{1}{4\pi\varepsilon_0}\frac{q}{\sqrt{R^2+x^2}}\end{aligned} \tag{3-34a}$$

(2) 令式（3-34a）中的 $x=0$，即得环心的电势为

$$V_O = \frac{q}{4\pi\varepsilon_0 R} \tag{3-34b}$$

如点 A 远离环心，即 $x \gg R$，读者试求点 A 的电势 V.

例题3-14　如例题3-14图所示，一半径为 R 的均匀带电球面，电荷为 q，求球外、球面及球内各点的电势.

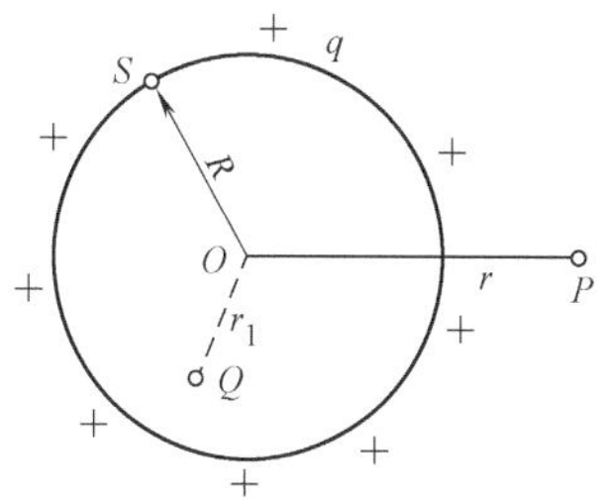

例题3-14图

分析　无须细说，读者可以根据高斯定理很容易求出均匀带电球面内、外的电场强度：$E_{内}=0$，$E_{外}=q/(4\pi\varepsilon_0 r^2)$. 因此在本例已知电场强度分布的情况下，可以直接利用电势的定义式（3-28）求解. 同时考虑到均匀带电球面的对称关系，电场强度方向沿径向；又因为电场力做功与路径无关，于是为了计算方便起见，我们常常选择这样的路径：把单位正电荷从该点沿径向移到无限远，这样将使电场强度 $\boldsymbol{E}$ 与位移 $\mathrm{d}\boldsymbol{l}$ 的方向处处一致，即 $\theta=0°$.

解　任取球面内一点 Q，设与球心距离为 r_1，其电势为

$$V_Q=\int_{r_1}^{\infty}E\cos\theta \mathrm{d}r=\int_{r_1}^{\infty}E\cos 0° \mathrm{d}r=\int_{r_1}^{R}E_{内}\,\mathrm{d}r+\int_{R}^{\infty}E_{外}\,\mathrm{d}r$$

$$=\int_{r_1}^{R}0\mathrm{d}r+\int_{R}^{\infty}\frac{q}{4\pi\varepsilon_0 r^2}\mathrm{d}r=\frac{q}{4\pi\varepsilon_0}\left[-\frac{1}{r}\right]_R^{\infty}=\frac{q}{4\pi\varepsilon_0 R}$$

同理，球面 S 上一点的电势为

$$V_S=\int_{R}^{\infty}E\cos 0° \mathrm{d}r=\int_{R}^{\infty}\frac{q}{4\pi\varepsilon_0 r^2}\mathrm{d}r=\frac{q}{4\pi\varepsilon_0 R}$$

可见，在球面内和球面上各点的电势均相等，皆等于恒量 $q/(4\pi\varepsilon_0 R)$.

任取球面外一点 P（设与球心相距 r），其电势同样可求出，即

$$V_P=\int_{r}^{\infty}E\cos 0° \mathrm{d}r=\int_{r}^{\infty}\frac{q}{4\pi\varepsilon_0 r^2}\mathrm{d}r=\frac{q}{4\pi\varepsilon_0 r}$$

把上式与点电荷的电势公式（3-31）相比较，可见，**表面均匀带电的球面在球外一点的电势，等同于球面上的电荷全部集中在球心的点电荷所激发的电场中该点的电势.**

3.6　等势面　电场强度与电势的关系

3.6.1　等势面

为了描述静电场中各点电势的分布情况，我们**将静电场中电势相等的各点连接成一个面，**叫作**等势面**.

按式（3-29），在静电场中，电势差为 $U_{ab}=\int_a^b E\cos\theta \mathrm{d}l$. 如果单位正电荷沿着某一等势面从点 a 移到点 b 的位移为 $\mathrm{d}\boldsymbol{l}$，因为在等势面上各点电势相等，故 $V_a=V_b$，即 $U_{ab}=V_a-V_b=0$，所以电场力所做的功 A_{ab} 为零，亦即

$$\int_a^b E\cos\theta \mathrm{d}l=0$$

但单位正电荷所受的力 $\boldsymbol{E}$ 和位移 $\mathrm{d}\boldsymbol{l}$ 都不等于零，因此必须满足的条件是 $\cos\theta=0$，即 $\theta=90°$，或者说，等势面上微小位移 $\mathrm{d}\boldsymbol{l}$ 和该位移 $\mathrm{d}\boldsymbol{l}$ 处的电场强度 $\boldsymbol{E}$ 相互正交. 也就是说，电场强度 $\boldsymbol{E}$ 的方向——电场线的方向必然与等势面正交. 由此得到结论：

（1）**在任何静电场中，沿着等势面移动电荷时，电场力所做的功为零.**

（2）**在任何静电场中，电场线与等势面是互相正交的.**

同电场线相仿，我们也可以对等势面的疏密做一个规定，使它们也能显示出电场的强

弱．这个规定是：**使电场中任何两个相邻等势面的电势差都相等．** 这样，等势面越密（即间距越小）的区域，电场强度也越大．

图3-9所示是按照上述规定画出来的几种电场的等势面（用虚线表示）和电场线图（用实线表示）．对其中图3-9c，读者试解释离带电体越远处的等势面，其形状为什么越近似于一球面？

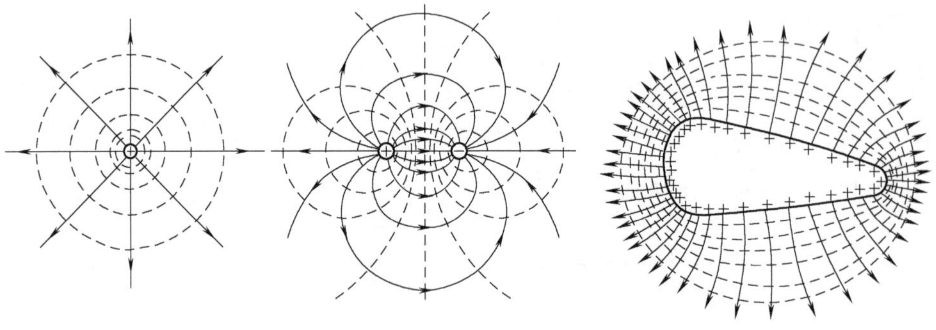

图3-9 几种常见电场的等势面和电场线

a）正点电荷 b）正、负点电荷 c）不规则带电体

问题3-14 什么叫作等势面？它有些什么特征？问在下述情况下，电场力是否做功：①电荷沿同一个等势面移动；②电荷从一个等势面移到另一个等势面；③电荷沿一条电场线移动．

3.6.2 电场强度与电势的关系

电场强度和电势都是描述电场的物理量，两者之间必有一定的联系．式(3-28)表述了电场强度与电势之间的积分关系，现在来研究它们之间的微分关系．

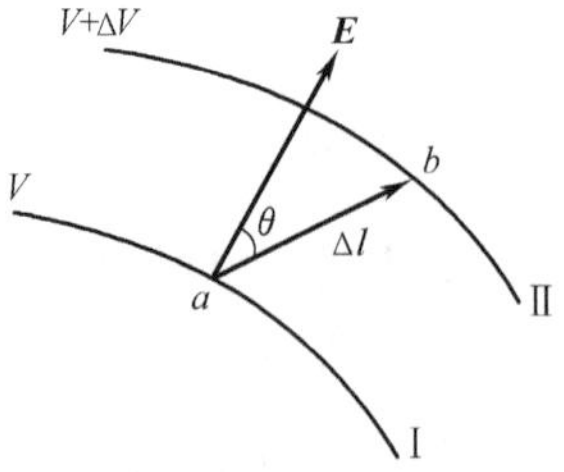

图3-10 电场强度与电势的关系

如图3-10所示，在静电场中两个等势面Ⅰ和Ⅱ靠得很近，其电势分别为V和$V+\Delta V$，且$\Delta V<0$．在两等势面上分别取点a和点b，其间距Δl很小．它们之间的电场强度$\boldsymbol{E}$可以认为不变．设$\Delta \boldsymbol{l}$与$\boldsymbol{E}$之间的夹角为θ，则将单位正电荷由点a移到点b时，电场力所做的功为

$$V_a - V_b = \boldsymbol{E} \cdot \Delta \boldsymbol{l} = E\Delta l\cos\theta$$

因电场强度$\boldsymbol{E}$在$\Delta \boldsymbol{l}$上的分量为$E_l = E\cos\theta$，且$\Delta V = V_b - V_a = -(V_a - V_b)$，则上式可改写为

$$-\Delta V = E_l \Delta l$$

或

$$E_l = -\frac{\Delta V}{\Delta l} \tag{3-35}$$

式中，$\dfrac{\Delta V}{\Delta l}$为电势沿$\Delta \boldsymbol{l}$方向的单位长度上电势的变化率．式（3-35）的负号表明，沿电场强度的方向，电势由高到低；逆着电场强度的方向电势由低到高．当$\Delta l \to 0$时，式（3-35）可写成微分形式，即

$$E_l = -\frac{\partial V}{\partial l} \tag{3-36}$$

式（3-36）表示，**电场中给定点的电场强度沿某一方向 $\boldsymbol{l}$ 的分量 $\boldsymbol{E}_l$，等于电势在这一点沿该方向变化率的负值.** 负号表示电场强度指向电势降落的方向. 从式（3-36）可知，在电势不变（$V=$恒量）的空间内，沿任一方向电势的变化率 $\mathrm{d}V/\mathrm{d}l=0$，因此在空间任一点上，$\boldsymbol{E}$ 沿各方向的分量均为零，即 $E_l=E\cos\theta=0$，故任一点的电场强度必为零. 其次，在电势变化的电场内，电势为零处，该处的电势变化率则不一定为零，因而由式（3-36）可知，电场强度 $\boldsymbol{E}$ 不一定为零；反之，电场强度为零处，该处的电势变化率也为零，但该处的电势 V 则不一定为零. 这就是说，电场中一点的电场强度与该点电势的变化率有关；而一点的电势则不足以确定该点的电场强度.

如果在电场中取定一个直角坐标系 $Oxyz$，并把 Ox、Oy、Oz 轴的正方向分别取作 $\boldsymbol{l}$ 的方向，则按照式（3-36），可分别得到电场强度 $\boldsymbol{E}$ 沿这三个方向的分量 E_x、E_y、E_z 与电势 V 的关系为

$$E_x=-\frac{\partial V}{\partial x},\quad E_y=-\frac{\partial V}{\partial y},\quad E_z=-\frac{\partial V}{\partial z} \tag{3-37}$$

这一关系在电学中非常重要. 当我们计算电场强度 $\boldsymbol{E}$ 时，通常可先求出电势 V，然后再按上式计算 E_x、E_y、E_z，从而就可求出电场强度 $\boldsymbol{E}$. 因为 V 是标量，计算 V 及其导数显然比计算矢量 $\boldsymbol{E}$ 来得方便.

问题 3-15 （1）电场强度和电势是描写静电场的两个重要概念，它们之间有何联系？

（2）为什么说电场强度为零的点，电势不一定为零；电势为零的点，电场强度不一定为零？一条细铜棒，两端的电势不等，问在棒内是否有电场？沿棒轴的电场强度与两端的电势差有什么关系？电场强度的方向如何？

（3）在问题 3-15（3）图中所示的各静电场中，大致画出 P 点的电场强度方向；判断问题 3-15（3）图 a、b 中 a、b 两点和 b、c 两点的电势哪一点高？若把负电荷 $-Q$ 从点 a 移到点 b，试判定电场力对它所做功的正负.

（4）从式（3-35）定出的电场强度单位为 $\mathrm{V\cdot m^{-1}}$（伏·米$^{-1}$），试证其与前述的单位 $\mathrm{N\cdot C^{-1}}$（牛·库$^{-1}$）等同.

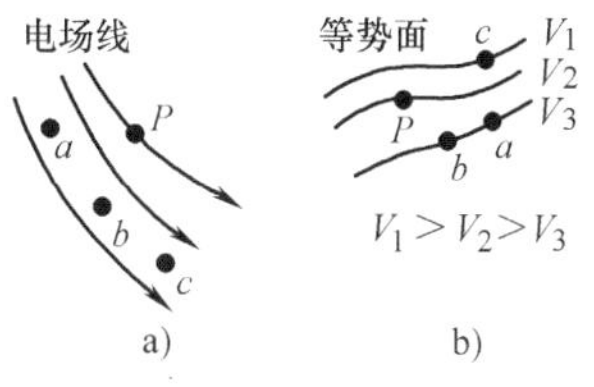

问题 3-15（3）图

例题 3-15 在例题 3-6 中，求垂直于带电圆面的轴线上任一点的电场强度.

解 设轴线上一点 P 距圆面中心 O 为 x（见例题 3-6 图）. 在面上取半径为 r、宽为 $\mathrm{d}r$ 的圆环，环上所带电荷为 $\mathrm{d}q=\sigma(2\pi r\mathrm{d}r)$. 由例题 3-13 可知，它在点 P 的电势为

$$\mathrm{d}V=\frac{\mathrm{d}q}{4\pi\varepsilon_0\sqrt{r^2+x^2}}=\frac{\sigma r\mathrm{d}r}{2\varepsilon_0\sqrt{r^2+x^2}}$$

整个带电圆面在点 P（将 x 看作为定值）的电势为

$$V=\int_S\mathrm{d}V=\int_0^R\frac{\sigma r\mathrm{d}r}{2\varepsilon_0\sqrt{r^2+x^2}}=\frac{\sigma}{2\varepsilon_0}(\sqrt{R^2+x^2}-x)$$

即点 P 的电势 V 仅仅是 x 的函数，故 $E_y=-\partial V/\partial y=0$，$E_z=-\partial V/\partial z=0$，所以点 P 的电场强度 $\boldsymbol{E}$ 沿 Ox 轴方向，其大小为

$$E=E_x=-\frac{\partial V}{\partial x}=-\frac{\partial}{\partial x}\left[\frac{\sigma}{2\varepsilon_0}(\sqrt{R^2+x^2}-x)\right]=\frac{\sigma}{2\varepsilon_0}\left(1-\frac{x}{\sqrt{R^2+x^2}}\right)$$

这与例题 3-6 所得的结果一致，有时，由电势求电场强度比用电场强度叠加原理直接积分求电场强度更为简便.

3.7　静电场中的金属导体

3.7.1　金属导体的电结构

导体能够很好地导电，乃是由于导体中存在着大量可以自由运动的电荷．在各种金属导体中，由于原子中最外层的价电子与原子核之间的吸引力很弱，所以很容易摆脱原子的束缚，脱离所属的原子而在金属中自由运动，成为**自由电子**；而组成金属的原子，由于失去了部分价电子，成为带正电的离子．正离子在金属内按一定的分布规则排列着，形成金属的骨架，称为**晶体点阵**．因此，从物质的电结构来看，金属导体具有带负电的自由电子和带正电的晶体点阵．当导体不带电也不受外电场作用时，在导体中任意划取的微小体积元内，自由电子的负电荷和晶体点阵上的正电荷的数目是相等的，整个导体或其中任一部分都不显现电性，而呈中性．这时两种电荷在导体内均匀分布，都没有宏观移动，或者说，电荷并没有做定向运动．

3.7.2　导体的静电平衡条件

如图 3-11 所示，设在外电场 $\boldsymbol{E}_0$ 中放入一块金属导体．导体内带负电的自由电子在电场力 $-e\boldsymbol{E}_0$ 作用下，将相对于晶体点阵逆着电场 $\boldsymbol{E}_0$ 的方向做宏观的定向运动（见图 3-11a），从而使导体左、右两侧表面上分别出现了等量的负电荷和正电荷（见图 3-11b）．导体因受外电场作用而发生上述电荷重新分布的现象，称为**静电感应**．导体上因静电感应而出现的电荷，称为**感应电荷**．

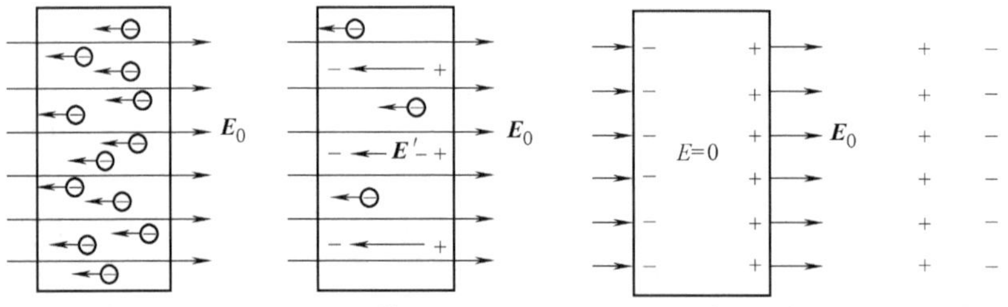

图 3-11　从导体的静电感应过程讨论静电平衡

当然，这些感应电荷也要激发电场．其电场强度 $\boldsymbol{E}'$ 与外电场的电场强度 $\boldsymbol{E}_0$ 方向相反（见图 3-11b）．导体内部各点的总电场强度应是 $\boldsymbol{E}_0$ 和 $\boldsymbol{E}'$ 的叠加．起初，$E' < E_0$，导体内各点的总电场强度不等于零，其方向仍与外电场 $\boldsymbol{E}_0$ 相同，就继续有自由电子逆着外电场 $\boldsymbol{E}_0$ 的方向做定向移动，使两侧的感应电荷继续增多，感应电荷的电场强度 $\boldsymbol{E}'$ 也随而继续增大，经过极短暂的时间，当 $\boldsymbol{E}'$ 在量值上增大到与 E_0 相等时，导体内各点的总电场强度 $\boldsymbol{E} = \boldsymbol{E}_0 + \boldsymbol{E}' = \boldsymbol{0}$（见图 3-11c），这时导体内自由电子所受电场力亦为零，定向移动停止，导体两侧的正、负感应电荷也不再增加，于是静电感应的过程就此结束．我们把**导体上没有电荷做定向运动的状态，称为静电平衡状态．**这时导体两侧表面上呈现的正、负电荷分布，等效于没有导体时真空中存在着如图 3-11d 所示那样分布的正、负电荷．

欲使导体处于静电平衡状态，须满足下述两个条件：

（1）**导体内部任何一点的电场强度都等于零；**

（2）**紧靠导体表面附近任一点的电场强度方向垂直于该点处的表面.**

这是因为：如果导体内部有一点电场强度不为零，该点的自由电子就要在电场力作用下做定向运动，这就不是静电平衡了；再说，若导体表面附近的电场强度 $\boldsymbol{E}$ 不垂直于导体表面，则电场强度将有沿表面的切向分量，使自由电子沿表面运动，整个导体仍无法维持静电平衡.

当导体处于静电平衡时，由于内部电场强度 $\boldsymbol{E}$ 处处为零，故在导体中沿连接任意两点 a、b 的曲线，必有 $\int_a^b E\cos\theta \mathrm{d}l = 0$，由关系式 $U_{ab} = \int_a^b E\cos\theta \mathrm{d}l$，可得该两点的电势差 $U_{ab}=0$，即 $V_a=V_b$. 由于 a、b 是导体中（包括导体表面）任取的两点，**因此，静电平衡时导体内各点和导体表面上各点的电势都相等.** 亦即，**整个导体是一个等势体，导体表面是一个等势面.**

处于静电平衡状态下导体所具有的电势，称为**导体的电势.** 当电势不同的两个导体相互接触或用另一导体（例如导线）连接时，导体间将出现电势差，引起电荷做宏观的定向运动，使电荷重新分布而改变原有的电势差，直至各个导体之间的电势相等、建立起新的静电平衡状态为止.

问题 3-16 （1）导体在电结构方面有何特征？什么叫作金属导体的静电平衡？试分析导体的静电平衡条件.

（2）为什么从导体出发或终止于导体上的电场线都垂直于导体外表面？

3.7.3 静电平衡时导体上的电荷分布

如图 3-12a 所示，在带电导体内部任意作一个高斯面（如虚线所示的闭合曲面 S_1 或 S_2），根据导体的静电平衡条件，导体内的电场强度 $\boldsymbol{E}$ 处处为零，所以通过高斯面的电通量 $\oint_S \boldsymbol{E}\cdot\mathrm{d}\boldsymbol{S} = 0$. 故按高斯定理 $\oint_S \boldsymbol{E}\cdot\mathrm{d}\boldsymbol{S} = \sum_i q_i/\varepsilon_0$，得 $\sum_i q_i = 0$. 由于高斯面 S_1 或 S_2 在导体内部是任意选取的，所以，对导体内的任何部分来说，都可得出 $\sum_i q_i = 0$ 的结论. 这就表明，**当带电导体达到静电平衡时，导体内部没有净电荷存在**（即没有未被抵消的正、负电荷），**因而电荷只能分布在导体的表面上.**

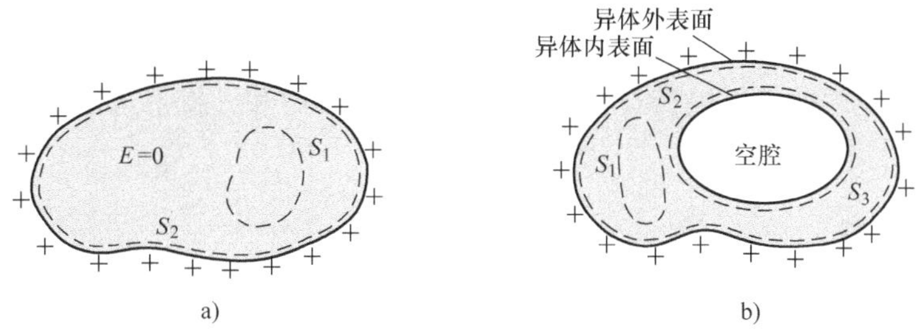

图 3-12 带电导体上的电荷分布

如果带电导体内有空腔，而且腔内没有其他带电物体（见图 3-12b），则在导体内部任取闭合曲面 S_1、贴近导体外表面内侧的闭合曲面 S_2 和包围导体内表面的闭合曲面 S_3，把它们分别作为高斯面，则由于静电平衡的导体内部电场强度 $\boldsymbol{E}$ 处处为零，同样可用高斯定理证明：导体内部没有净电荷存在，而且在导体的内表面上也不存在净电荷．因此，**带电导体在静电平衡时，电荷只分布在导体的外表面上．**

一般来说，导体外表面各部分的电荷分布是不均匀的，即表面各部分的电荷面密度并不相同，而与相应各部分的表面曲率有关．实验指出，**如果带电导体不受外电场的影响，那么在导体表面曲率越大处，电荷面密度也越大．**

孤立导体是指离开其他物体很远而对它的影响可忽略不计的导体．

对于孤立球形带电导体，由于球面上各部分的曲率相同，所以球面上电荷的分布是均匀的，面电荷面密度在球面上处处相同．

对于形状不规则的孤立带电导体，表面上曲率越大处（例如尖端部分），电荷面密度越大，因此，单位面积上发出（或聚集）的电场线数目也越多，附近的电场也越强（见图 3-9c）．由此可知，在带电导体的尖端附近存在着特别强的电场，导致周围空气中残留的离子在电场力作用下会发生激烈的运动，与尖端上电荷同种的离子，将急速地被排斥而离开尖端，形成“电风”，与尖端上电荷异种的离子，因相吸而趋向尖端，并与尖端的电荷中和，而使尖端上的电荷逐渐漏失；急速运动的离子与中性原子碰撞时，还可使原子受激而发光．这些现象称为**尖端放电现象**．

尖端放电现象在高压输电导线附近也可发生．有时在晚上或天色阴暗时，可看到高压输电线周围笼罩着一圈光晕，它是带电导线微弱的尖端放电的结果，叫作**电晕放电**．这一现象要消耗电能，能量散逸出去会使空气变热；特别在远距离的输电过程中，电能损耗更大；放电时发生的电波，还会干扰电视信号．为了避免这种现象，应采用较粗的导线，并使导线表面平滑．又如，为了避免高压电气设备中的电极因尖端放电而发生漏电现象，往往把电极做成光滑的球形．

尖端放电也有可利用之处，避雷针㊀就是一例．雷雨季节，当带电的大块雷雨云接近地面时，由于静电感应，使地面上的物体带上异种电荷，这些电荷较集中地分布在地面上凸出处（高楼、烟囱、大树等），电荷面密度很大，故电场强度很大；且大到一定程度时，足以使空气电离，引起雷雨云与这些物体之间的火花放电，这就是雷击现象．为了防止雷击对建筑物的破坏，可安装比建筑物更高的避雷针．当雷雨云接近地面时，在避雷针尖端处的面电荷密度甚大，故电场强度特别大，首先把其周围空气击穿，使来自地面上、并集结于避雷针尖端的感应电荷与雷雨云所带电荷持续中和，就不至于积累成足以导致雷击的电荷．

3.7.4　静电屏蔽

前面讲过，在导体空腔内无其他带电体的情况下，导体内部和导体的内表面上处处皆

㊀ 避雷针尖端必须尖锐，并将通地一端与深埋地下的铜板相接，保持与大地接触良好．如果接地通路损坏，避雷针不仅不能起到应有作用，反而会使建筑物遭受雷击．

无电荷，电荷仅仅分布在导体外表面上．所以腔内的电场强度和导体内部一样，也处处等于零；各点的电势均相等，而且与导体电势相等．因此，如果把空心的导体放在电场中时，电场线将垂直地终止于导体的外表面上，而不能穿过导体进入腔内．这样，**放在导体空腔中的物体，因空腔导体屏蔽了外电场，而不会受到任何外电场的影响，**如图 3-13a 所示.

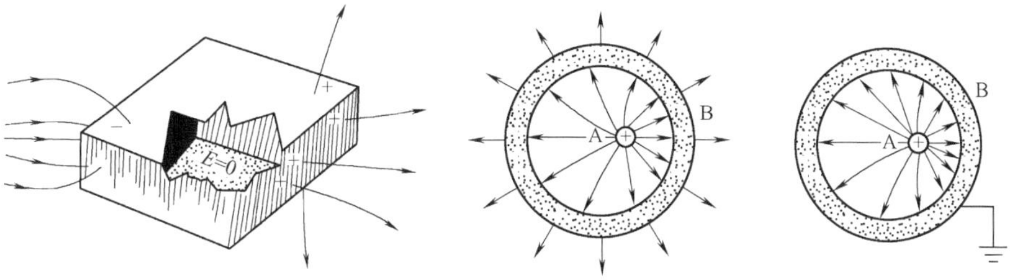

a) b) c)

图 3-13 静电屏蔽

另一方面，我们也可以使任何带电体不去影响别的物体．例如，把一个带正电的物体 A 放在空心的金属盒子 B 内，如图 3-13b 所示，则金属盒子的内表面上将产生感应的负电荷，外表面上则产生等量的感应正电荷．电场线的分布如图 3-13b 所示，电场线不穿过盒壁（因导体壁内的电场强度为零）．如果再把金属盒子用导线接地，则盒子外表面的正电荷将和来自地上的负电荷中和，盒外的电场线也就消失（见图 3-13c）．这样，**金属盒内的带电体就对盒外不发生任何影响**.

总之，**一个接地的空心金属导体隔离了放在它内腔中的带电体与外界带电体之间的静电作用．**这就是**静电屏蔽的原理．**这样的一个空心金属导体，我们称它为**静电屏**.

静电屏在实际中应用广泛．例如，火药库以及有爆炸危险的建筑物和物体都可用编织相当密集的金属网蒙蔽起来，再把金属网很好地接地，则可避免由于雷电而引起爆炸．一般电学仪器的金属外壳都是接地的，这也是为了避免外电场的影响．又如，在高压输电线上进行带电操作时，工作人员全身需穿上金属丝网制成的屏蔽服（称为**均压服**），它相当于一个导体壳，以屏蔽外电场对人体的影响，并可使感应出来的交流电通过均压服而不危及人体.

3.8 静电场中的电介质

3.8.1 电介质的电结构

电介质的主要特征是这样的，它的分子中电子被原子核束缚得很紧，即使在外电场作用下，电子一般只能相对于原子核有一微观的位移，而不像导体中的自由电子那样，能够摆脱所属原子做宏观运动．因而电介质在宏观上几乎没有自由电荷，其导电性很差，故亦称为**绝缘体**．并且，在外电场作用下达到静电平衡时，电介质内部的电场强度也可以不等于零.

由于在电介质分子中，带负电的电子和带正电的原子核紧密地束缚在一起，故每个电介质分子都可视作中性. 但其中正、负电荷并不集中于一点，而是分散于分子所占的体积中. 不过，在相对于分子的距离比分子本身线度大得多的地方来观察时，分子中全部正电荷所起的作用可用一等效的正电荷来代替，全部负电荷所起的作用可用一等效的负电荷来代替. 等效的正、负电荷在分子中所处的位置，分别称为该分子的正、负电荷“中心”. 具体来说，等效正电荷（或负电荷）等于分子中的全部正电荷（或负电荷）；等效正、负电荷在远处激发的电场，和分子中按原状分布的所有正、负电荷在该处激发的电场大致相同.

从分子内正、负电荷中心的分布情况来看，电介质有两类，如图 3-14 所示.

一类电介质，如氯化氢（HCl）、水（H_2O）、氨（NH_3）、甲醇（CH_3OH）等，分子内正、负电荷的中心不相重合，其间有一定距离，这类分子称为**有极分子**. 设有极分子的正、负电荷的中心相距为 l，分子中全部正（或负）电荷的大小为 q，则每个有极分子可以等效地看作一对等量异种点电荷所组成的电偶极子，其电矩为 $\boldsymbol{p}_e = q\boldsymbol{l}$，称为**分子电矩**；整块的有极分子电介质可以被看成无数分子电矩的集合体，如图 3-14a 所示.

矢量 $\boldsymbol{l}$ 与 $\boldsymbol{p}_e$ 同方向（参阅例题 3-3）.

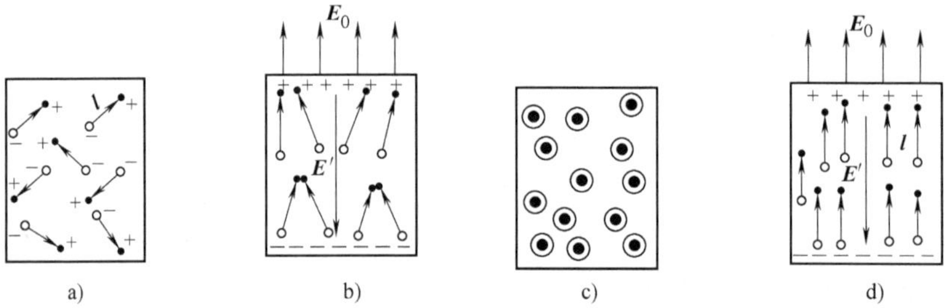

图 3-14　两类电介质及其极化过程

a）有极分子电介质 $\boldsymbol{p}_e = q\boldsymbol{l} \neq \boldsymbol{0}$　b）有极分子电介质处于外电场中极化时，$\sum_i \boldsymbol{p}_{ei} \neq \boldsymbol{0}$，出现束缚电荷

c）无极分子电介质 $\boldsymbol{p}_e = \boldsymbol{0}$　d）无极分子电介质处于外电场中极化时，$\sum_i \boldsymbol{p}_{ei} \neq \boldsymbol{0}$，也出现束缚电荷

（“ ● ”代表正电荷中心，“ ○ ”代表负电荷中心）

另一类电介质，如氦（He）、氢（H_2）、甲烷（CH_4）等，分子内正、负电荷中心是重合的，$l=0$，故分子电矩 $\boldsymbol{p}_e = \boldsymbol{0}$，这类分子称为**无极分子**. 整块的无极分子电介质如图 3-14c所示.

3.8.2　电介质在外电场中的极化现象

当无极分子处在外电场 $\boldsymbol{E}_0$ 中时，每个分子中的正、负电荷将分别受到相反方向的电场力 $\boldsymbol{F}_+$、$\boldsymbol{F}_-$ 作用而被拉开，导致正、负电荷中心发生相对位移 $\boldsymbol{l}$. 这时，每个分子等效于一个电偶极子，其电矩 $\boldsymbol{p}_e$ 的方向和外电场 $\boldsymbol{E}_0$ 的方向一致. 外电场越强，每个分子的正、负电荷中心的距离被拉得越开，分子电矩也就越大；反之，则越小. 当外电场撤去后，正、负电荷中心又趋于重合.

对于整块的无极分子电介质来说，如图 3-14d 所示，在外电场 $\boldsymbol{E}_0$ 作用下，由于每个分子都成为一个电偶极子，其电矩方向都沿着外电场的方向，以致在和外电场相垂直的电介质两侧表面上，分别出现正、负电荷. 这两侧表面上分别出现的正电荷和负电荷是和电介质分子连在一起的，不能在电介质中自由移动，也不能脱离电介质而独立存在，故称为

束缚电荷或**极化电荷**. 在外电场作用下，电介质出现束缚电荷的这种现象，称为电介质的**极化**.

对于有极分子而言，即使没有外电场，每个分子本来就等效于具有一定电矩的电偶极子；但由于分子无规则的热运动，分子电矩的方向是杂乱无序的（见图3-14a）. 所以，对于由有极分子组成的电介质的整体或某一部分来说，所有分子电矩的矢量和 $\sum_i \boldsymbol{p}_{ei}$ 的平均结果为零，电介质各部分都是中性的. 当有外电场 $\boldsymbol{E}_0$ 时，每个分子电矩都受到力偶矩作用，要转向外电场的方向（参阅例题3-9）. 但由于分子热运动的干扰，并不能使各分子电矩都循外电场的方向整齐排列. 外电场越强，分子电矩的排列越趋向整齐. 对整块电介质而言，在垂直于外电场方向的两个表面上也出现束缚电荷（见图3-14b）. 如果撤去外电场，由于分子热运动，分子电矩的排列又将变得杂乱无序，电介质又恢复电中性状态.

但是，也有一些电介质，在撤去外电场后，在表面上仍可留驻电荷，这种电介质称为**驻极体**. 驻极体元件或器件，在当前工业和科技领域中应用日渐广泛.

上面所讲的两种电介质，其极化的微观过程虽然不同，但却有同样的宏观效果，即介质极化后，都使得其中所有分子电矩的矢量和 $\sum_i \boldsymbol{p}_{ei} \neq \boldsymbol{0}$，同时在介质上都要出现束缚电荷. 因此，在宏观上表征电介质的极化程度和讨论有电介质存在的电场时，就无须把这两类电介质区别开来，而可统一地进行论述.

问题 3-17 简述电介质的电结构特征，并由此说明电介质分子和电介质的极化现象.

3.8.3 有电介质时的静电场

有电荷，就会激发电场. 因此，不但在电介质中存在自由电荷所激发的电场 $\boldsymbol{E}_0$，使电介质极化，产生极化电荷，而且电介质中的极化电荷同样也要在它周围空间（无论电介质内部或外部）激发电场 $\boldsymbol{E}'$. 故按电场强度叠加原理，在这种有电介质时的电场中，某点的总电场强度 $\boldsymbol{E}$，应等于自由电荷和极化电荷分别在该点激发的电场强度 $\boldsymbol{E}_0$ 和 $\boldsymbol{E}'$ 的矢量和，即

$$\boldsymbol{E} = \boldsymbol{E}_0 + \boldsymbol{E}' \tag{3-38}$$

> 通常把不是由极化引起（例如电介质由于摩擦起电）的电荷称为**自由电荷**.

可见，电介质的极化改变了空间的电场强度. 从图3-14b、d不难判定，极化电荷激发的电场 $\boldsymbol{E}'$ 与外电场 $\boldsymbol{E}_0$ 反向，使原来的电场有所削弱. 因而

$$E = E_0 - E' \tag{3-39}$$

可见，电介质的极化改变了空间的电场强度. E 与 E_0 的关系可写成

$$E = \frac{E_0}{\varepsilon_r} \tag{3-40}$$

式中，$\varepsilon_r > 1$，ε_r 称为**电介质的相对电容率**（习惯上亦称**相对介电常量**），是一个纯数，是用来表征电介质性质的一个物性参数，其值可由实验测定. 对某些常见的电介质，其值亦可查物理手册.

3.8.4 有电介质时静电场的高斯定理 电位移矢量

现在我们进一步研究电介质中的高斯定理，由于真空中的高斯定理为 $\oint_S \boldsymbol{E} \cdot \mathrm{d}\boldsymbol{S} = \sum_{i=1}^{n} q_i / \varepsilon_0$，

式中的 q_i 是自由电荷. 当有电介质存在时，电场是由自由电荷和极化电荷共同激发的，q_i 应理解为闭合面内的自由电荷和极化电荷之和，$\boldsymbol{E}$ 应理解为闭合面上面积元所在处的总电场强度：$\boldsymbol{E}=\boldsymbol{E}_0+\boldsymbol{E}'$. 今以均匀带电球体周围充满相对电容率为 ε_r 的无限大均匀电介质的情况为例，来推导有电介质时静电场的高斯定理.

如例题 3-11 所述，在没有电介质时，均匀分布在导体球表面上的自由电荷 q 所激发的电场是球对称的；而今在球的周围充满均匀电介质，极化电荷 q' 将均匀分布在与导体球表面相毗邻的介质边界面上，它无异是一个均匀地带异种电荷 q'、且与导体球半径相同的同心球面（见图 3-15），故而它所激发的电场也是球对称的. 因此由自由电荷和极化电荷在电介质内共同激发的总电场是球对称的，因而可借助于真空中的高斯定理求解.

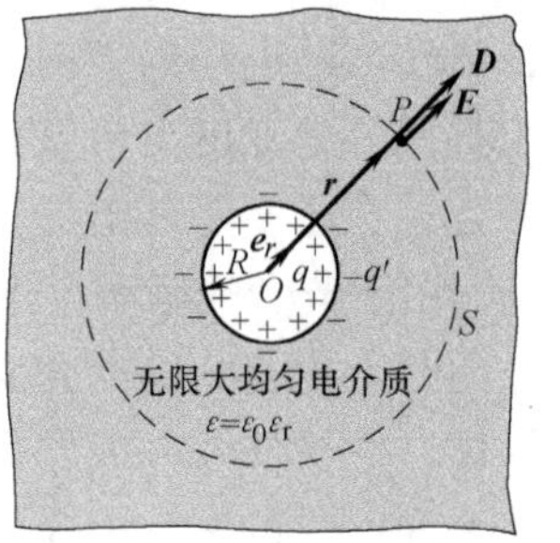

图 3-15　无限大均匀电介质中的带电导体球

设球外一点 P 相对于球心 O 的位矢为 $\boldsymbol{r}$，今作一高斯面，它是以 O 为中心，以 r 为半径，且通过场点 P 的闭合球面 S. 按式（3-21），均匀带电球体在球外真空中的电场强度为

$$\boldsymbol{E}_0=\frac{1}{4\pi\varepsilon_0}\frac{q}{r^2}\boldsymbol{e}_r \tag{a}$$

式中，$\boldsymbol{e}_r$ 为球心 O 指向场点 P 的径向单位矢量. 而今在电介质中的电场应是自由电荷 q 和极化电荷 q' 共同激发的，其电场强度为

$$\boldsymbol{E}=\boldsymbol{E}_0+\boldsymbol{E}'=\frac{1}{4\pi\varepsilon_0}\frac{q+q'}{r^2}\boldsymbol{e}_r \tag{b}$$

又由式（3-40），有

$$\boldsymbol{E}=\frac{\boldsymbol{E}_0}{\varepsilon_\mathrm{r}}=\frac{1}{4\pi\varepsilon_0\varepsilon_\mathrm{r}}\frac{q}{r^2}\boldsymbol{e}_r \tag{c}$$

比较式（b）和式（c），有

$$q'=-\left(1-\frac{1}{\varepsilon_\mathrm{r}}\right)q \tag{d}$$

由于 $\boldsymbol{E}$ 是自由电荷 q 和极化电荷 q' 共同激发的总电场强度，为此，在电介质中取一个包围带电球体的同心球面作为高斯面 S，则高斯定理应是

$$\oint_S \boldsymbol{E}\cdot\mathrm{d}\boldsymbol{S}=\frac{q+q'}{\varepsilon_0} \tag{e}$$

将式（d）代入式（e），有

$$\oint_S \boldsymbol{E}\cdot\mathrm{d}\boldsymbol{S}=\frac{q}{\varepsilon_0\varepsilon_\mathrm{r}}$$

或

$$\oint_S \varepsilon_0\varepsilon_\mathrm{r}\boldsymbol{E}\cdot\mathrm{d}\boldsymbol{S}=q \tag{f}$$

式（f）虽然是从式（e）得来的，但两者意义不相同. 该式右边只剩自由电荷 q 一项，若引入电介质的**电容率**（习惯上亦称**介电常量**）ε，并令

$$\varepsilon=\varepsilon_0\varepsilon_\mathrm{r} \tag{3-41}$$

将它代入式（f），可写作

$$\oint\!\!\!\oint_S \varepsilon \boldsymbol{E}\cdot \mathrm{d}\boldsymbol{S} = q \tag{g}$$

为了方便，我们引入一个辅助矢量 $\boldsymbol{D}$，定义为

$$\boldsymbol{D}=\varepsilon\boldsymbol{E} \tag{3-42}$$

这就是电介质的**性质方程**. 将它代入式（g），则有

$$\oint\!\!\!\oint_S \boldsymbol{D}\cdot \mathrm{d}\boldsymbol{S} = q \tag{h}$$

$\boldsymbol{D}$ 称为**电位移矢量**. $\oint\!\!\!\oint_S \boldsymbol{D}\cdot \mathrm{d}\boldsymbol{S}$ 称为**电位移通量**. 式（h）的物理意义很简洁，表明**在有电介质时的电场中，通过封闭面 S 的电位移通量等于该封闭面所包围的自由电荷.**

> 注意：我们所讨论的电介质不仅是均匀的，而且是各向同性的. 否则，对各向异性的电介质，$\boldsymbol{D}$ 和 $\boldsymbol{E}$ 就不可能存在式（3-42）的简单关系，且 $\boldsymbol{D}$ 和 $\boldsymbol{E}$ 一般也将具有不同的方向.

这个结论虽然是由处于无限大均匀电介质中带电球体的情况下得出的，但是可以证明，对于一般情况也是正确的，这一规律称为**有电介质时的静电场的高斯定理**，叙述如下：**在任何电介质存在的电场中，通过任意一个封闭面 S 的电位移通量等于该面所包围的自由电荷的代数和.** 其数学表达式为

$$\oint\!\!\!\oint_S \boldsymbol{D}\cdot \mathrm{d}\boldsymbol{S} = \sum_i q_i \tag{3-43}$$

式（3-43）表明，电位移矢量 $\boldsymbol{D}$ 是和自由电荷 q 联系在一起的.

电位移的单位是 $\mathrm{C\cdot m^{-2}}$（库仑每平方米）.

由式（3-42）所定义的 $\boldsymbol{D}$ 矢量，是表述有电介质时电场性质的一个辅助量，在有电介质时的电场中，各点的电场强度 $\boldsymbol{E}$ 都对应着一个电位移 $\boldsymbol{D}$. 因此，在这种电场中，仿照电场线的画法，可以作一系列**电位移线**（或 $\boldsymbol{D}$ **线**），线上每点的切线方向就是该点电位移矢量的方向，并令垂直于 $\boldsymbol{D}$ 线单位面积上通过的 $\boldsymbol{D}$ 线条数，在数值上等于该点电位移 $\boldsymbol{D}$ 的大小，而 $\boldsymbol{D}\cdot\mathrm{d}\boldsymbol{S}$ 称为通过面积元 $\mathrm{d}\boldsymbol{S}$ 的**电位移通量**.

有电介质时静电场的高斯定理也表明电位移线从正的自由电荷发出，终止于负的自由电荷，如图 3-16a 所示；而不像电场线那样，起讫于包括自由电荷和束缚电荷在内的各种正、负电荷，如图 3-16b 所示. 读者对此务必区别清楚.

问题 3-18　（1）有电介质时静电场与真空中的静电场，其电场强度有何差别？

（2）为什么要引入电位移矢量 $\boldsymbol{D}$ 这个物理量？它与电场强度有何异同？

（3）试述有电介质时静电场的高斯定理.

3.8.5　有电介质时静电场的高斯定理的应用

利用有电介质时静电场的高斯定理，有时可以较方便地求解有电介质时的电场问题. 当已知自由电荷的分布时，可先由式（3-43）求得 $\boldsymbol{D}$；由于 ε_r 可用实验测定，因而 $\varepsilon=\varepsilon_0\varepsilon_r$ 也是已知的，于是再通过式（3-42），便可求出电介质中的电场强度 $\boldsymbol{E}=\boldsymbol{D}/\varepsilon$[㊀].

㊀ 在真空中，$\varepsilon=\varepsilon_0$，故由 $\varepsilon=\varepsilon_r\varepsilon_0$ 可知，真空的相对电容率 $\varepsilon_r=1$. 而空气的 $\varepsilon_r=1.000585\approx1$，即非常接近于真空的相对电容率，故空气中的电场可近似地用前面所述的真空中静电场的规律来研究.

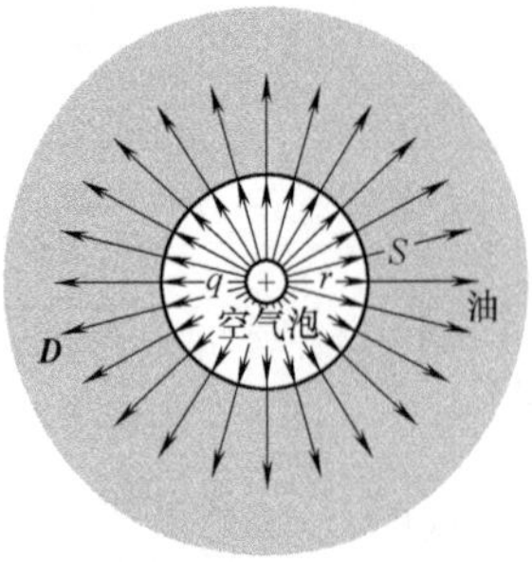

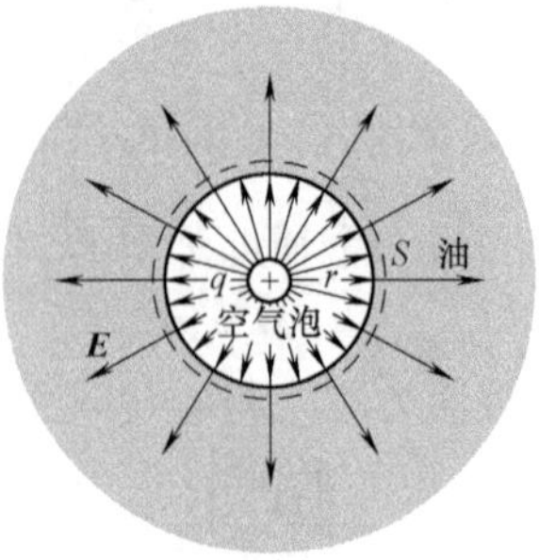

图 3-16　在油和空气两种介质中的电位移线和电场线的分布

a）电位移线在两种介质界面上连续　b）电场线密度在两种介质中不相同

根据以上所述，现在我们可以应用有电介质时静电场的高斯定理来求解有电介质时的静电场问题. 我们发现，求解均匀电介质中的静电场问题时，所得结果与真空中的完全类同，只不过把后者式子中出现的 ε_0 换成 ε，就是前者情况下的式子. 对此，为简明起见，不妨仍以图 3-15 所示的情况为例，即对一个半径为 R、电荷为 q 的导体球，求它在周围充满电容率为 ε 的无限大均匀电介质中任一点的电场强度和电势.

设球外一点 P 相对于球心 O 的位矢为 $\boldsymbol{r}$，今作一高斯面，它是以 O 为中心，以 r 为半径，且通过场点 P 的闭合球面 S. 由于 $\boldsymbol{D}$ 是球对称分布的，各场点的 $\boldsymbol{D}$ 均沿径向，故按有电介质时静电场的高斯定理［式（3-43）］，高斯面 S 上的电位移通量为

$$\oint_S \boldsymbol{D}\cdot \mathrm{d}\boldsymbol{S} = \oint_S D\cos 0^\circ \mathrm{d}S = D(4\pi r^2)$$

S 面所包围的自由电荷为 $\sum_i q_i = q$，故有

$$D(4\pi r^2) = q$$

则由上式，可求得 D，并将它写成矢量式，即

$$\boldsymbol{D} = \frac{q}{4\pi r^2}\boldsymbol{e}_r \tag{3-44}$$

式中，$\boldsymbol{e}_r$ 为沿位矢 $\boldsymbol{r}$ 方向的单位矢量. 由电介质的性质方程 $\boldsymbol{D}=\varepsilon\boldsymbol{E}$，且 $\boldsymbol{E}$ 和 $\boldsymbol{D}$ 的方向相同，得电介质中一点 P 的电场强度为

$$\boldsymbol{E} = \frac{q}{4\pi\varepsilon_0\varepsilon_r r^2}\boldsymbol{e}_r = \frac{q}{4\pi\varepsilon r^2}\boldsymbol{e}_r \tag{3-45}$$

即在相同的自由电荷分布下，与真空中的电场强度 $E_0 = q/(4\pi\varepsilon_0 r^2)$ 相比较，电介质中的电场强度只有真空中电场强度的 $1/\varepsilon_r$ 倍. 这是由于电介质极化而出现的极化电荷所激发的附加电场 $\boldsymbol{E}'$ 削弱了原来的电场 $\boldsymbol{E}_0$ 所致，今沿径向取积分路径，则得场点 P 的电势为

$$V = \int_P^\infty \boldsymbol{E}\cdot \mathrm{d}\boldsymbol{l} = \int_r^\infty \frac{q}{4\pi\varepsilon r^2}\cos 0^\circ \mathrm{d}r = \frac{q}{4\pi\varepsilon r} \tag{3-46}$$

若导体球的半径 R 远小于场点 P 至中心 O 的距离 r，则可以将导体球看作点电荷. 在此情形下，式（3-45）、式（3-46）仍成立，即点电荷 q 在无限大均匀电介质中激发的电

场是球对称的．上两式分别是它在场点 P 的电场强度和电势的公式．将点电荷 q_0 放在点 P，它所受的力可由 $\boldsymbol{F}=q_0\boldsymbol{E}$ 和式（3-45）给出，即

$$\boldsymbol{F}=\frac{1}{4\pi\varepsilon}\frac{qq_0}{r^2}\boldsymbol{e}_r \tag{3-47}$$

式（3-47）常称为**无限大均匀电介质中的库仑定律**.

至此，读者不难领会，从式（3-45）和式（3-46）出发，分别利用电场强度和电势的叠加原理，与求解真空中静电场问题相仿，可以**求解均匀电介质中的电场问题．所得的结果与真空中的完全类同，只不过将 ε_0 换成 ε 而已.**

例如，将例题3-8 所述的两个无限大均匀带异种电荷的平行平面，置于电容率为 ε 的均匀电介质中，则按电场强度叠加原理，可导出此两带电平行平面之间的电位移和电场强度分别为

$$D=\sigma,\quad E=\frac{\sigma}{\varepsilon} \tag{3-48}$$

两者方向亦都垂直于两带电平面，且从带正电的平面指向带负电的平面，若沿此方向取单位矢量 $\boldsymbol{i}$，则相应的矢量式为

$$\boldsymbol{D}=\sigma\boldsymbol{i},\quad \boldsymbol{E}=\frac{\sigma}{\varepsilon}\boldsymbol{i} \tag{3-49}$$

读者试将式（3-48）中的电场强度 E 与式（3-15）中的 E 相比较.

问题 3-19 根据有电介质时静电场的高斯定理和电介质的性质方程求解有关静电场问题时，具体步骤如何?

例题 3-16 如例题3-16 图所示，在无限长直的电缆内，导体圆柱 A 和同轴导体圆柱壳 B 的半径分别分 r_1 和 r_2（$r_1<r_2$），单位长度所带电荷分别为 $+\lambda$ 和 $-\lambda$，内、外导体 A 与 B 之间充满电容率为 ε 的均匀电介质．求电介质中任一点的电场强度大小及内、外导体间的电势差.

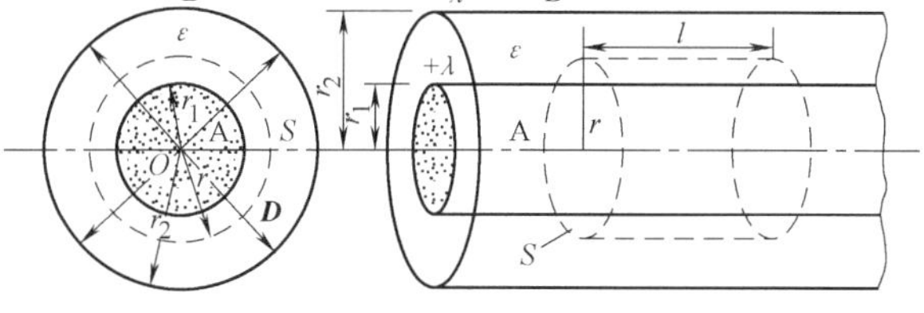

例题3-16 图

分析 由于内、外导体面上的自由电荷和电介质与内、外导体 A 与 B 的交界面上的极化电荷都是轴对称分布的，故介质中的电场也是轴对称的.

解 取高斯面，它是半径为 $r(r_1<r<r_2)$、长度为 l 的同轴圆柱形闭合面 S. 左、右两底面与电位移矢量 $\boldsymbol{D}$ 的方向平行，其外法线方向皆与 $\boldsymbol{D}$ 成夹角 $\theta=\pi/2$，故电位移通量为零；柱侧面与 $\boldsymbol{D}$ 的方向垂直，其外法线与 $\boldsymbol{D}$ 同方向，$\theta=0°$，通过侧面的电位移通量为 $D\cos0°(2\pi rl)$．被闭合面包围的自由电荷为 λl．按有电介质时静电场的高斯定理［式（3-43）］，有

$$D\cos0°(2\pi rl)=\lambda l$$

即

$$D=\frac{\lambda}{2\pi r}$$

并由于 $\boldsymbol{E}$ 和 $\boldsymbol{D}$ 的方向一致，故由 $\boldsymbol{D}=\varepsilon\boldsymbol{E}$，得所求电场强度的大小为

$$E=\frac{D}{\varepsilon}=\frac{\lambda}{2\pi\varepsilon r}$$

内、外导体间的电势差为

$$V_A-V_B=\int_A^B \boldsymbol{E}\cdot d\boldsymbol{l}=\int_{r_1}^{r_2}\frac{\lambda}{2\pi\varepsilon r}\cos 0° dr=\frac{\lambda}{2\pi\varepsilon}\ln\frac{r_2}{r_1}$$

3.9　电容　电容器

3.9.1　孤立导体的电容

电容是导体的一个重要特性. 我们首先讨论孤立导体的电容. 在静电平衡时, 带电荷为 q 的孤立导体是一个等势体, 具有确定的电势 V. 如果导体所带电荷量从 q 增加到 nq 时, 理论和实验都证明, 导体的电势就从 V 增加到 nV. 由此可知: 如果导体带电, **导体所带的电荷 q 与相应的电势 V 的比值, 是一个与导体所带的电荷量无关的恒量, 称为孤立导体的电容**, 用符号 C 表示, 即

$$C=\frac{q}{V} \tag{3-50}$$

电容 C 是表征导体储电容量的一个物理量, 它决定于导体的尺寸和形状, 而与 q、V 无关, **在量值上等于该导体的电势为一单位时导体所带的电荷**. 在一定的电势下, 孤立导体所带的电荷为 $q=CV$, 这说明导体的电容 C 越大, 能够储藏的电荷越多.

在 SI 中, 电容的单位为 F (**法 [拉]**). 如果导体所带的电荷量为 1C, 相应的电势为 1V 时, 则导体的电容即为 1F. 由于法拉这个单位太大, 常用 μF (微法) 或 pF (皮法) 等较小的单位, 其换算关系为

$$1\mu F=10^{-6}F;\quad 1pF=10^{-12}F$$

3.9.2　电容器的电容

实际使用的都不是孤立导体, 一般导体的电容, 不仅与导体的大小和几何形状有关, 而且还要受周围其他物质的影响. 例如, 当带电导体 A 的附近有另一导体 B 时, 由于静电感应, B 的两端将出现异种电荷, 导体 A 上的电荷也要重新分布, 这些都会使导体 A 的电势发生变化, 从而使其电容改变. 因此, 为了利用导体来存储电荷 (电势能), 并便于实际应用, 需要设计一个导体组, 一方面使其电容较大而体积较小; 另一方面使这个导体组的电容一般不受其他物体影响. 电容器就是这种由导体组构成的存储电能的元件. 通常的电容器由两个金属极板和介于其间的电介质所组成. 电容器带电时, 常使两极板带上等量异种的电荷 (或使一板带电, 另一板接地, 借感应起电而使另一板带上等量异种电荷). 电容器的电容定义为**电容器一个极板所带电荷 q (指它的绝对值) 和两极板的电势差 V_A-V_B 之比**, 即

$$C=\frac{q}{V_A-V_B} \tag{3-51}$$

下面将根据上述定义式计算几种常用电容器的电容.

1. 平行板电容器

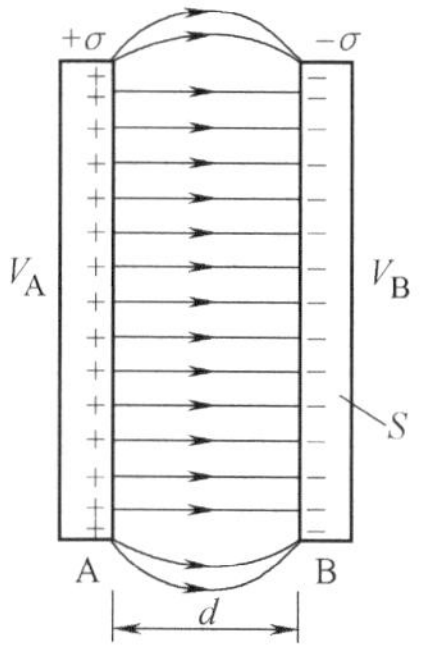

图 3-17 平行板电容器两板之间的电场

设有两平行的金属极板，每板的面积为 S，两板的内表面之间相距为 d，并使板面的线度远大于两板的内表面的间距（见图 3-17）. 设想板 A 带正电，板 B 带等量的负电. 由于板面线度远大于两板的间距，所以除边缘部分以外，两板间的电场可以认为是均匀的，而且电场局限于两板之间. 现在先不考虑介质的影响，即认为两极板间为真空或充满空气. 按式（3-15），两极板间均匀电场的电场强度大小为

$$E = \frac{\sigma}{\varepsilon_0}$$

式中，σ 为任一极板上所带电荷的面电荷的密度（绝对值）. 两极板间的电势差为

$$V_A - V_B = Ed = \frac{\sigma}{\varepsilon_0}d = \frac{qd}{\varepsilon_0 S}$$

其中，$q = \sigma S$ 为任一极板表面上所带的电荷大小. 设两极板间为真空时的平行板电容器电容为 C_0，则按电容器电容的定义，得

$$C_0 = \frac{q}{V_A - V_B} = \frac{\varepsilon_0 S}{d} \tag{3-52}$$

由式（3-52）可知，只要使两极板的间距 d 足够微小，并增大两极板的面积 S，就可获得较大的电容. 但是缩小电容器两极板的间距，毕竟有一定限度；而加大两极板的面积，又势必要增大电容器的体积. 因此，为了制成电容量大、体积小的电容器，通常是在两极板间夹一层适当的电介质，它的电容就会增大. 仿照式（3-52）的导出过程，可以求得平行板电容器在两极板间充满均匀电介质时的电容为

$$C = \frac{\varepsilon S}{d} \tag{3-53}$$

式中，ε 为该电介质的电容率. 将式（3-53）与式（3-52）相比，得

$$\frac{C}{C_0} = \frac{\varepsilon}{\varepsilon_0} = \varepsilon_r \tag{3-54}$$

ε_r 即为该电介质的相对电容率（或相对介电常量）. 除空气的 ε_r 近似等于 1 以外，一般电介质的 ε_r 均大于 1. 故从式（3-54）可知，在充入均匀电介质后，平行板电容器的电容 C 将增大为真空情况下的 ε_r 倍. 并且对任何电容器来说，当其间充满相对电容率为 ε_r 的均匀电介质后，它的电容亦总是增至 ε_r 倍（证明从略）.

有的材料（如钛酸钡），它的 ε_r 可达数千，用来作为电容器的电介质，就能制成电容大、体积小的电容器.

从式（3-53）可知，当 S、d 和 ε 三者中任一个量发生变化时，都会引起电容 C 的变化. 根据这一原理所制成的**电容式传感器**㊀，可用来测量诸如位移、液面高度、压强和流量等非电学量. 例如，图 3-18 所示的**电容测厚仪**，可用来测量塑料带子等的厚度. 当被

㊀ 传感器是这样一种器件，它能够感受到所需测定的各种非电学量（如力学量、化学量等），把它转换成易于检测、处理、传输和控制的电学量（如电阻、电容、电感等），它一般由敏感元件、转换元件和测量电路三部分组成. 传感器在工业自动化和远距离监测等方面有广泛应用.

测的带子 B 置于平行板电容器的两极板之间、并在辊筒 K 驱动下不断移动过去时，若带子厚度 t 有变化，电容 C 也随之改变. 这样，只需测量电容 C，就能测定带子厚度 t（参阅习题 3-23）.

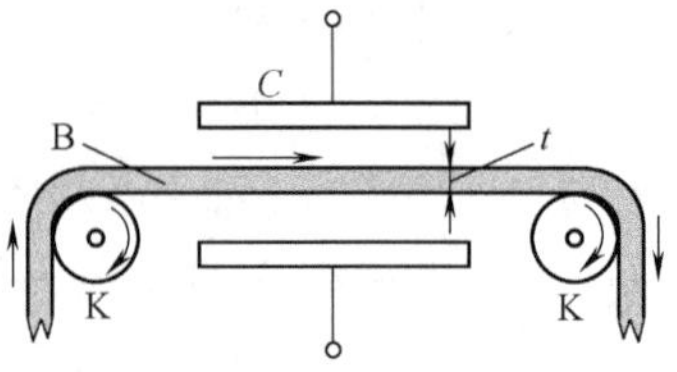

图 3-18　电容测厚仪

2. 球形电容器

球形电容器是由半径分别为 R_A 和 R_B 的两个同心球壳组成的，两球壳中间充满电容率为 ε 的电介质（见图 3-19）.

假定内球壳带电荷 $+q$，这电荷将均匀地分布在它的外表面上. 同时，在外球壳的内、外两表面上的感应电荷 $-q$ 和 $+q$ 也都是均匀分布的. 外球壳的外表面上的正电荷可用接地法消除掉. 两球壳之间的电场具有球对称性，可用有介质时的高斯定理求出这电场，它和单独由内球激发的电场相同，即

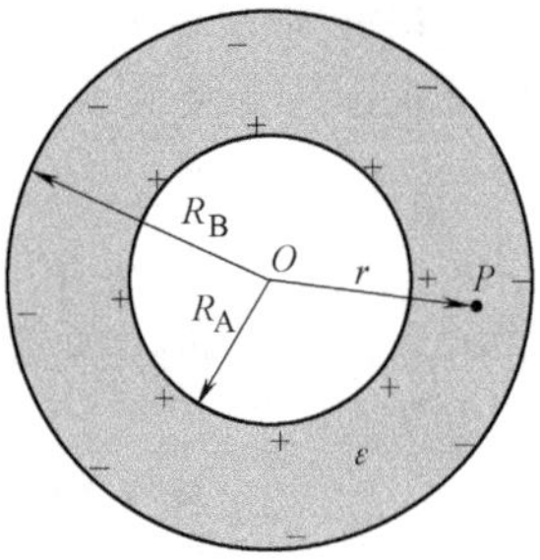

图 3-19　球形电容器

$$E=\frac{q}{4\pi\varepsilon r^2}$$

式中，r 为球心到场点 P 的距离. 因为 $V_A-V_B=\int_A^B \boldsymbol{E}\cdot d\boldsymbol{l}$，而今取 $d\boldsymbol{l}$ 沿径向，则 $\theta=0°$，故

$$V_A-V_B=\int_{R_A}^{R_B}E\cos 0°dr=\int_{R_A}^{R_B}\frac{q}{4\pi\varepsilon r^2}dr=\frac{q}{4\pi\varepsilon}\left(\frac{1}{R_A}-\frac{1}{R_B}\right)$$

所以

$$C=\frac{q}{V_A-V_B}=\frac{q}{\frac{q}{4\pi\varepsilon}\left(\frac{1}{R_A}-\frac{1}{R_B}\right)}=\frac{4\pi\varepsilon R_A R_B}{R_B-R_A} \tag{3-55}$$

由式（3-52）、式（3-55）可见，电容器的电容取决于组成电容器的导体的形状、几何尺寸、相对位置以及介质情况，与它是否带电无关. 这就表明，**电容器的电容是描述电容器本身容电性质的一个物理量.**

电容器的电容通常也可用交流电桥等电学仪器来测定.

问题 3-20　电容器的电容取决于哪些因素？导出平行板电容器的电容公式.

例题 3-17　设有面积为 S 的平板电容器，两极板间填充两层均匀电介质，电容率分别为 ε_1 和 ε_2（见例题 3-17 图），厚度分别为 d_1 和 d_2，求这电容器的电容.

解　设想两极板分别带上电荷 $+q$、$-q$，在两层介质中的电场强度分别为 $\boldsymbol{E}_1$ 和 $\boldsymbol{E}_2$.

根据有介质时静电场的高斯定理，由于电位移通量只与自由电荷有关，故可先求电场中的电位移矢量 $\boldsymbol{D}$. 为此，作高斯面，它是长方棱柱形的闭合面 S_1，其右侧表面在电容率 ε_1 的介质内，左侧表面在导体极板内（图中虚线所示）. 板内的电场强度为零；上、下、前、后面的外法线皆与 $\boldsymbol{D}$ 垂直，其夹角 $\theta=\pi/2$，故 $\boldsymbol{D}\cdot d\boldsymbol{S}=0$；右侧面的外法线与 $\boldsymbol{D}$ 同方向，$\theta=0°$，即 $\boldsymbol{D}\cdot d\boldsymbol{S}=D\cos 0° dS=DdS$. 则由

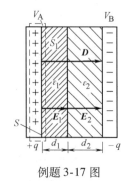

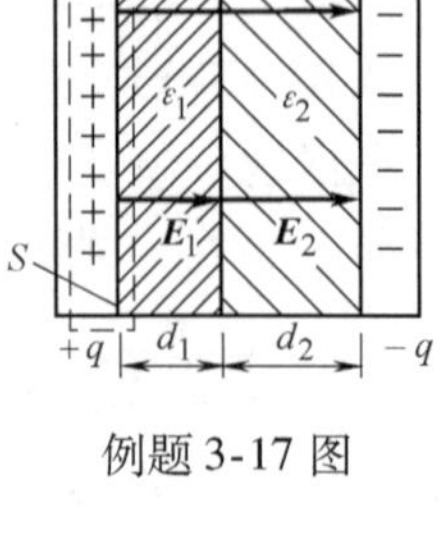

例题 3-17 图

$$\oint\!\!\!\oint_{S_1}\boldsymbol{D}\cdot d\boldsymbol{S}=\sum_i q_i$$

有

$$DS=q$$

再由 $\boldsymbol{D}=\varepsilon\boldsymbol{E}$，并因 $\boldsymbol{D}$ 与 $\boldsymbol{E}$ 同方向，故分别由上式得

$$E_1=\frac{D}{\varepsilon_1}=\frac{q}{\varepsilon_1 S},\quad E_2=\frac{D}{\varepsilon_2}=\frac{q}{\varepsilon_2 S}$$

两极板间的电势差为

$$V_{\mathrm{A}}-V_{\mathrm{B}}=E_1 d_1+E_2 d_2=\frac{q}{S}\left(\frac{d_1}{\varepsilon_1}+\frac{d_2}{\varepsilon_2}\right)$$

所求电容为

$$C=\frac{q}{V_{\mathrm{A}}-V_{\mathrm{B}}}=\frac{S}{\left(\frac{d_1}{\varepsilon_1}+\frac{d_2}{\varepsilon_2}\right)}$$

可见电容与电介质填充的次序无关，而且上述结果可以推广到两极板间含有较多层数的电介质中去.

3.9.3 电容器的串联和并联

在实际应用中，常会遇到手头现有的电容器不适合于我们的需要，例如电容的大小不合用，或者是打算加在电容器上的电势差（电压）超过电容器的耐压程度（即电容器所能承受的电压㊀）等，这时可以把现有的电容器按适当的方式连接起来使用.

两电容器串联如图 3-20 所示，电容器 C_1、C_2 极板上的电荷相同，电势差（也称电压）分别为 U_{ac}、U_{cb}，串联后的**总电容**（亦称**等值电容**）为 C，电势差为 U_{ab}，则 $U_{ab}=U_1+U_2$，而

$$C=\frac{q}{U_{ab}},\ C_1=\frac{q}{U_{ac}},\ C_2=\frac{q}{U_{cb}}$$

从而可得

$$\frac{1}{C}=\frac{1}{C_1}+\frac{1}{C_2}$$

推而广之，可得几个串联电容器的总电容为

$$\frac{1}{C}=\frac{1}{C_1}+\frac{1}{C_2}+\cdots+\frac{1}{C_n} \tag{3-56}$$

这就是说：**串联电容器组的总电容的倒数，等于各个电容器电容的倒数之和**. 这样，电容器串联后，使总电容变小，但每个电容器两极板间的电势差，比欲加的总电压小，因此，电容器的耐压程度有了增加. 这是串联的优点.

两电容器并联如图 3-21 所示，电容器 C_1、C_2 极板上的电压相同，极板上的电荷为 q_1、q_2，并联的总电容为 C，极板上的电荷为 q，则 $q=q_1+q_2$，而

$$C=\frac{q}{U_{ab}},\ C_1=\frac{q_1}{U_{ab}},\ C_2=\frac{q_2}{U_{ab}}$$

从而可得

$$C=C_1+C_2$$

推而广之，可得几个并联电容器的总电容为

$$C=C_1+C_2+\cdots+C_n \tag{3-57}$$

㊀ 当电容器两极板间的电势差逐渐增加到一定限度时，其间的电场强度相应地增大到足以使电容器中电介质的绝缘性被破坏，这个电势差的极限，常称为“击穿电压”. 相应的电场强度叫作该介质的绝缘强度，读者可从物理手册中查用.

所以，**并联电容器组的总电容是各个电容器电容的总和**. 这样，总的电容量是增加了，但是每只电容器两极板间的电势差和单独使用时一样，因而耐压程度并没有因并联而改善.

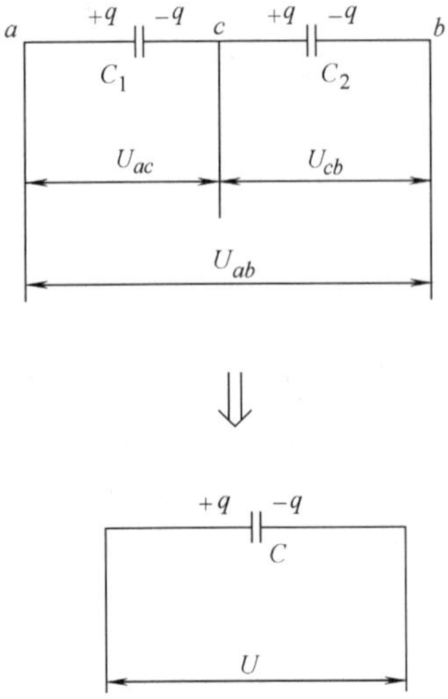

图 3-20 电容器的串联

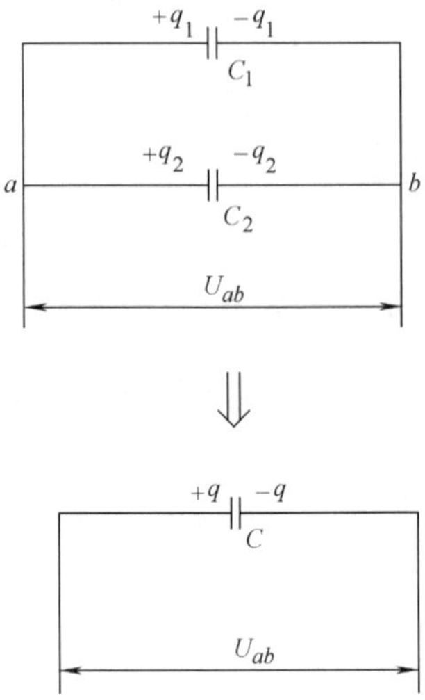

图 3-21 电容器的并联

以上是电容器的两种基本连接方法. 实际上，还有混合连接法，即串联和并联一起应用，如下面的例题 3-18 所示的情况.

问题 3-21 （1）如何求电容器并联或串联后的总电容？在什么情况下宜用并联？在什么情况下宜用串联？

（2）电容器中的介质击穿是怎样引起的？

例题 3-18 有三个相同的电容器，电容均为 $C_1=6\mu F$，相互连接，如例题 3-18 图所示. 今在此电容器组的两端加上电压 $U_{AD}=V_A-V_D=300V$. 求：（1）电容器 1 上的电荷；（2）电容器 3 两端的电势差.

解 （1）设 C 为这一组合的等值电容，q_1 为电容器 1 上的电荷，也就是这一组合所储蓄的电荷. 图中 A、B、D 各点的电势分别为 V_A、V_B 和 V_D，则

$$q_1=C(V_A-V_D)$$

因

$$C=\frac{C_1\times 2C_1}{C_1+2C_1}=\frac{2}{3}C_1$$

得

$$q_1=\frac{2}{3}C_1(V_A-V_D)=\frac{2}{3}\times 6\times 10^{-6}F\times 300V=1.2\times 10^{-3}C$$

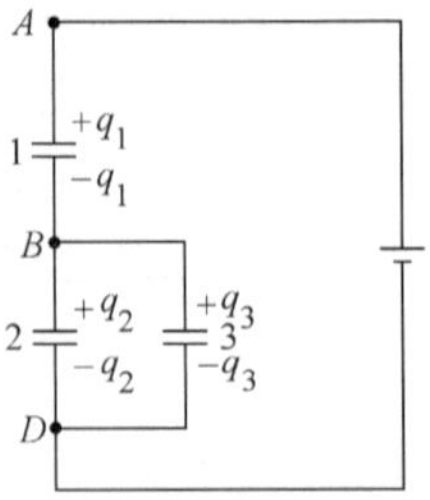

例题 3-18 图

（2）设 q_2 和 q_3 分别为电容器 2 和电容器 3 上所带电荷，则

$$V_B-V_D=\frac{q_2}{C_1}=\frac{q_3}{C_1}$$

因为 $q_1=q_2+q_3$，而由上式又有 $q_2=q_3$，故 $q_2=q_3=q_1/2$，于是得

$$V_B-V_D=\frac{1}{2}\frac{q_1}{C_1}=\frac{1}{2}\times\frac{1.2\times 10^{-3}C}{6\times 10^{-6}F}=100V$$

3.10 电场的能量

如前所述，任何带电过程都是正、负电荷的分离过程. 在带电系统的形成过程中，凭借外界提供的能量，外力必须克服电荷之间相互作用的静电力而做功. 带电系统形成后，根据能量守恒定律，外界能源所供给的能量必定转变为这带电系统的电能. 电能在量值上等于外力所做的功，所以任何带电系统都具有一定值的能量.

如图3-22a所示，若带电系统是一个电容器，它的电容是 C. 设想电容器的带电过程是这样的，即不断地从原来中性的极板B上取正电荷移到极板A上，而使两极板A和B所带的电荷分别达到 $+q$ 和 $-q$，这时两板间的电势差 $U_{AB}=V_A-V_B=q/C$（见图3-22c）. 在上述带电过程中的某一时刻，设两极板已分别带电 $+q_i$ 和 $-q_i$，且其电势差为 q_i/C（见图3-22b）. 若从板B再将电荷 $+\mathrm{d}q_i$ 移到板A上，则外力做功为

> 正、负电是同时呈现的，例如摩擦起电. 我们把正、负电荷及其周围伴同激发的电场叫作带电系统.

$$\mathrm{d}A=\frac{q_i}{C}\mathrm{d}q_i$$

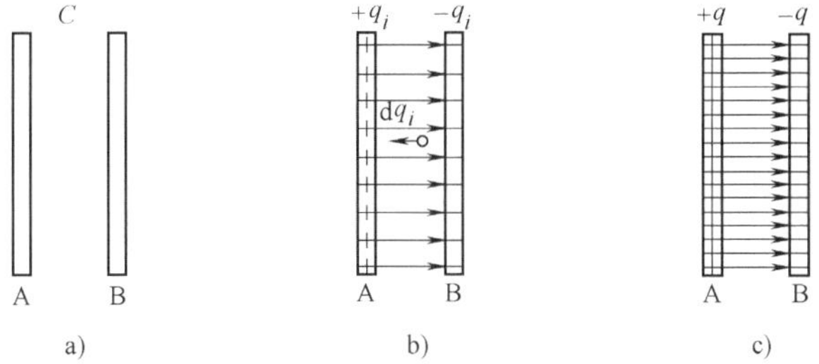

图3-22 电容器的带电过程

a) $q_0=0$ b) $U_{AB}=q_i/C$ c) $U_{AB}=q/C$

在极板带电从零达到 q 值的整个过程中，外力做功为

$$A=\int_0^q \mathrm{d}A=\int_0^q \frac{q_i}{C}\mathrm{d}q_i=\frac{1}{2}\frac{q^2}{C}$$

这功便等于带电荷为 q 的电容器所拥有的能量 W_e，即

$$W_e=\frac{1}{2}\frac{q^2}{C} \tag{3-58}$$

根据电容器电容的定义式（3-51），式（3-58）也可写成

$$W_e=\frac{1}{2}C(V_A-V_B)^2 \tag{3-59a}$$

或

$$W_e=\frac{1}{2}q(V_A-V_B) \tag{3-59b}$$

现在我们进一步说明这些能量是如何分布的. 实验证明，在电磁现象中，能量能够以电磁波的形式和有限的速度在空间传播，这件事证实了带电系统所储藏的能量分布在它所

激发的电场空间之中，即电场具有能量. 电场中单位体积内的能量，称为**电场的能量密度**. 现在以平板电容器为例，导出电场的能量密度公式. 今把 $C=\varepsilon S/d$ 代入式（3-59a）中，即得电场的能量为

$$W_{\mathrm{e}}=\frac{1}{2}\frac{\varepsilon S}{d}(V_{\mathrm{A}}-V_{\mathrm{B}})^2=\frac{1}{2}\varepsilon Sd\left(\frac{V_{\mathrm{A}}-V_{\mathrm{B}}}{d}\right)^2=\frac{\varepsilon E^2}{2}\tau$$

式中，$(V_{\mathrm{A}}-V_{\mathrm{B}})/d$ 是电容器两极板间的电场强度 E；$\tau=Sd$ 是两极板间的体积. 由于平行板电容器中的电场是均匀的，所以将电场能量 W_{e} 除以电场体积 τ，即为电场的能量密度 w_{e}，故由上式得

$$w_{\mathrm{e}}=\frac{W_{\mathrm{e}}}{\tau}=\frac{\varepsilon E^2}{2}=\frac{DE}{2} \tag{3-60}$$

上述结果虽从均匀电场导出，但可证明它是一个普遍适用的公式. 也就是说，在任何非均匀电场中，只要给出场中某点的电容率 ε、电场强度 E（或电位移 $D=\varepsilon E$），那么该点的电场能量密度就可由式（3-60）确定.

因为能量是物质的状态特性之一，所以它是不能和物质分割开来的. 电场具有能量，这就证明电场也是一种物质.

问题 3-22　（1）说明带电系统形成过程中的功、能转换关系；在此过程中，系统获得的能量储藏在何处？电场中一点的能量密度如何表述？

（2）电容为 $C=600\mu\mathrm{F}$ 的电容器借电源充电而储有能量，这能量通过问题 3-22 图所示的线路放电时，转换成固体激光闪光灯的闪光能量. 放电时的火花间隙击穿电压为 2000V. 求电容器在一次放电过程中所释放的能量. ［**答**：1.2×10^4J］

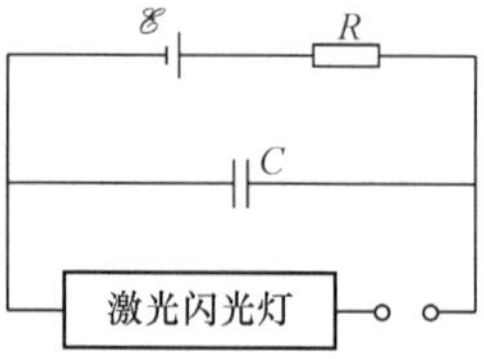

问题 3-22 图

例题 3-19　设半径为 $R=10$cm 的均匀带电金属球体，带有电荷为 $q=1.0\times10^{-5}$C，位于相对电容率 $\varepsilon_{\mathrm{r}}=2$ 的无限大均匀电介质中. 求该带电球体的电场能量.

解　根据有电介质时静电场的高斯定理，可求得在离开球心为 $r(r>R)$ 处的电场强度为

$$E=\frac{q}{4\pi\varepsilon r^2}$$

该处任一点的电场能量密度为

$$w_{\mathrm{e}}=\frac{\varepsilon E^2}{2}=\frac{q^2}{32\pi^2\varepsilon r^4}$$

如例题 3-19 图所示，在该处取一个与金属球同心的球壳层，其厚度为 dr，体积为 $\mathrm{d}\tau=4\pi r^2\mathrm{d}r$，拥有的能量为 $\mathrm{d}W_{\mathrm{e}}=w_{\mathrm{e}}\mathrm{d}\tau$. 则整个电场的能量可用积分计算：

$$W_{\mathrm{e}}=\iiint_{\tau}w_{\mathrm{e}}\mathrm{d}\tau=\int_R^{\infty}\frac{q^2}{32\pi^2\varepsilon r^4}4\pi r^2\mathrm{d}r=\frac{q^2}{8\pi\varepsilon R}=\frac{1}{4\pi\varepsilon_0}\frac{q^2}{2\varepsilon_{\mathrm{r}}R}$$

按上式，代入题设数据，可自行算出整个电场的能量为 $W_{\mathrm{e}}=2.25$J.

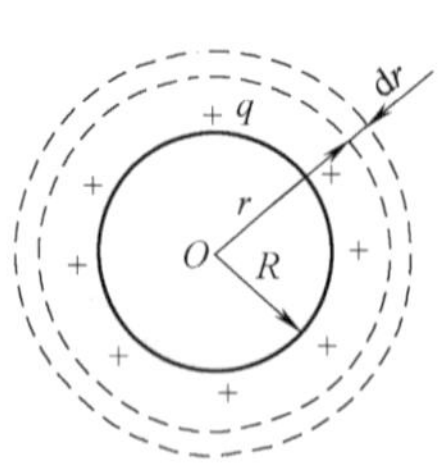

例题 3-19 图

［大国名片］中国特高压输电技术

全球目前最先进的输电技术，毋庸置疑就是特高压输电技术. 特高压输电技术是指交流 1000kV、直流 ±800kV 及以上电压等级的输电技术. 特高压技术彻底扭转了我国电力工业长期跟随西方发达国家发展的被动局面，诞生了“中国标准”，实现了“中国创造”和“中国引领”.

2009年和2010年，世界首条交流特高压输电工程——1000kV晋东南-南阳-荆门特高压交流试验示范工程和首条直流特高压输电工程——±800kV云南至广东特高压直流试验示范工程分别投入商业运行，标志着我国在特高压、远距离、大容量输变电核心技术和自主知识产权方面取得重大突破，显示了我国特高压电网建设达到国际领先水平. 自此，中国电网正式步入“特高压”时代，并开始领跑世界特高压电网建设运行.

多年的技术积累，使得中国特高压输电技术在推动全球电力工业建设发展的同时也逐渐被世界认可. 随着“一带一路”走出去建设的实施，2019年10月，中国承担工程设计的我国首个在海外独立开展工程总承包的特高压直流输电项目——巴西美丽山±800kV特高压直流输电二期项目正式投运，实现了特高压技术和核心装备双输出，标志着中国特高压技术、装备和工程总承包“走出去”再次取得重大突破.

经过十余年的探索，我国特高压输电技术已实现从“跟跑”到“领跑”的跨越，赫然成为一张中国制造的“金色名片”. 2020年，有“电力高速公路”之称的“特高压”作为新基建“七大领域”之一，已然成为世界瞩目的焦点.

习 题 3

3-1 一电场强度为 $\boldsymbol{E}$ 的均匀电场，$\boldsymbol{E}$ 的方向沿 x 轴正向，如习题3-1图所示，则通过图中一半径为 R 的半球面的电场强度通量为

(A) $\pi R^2 E$.　　(B) $\pi R^2 E/2$.

(C) $2\pi R^2 E$.　　(D) 0.　　[　　]

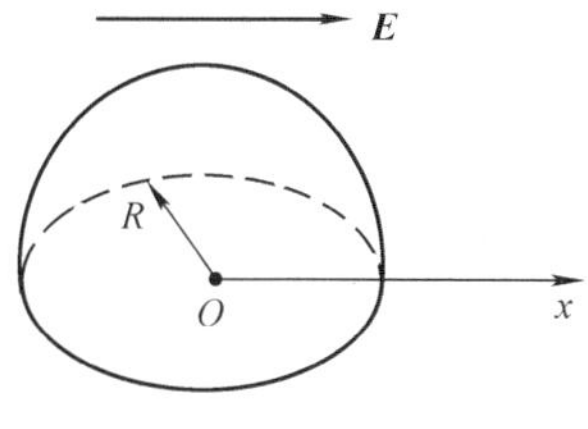

习题3-1图

3-2 有一边长为 a 的正方形平面，在其中垂线上距中心 O 点 $a/2$ 处，有一电荷为 q 的正点电荷，如习题3-2图所示，则通过该平面的电场强度通量为

(A) $\dfrac{q}{3\varepsilon_0}$.　　(B) $\dfrac{q}{4\pi\varepsilon_0}$.

(C) $\dfrac{q}{3\pi\varepsilon_0}$.　　(D) $\dfrac{q}{6\varepsilon_0}$.　　[　　]

3-3 点电荷 Q 被曲面 S 所包围，从无穷远处引入另一点电荷 q 至曲面外一点，如习题3-3图所示，则引入前后：

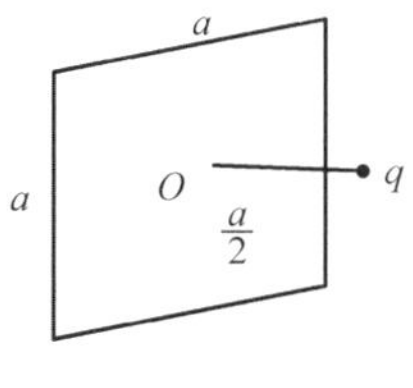

习题3-2图

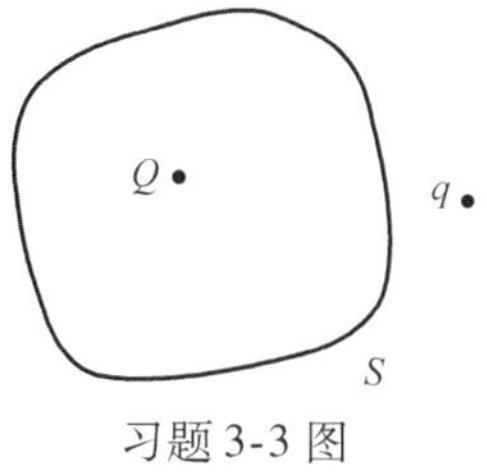

习题3-3图

(A) 曲面 S 的电场强度通量不变，曲面上各点电场强度不变.

(B) 曲面 S 的电场强度通量变化，曲面上各点电场强度不变.

(C) 曲面 S 的电场强度通量变化，曲面上各点电场强度变化.

(D) 曲面 S 的电场强度通量不变，曲面上各点电场强度变化.　　[　　]

3-4 如习题3-4图所示，半径为 R 的均匀带电球面的静电场中各点的电场强度的大小 E 与距球心的距离 r 之间的关系曲线为　　[　　]

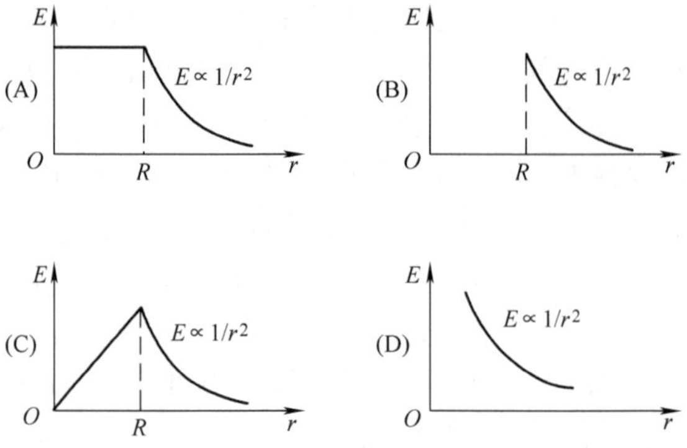

习题 3-4 图

3-5　两个同心均匀带电球面，半径分别为 R_a 和 R_b（$R_a < R_b$），所带电荷分别为 Q_a 和 Q_b. 设某点与球心相距 r，当 $R_a < r < R_b$ 时，该点的电场强度的大小为

（A）$\dfrac{1}{4\pi\varepsilon_0} \cdot \dfrac{Q_a + Q_b}{r^2}$.　　（B）$\dfrac{1}{4\pi\varepsilon_0} \cdot \dfrac{Q_a - Q_b}{r^2}$.

（C）$\dfrac{1}{4\pi\varepsilon_0} \cdot \left(\dfrac{Q_a}{r^2} + \dfrac{Q_b}{R_b^2}\right)$.　　（D）$\dfrac{1}{4\pi\varepsilon_0} \cdot \dfrac{Q_a}{r^2}$.　　[　　]

3-6　如习题 3-6 图所示，半径为 R 的均匀带电球面，总电荷为 Q，设无穷远处的电势为零，则球内距离球心为 r 的 P 点处的电场强度的大小和电势为

（A）$E = 0$，$U = \dfrac{Q}{4\pi\varepsilon_0 r}$.

（B）$E = 0$，$U = \dfrac{Q}{4\pi\varepsilon_0 R}$.

（C）$E = \dfrac{Q}{4\pi\varepsilon_0 r^2}$，$U = \dfrac{Q}{4\pi\varepsilon_0 r}$.

（D）$E = \dfrac{Q}{4\pi\varepsilon_0 r^2}$，$U = \dfrac{Q}{4\pi\varepsilon_0 R}$.　　[　　]

3-7　真空中有一点电荷 Q，在与它相距为 r 的 a 点处有一试验电荷 q. 现使试验电荷 q 从 a 点沿半圆弧轨道运动到 b 点，如习题 3-7 图所示. 则电场力对 q 做功为

（A）$\dfrac{Qq}{4\pi\varepsilon_0 r^2} \cdot \dfrac{\pi r^2}{2}$.　　（B）$\dfrac{Qq}{4\pi\varepsilon_0 r^2} 2r$.

（C）$\dfrac{Qq}{4\pi\varepsilon r^2}$，$\pi r$.　　（D）0.　　[　　]

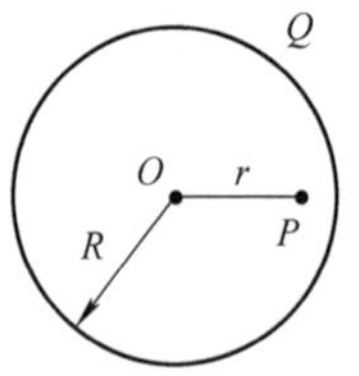

习题 3-6 图

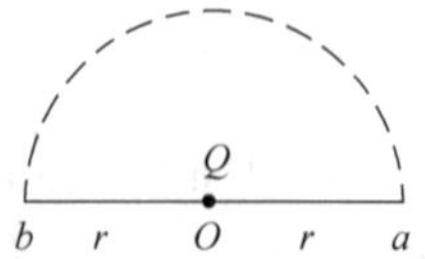

习题 3-7 图

3-8　一空心导体球壳，其内、外半径分别为 R_1 和 R_2，带电荷 q，如习题 3-8 图所示. 当球壳中心处再放一电荷为 q 的点电荷时，则导体球壳的电势（设无穷远处为电势零点）为

(A) $\frac{q}{4\pi\varepsilon_0 R_1}$. (B) $\frac{q}{4\pi\varepsilon_0 R_2}$.

(C) $\frac{q}{2\pi\varepsilon_0 R_1}$. (D) $\frac{q}{2\pi\varepsilon_0 R_2}$. [ ]

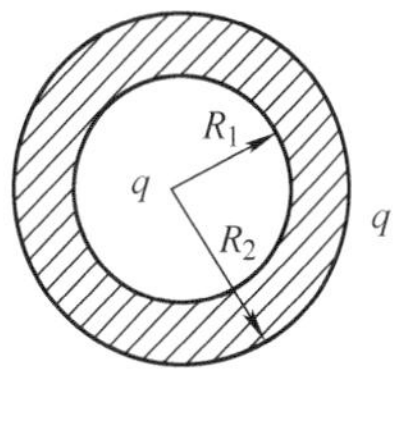

习题 3-8 图

3-9 两个同心薄金属球壳，半径分别为 R_1 和 R_2 ($R_2>R_1$)，若分别带上电荷 q_1 和 q_2，则两者的电势分别为 U_1 和 U_2（选无穷远处为电势零点）. 现用导线将两球壳相连接，则它们的电势为

(A) U_1. (B) U_2.

(C) U_1+U_2. (D) $\frac{1}{2}(U_1+U_2)$. [ ]

3-10 关于高斯定理，下列说法中哪一个是正确的?

(A) 高斯面内不包围自由电荷，则面上各点电位移矢量 $\boldsymbol{D}$ 为零

(B) 高斯面上处处 $\boldsymbol{D}$ 为零，则面内必不存在自由电荷

(C) 高斯面的 $\boldsymbol{D}$ 通量仅与面内自由电荷有关

(D) 以上说法都不正确 [ ]

3-11 用力 $\boldsymbol{F}$ 把电容器中的电介质板拉出，在习题 3-11 图 a、b 所示的两种情况下，电容器中储存的静电能量将

(A) 都增加. (B) 都减少.

(C) a 图增加，b 图减少. (D) a 图减少，b 图增加. [ ]

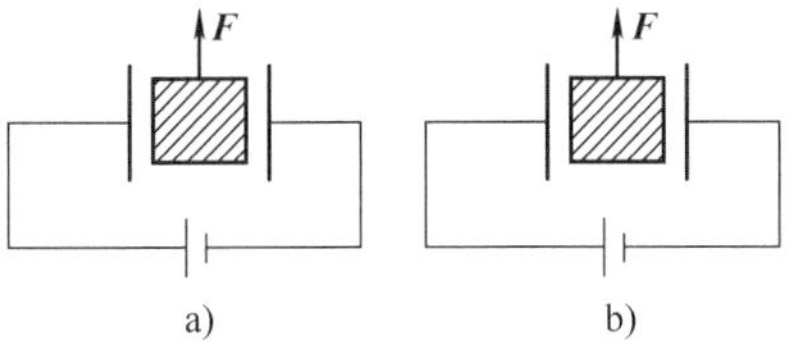

习题 3-11 图

a) 充电后仍与电源连接 b) 充电后与电源断开

3-12 两个平行的"无限大"均匀带电平面，其电荷面密度分别为 $+\sigma$ 和 $+2\sigma$，如习题 3-12 图所示，则 A、B、C 三个区域的电场强度分别为 $E_A=$________，$E_B=$________，$E_C=$________（设方向向右为正）.

3-13 如习题 3-13 图所示. 试验电荷 q，在点电荷 $+Q$ 产生的电场中，沿半径为 R 的整个圆弧的 3/4 圆弧轨道由 a 点移到 d 点的过程中电场力做功为________；从 d 点移到无穷远处的过程中，电场力做功为________.

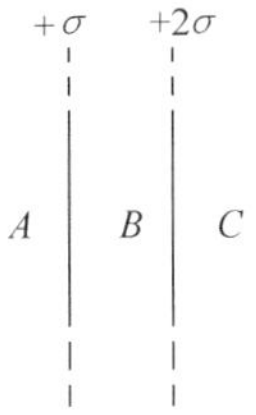

习题 3-12 图

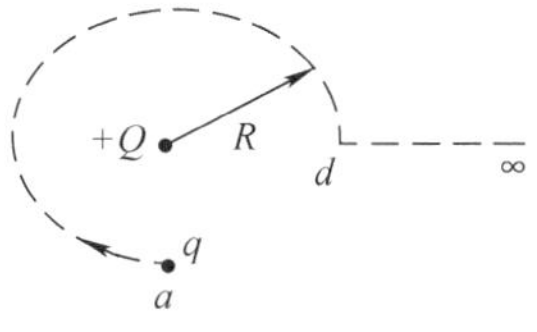

习题 3-13 图

3-14 空气平行板电容器的两极板面积均为 S，两板相距很近，电荷在平板上的分布可以认为是均

匀的. 设两极板分别带有电荷 $+Q$、$-Q$，则两板间相互吸引力为________.

3-15　空气的击穿电场强度为 $2\times10^{6}\mathrm{V\cdot m^{-1}}$，直径为 0.10m 的导体球在空气中时最多能带的电荷为________.（真空电容率 $\varepsilon_0=8.85\times10^{-12}\mathrm{C^2\cdot N^{-1}\cdot m^{-2}}$）

3-16　设雷雨云位于地面以上 500m 的高度，其面积为 $10^{7}\mathrm{m^2}$，为了估算，把它与地面看作一个平行板电容器，此雷雨云与地面间的电场强度为 $10^{4}\mathrm{V\cdot m^{-1}}$，若一次雷电即把雷雨云的电能全部释放完，则此能量相当于质量为________kg 的物体从 500m 高空落到地面所释放的能量.（真空电容率 $\varepsilon_0=8.85\times10^{-12}\mathrm{C^2\cdot N^{-1}\cdot m^{-2}}$）

3-17　在相对电容率为 ε_r 的各向同性的电介质中，电位移矢量与电场强度之间的关系是________.

3-18　如习题 3-18 图所示，真空中一长为 L 的均匀带电细直杆，总电荷为 q，试求在直杆延长线上距杆的一端距离为 d 的 P 点的电场强度.

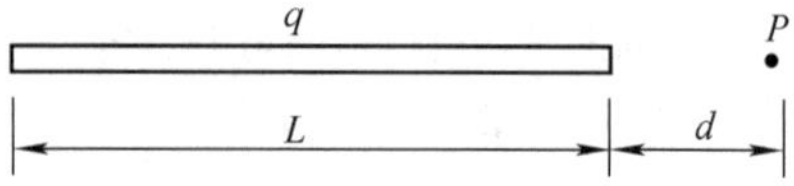

习题 3-18 图

3-19　带电细线弯成半径为 R 的半圆形，电荷线密度为 $\lambda=\lambda_0\sin\phi$，式中，$\lambda_0$ 为一常数；ϕ 为半径 R 与 x 轴所成的夹角，如习题 3-19 图所示. 试求环心 O 处的电场强度.

3-20　如习题 3-20 图所示，有一电荷面密度为 σ 的“无限大”均匀带电平面. 若以该平面处为电势零点，试求带电平面周围空间的电势分布.

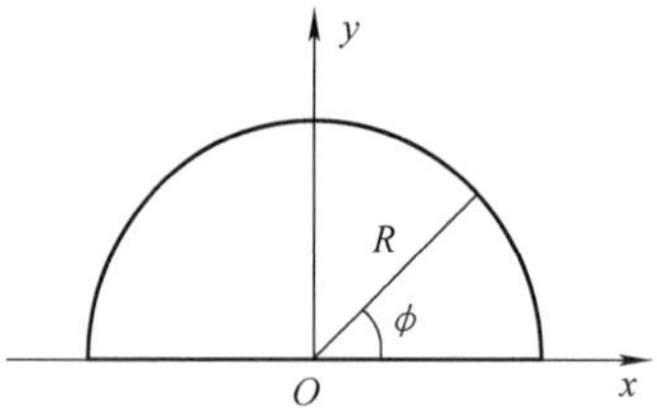

习题 3-19 图

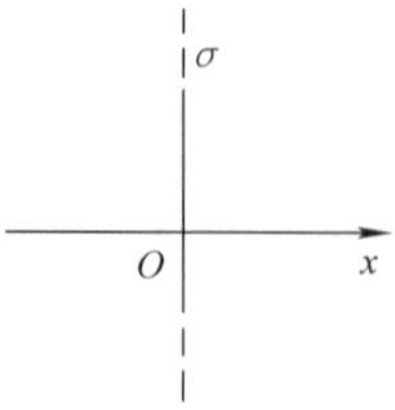

习题 3-20 图

3-21　用质子轰击重原子核. 因重核质量比质子质量大得多，可以把重核看成是不动的. 设重核带电荷 Ze，质子的质量为 m、电荷为 e、轰击速度 $\boldsymbol{v}_0$. 若质子不是正对重核射来，$\boldsymbol{v}_0$ 的延长线与核的垂直距离为 b，如习题 3-21 图所示，试求质子离核的最小距离 r.

3-22　习题 3-22 图所示一厚度为 d 的“无限大”均匀带电平板，电荷体密度为 ρ. 试求板内外的电场强度分布，并画出电场强度随坐标 x 变化的图线，即 E-x 图线（设原点在带电平板的中央平面上，Ox 轴垂直于平板）.

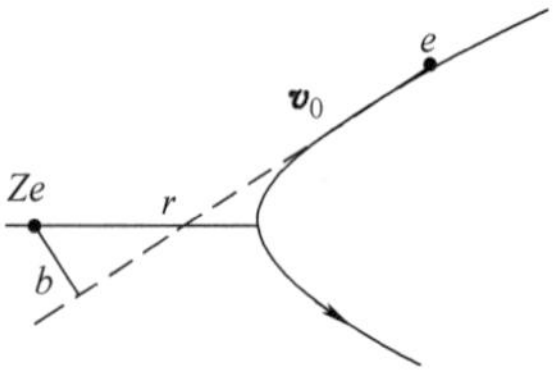

习题 3-21 图

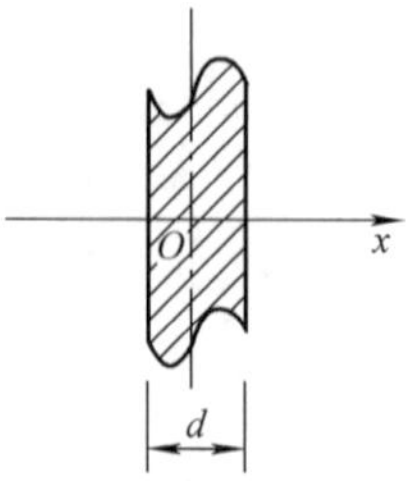

习题 3-22 图

3-23　在本书第 3.9 节的图 3-18 所示的电容测厚仪中，设平行板电容器的极板面积为 S，两极板的间距为 d，被测带子的厚度和相对电容率分别为 t 和 ε_r. 求证：$C=\varepsilon_0S/[d-(1-1/\varepsilon_r)t]$.

［传承·大力弘扬中国科学家精神］中国电磁弹射之父——马伟明

1960年出生的马伟明院士是心系强军、锐意创新的科研先锋，1996年毕业于清华大学并获博士学位，动力与电气工程专家，中国工程院院士.

2022年配置电磁弹射的中国第三艘航空母舰“福建舰”下水，马伟明团队在电磁发射技术领域的创新成果开始进入“井喷期”，多型装备和技术属国际首创，全面推进我国传统武器装备向电气化变革.

马伟明长期致力于独立系统集成化发电、独立电力系统电磁兼容、电力电子应用技术等领域的研究，曾获国家科技进步一等奖，军队科技进步一等奖. 2011年12月，中央军委给其记一等功. 2017年7月28日获得“八一勋章”. 2019年被授予“最美奋斗者”荣誉称号.

“我相信，只有靠中国人自己发愤图强，真正掌握核心技术，才能在军事高科技领域占有一席之地，实现中华民族伟大复兴的梦想.”——马伟明

第4章　恒定电流的稳恒磁场

上一章讲过，静止电荷周围的空间中存在着静电场. 对运动电荷来说，它在周围空间中则不仅存在电场，而且还存在磁场. 当大量电荷做定向运动而形成恒定电流时，其周围将存在不随时间而变的稳恒磁场. 本章主要讨论真空中的稳恒磁场及其基本性质，并简述磁介质在磁场中的性态.

4.1　磁现象及其本源

我国约在春秋战国时代（公元前300年）就发现了天然磁铁矿石. **磁铁具有吸引铁、镍、钴等物质的性质**，称为**磁性**. 磁铁上各部分的磁性强弱是不同的，在靠近磁铁两端的磁性为最强的区域，称为**磁极**. 将磁铁悬挂起来使它在水平面内能够自由转动，那么，两端的磁极分别指向南、北的方向，指北的一端称为**北极**或N极，指南的一端称为**南极**或S**极**. 磁铁的两个磁极不能分割成独立存在的N极或S极；即使把磁铁分割得很小很小，每一个小磁铁仍具有N极和S极. 迄今为止，自然界尚未发现独立存在的N极和S极.

两块磁铁的磁极之间存在相互作用力，称为**磁力**. 实验发现，当两磁极靠近时，**同种磁极相互排斥，异种磁极相互吸引**. 从磁铁在空间自动指向南北的事实可以推知，地球本身也是一个大磁体，它的N极在地理南极附近，S极在地理北极附近.

铁、镍、钴以及某些合金，都能被磁铁所吸引，这些物质称为**铁磁质**. 原来并不显示磁性的铁磁质，在接触或靠近磁铁时，就显示出磁性，这种现象称为**磁化**. 把铁磁质从磁铁附近移去后，磁性不一定能保留. 如果采取某些人工措施，使铁磁质获得磁性并能长期保留，就成为**永久磁铁**. 通常，在各种电表、扬声器（俗称“喇叭”）等设备中，常用这种永久磁铁，一般并不采用上述的天然磁铁.

到了19世纪初叶，人们发现了磁现象与电现象之间的密切关系.

1819 年，奥斯特（H. C. Oersted）发现，放在载流导线（即通有电流的导线）附近的磁针，会受到力的作用而发生偏转（见图 4-1）.

1820 年，安培（A. M. Ampère）又发现，放在磁铁附近的载流导线或载流线圈也会受到力的作用而发生运动（见图 4-2）. 其后又发现，载流导线之间或载流线圈之间也有相互作用. 例如，把两根细直导线平行地悬挂起来，当电流通过导线时，发现它们之间有相互作用. 当电流方向相反时，它们相互排斥；当电流方向相同时，它们互相吸引（见图 4-3）.

根据上述实验事实可知，磁现象与电现象之间有一定联系，磁铁与磁铁之间、电流与磁铁之间、电流与电流之间都存在着相互作用力，这些力皆称为**磁力**.

实验还证明，将同样的磁铁或电流放在真空中或各种不同物质中，它们相互间作用的磁力是不同的，亦即，各种物质对磁力有不同的影响. 因此，就磁性而言，这些物质皆可称为**磁介质**.

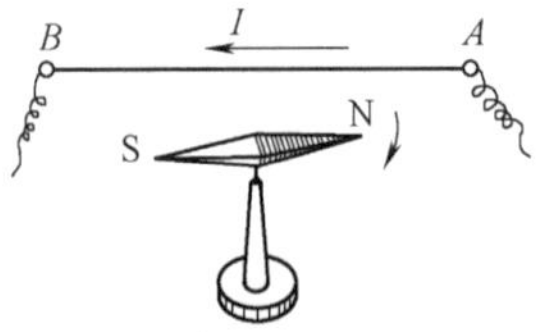

图 4-1　在载流导线附近，磁针发生偏转

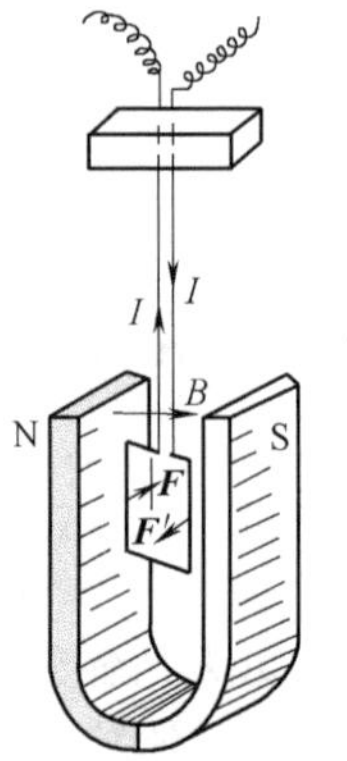

图 4-2　磁铁对载流线圈的作用（线圈受到力偶矩作用而转动）

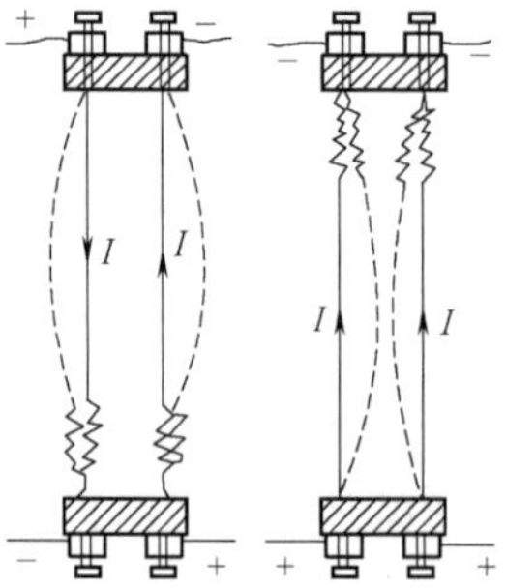

图 4-3　载流导线之间的作用

为了解释磁的本质，在 1922 年，安培提出了下述假说：**一切磁现象的本源是电流**. 磁性物质里每个分子中都存在着圆形电流，称为**分子电流**，它等效于一个甚小的基元磁体. 当物质不呈现磁性时，这些分子电流呈无规则排列；一旦处于外磁场中而受外磁场作用时，等效于基元磁体的分子电流将倾向于外磁场方向取向，使物质呈现磁性.

总而言之，**一切磁现象的本源是电流，而电流是由大量的有规则运动的电荷所形成的. 因而电流与电流之间、电流与磁铁之间以及磁铁与磁铁之间的相互作用，都可看作运动电荷之间的相互作用. 即运动电荷之间除了和静止电荷一样有电力的作用外，还有磁力的作用.**

问题 4-1　（1）简述基本磁现象，并举例说明磁现象与电现象之间的相互关系. 磁现象的本质是什么？

（2）如果在周围没有输电线的原始山区，发现磁针不指向南、北的异常现象，你认为该处地面浅层可能存在什么矿藏？

4.2　磁场　磁感应强度

4.2.1　磁场

上一章，我们在静电学中说过，电荷之间相互作用的电场力是通过电场来施加的. 与此相仿，运动电荷之间作用的磁力也并不是超距作用，而是通过运动电荷激发的磁场来施加的. 具体地说，任何电流（运动电荷）在其周围空间都存在着磁场，此磁场对位于该空间中的任一电流（运动电荷）都施以力的作用. 这种力称为**磁场力**，其反作用力是该电流（或运动电荷）作用在磁场上的，因为磁场类同于电场，它也是客观存在的一种物质形态. 因而各种磁现象之间的相互作用可归结为

$$\text{运动电荷}\underset{\text{作用于}}{\overset{\text{激发}}{\rightleftarrows}}\text{磁场}\underset{\text{激发}}{\overset{\text{作用于}}{\rightleftarrows}}\text{运动电荷}$$

我们记得，在静电场中，规定了试探正电荷受力的方向表示该点电场的方向；相仿地，**在磁场中任一点，则规定放在该点的试探小磁针 N 极的指向表示该点磁场的方向.**

值得指出，在谈到运动电荷或电流时，为明确起见，应指明是对哪一个参考系而言的. 今后，若不加说明，在研究磁场时，我们都是对所选定的惯性参考系而言的.

4.2.2　磁感应强度

现在，我们用运动的试探电荷 q 在磁场中受力的情况来定量描述磁场，从而引入描述磁场各点的强弱和方向的一个物理量——**磁感应强度**，它是一个矢量，记作 $\boldsymbol{B}$.

从磁场对运动电荷作用的大量实验可以总结出如下结论：如图 4-4 所示，运动电荷所受磁场力的方向垂直于运动方向，磁场力的大小随电荷运动方向与磁场方向间的夹角而变化，当电荷的运动方向与磁场方向平行时，受力为零，如图 4-4a 所示；当电荷的运动方向与磁场方向垂直时，受力最大，此力的大小用 F_{max} 表示，如图 4-4b 所示. 最大磁场力 F_{max} 与运动电荷的电荷量 $|q|$ 和速度 $\boldsymbol{v}$ 的大小的乘积成正比，即 $F_{max} \propto |q|v$. 对磁场中某一个定点来说，比值 $F_{max}/|q|v$ 是一恒量；对于不同的点，它具有不同的确定值. 因此，可以用此比值描述磁场中一点的强弱，即

$$B=\frac{F_{max}}{|q|v} \tag{4-1}$$

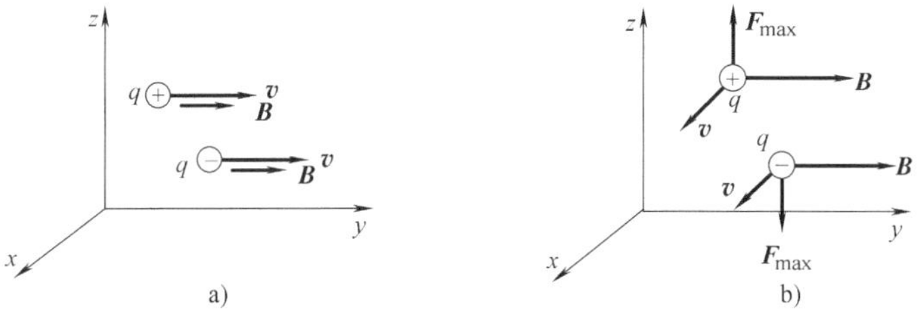

图 4-4　运动点电荷在磁场中受力的两种特殊情况

a) $\boldsymbol{v}/\!/\boldsymbol{B}$, $\boldsymbol{F}=\boldsymbol{0}$　b) $\boldsymbol{v}\perp\boldsymbol{B}$, $\boldsymbol{F}=\boldsymbol{F}_{max}$

（图中 $\boldsymbol{B}$ 的方向即为磁场方向）

而该点磁场的方向即为试探的小磁针 N 极的指向. 这样，就可归结为可用磁感应强度矢量 $\boldsymbol{B}$ 来描述磁场中各点磁场的强弱和方向.

总之，**磁感应强度 $\boldsymbol{B}$（简称 $\boldsymbol{B}$ 矢量）是表述磁场中各点磁场强弱和方向的物理量. 某点磁感应强度的大小规定为：当试探电荷在该点的运动方向与磁场方向垂直时，磁感应**

强度的大小等于它所受的最大磁场力 $F_{\max}$ 与电荷大小 $|q|$ 及其速度大小 v 的乘积之比值；磁感应强度的方向就是该点的磁场方向.

在 SI 中，力 $F_{\max}$ 的单位是 N（牛），电荷 q 的单位是 C（库），速度 v 的单位是 $\mathrm{m\cdot s^{-1}}$（米·秒$^{-1}$），则磁感应强度 $\boldsymbol{B}$ 的单位是 T，叫作“特斯拉”(Tesla)，简称“特”. 于是有 $1\mathrm{T}=1\mathrm{N}/(1\mathrm{C}\times1\mathrm{m\cdot s^{-1}})$，由于 $1\mathrm{C\cdot s^{-1}}=1\mathrm{A}$，所以

$$1\mathrm{T}=\frac{1\mathrm{N}}{1\mathrm{A}\times1\mathrm{m}}=1\mathrm{N\cdot A^{-1}\cdot m^{-1}} \tag{4-2}$$

问题 4-2　(1) 磁场有哪些对外表现？如何从磁场的对外表现来定义磁感应强度的大小和方向？磁场对静止电荷有力作用吗？运动电荷（或电流）A 与运动电荷（或电流）B 之间的相互作用是否是满足牛顿第三定律的一对作用与反作用力？

(2) 在 SI 中，磁感应强度的单位是如何规定的？

4.3　毕奥-萨伐尔定律及其应用　运动电荷的磁场

4.3.1　毕奥-萨伐尔定律及其应用

现在我们将进一步讨论：在真空中，恒定电流与其所激发的磁场中各点磁感应强度的定量关系.

为了求恒定电流的磁场，我们可将载流导线分成无限多个小段（即线元），而每小段的电流情况可用电流元来表征，即在载流导线上循电流流向取一段长度为 $\mathrm{d}l$ 的线元，若线元中通过的恒定电流为 I，则我们就把 $I\mathrm{d}l$ 表示为矢量 $I\mathrm{d}\boldsymbol{l}$，$I\mathrm{d}\boldsymbol{l}$ 的方向循着线元中的电流流向，这一载流线元矢量 $I\mathrm{d}\boldsymbol{l}$ 称为**电流元**. 因此，电流元 $I\mathrm{d}\boldsymbol{l}$ 的大小为 $I\mathrm{d}l$，方向循着这小段电流的流向（见图4-5）. 并且实验证明，**磁场也服从叠加原理**，也就是说，整个载流导线 l 在空间中某点所激发的磁感应强度 $\boldsymbol{B}$，就是这导线上所有电流元 $I\mathrm{d}\boldsymbol{l}$ 在该点激发的磁感应强度 $\mathrm{d}\boldsymbol{B}$ 的叠加（矢量和），即

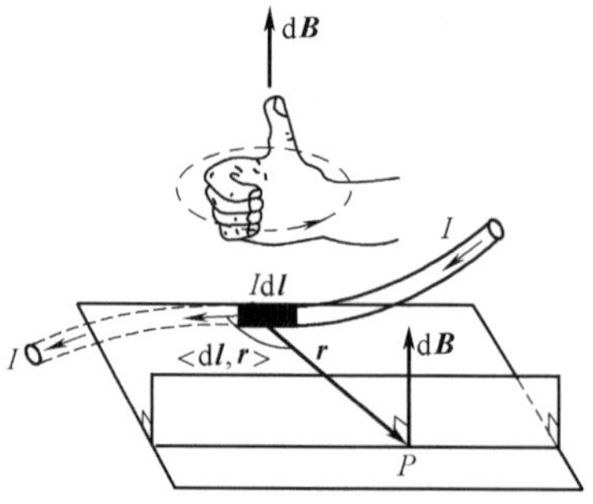

图 4-5　电流元所激发的磁感应强度

$$\boldsymbol{B}=\int_l \mathrm{d}\boldsymbol{B} \tag{4-3}$$

积分号下的 l 表示对整个导线中的电流求积分. 式（4-3）是一矢量积分，具体计算时可用它在选定的坐标系中的分量式.

显然，要解决由 $\mathrm{d}\boldsymbol{B}$ 叠加而求 $\boldsymbol{B}$ 的问题，就必须首先找出电流元 $I\mathrm{d}\boldsymbol{l}$ 与它所激发的磁感应强度 $\mathrm{d}\boldsymbol{B}$ 之间的关系. 法国物理学家毕奥（J. B. Biot，1774—1862）和萨伐尔（F. Savart，1791—1841）等人分析了许多实验数据，总结出一条说明这两者之间关系的普遍定律，称为**毕奥-萨伐尔定律**，即：**电流元 $I\mathrm{d}l$ 在真空中给定场点 P 所激发的磁感应强度 $\mathrm{d}B$ 的大小，与电流元的大小 $I\mathrm{d}l$ 成正比，与电流元的方**

> 严格地说，$I\mathrm{d}\boldsymbol{l}$ 的方向应是导线元中的电流密度矢量 $\boldsymbol{j}$ 的方向.

向和由电流元到点 P 的位矢 $\boldsymbol{r}$㊀间的夹角 $<\mathrm{d}\boldsymbol{l},\boldsymbol{r}>$㊁的正弦成正比，并与电流元到点 P 的距离 r 的平方成反比，亦即

$$\mathrm{d}B = k\frac{I\mathrm{d}l\sin<\mathrm{d}\boldsymbol{l},\boldsymbol{r}>}{r^2} \tag{4-4a}$$

式中，比例常量 k 的数值与采用的单位制和电流周围的磁介质有关．对于真空中的磁场，在 SI 中，$k = 10^{-7}\mathrm{N\cdot A^{-2}}$．为了使今后从毕奥-萨伐尔定律推得的其他公式中不出现因子 4π 起见，规定

$$k = \frac{\mu_0}{4\pi}$$

μ_0 称为**真空磁导率**，其值为

$$\mu_0 = 4\pi k = 4\pi\times10^{-7}\mathrm{N\cdot A^{-2}}$$

这样，式（4-4a）就成为

$$\mathrm{d}B = \frac{\mu_0}{4\pi}\frac{I\mathrm{d}l\sin<\mathrm{d}\boldsymbol{l},\boldsymbol{r}>}{r^2} \tag{4-4b}$$

再有，电流元 $I\mathrm{d}\boldsymbol{l}$ 在磁场中场点 P 所激发的磁感应强度 $\mathrm{d}\boldsymbol{B}$ 的方向，则是垂直于电流元 $I\mathrm{d}\boldsymbol{l}$ 与场点 P 的位矢 $\boldsymbol{r}$ 所组成的平面，其指向按右手螺旋法则判定，即用右手四指从 $I\mathrm{d}\boldsymbol{l}$ 经小于 180°角转到 $\boldsymbol{r}$，则伸直的大拇指的指向就是 $\mathrm{d}\boldsymbol{B}$ 的方向（见图 4-5）．

综上所述，便可把毕奥-萨伐尔定律表示成如下的矢量式，即

$$\mathrm{d}\boldsymbol{B} = \frac{\mu_0}{4\pi}\frac{I\mathrm{d}\boldsymbol{l}\times\boldsymbol{r}}{r^3} \tag{4-5}$$

问题 4-3　写出毕奥-萨伐尔定律的表达式，并说明其意义．

现在举例来说明毕奥-萨伐尔定律的应用．由例题 4-1 ~ 例题 4-4 所获得的结论和公式，在今后解题时，读者可直接引用．因此，要求读者很好地理解和掌握．

例题 4-1　有限长直电流的磁场　直导线中通有的电流称为**直电流**，它所激发的磁场称为**直电流的磁场**．今在载流电路中任取一段通有恒定电流 I、长为 L 的直导线（见例题 4-1 图），我们求此直电流在真空中的磁场内一点 P 的磁感应强度．

在直电流上任取一段电流元 $I\mathrm{d}\boldsymbol{l}$，从它引向场点 P 的位矢为 $\boldsymbol{r}$，令夹角 $<\mathrm{d}\boldsymbol{l},\ \boldsymbol{r}> = \alpha$，于是电流元 $I\mathrm{d}\boldsymbol{l}$ 在点 P 激发的磁感应强度 $\mathrm{d}\boldsymbol{B}$ 的大小为

$$\mathrm{d}B = \frac{\mu_0}{4\pi}\frac{I\mathrm{d}l\sin\alpha}{r^2}$$

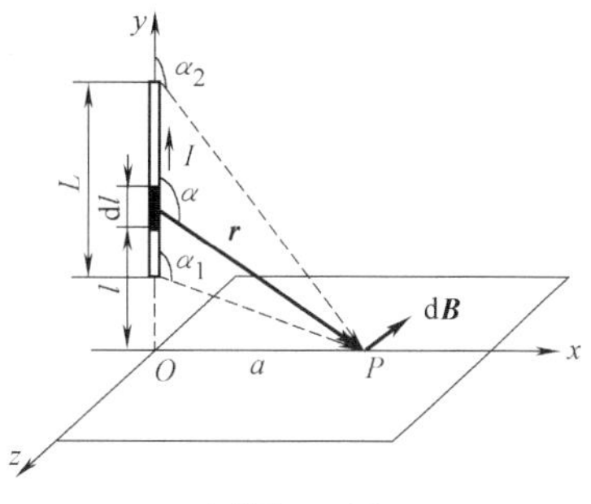

例题 4-1 图

其方向垂直于电流元与位矢所决定的平面（即图示的 Oxy 平面），并指向里面（沿图示的 Oz 轴负向）．读者不难自行判断，这条直电流上任何一段电流元在点 P 所激发的磁感应强度，其方向都是相同的，故按式（4-3），它们的代数和就是整个直电流在场点 P 的磁感应强度，因而可用标量积分来计算其大小，即

$$B = \int_L \mathrm{d}B = \int_L \frac{\mu_0}{4\pi}\frac{I\sin\alpha}{r^2}\mathrm{d}l \tag{a}$$

㊀ 这里提到的位矢 $\boldsymbol{r}$，标示磁场中场点 P 相对于电流元 $I\mathrm{d}\boldsymbol{l}$ 的位置，它的方向从电流元所在处指向场点 P，它的大小就是电流元到场点 P 的距离．

㊁ 两个矢量 $\boldsymbol{A}$、$\boldsymbol{B}$ 正方向之间夹角 θ 的大小，有时我们常用 $<\boldsymbol{A},\boldsymbol{B}>$ 表示，即 $\theta = <\boldsymbol{A},\boldsymbol{B}>$，这样易于记忆和不致搞错顺序．这里 $<\mathrm{d}\boldsymbol{l},\boldsymbol{r}>$ 乃是指电流元 $I\mathrm{d}\boldsymbol{l}$（因 $I\mathrm{d}\boldsymbol{l}$ 与 $\mathrm{d}\boldsymbol{l}$ 同方向）与 $\boldsymbol{r}$ 之间小于 180°的夹角．

在计算这个积分时，需把 dl、α 和 r 等各变量统一用同一个自变量来表示. 这里，我们用电流元 $I\mathrm{d}\boldsymbol{l}$ 与位矢 $\boldsymbol{r}$ 二者方向的夹角 α 作为被积函数的自变量，由图中的几何关系，可将 r、l 分别表示为

$$l = a\cot(180° - \alpha) = -a\cot\alpha \tag{b}$$

$$r = \frac{a}{\sin(180° - \alpha)} = \frac{a}{\sin\alpha} \tag{c}$$

上两式中，a 为场点 P 到直电流的垂直距离 PO；l 为垂足 O 到电流元 $I\mathrm{d}\boldsymbol{l}$ 处的距离. 对式（b）求微分，得

$$\mathrm{d}l = \frac{a}{\sin^2\alpha}\mathrm{d}\alpha \tag{d}$$

把式（c）、式（d）代入式（a），**并从直电流始端沿电流方向积分到末端**，相应地，自变量 α 的上、下限分别为 α_2 和 α_1（见例题 4-1 图），则式（a）的积分，即 P 点的磁感应强度 $\boldsymbol{B}$ 的大小为

$$B = \frac{\mu_0 I}{4\pi a}\int_{\alpha_1}^{\alpha_2}\sin\alpha\mathrm{d}\alpha = \frac{\mu_0 I}{4\pi a}[-\cos\alpha]_{\alpha_1}^{\alpha_2}$$

亦即

$$B = \frac{\mu_0 I}{4\pi a}(\cos\alpha_1 - \cos\alpha_2) \tag{4-6}$$

其方向也可用右手螺旋法则来确定，以右手四指围绕直电流，拇指指向电流流向，则四指的围绕方向即为 $\boldsymbol{B}$ 的方向.

再三叮咛，在应用上式时，读者千万不要把上、下限写错.

> 今后，凡题中未指明磁介质时，按照惯例，都认为是对真空而言的.

例题 4-2　无限长直电流的磁场　若载流直导线为“无限长”时（即导线长度远大于场点 P 到导线的垂直距离，即 $L \gg a$，以后简称**长直电流**），则在式（4-6）中，$\alpha_1 \to 0$，$\alpha_2 \to \pi$，所以，在长直电流的磁场中，磁感应强度的大小为

$$B = \frac{\mu_0}{2\pi}\frac{I}{a} \tag{4-7}$$

即**“无限长”直电流在某点所激发的磁感应强度的大小，正比于电流，反比于该点与直电流间的垂直距离** a，其方向如例题 4-1 所述.

问题 4-4　（1）导出有限长的直电流和长直电流的磁场中的磁感应强度公式.

（2）求证：若电流 I 进入直导线的始端为有限、而电流流出的终端在无限远，则式（4-6）成为 $B = \frac{\mu_0 I}{4\pi a}(\cos\alpha_1 + 1)$；如果始端在无限远处，终端为有限，则式（4-6）变成怎样?

（3）一长直载流导线被折成直角，如何求直角平分线上一点的磁感应强度?［答：$B = (\mu_0 I/2\pi a)(1 + \sqrt{2}/2)$］

例题 4-3　圆电流轴线上的磁场　设真空中有一半径为 R、通有恒定电流 I 的圆线圈，求此圆电流在经过圆心 O 且垂直于线圈平面的轴线上任一点 P 所激发的磁感应强度 $\boldsymbol{B}$.

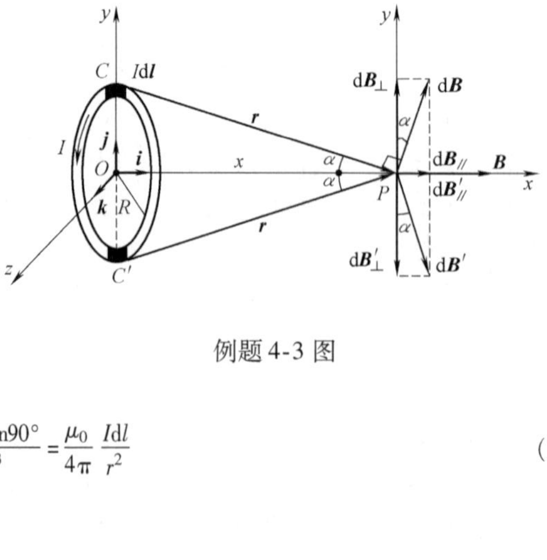

例题 4-3 图

取以 O 为原点的坐标系 $Oxyz$，Ox 轴沿圆电流的轴线，设场点 P 的坐标为 x. 根据毕奥-萨伐尔定律，在圆电流上任取一电流元，例如在 Oy 轴上点 C 处取 $I\mathrm{d}\boldsymbol{l}$，并向场点 P 引位矢 $\boldsymbol{r}$，按矢量积定义，由于 $I\mathrm{d}\boldsymbol{l}$（在 Oyz 平面内）与 $\boldsymbol{r}$ 垂直，故 $I\mathrm{d}\boldsymbol{l}$ 在点 P 激发的磁感应强度 d$\boldsymbol{B}$ 应在 Oxy 平面内，而且垂直于 $\boldsymbol{r}$，指向用右手螺旋法则确定，如例题 4-3 图所示. d$\boldsymbol{B}$ 与 Ox 轴所成的角等于 $\boldsymbol{r}$ 与 Ox 轴之间夹角 α 的余角，即 $\pi/2 - \alpha$. 磁感应强度 d$\boldsymbol{B}$ 的大小为

$$\mathrm{d}B = \frac{\mu_0}{4\pi}\frac{I\mathrm{d}lr\sin 90°}{r^3} = \frac{\mu_0}{4\pi}\frac{I\mathrm{d}l}{r^2} \tag{a}$$

按式（4-3），整个圆电流在场点 P 激发的磁感应强度 $\boldsymbol{B}$，等于其中每个电流元 $I\mathrm{d}\boldsymbol{l}$ 在该点激发的磁感应强度 $\mathrm{d}\boldsymbol{B}$ 的矢量和，亦即求 $\mathrm{d}\boldsymbol{B}$ 的矢量积分．这可用矢量的正交分解合成法来求解．由于各电流元在点 P 激发的磁感应强度 $\mathrm{d}\boldsymbol{B}$ 对 Ox 轴线呈对称分布，故宜将 $\mathrm{d}\boldsymbol{B}$ 分解为平行和垂直于 Ox 轴的两个分矢量 $\mathrm{d}\boldsymbol{B}_{/\!/}$ 和 $\mathrm{d}\boldsymbol{B}_{\perp}$．可以推断，若在通过 $I\mathrm{d}\boldsymbol{l}$ 所在处 C 点的直径的另一端 C'，取一个同样的电流元 $I\mathrm{d}\boldsymbol{l}$，它在点 P 激发的 $\mathrm{d}\boldsymbol{B}'$，大小与 $\mathrm{d}\boldsymbol{B}$ 的相等，而且在轴线的另一侧，与 Ox 轴亦成（$\pi/2-\alpha$）角．显然，$\mathrm{d}\boldsymbol{B}$ 与 $\mathrm{d}\boldsymbol{B}'$ 在垂直于 Ox 轴方向上的分矢量 $\mathrm{d}\boldsymbol{B}_{\perp}$ 与 $\mathrm{d}\boldsymbol{B}'_{\perp}$ 两相抵消．由于在整个圆电流上每条直径两端的相同电流元在点 P 的磁感应强度，在垂直于轴线方向的分矢量都成对抵消，而所有平行于轴线的分矢量 $\mathrm{d}\boldsymbol{B}_{/\!/}$，皆等值同向（沿 Ox 轴正向），因而点 P 处总的磁感应强度 $\boldsymbol{B}$ 沿着 Ox 轴，其大小等于各分量 $\mathrm{d}B_{/\!/}=\mathrm{d}B\cos(\pi/2-\alpha)=\mathrm{d}B\sin\alpha$ 的代数和，即

$$B=\int_l \mathrm{d}B_{/\!/}=\int_l \mathrm{d}B\sin\alpha=\int_0^{2\pi R}\frac{\mu_0}{4\pi}\frac{I\mathrm{d}l}{r^2}\frac{R}{r}=\frac{\mu_0 IR}{4\pi r^3}\int_0^{2\pi R}\mathrm{d}l$$

式中，$\int_0^{2\pi R}\mathrm{d}l=2\pi R$ 为圆电流的周长．根据几何关系，上式便成为

$$B=\frac{\mu_0 IR^2}{2(x^2+R^2)^{3/2}} \tag{4-8}$$

取 Ox 轴方向的单位矢量 $\boldsymbol{i}$，则场点 P 的磁感应强度 $\boldsymbol{B}$ 可表示为

$$\boldsymbol{B}=\frac{\mu_0 IR^2}{2(x^2+R^2)^{3/2}}\boldsymbol{i} \tag{4-9}$$

例题 4-4　圆电流中心的磁场　在式（4-8）中，令 $x=0$，即得圆电流中心处的磁感应强度的大小为

$$B=\frac{\mu_0}{2}\frac{I}{R} \tag{4-10}$$

即**圆电流在中心激发的磁感应强度，与电流成正比，与圆的半径成反比**．如例题 4-4 图所示，如果电流沿逆时针流向，则圆电流在中心点 O 的磁感应强度 $\boldsymbol{B}$，其方向是垂直纸面向外的[㊀]．

如果圆电流是由 N 匝彼此绝缘、半径都是 R 的线圈串联而成的，并紧紧地叠置在一起，通过每匝的电流仍为 I，则在中心 O 处激发的磁感应强度等于 N 个单匝圆电流在该处激发的磁感应强度之和，即

$$B=\frac{\mu_0}{2}\frac{NI}{R} \tag{4-11}$$

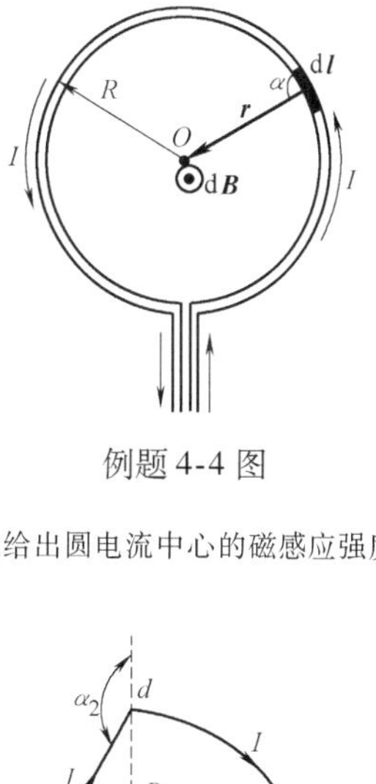

例题 4-4 图

问题 4-5　试导出垂直于圆电流平面的轴线上任一点的磁感应强度公式，并由此给出圆电流中心的磁感应强度公式．

例题 4-5　如例题 4-5 图所示，两端无限长直导线中部弯成 $\alpha=60°$ 的直线和 1/4 圆弧，圆弧半径 $R=5\mathrm{cm}$，导线通有电流 $I=2\mathrm{A}$．求圆心 O 处的磁感应强度．

解　圆心 O 处的磁感应强度是 bc、cd、de、ef 四段电流产生磁感应强度的矢量和，用右手螺旋法则可判定它们在 O 点的磁感应强度方向相同，由纸面向里，因此求矢量和就简化为求代数和．各段电流在 O 点的磁感应强度可依次求出如下：

在 bc 段上任取电流元 $I\mathrm{d}\boldsymbol{l}$，它引向 O 点的位矢 $\boldsymbol{r}$ 与 $I\mathrm{d}\boldsymbol{l}$ 重合，因而角度 $<\mathrm{d}\boldsymbol{l},\boldsymbol{r}>=0$，$\sin<\mathrm{d}\boldsymbol{l},\boldsymbol{r}>=0$，由毕奥-萨伐尔定律，有 $\mathrm{d}\boldsymbol{B}=\boldsymbol{0}$，因而 $\boldsymbol{B}_{bc}=0$．

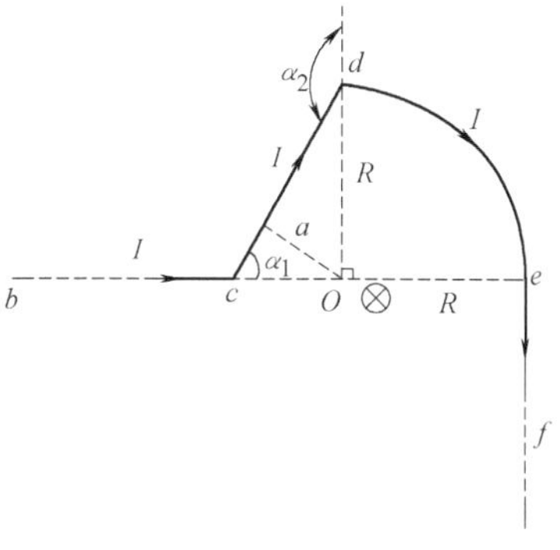

例题 4-5 图

㊀　今后约定：垂直于纸面向外的方向用“⊙”或“·”表示；垂直于纸面向里的方向用“⊗”或“×”表示．

cd 是一段有限长载流直导线，由 O 点向 cd 段作垂线，有 $\alpha_1=\alpha=60°$，$\alpha_2=150°$，$a=R\sin30°=R/2$，代入式（4-6），有

$$B_{cd}=\frac{\mu_0 I}{4\pi R/2}(\cos60°-\cos150°)=\frac{\mu_0 I}{4\pi R}(\sqrt{3}+1)\quad\otimes$$

de 段是 1/4 圆弧，在圆心 O 处的磁感应强度等于整个圆电流在圆心 O 的磁感应强度的 1/4. 因此按式（4-10），有

$$B_{de}=\frac{1}{4}\frac{\mu_0 I}{2R}=\frac{\mu_0 I}{8R}\quad\otimes$$

ef 段为半无限长载流导线，在 O 点的磁感应强度为无限长载流导线在 O 点的磁感应强度的一半，因而

$$B_{ef}=\frac{1}{2}\frac{\mu_0}{2\pi}\frac{I}{R}=\frac{\mu_0 I}{4\pi R}\quad\otimes$$

按式（4-3），总的磁感应强度为

$$\begin{aligned}B&=B_{bc}+B_{cd}+B_{de}+B_{ef}=0+\frac{\mu_0 I}{4\pi R}(\sqrt{3}+1)+\frac{\mu_0 I}{8R}+\frac{\mu_0 I}{4\pi R}\\&=\frac{\mu_0 I}{4R}\left(\frac{\sqrt{3}+2}{\pi}+\frac{1}{2}\right)\quad\otimes\end{aligned}$$

代入已知数据，可计算得 $B=2.12\times10^{-5}\mathrm{T}\quad\otimes$.

4.3.2　运动电荷的磁场

载流导体中的电流在它周围空间激发的磁场，实质上与导体中大量带电粒子的定向运动有关. 下面将讨论运动电荷的磁场，来说明毕奥-萨伐尔定律的微观意义.

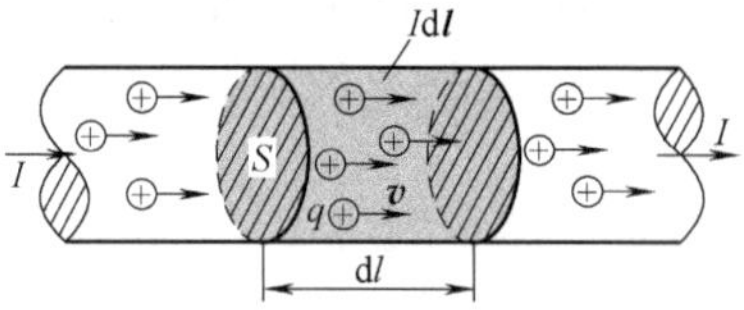

图 4-6　运动电荷的磁场

如图 4-6 所示，设 S 为电流元 $I\mathrm{d}\boldsymbol{l}$ 的横截面，n 为导体中单位体积内的带电粒子数，每个粒子的电荷为 q（设 $q>0$）. 它们以速度 $\boldsymbol{v}$ 沿 $\mathrm{d}\boldsymbol{l}$ 的方向做匀速运动，形成导体中的恒定电流，则单位时间内通过截面 S 的电荷为 $qnvS$. 按电流的定义，有

$$I=qnvS\tag{4-12}$$

把式（4-12）代入式（4-4b），并因电流元 $I\mathrm{d}\boldsymbol{l}$ 的方向和速度 $\boldsymbol{v}$ 的方向相同，则

$$\mathrm{d}B=\frac{\mu_0}{4\pi}\frac{I\mathrm{d}l\sin<\boldsymbol{v},\boldsymbol{r}>}{r^2}=\frac{\mu_0}{4\pi}\frac{qnvS\mathrm{d}l\sin<\boldsymbol{v},\boldsymbol{r}>}{r^2}$$

在这电流元内，任何时刻都存在着 $\mathrm{d}N=nS\mathrm{d}l$ 个以速度 $\boldsymbol{v}$ 运动着的带电粒子，所以，由电流元 $I\mathrm{d}\boldsymbol{l}$ 所激发的磁场可认为是这 $\mathrm{d}N$ 个运动电荷所激发的. 这样，根据上式，可得其中每一个以速度 $\boldsymbol{v}$ 运动着的带电粒子所激发的磁感应强度 $\boldsymbol{B}$ 的大小为

$$B=\frac{\mathrm{d}B}{\mathrm{d}N}=\frac{\mu_0}{4\pi}\frac{qv\sin<\boldsymbol{v},\boldsymbol{r}>}{r^2}\tag{4-13a}$$

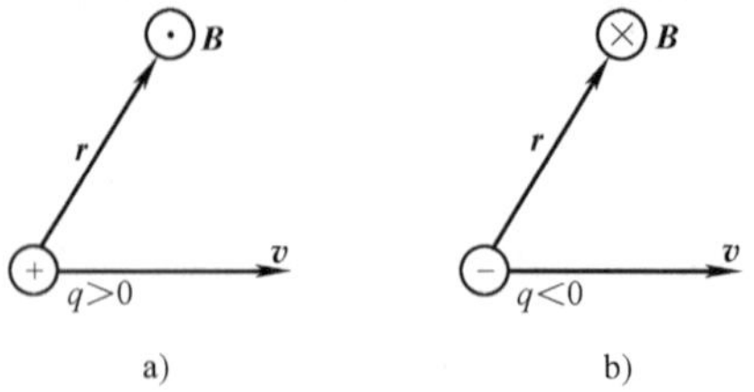

图 4-7　运动电荷的磁场方向
a）正电荷运动时，$\boldsymbol{B}$ 垂直于纸面向外　b）负电荷运动时，$\boldsymbol{B}$ 垂直于纸面向里

$\boldsymbol{B}$ 的方向垂直于 $\boldsymbol{v}$ 和 $\boldsymbol{r}$ 所组成的平面，其指向亦符合右手螺旋法则，如图 4-7 所示. 因此，真空中运动电荷激发的磁场，其磁感应强度 $\boldsymbol{B}$ 的矢量表示式为

$$B=\frac{\mu_0}{4\pi}\frac{qv\times r}{r^3} \tag{4-13b}$$

问题 4-6　试导出运动电荷的磁场公式，并说明运动电荷在其运动方向上任一点的磁感应强度 $\boldsymbol{B}=0$.

4.4　磁通量　真空中磁场的高斯定理

4.4.1　磁感应线

与用电场线表示静电场相类似，我们也可以在磁场中画一簇有方向的曲线来表示磁场中各处磁感应强度 $\boldsymbol{B}$ 的方向和大小. **这些曲线上任一点的切线方向都和该点的磁场方向一致**，这样的曲线称为**磁感应线**或 **$\boldsymbol{B}$ 线**. 磁感应线上的箭头表示线上各点切线应取的方向，也就是小磁针 N 极在该点的指向，即该点的磁感应强度方向. 与电场线相似，**磁感应线在空间不会相交**.

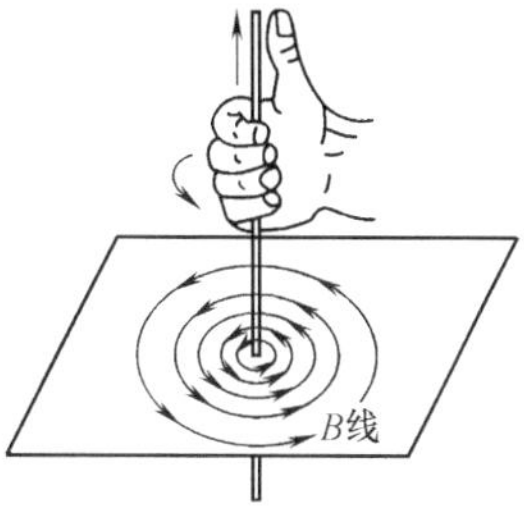

图 4-8　直电流的磁感应线

我们可以利用小磁针在磁场中的取向来描绘磁感应线. 图 4-8 到图 4-11 就是利用这种方法描绘出来的直电流、圆电流、螺线管电流和磁铁所激发的磁场中的磁感应线图形.

分析各种磁感应线图形，可以得到两个结论：第一，磁感应线和静电场的电场线不同，**在任何磁场中每一条磁感应线都是环绕电流的无头无尾的闭合线，即没有起点也没有终点，而且这些闭合线都和闭合电路互相套连**. 这是磁场的重要特性，与静电场中有头有尾的不闭合的电场线相比较，是截然不同的. 第二，在任何磁场中，每一条闭合的磁感应线的方向与该闭合磁感应线所包围的电流流向有一定的联系，可用**右手螺旋法则来判断：把右手的拇指伸直，其余四指屈成环形，如果拇指表示电流 I 的流向，则其余四指就指出该电流所激发的磁场中磁感应线的方向**（见图 4-8）.

若是圆电流，如图 4-9 所示，圆电流 I 的流向与它的磁感应线的方向之间的关系则由下述方法判定：**用右手四指循圆电流 I 的流向屈成环形，则伸直的大拇指所指的方向即为穿过圆电流所围绕的内侧的磁感应线方向.**

图 4-10 的螺线管电流 I 是由许多圆电流串联而成的，所以螺线管内侧的磁感应线方向也可用上述方法判定.

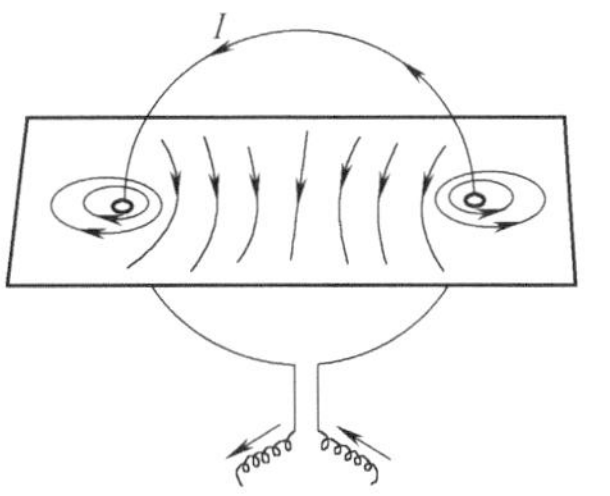

图 4-9　圆电流的磁感应线

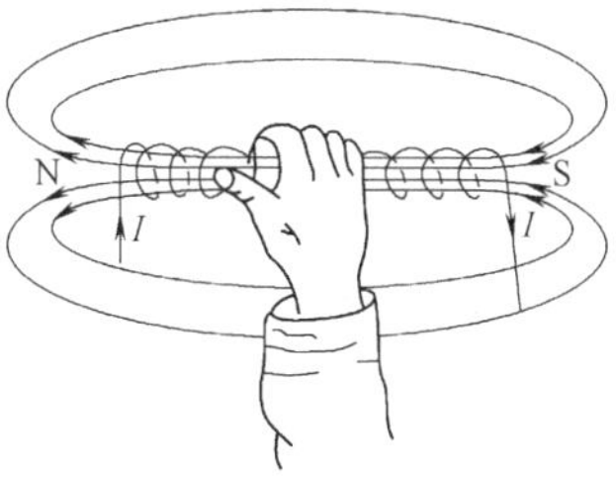

图 4-10　螺线管电流的磁感应线

对照图 4-10 和图 4-11 可见，载流线圈或螺线管外部的磁场与永久磁铁相似，并和永久磁铁一样，载流螺线管也具有极性，即起着条形磁铁的作用.

为了使磁感应线也能够定量地描述磁场的强弱，我们规定：**通过某点上垂直于 $\boldsymbol{B}$ 矢量的单位面积的磁感应线条数**（称为**磁感应线密度**），**在数值上等于该点 $\boldsymbol{B}$ 矢量的大小**. 这样，磁场较强的地方，磁感应线就较密；反之，磁场较弱的地方，磁感应线就较疏. 在均匀磁场中，磁感应线是一组间隔相等的同方向平行线. 例如图 4-10 所示的载流螺线管内部（靠近中央部分）的磁场，就是均匀磁场.

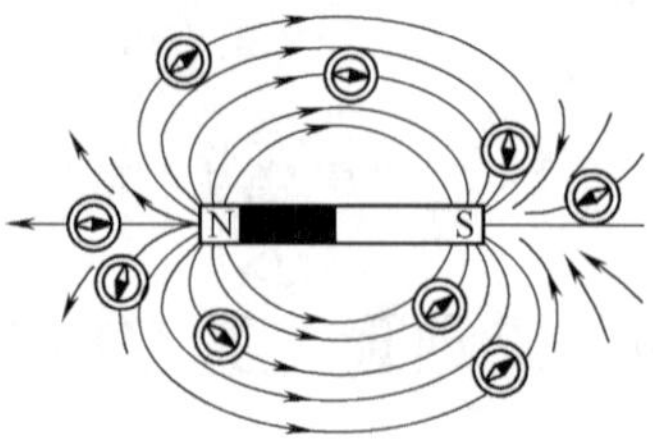

图 4-11　永久磁铁的磁感应线⊖

4.4.2　磁通量　真空中磁场的高斯定理

规定磁感应线密度后，我们就能够计算穿过一给定曲面的磁感应线条数，并用它表述这个曲面的**磁通量**或 **$\boldsymbol{B}$ 通量**，以 Φ_m 表示. 如图 4-12 所示，在磁场中设想一个面积元 dS，并用单位矢量 $\boldsymbol{e}_n$ 标示它的法线方向，$\boldsymbol{e}_n$ 与该处 $\boldsymbol{B}$ 矢量之间的夹角为 θ，根据磁感应线密度的规定，面积元 dS 的磁通量

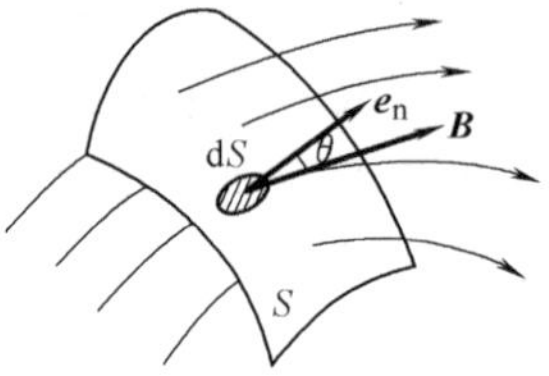

图 4-12　磁通量

$$\mathrm{d}\Phi_m = B\cos\theta \mathrm{d}S \qquad (4\text{-}14)$$

将面积元表示成矢量 d$\boldsymbol{S}$，即 $\mathrm{d}\boldsymbol{S} = \mathrm{d}S\boldsymbol{e}_n$，则因 $B\cos\theta = \boldsymbol{B}\cdot\boldsymbol{e}_n$，故 $B\cos\theta\mathrm{d}S = \boldsymbol{B}\cdot\boldsymbol{e}_n\mathrm{d}S = \boldsymbol{B}\cdot\mathrm{d}\boldsymbol{S}$. 于是，面积为 S 的曲面的磁通量为

$$\Phi_m = \iint_S B\cos\theta \mathrm{d}S = \iint_S \boldsymbol{B}\cdot\mathrm{d}\boldsymbol{S} \qquad (4\text{-}15)$$

磁感应强度 B 的单位是 T，面积 S 的单位是 m^2，磁通量 Φ_m 的单位是 Wb，称为“韦伯”，简称“韦”. 故 $1\mathrm{Wb} = 1\mathrm{T}\cdot\mathrm{m}^2$. 由此可见，磁感应强度 $\boldsymbol{B}$ 的单位也可记作 $1\mathrm{T} = 1\mathrm{Wb}\cdot\mathrm{m}^{-2}$（韦·米$^{-2}$）.

在磁场中任意取一个闭合曲面，面上任一点的法线方向 $\boldsymbol{e}_n$ 按规定为：垂直于该点处的面积元 dS 而指向向外. 这样，从闭合曲面穿出来的磁通量为正，穿入闭合曲面的为负（见图 4-13）. 由于每一条磁感应线都是闭合线，因此有几条磁感应线进入闭合曲面，必然有相同条数的磁感应线从闭合曲面穿出来. 所以，**通过任何闭合曲面的总磁通量必为零**，即

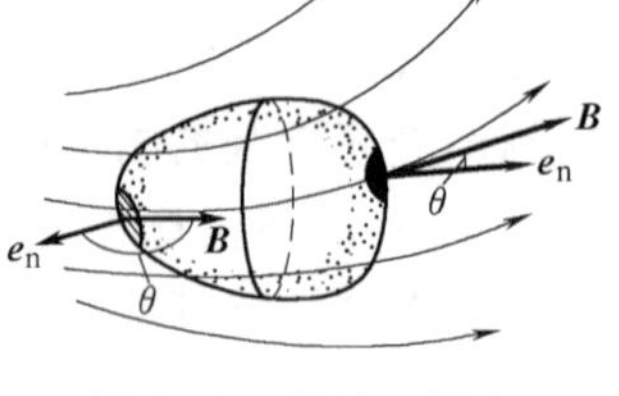

图 4-13　穿过一闭合曲面的磁通量

$$\oiint_S \boldsymbol{B}\cdot\mathrm{d}\boldsymbol{S} = 0 \qquad (4\text{-}16)$$

这就是**真空中磁场的高斯定理**，它阐明磁感应线都是无头无尾的闭合线，所以通过任何闭合面的磁通量必等于零，即磁场是**无源场**. 由此可见，上述高斯定理是表示磁场性质的一个重要定理.

⊖ 在永久磁铁的磁场中，磁感应线也是闭合的，每条磁感应线都是从 N 极发出，进入 S 极，再从 S 极经磁铁内而达 N 极，形成闭合的磁感应线，如同图 4-10 所示的载流螺线管的磁感应线一样，在图 4-11 中，我们未把磁铁内部的磁感应线分布画出来.

问题 4-7 （1）如何从电流来确定它所激发磁场的磁感应线方向？如何用磁感应线来表示磁场？与电场线相比较，两者有何区别？什么叫作磁通量？它是矢量吗？磁通量的单位是什么？试画出均匀磁场中磁感应线的分布.

（2）试述磁场的高斯定理及其意义.

切勿将无源场误解为激发磁场无须场源运动电荷. 无源场是表征场的一种性质.

4.5 安培环路定理及其应用

在静电场中，我们曾讨论过表述真空中静电场性质的高斯定理和环路定理，即 $\oint_S \boldsymbol{E}\cdot \mathrm{d}\boldsymbol{S} = \sum_i q_i/\varepsilon_0$ 和 $\oint_l \boldsymbol{E}\cdot \mathrm{d}\boldsymbol{l} = 0$. 同样，在磁场中也有相仿的两条定理. 上节已讨论了真空中磁场的高斯定理，本节将讨论真空中磁场的环路定理. 这条定理在电磁理论和电工学中甚为重要.

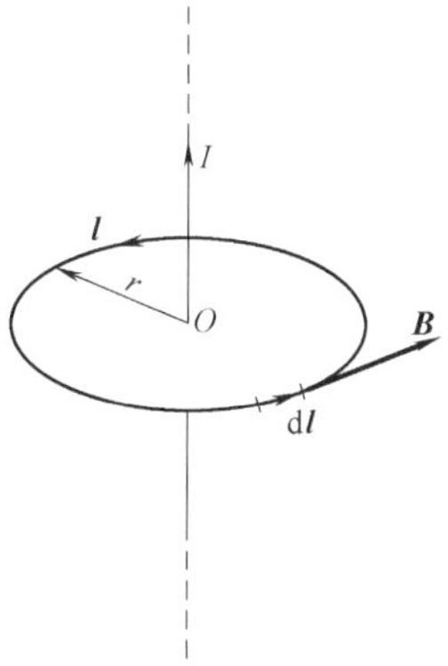

图 4-14 **B** 矢量的环流

这里，先从特殊情况讨论，而后再加以推广. 设在真空中长直电流 I 的磁场内，任取一个与电流垂直的平面（见图 4-14），以此平面与直电流的交点 O 为中心，在平面上作一条半径为 r 的圆形闭合线 l，则在这圆周上任一点的磁感应强度为

$$B = \frac{\mu_0}{2\pi}\frac{I}{r}$$

其方向与电流流向成右手螺旋关系，即与圆周相切. 今在圆周 l 上循着逆时针绕行方向取线元矢量 $\mathrm{d}\boldsymbol{l}$，则 $\boldsymbol{B}$ 与 $\mathrm{d}\boldsymbol{l}$ 间的夹角 $\theta = \langle \boldsymbol{B}, \mathrm{d}\boldsymbol{l}\rangle = 0°$，$\boldsymbol{B}$ 沿这一闭合路径 $\boldsymbol{l}$ 的线积分，亦称 **$\boldsymbol{B}$ 矢量的环流**，即为

$$\oint_l \boldsymbol{B}\cdot \mathrm{d}\boldsymbol{l} = \oint_l B\cos\theta \mathrm{d}l = \oint_l \frac{\mu_0 I}{2\pi r}\cos 0° \mathrm{d}l = \frac{\mu_0 I}{2\pi r}\oint_l \mathrm{d}l$$

式中，积分 $\oint_l \mathrm{d}l$ 是半径为 r 的圆周之长 $2\pi r$，于是，上式可写作

$$\oint_l \boldsymbol{B}\cdot \mathrm{d}\boldsymbol{l} = \mu_0 I \tag{a}$$

式（a）虽是在长直电流的磁场中取圆周作为积分路径的特殊情况下导出的，但是可以证明（从略），它不仅对长直电流的磁场成立，而且对任何形式的电流所激发的磁场也都成立；不仅对闭合的圆周路径成立，而且对任何形状的闭合路径也都成立. 所以，式（a）反映了电流的磁场所具有的普遍性质.

求式（a）的环流时，如果将绕行方向反过来，即在图 4-14 中按顺时针方向绕行一周，这时 $\boldsymbol{B}$ 与 $\mathrm{d}\boldsymbol{l}$ 的夹角 θ 处处为 180°，则积分值为负，并同样地可以得出

$$\oint_l \boldsymbol{B}\cdot \mathrm{d}\boldsymbol{l} = \oint_l B\cos 180° \mathrm{d}l = -\oint_l B\mathrm{d}l = -\mu_0 I = \mu_0(-I) \tag{b}$$

式中最后将 $-\mu_0 I$ 写成 $\mu_0(-I)$，使得电流可以当作代数量来处理，即将电流看作有正、负的量. 对电流的正、负，我们可以用右手螺旋法则做如下规定：如图 4-15 所示，首先

沿闭合路径 l 选定一个积分的绕行方向（在图 4-15a 中选取了逆时针绕行方向），然后伸直大拇指，使右手四指沿绕行方向弯曲，若电流流向与大拇指指向一致，则电流取作正值（见图 4-15a）；反之，则电流就取作负值（见图 4-15b）.

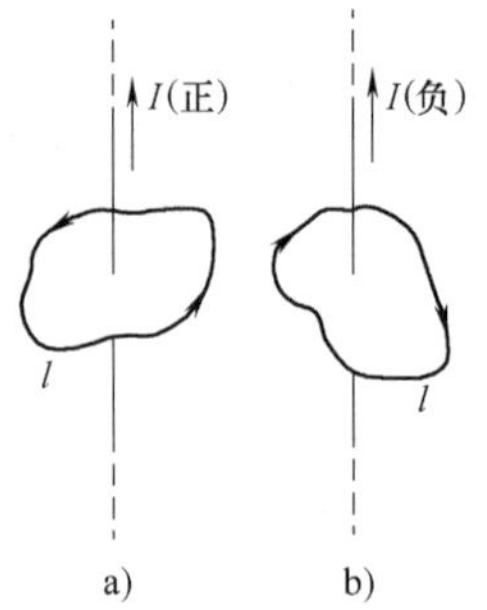

图 4-15　安培环路定理中电流正、负的规定

在一般情况下，如果闭合路径围绕着多个电流，则**在磁场中，磁感应强度沿任何闭合路径的环流，等于这闭合路径所围绕的各个电流之代数和的 μ_0 倍**. 这个结论称为**安培环路定理**. 它的数学表达式是

$$\oint_l \boldsymbol{B} \cdot \mathrm{d}\boldsymbol{l} = \mu_0 \sum_i I_i \tag{4-17}$$

注意：

（1）安培环路定理只是说明了 $\boldsymbol{B}$ 矢量的环流 $\oint_l \boldsymbol{B} \cdot \mathrm{d}\boldsymbol{l}$ 的值与闭合路径所围绕的电流 $\sum_i I_i$ 有关，并非说其中的磁感应强度 $\boldsymbol{B}$ 只与所围绕的电流有关. 应该指出，就磁场中任一点的磁感应强度 $\boldsymbol{B}$ 而言，它总是由激发这磁场的全部电流所决定的，不管这些电流是否被所取的闭合线所围绕，它们对磁场中任一点的磁感应强度 $\boldsymbol{B}$ 都有贡献.

（2）我们知道，每一电流总是闭合的（前面图中我们只画出一条闭合电流中的一段电流，未把闭合电流整体画出），在安培环路定理中，磁感应强度 $\boldsymbol{B}$ 不但是由全部电流激发的，而且其中每一条电流都是指闭合电流，而不是闭合电流上的某一段.

（3）在磁场中某一闭合路径 l 上磁感应强度的环流 $\oint_l \boldsymbol{B} \cdot \mathrm{d}\boldsymbol{l}$，其值可以是零，但沿路径上各点磁感应强度 $\boldsymbol{B}$ 的值不见得一定等于零. 例如，当仅存在不被闭合路径所围绕的电流时，闭合路径上各处的磁感应强度 $\boldsymbol{B}$ 不一定为零，可是 $\boldsymbol{B}$ 沿整个闭合路径的环流却等于零.

安培环路定理是反映磁场性质的一条普遍定理. 由于磁场中 $\boldsymbol{B}$ 矢量的环流 $\oint_l \boldsymbol{B} \cdot \mathrm{d}\boldsymbol{l}$ 与闭合路径 l 所包围的电流有关，一般不等于零，所以我们就说磁场是**非保守的**，它是一个**非保守力场或无势场**.

问题 4-8　（1）试述安培环路定理及其意义.

（2）如问题 4-8（2）图所示，求磁感应强度 $\boldsymbol{B}$ 循闭合路径 l 沿图示的绕行方向的环流.

（3）在圆形电流所在的平面上，作半径小于圆电流半径的小圆形环路，可得 $\oint_l \boldsymbol{B} \cdot \mathrm{d}\boldsymbol{l} = 0$. 能否说明环路上各点的 $\boldsymbol{B}$ 值为零？

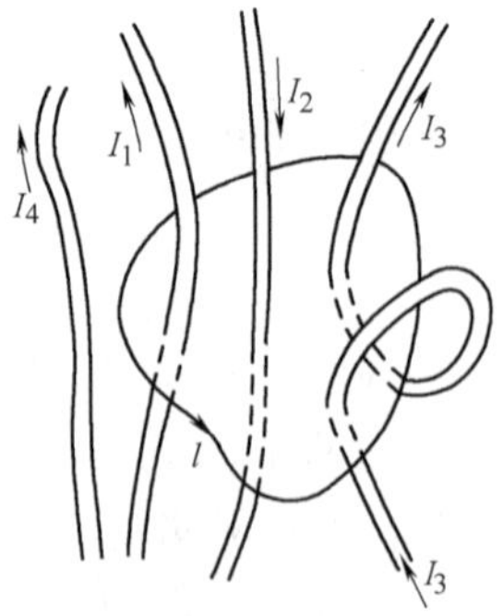

问题 4-8（2）图

例题 4-6　长直螺线管内的磁场　例题 4-6 图 a 表示一个均匀密绕的长直螺线管，通有电流 I；图 b 表示螺线管的轴截面和电流所激发的磁场的磁感应线，小圈“○”表示密绕导线的横截面，点子“·”表示电流从轴截面向外，叉号“×”表示电流进入轴截面.

分析　首先分析题给螺线管周围磁场的大致分布情形. 从图 4-9 所示的单匝圆电流的磁场分布情况可以看到，在靠近导线处的磁场和一条长直载流导线附近的磁场很相似，磁感应线近似为围绕导线的一些同心圆.

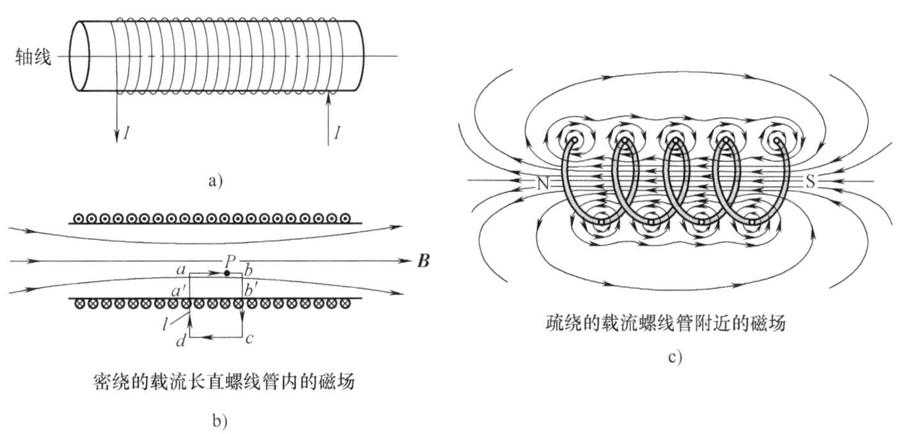

例题 4-6 图

对螺线管来说，它是用一条很长的导线一匝匝地绕制而成的，当它通以电流时，其周围磁场是各匝电流所激发磁场的叠加结果. 如例题 4-6 图 c 所示，在螺线管绕得不紧的情况下，管内、外的磁场是不均匀的，仅在螺线管的轴线附近，磁感应强度 $\boldsymbol{B}$ 的方向近乎与轴线平行. 如螺线管很长，所绕的导线甚细，而且绕得很紧密，如例题 4-6 图 b 所示，这时整个载流螺线管的各匝电流宛如连成一片，形成一个与此螺线管的大小、形状全同的圆筒形"面电流"，则实验表明，对这种相当长而又绕得较紧密的螺线管（简称**长直螺线管**）而言，在管内的中央部分，磁场是均匀的，其方向与轴线平行，并可按右手螺旋法则判定其指向（见图4-10）；而在管的中央部分外侧，磁场很微弱，可忽略不计，即 $\boldsymbol{B}\approx\boldsymbol{0}$. 今后，我们所说的螺线管及其磁场都是对这种密绕螺线管的中央部分而言的.

解　为了计算上述螺线管内的中央部分任一点 P 的磁感应强度 $\boldsymbol{B}$，我们不妨通过该点 P 选取一条长方形的闭合路径 l，其一边平行于管轴，如例题 4-6 图 b 所示. 根据上面所述，在线段 cd 上，以及在 cb 和 da 的一部分上（cb' 和 da' 段），由于它们位于螺线管的外侧，$\boldsymbol{B}=\boldsymbol{0}$；又因磁场方向与管轴平行，位于螺线管内部的那一部分（$b'b$ 和 $a'a$ 段），虽然 $B\neq 0$，但是 $\mathrm{d}\boldsymbol{l}$ 与 $\boldsymbol{B}$ 相互垂直，即 $\cos\theta=\cos<\boldsymbol{B},\mathrm{d}\boldsymbol{l}>=\cos 90°=0$；若取闭合路径 l 的绕行方向为 $a\rightarrow b\rightarrow c\rightarrow d\rightarrow a$，则沿 ab 段的 $\mathrm{d}\boldsymbol{l}$ 方向与磁场 $\boldsymbol{B}$ 的方向一致，即 $<\boldsymbol{B},\mathrm{d}\boldsymbol{l}>=0°$. 于是，沿此闭合路径 l，磁感应强度 $\boldsymbol{B}$ 的环流为

$$\begin{aligned}\oint_l \boldsymbol{B}\cdot\mathrm{d}\boldsymbol{l} &= \oint_l B\cos\theta\mathrm{d}l\\ &= \int_a^b B\cos 0°\mathrm{d}l+\int_b^{b'} B\cos 90°\mathrm{d}l+\int_{b'}^{c} 0\cdot\mathrm{d}l+\int_c^d 0\cdot\mathrm{d}l+\int_d^{a'} 0\cdot\mathrm{d}l+\int_{a'}^{a} B\cos 90°\mathrm{d}l\\ &= \int_a^b B\mathrm{d}l\end{aligned}$$

因为管内的磁场是均匀的，磁感应强度 $\boldsymbol{B}$ 是恒量，则上式成为

$$\oint_l \boldsymbol{B}\cdot\mathrm{d}\boldsymbol{l}=B\int_a^b \mathrm{d}l=B(\overline{ab})$$

设螺线管上每单位长度有 n 匝线圈，通过每匝的电流是 I，则闭合路径所围绕的总电流为 $(\overline{ab})nI$，根据右手螺旋法则，其方向是正的. 按安培环路定理，有

$$B(\overline{ab})=\mu_0(\overline{ab})nI$$

由此得长直螺线管内的磁场公式为

$$B=\mu_0 nI \tag{4-18}$$

例题 4-7　环形螺线管内的磁场　如例题 4-7 图所示为通有电流 I 的环形螺线管（亦称**螺绕环**）及其剖面图. 如螺线管的平均周长为 l，管上的线圈绕得很密，则其周围磁场的分布，可仿照前面的分析来说明，即磁场几乎

全部集中于管内，管内的磁感应线都是同心圆，在同一条磁感应线上，磁感应强度的数值相等，磁感应线上各点的磁感应强度方向分别沿圆周的切线方向.

为了计算环内某一点 P 的磁感应强度 $\boldsymbol{B}$，我们取通过该点的一条磁感应线作为闭合路径 l. 这样，在闭合路径 l 上任何一点的磁感应强度 $\boldsymbol{B}$ 都和闭合路径 l 相切，所以 $\theta = \langle \boldsymbol{B}, \mathrm{d}\boldsymbol{l} \rangle = 0°$；而且 $\boldsymbol{B}$ 是一个恒量. 于是有

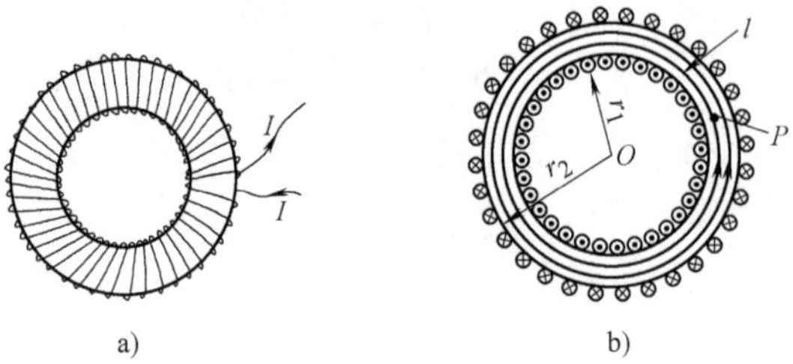

例题 4-7 图

> 当环形螺线管本身管径 $r_2 - r_1 \ll (r_1 + r_2)/2$（平均管径）时，环中各条磁感应线长度都可近似等于平均周长 l.

$$\oint_l \boldsymbol{B} \cdot \mathrm{d}\boldsymbol{l} = \oint_l B\cos\theta \mathrm{d}l = \oint_l B\cos 0° \mathrm{d}l = B\oint_l \mathrm{d}l = Bl$$

式中，l 为闭合路径的长度.

设环形螺线管每单位长度上有 n 匝导线，导线中的电流为 I，则闭合路径所围绕的总电流为 nlI. 由安培环路定理，得

$$Bl = \mu_0 n l I$$

即

$$B = \mu_0 n I \tag{4-19}$$

可见，当环形螺线管的 n 和 I 与长直螺线管的 n 和 I 都相等时，则两管内磁感应强度的大小也相等.

例题 4-8　在半径为 R 的“无限长”圆柱体中通有电流 I；设电流均匀地分布在柱体横截面上，求距离轴线 $r > R$ 处场点 P 的磁感应强度.

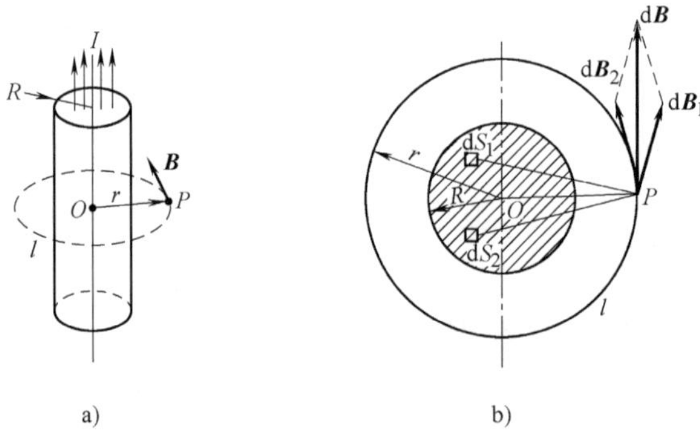

例题 4-8 图

分析　我们取 r 为半径，并取垂直于柱轴且以柱轴上一点 O 为中心的圆周作为闭合路径 l（见例题 4-8 图 a). 由于轴对称性，磁感应强度 $\boldsymbol{B}$ 的大小只与场点 P 到载流圆柱轴线的垂直距离 r 有关，故在所取的同一闭合圆周路径 l 上，各点磁感应强度的大小相等.

其次，为了分析 $\boldsymbol{B}$ 的方向，在通过场点 P 的导线横截面上（见例题 4-8 图 b），取一对面积元 $\mathrm{d}S_1$ 和 $\mathrm{d}S_2$，它们对连线 OP 对称. 设 $\mathrm{d}\boldsymbol{B}_1$ 和 $\mathrm{d}\boldsymbol{B}_2$ 分别是以 $\mathrm{d}S_1$ 和 $\mathrm{d}S_2$ 为横截面的长直电流在点 P 的磁感应强度. 从图示的关系可以看出，它们对闭合路径 l 在点 P 的切线对称，故合矢量 $\mathrm{d}\boldsymbol{B} = \mathrm{d}\boldsymbol{B}_1 + \mathrm{d}\boldsymbol{B}_2$ 沿 l 的切线方向（即垂直于半径 r). 由于整个柱截面可以成对地分割成许多对称的面积元，以对称面积元为横截面的每对长直电流在点 P 的磁感应强度（合矢量）也都沿 l 的切线方向. 因此，通过整个柱截面的总电流 I 在点 P 的磁感应强度 $\boldsymbol{B}$，必沿圆周 l 的切线方向.

解　对所选的闭合圆周路径 l，应用安培环路定理，有

$$B 2\pi r = \mu_0 I$$

得

$$B = \frac{\mu_0}{2\pi}\frac{I}{r} \quad (r > R)$$

即柱外一点的磁感应强度 $\boldsymbol{B}$ 与将全部电流汇集于柱轴线时的长直电流所激发的磁感应强度 $\boldsymbol{B}$ 相同.

4.6　磁场对载流导线的作用　安培定律

前面各节讨论了电流（或运动电荷）所激发的磁场. 从现在开始，我们将研究磁场对电流（或运动电荷）的作用力.

4.6.1　安培定律

关于磁场对载流导线的作用力，安培从许多实验结果的分析中总结出关于电流元在磁场中受力的基本规律，称为**安培定律：位于磁场中某点的电流元** $I\mathrm{d}\boldsymbol{l}$ **要受到磁场的作用力** $\mathrm{d}\boldsymbol{F}$（见图 4-16）**的作用，**$\mathrm{d}F$ **的大小和电流元所在处的磁感应强度的大小** B**、电流元的大小** $I\mathrm{d}l$ **以及电流元与磁感应强度两者方向间小于 180°的夹角** $<\mathrm{d}\boldsymbol{l}, \boldsymbol{B}>$ **的正弦均成正比**. 在 SI 中，其数学表达式为

$$\mathrm{d}F = BI\mathrm{d}l\sin<\mathrm{d}\boldsymbol{l}, \boldsymbol{B}> \tag{4-20}$$

$\mathrm{d}\boldsymbol{F}$ 的方向垂直于 $I\mathrm{d}\boldsymbol{l}$ 和 $\boldsymbol{B}$ 所构成的平面，其指向可由右手螺旋法则判定：用右手四指从 $I\mathrm{d}\boldsymbol{l}$ 经小于 180°角转到 $\boldsymbol{B}$，则大拇指伸直的指向就是 $\mathrm{d}\boldsymbol{F}$ 的方向，如图 4-17 所示.

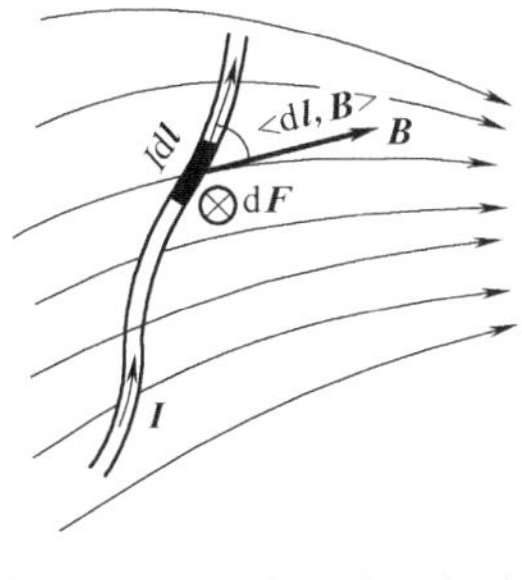

图 4-16　电流元在磁场中所受的磁场力

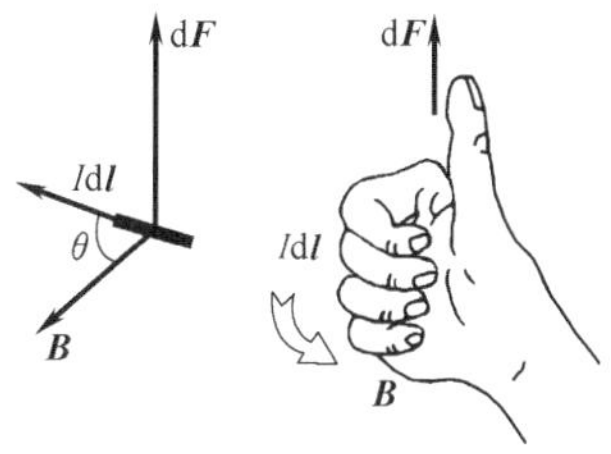

图 4-17　电流元在磁场中受力的方向

如上所述，可将安培定律写成矢量式（矢量积），即

$$\mathrm{d}\boldsymbol{F} = I\mathrm{d}\boldsymbol{l} \times \boldsymbol{B} \tag{4-21}$$

安培定律表明，磁场对一段电流元的作用，但任何载流导线都是由连续的无限多个电流元所组成的，因此，根据该定律来计算磁场对载流导线的作用力（亦称**安培力**）$\boldsymbol{F}$ 时，需要对长度为 l 的整条导线进行矢量积分，即

$$\boldsymbol{F} = \int_l \mathrm{d}\boldsymbol{F} = \int_0^l I\mathrm{d}\boldsymbol{l} \times \boldsymbol{B} \tag{4-22}$$

今应用式（4-22）来讨论磁感应强度为 $\boldsymbol{B}$ 的均匀磁场中，有一段载流的直导线，电流为 I，长为 l（见图 4-18）. 在这直电流上任取一个电流元 $I\mathrm{d}\boldsymbol{l}$，则 $\mathrm{d}\boldsymbol{l}$ 与 $\boldsymbol{B}$ 之间的夹角 $<\mathrm{d}\boldsymbol{l}, \boldsymbol{B}>$ 为恒量. 按安培定律，电流元 $I\mathrm{d}\boldsymbol{l}$ 所受磁场力 $\mathrm{d}\boldsymbol{F}$ 的大小为

$$\mathrm{d}F = BI\mathrm{d}l\sin < \mathrm{d}\boldsymbol{l}, \boldsymbol{B} >$$

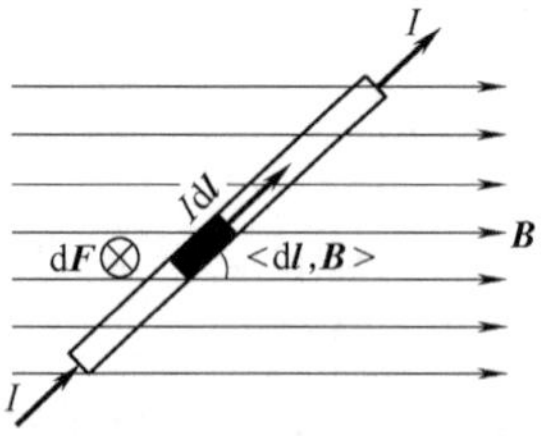

图 4-18　直电流在均匀磁场中所受的磁场力

如图 4-18 所示，图中 I 和 $\boldsymbol{B}$ 都在纸面上，$\mathrm{d}\boldsymbol{F}$ 的方向按照矢量积的右手螺旋法则，为垂直纸面向里，在图上用⊗表示.

因为磁感应强度 $\boldsymbol{B}$ 的方向和夹角 $< \mathrm{d}\boldsymbol{l}, \boldsymbol{B} >$ 是恒定的，所以，直电流上任何一段电流元所受的磁场力，其方向按右手螺旋法则可以判断，都和上述方向相同，因而整个直电流所受的磁场力，乃等于各电流元所受的上述同方向平行力的代数和，因而就可用标量积分法求出，即

$$\begin{aligned} F &= \int_l \mathrm{d}F = \int_0^l BI\mathrm{d}l\sin < \mathrm{d}\boldsymbol{l}, \boldsymbol{B} > = BI\sin < \mathrm{d}\boldsymbol{l}, \boldsymbol{B} > \int_0^l \mathrm{d}l \\ &= BIl\sin < \mathrm{d}\boldsymbol{l}, \boldsymbol{B} > \end{aligned} \tag{4-23}$$

合力的作用点在载流导线的中点.

问题 4-9　(1) 试述安培定律；并说明如何利用安培定律求磁场中载流导线所受的磁场力. 当图4-18中的直电流分别平行和垂直于磁场时，求所受力的大小.

(2) 一圆心为 O、半径为 R 的水平圆线圈，通有电流 I_1. 今有一条竖直地通过圆心 O 的长直导线，通有电流 I_2，求证圆线圈所受的磁场力为零.

例题 4-9　如例题 4-9 图所示，一竖直放置的长直导线，通有电流 $I_1 = 2.0\mathrm{A}$；另一水平直导线 L，长为 $l_2 = 40\mathrm{cm}$，通有电流 $I_2 = 3.0\mathrm{A}$，其始端与竖直载流导线相距 $l_1 = 40\mathrm{cm}$，求水平直导线上所受的力.

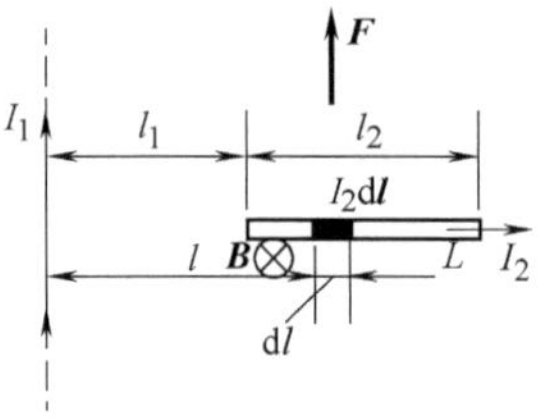

例题 4-9 图

解　长直电流 I_1 所激发的磁场是非均匀的. 因此，我们可在水平载流导线 L 上任取一段电流元 $I_2\mathrm{d}\boldsymbol{l}$，它与长直电流相距 l，在 $I_2\mathrm{d}\boldsymbol{l}$ 的微小范围内，磁感应强度可视作相等，这样

$$B = \frac{\mu_0}{2\pi}\frac{I_1}{l}$$

其方向垂直纸面向里，而 $< \mathrm{d}\boldsymbol{l}, \boldsymbol{B} > = 90°$. 电流元 $I_2\mathrm{d}\boldsymbol{l}$ 所受磁场力 $\mathrm{d}\boldsymbol{F}$ 的大小和方向为

$$\mathrm{d}F = BI_2\mathrm{d}l\sin 90° = \frac{\mu_0}{2\pi}\frac{I_1}{l}I_2\mathrm{d}l \quad \uparrow$$

由于水平载流直导线上任一电流元所受磁场力的方向都是相同的，所以整个水平载流导线上所受的磁场力 $\boldsymbol{F}$ 是许多同方向平行力之和，可用标量积分法算出，即

$$\begin{aligned} F &= \int_L \mathrm{d}F = \int_{l_1}^{l_1+l_2} \frac{\mu_0}{2\pi}\frac{I_1 I_2}{l}\mathrm{d}l = \frac{\mu_0}{2\pi}I_1 I_2 \int_{l_1}^{l_1+l_2}\frac{\mathrm{d}l}{l} \\ &= \frac{\mu_0}{2\pi}I_1 I_2 [\ln l]_{l_1}^{l_1+l_2} = \frac{\mu_0}{2\pi}I_1 I_2 \ln\frac{l_1+l_2}{l_1} \\ &= \frac{\mu_0}{4\pi}2I_1 I_2 \ln\frac{l_1+l_2}{l_1} \end{aligned}$$

代入题设数据后，算得

$$\begin{aligned} F &= \left(10^{-7}\times 2\times 2\times 3\times\ln\frac{0.40+0.40}{0.40}\right)\mathrm{N} \\ &= (10^{-7}\times 12\times 0.693)\mathrm{N} = 8.32\times 10^{-7}\mathrm{N} \end{aligned}$$

磁场力 $\boldsymbol{F}$ 的方向竖直向上. 试问力 $\boldsymbol{F}$ 的作用点在水平直导线 L 的中点上吗?

4.6.2　均匀磁场中载流线圈所受的力矩

磁电系仪表和电动机，均是利用载流线圈在磁场中受力偶矩作用而转动的原理制成的.

设有一矩形的平面载流的刚性线圈（以下简称“线圈”）$abcd$，边长分别为 l_1 和 l_2，通有电流 I，放在磁感应强度为 $\boldsymbol{B}$ 的均匀磁场中（见图 4-19），线圈平面与磁场方向成任意角 θ，且 ab 边、cd 边均与磁场垂直.

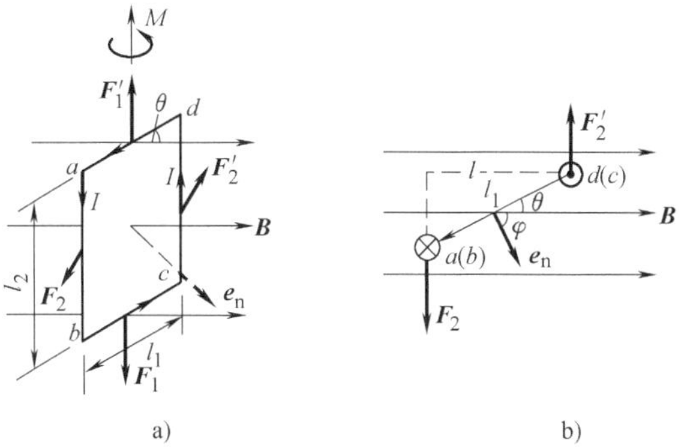

图 4-19　平面载流线圈在均匀磁场中所受的力偶矩（平面与磁场 $\boldsymbol{B}$ 成 θ 角）
a）侧视图　b）俯视图

根据安培定律，导线 bc 和 ad 所受磁场力 $\boldsymbol{F}_1$ 和 $\boldsymbol{F}'_1$的大小分别为 $F_1 = BIl_1\sin\theta$ 和 $F_1' = BIl_1\sin(\pi-\theta) = BIl_1\sin\theta$，这两个力大小相等，指向相反，分别作用在 ad 和 bc 边的中点，而位于同一直线上，所以它们的作用互相抵消. 导线 ab 和 cd 所受的磁场力 $\boldsymbol{F}_2$ 和 $\boldsymbol{F}'_2$的大小皆为

$$F_2 = F_2' = BIl_2$$

这两个力大小相等，指向相反，但不在同一直线上，因此形成一个力偶，其力臂为 $l = l_1\cos\theta$，所以**均匀磁场对载流线圈的作用是一个力偶**，其力矩大小为

$$M = F_2 l = F_2 l_1\cos\theta = BIl_2 l_1\cos\theta = BIS\cos\theta \tag{a}$$

式中，$S = l_1 l_2$ 就是线圈的面积.

我们常利用载流线圈平面的正法线方向来标示线圈平面在空间的方位，正法线方向可用单位矢量 $\boldsymbol{e}_n$ 标示，其方向可用右手螺旋法则来规定，即**握紧右手，伸直大拇指，如果四个指头的弯曲方向表示线圈内的电流流向，则大拇指的指向就是线圈平面的正法线 $\boldsymbol{e}_n$ 的方向**（见图 4-20）. 反过来说，线圈的正法线 $\boldsymbol{e}_n$ 在空间的方向一旦给出，则线圈平面在空间的方位和其中电流的流向也就确定.

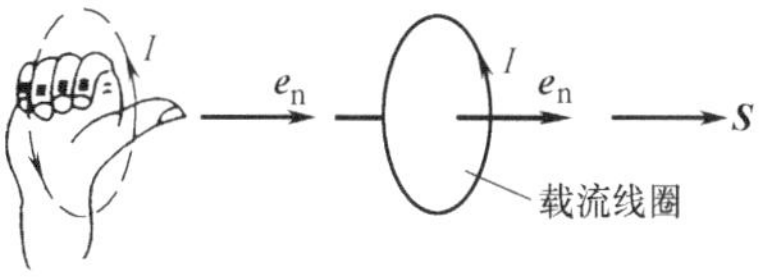

图 4-20　载流平面线圈正法线的指向

进一步我们还可引用线圈的面积矢量 $\boldsymbol{S}$ 来描述线圈的大小、方位和其中电流的流向. 亦即，规定面积矢量 $\boldsymbol{S}$ 的大小为线圈平面面积的大小 S，方向与线圈平面的正法线方向一致（见图 4-20），则 $\boldsymbol{S} = S\boldsymbol{e}_n$.

如果以线圈平面的正法线 $\boldsymbol{e}_n$ 方向与磁场 $\boldsymbol{B}$ 的方向之间的夹角 φ 来代替 θ（见图 4-19b），由于 $\theta + \varphi = \pi/2$，则式（a）可改写成

$$M = BIS\sin\varphi \tag{b}$$

如果线圈有 N 匝，则线圈所受的磁力矩为

$$M = NBIS\sin\varphi = Bp_m\sin\varphi \tag{4-24}$$

式中，$p_m = NIS$ 称为**载流线圈的磁矩**. 为了还能同时表示线圈的方位和其中电流流向，可将磁矩表示成矢量：

$$\boldsymbol{p}_m = NI\boldsymbol{S} = NIS\boldsymbol{e}_n \tag{c}$$

载流线圈磁矩的大小为 $p_m = NIS$，其方向就是面积矢量 $\boldsymbol{S}$ 的方向（也就是正法线 $\boldsymbol{e}_n$ 的方向）. 磁矩的单位是 $A \cdot m^2$（安 · 米^2）. 可见，磁矩矢量 $\boldsymbol{p}_m$ 完全反映了载流线圈本身的特征和方位.

综上所述，就可以把式（4-24）改写成矢量式：

$$\boldsymbol{M} = \boldsymbol{p}_m \times \boldsymbol{B} \tag{4-25}$$

按上述矢量积给出的力矩矢量 $\boldsymbol{M}$ 的方向，借右手螺旋法则可用来判定线圈在力矩 $\boldsymbol{M}$ 作用下的转向. 把伸直的大拇指指向矢量 $\boldsymbol{M}$ 的方向，四指弯曲的回转方向就是线圈的转向（见图 4-19a）.

可以证明（从略），上述由长方形载流线圈所导出的结果也适用于一般情况，即**任何形状的平面载流线圈在均匀磁场中只受到力偶作用，力偶矩的数值等于磁感应强度 B、线圈的磁矩 p_m 和磁矩与磁场方向之间小于 180°的夹角 φ 的正弦的乘积，而与线圈的形状无关.** 亦即，式（4-24）或式（4-25）对任意形状的平面线圈也是同样适用的. 应用上式时，如 B 的单位用 $Wb \cdot m^{-2}$（韦 · 米$^{-2}$），p_m 的单位用$A \cdot m^2$（安 · 米^2），则力矩的单位是 N · m（牛 · 米）.

考虑到载流线圈在磁场中所受的力矩与 $\sin\varphi$ 成正比，故有如下几种特殊情形：

（1）当 $\varphi = \pi/2$ 时，线圈平面与磁场 $\boldsymbol{B}$ 平行，通过线圈平面的磁通量为零，线圈所受到的力矩为最大值，即 $M_{max} = Bp_m = NIBS$.

（2）当 $\varphi = 0$ 时，线圈平面与磁场 $\boldsymbol{B}$ 垂直，通过线圈平面的磁通量最大，线圈所受到的力矩为零，相当于稳定平衡位置[㊀].

（3）当 $\varphi = \pi$ 时，线圈平面也与磁场 $\boldsymbol{B}$ 垂直，通过线圈平面的磁通量是负的最大值，线圈所受力矩亦为零，相当于不稳定平衡位置.

由此可见，载流线圈在磁场中转动的趋势是要使通过线圈平面的磁通量增加，当磁通量增至最大值时，线圈达到稳定平衡. 也就是说，**载流线圈在所受磁力矩的作用下，总是要转到它的磁矩 $\boldsymbol{p}_m$（或者说正法线 $\boldsymbol{e}_n$）和 $\boldsymbol{B}$ 同方向的位置上.**

总而言之，处于均匀磁场中的载流线圈在磁力矩的作用下，可以发生转动，但不会发生整个线圈的平动（因为合力为零）. 进一步分析（从略）指出，在不均匀的磁场中，载流线圈在任意位置时，不仅受有磁力矩，同时还受到一个磁场力，这时，根据线圈运动的初始条件，它既可能做平动，也可能兼有平动和转动.

问题 4-10 （1）导出载流平面线圈在均匀磁场中所受磁力矩的公式.

（2）半圆形线圈的半径 $R = 10cm$，通有电流 $I = 10A$，放在磁感应强度 $B = 5.0 \times 10^{-2}T$ 的均匀磁场中，磁场方向为水平且与线圈平面平行. 求线圈所受的磁力矩. ［答：$7.85 \times 10^{-3} N \cdot m \uparrow$］

㊀ 使处于平衡状态的线圈稍微离开平衡位置，并因此出现一个新的力矩，若在这个力矩作用下，线圈可以回复到原来位置，这种平衡称为**稳定平衡**；反之，若在这个力矩作用下，不能使线圈回到原来位置，而且愈益偏离平衡位置，则称为**不稳定平衡.**

例题 4-10　如例题 4-10 图所示，一个边长 $l=0.1\text{m}$ 的正三角形载流线圈，放在均匀磁场 $\boldsymbol{B}$ 中，磁场与线圈平面平行，设 $I=10\text{A}$，$B=1.0\text{Wb}\cdot\text{m}^{-2}$，求线圈所受力矩的大小.

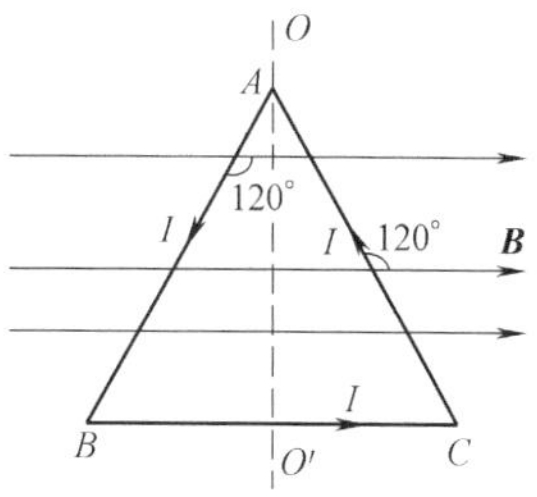

例题 4-10 图

解　已知：$I=10\text{A}$，$B=1.0\text{Wb}\cdot\text{m}^{-2}$，$l=0.1\text{m}$，$N=1$，可求得线圈的磁矩大小为

$$p_{\text{m}}=NIS=I\frac{l}{2}\times l\sin 60^\circ=\frac{\sqrt{3}}{4}I\,l^2$$

根据磁力矩公式 (4-24)，有

$$M=p_{\text{m}}B\sin\frac{\pi}{2}=\frac{\sqrt{3}}{4}I\,l^2B$$

代入已知数据，计算得

$$M=\left[\frac{1.732}{4}\times 10\times(0.1)^2\times 1\right]\text{N}\cdot\text{m}=4.33\times 10^{-2}\text{N}\cdot\text{m}$$

力矩的方向沿磁矩 $\boldsymbol{p}_{\text{m}}$ 与 $\boldsymbol{B}$ 的矢量的矢量积方向，沿 OO' 轴，向上.

例题 4-11　原子中的一个电子以速率 $v=2.2\times 10^6\text{m}\cdot\text{s}^{-1}$ 在半径 $r=0.53\times 10^{-8}\text{cm}$ 的圆周上做匀速圆周运动，求该电子轨道的磁矩.

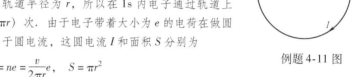

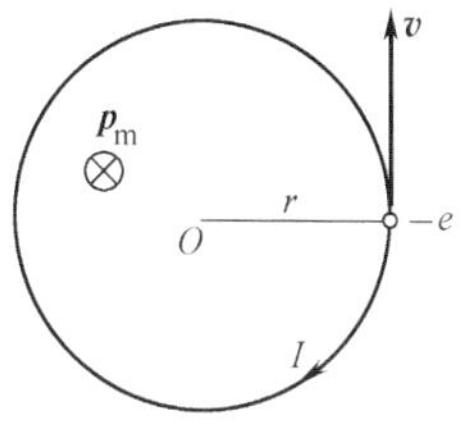

例题 4-11 图

解　电子的速率为 v，轨道半径为 r，所以在 1s 内电子通过轨道上任意一点的次数为 $n=v/(2\pi r)$ 次. 由于电子带着大小为 e 的电荷在做圆周运动，这种定向运动相当于圆电流，这圆电流 I 和面积 S 分别为

$$I=ne=\frac{v}{2\pi r}e,\quad S=\pi r^2$$

设以 $\boldsymbol{p}_{\text{m}}$ 表示电子的轨道磁矩，则由磁矩的定义，它的大小和方向为

$$p_{\text{m}}=IS=\frac{v}{2\pi r}e\pi r^2=\frac{1}{2}ver$$

$$=\left(\frac{1}{2}\times 2.2\times 10^6\times 1.6\times 10^{-19}\times 0.53\times 10^{-10}\right)\text{A}\cdot\text{m}^2=9.3\times 10^{-24}\text{A}\cdot\text{m}^2\quad\otimes$$

因电子带负电，故圆电流 I 的方向与电子运动方向相反，圆电流平面的正法线方向指向纸里，所以磁矩 $\boldsymbol{p}_{\text{m}}$ 的方向也指向纸里.

读者根据质点的角动量定义 $\boldsymbol{L}=\boldsymbol{r}\times m\boldsymbol{v}$，可以自行证明：上述电子的轨道磁矩 $\boldsymbol{p}_{\text{m}}$ 与电子的角动量 $\boldsymbol{L}$ 存在着如下的矢量关系式：

$$\boldsymbol{p}_{\text{m}}=-\frac{e}{2m}\boldsymbol{L}$$

式中，m 为电子的质量.

说明　由于原子中的电子存在着轨道磁矩，所以在外磁场中的电子轨道平面，将和载流线圈一样，受到力矩的作用而发生转向. 并且原子中的电子除沿轨道运动外，电子本身还有自旋. 故还有电子的自旋磁矩.

4.7　带电粒子在电场和磁场中的运动

4.7.1　磁场对运动电荷的作用力——洛伦兹力

上面说过，载流导线在磁场中要受到力的作用. 由于导线中的电流是由其中大量带电粒子的定向运动所形成的，因此可以推断，这些运动电荷在磁场中一定也受到磁场力的作用，并不断地与金属导线中晶体点阵的正离子碰撞，把力传递给导线.

按安培定律，设载流导线上任一段电流元 $I\mathrm{d}\boldsymbol{l}$ 在磁感应强度 $\boldsymbol{B}$ 的磁场中所受磁场力大小为

$$\mathrm{d}F_{\mathrm{m}} = BI\mathrm{d}l\sin < \mathrm{d}\boldsymbol{l}, \boldsymbol{B} >$$

借关系式 $I = nvSq$ ［参阅式（4-12）］，并考虑到运动电荷的 $\boldsymbol{v}$ 方向就是 $\mathrm{d}\boldsymbol{l}$ 的方向，则

$$\mathrm{d}F_{\mathrm{m}} = nvSqB\mathrm{d}l\sin < \boldsymbol{v}, \boldsymbol{B} >$$

在 $\mathrm{d}\boldsymbol{l}$ 这段导体内，当电流恒定时，始终保持有 $\mathrm{d}N = nS\mathrm{d}l$ 个定向运动的电荷，因此，每个定向运动电荷受力大小为

$$F_{\mathrm{m}} = \frac{\mathrm{d}F_{\mathrm{m}}}{\mathrm{d}N} = qvB\sin < \boldsymbol{v}, \boldsymbol{B} >$$

写成矢量式为

$$\boldsymbol{F}_{\mathrm{m}} = q\boldsymbol{v} \times \boldsymbol{B} \tag{4-26}$$

式中，q 的正、负决定于带电粒子所带电荷的正、负.

式（4-26）由荷兰物理学家洛伦兹（H. A. Lorentz，1853—1928）首先导出，故称为**洛伦兹公式.** 上述这个磁场力 $\boldsymbol{F}_{\mathrm{m}}$ 通常称为**洛伦兹力**，其大小为

$$F_{\mathrm{m}} = |q| vB\sin < \boldsymbol{v}, \boldsymbol{B} > \tag{4-27}$$

式中，$< \boldsymbol{v}, \boldsymbol{B} >$ 为电荷运动方向与磁场方向之间小于 180°的夹角. 洛伦兹力的方向可按矢量积的右手螺旋法则判定.

由式（4-26）及式（4-27）可知：

（1）当电荷的运动方向与磁场方向相平行（同向或反向）时，$< \boldsymbol{v}, \boldsymbol{B} > = 0°$ 或 180°，则 $\sin < \boldsymbol{v}, \boldsymbol{B} > = 0$，所以 $F_{\mathrm{m}} = 0$，此时运动电荷不受磁场力作用.

（2）当电荷的运动方向与磁场方向相垂直时，$< \boldsymbol{v}, \boldsymbol{B} > = 90°$，则 $\sin < \boldsymbol{v}, \boldsymbol{B} > = 1$，所以 $F_{\mathrm{m}} = |q| vB$，此时运动电荷所受的磁场力为最大，即 $F_{\max} = |q| vB$.

事实上，我们在 4.2 节中就是利用运动电荷在磁场中所受洛伦兹力的上述特殊情况，来定义磁场中某点的磁感应强度 $\boldsymbol{B}$ 的.

（3）作用于运动电荷上的洛伦兹力 $\boldsymbol{F}_{\mathrm{m}}$ 的方向，恒垂直于 $\boldsymbol{v}$ 和 $\boldsymbol{B}$ 所构成的平面，此力在电荷运动路径上的分量永远为零. 因此，**洛伦兹力永远不做功**，仅能改变电荷运动的方向，使运动路径发生弯曲，而不能改变运动速度的大小.

例题 4-12 如例题 4-12 图所示，一带电粒子的电荷为 q、质量为 m，以速度 $\boldsymbol{v}$ 进入一磁感应强度为 $\boldsymbol{B}$ 的均匀磁场中.（1）若速度 $\boldsymbol{v}$ 的方向与磁场 $\boldsymbol{B}$ 的方向垂直；（2）若速度 $\boldsymbol{v}$ 的方向与磁场 $\boldsymbol{B}$ 的方向成 θ 角（$\theta \neq 90°$）. 试分别求带电粒子在磁场中的运动轨道（为便于讨论，设 $q > 0$，且不计带电粒子的重力）.

解 （1）由题设 $\boldsymbol{v} \perp \boldsymbol{B}$，故 $< \boldsymbol{v}, \boldsymbol{B} > = 90°$，带电粒子 $q(q > 0)$ 所受的洛伦兹力大小是

$$F_{\mathrm{m}} = |q| vB\sin 90° = qvB$$

该力的方向垂直于带电粒子的速度方向，它只能改变粒子的运动方向，使运动轨道弯曲，而不会改变运动速度的大小. 由上式可知，在粒子运动的全部路程中，洛伦兹力的大小不变，因此，带电粒子将做匀速率圆周运动，如例题 4-12 图 a 所示. 按牛顿第二定律，有

$$qvB = m\frac{v^2}{R} \tag{a}$$

由此得

$$R = \frac{mv}{qB} \tag{4-28}$$

式中，R 为圆形轨道半径，它与带电粒子的速率 v 成正比，而与磁感应强度的大小 B 成反比.

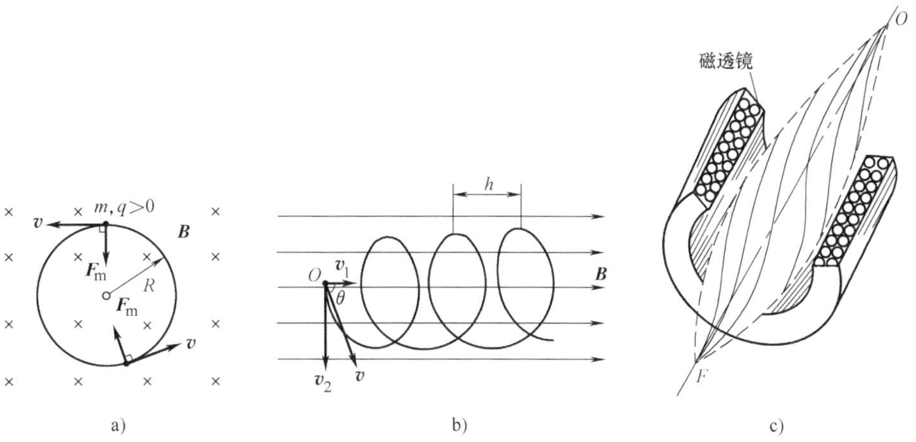

例题 4-12 图

顺便指出，带电粒子绕圆形轨道一周所需时间（称为**周期**）为

$$T = \frac{2\pi R}{v} = 2\pi \frac{m}{q} \frac{1}{B} \tag{b}$$

即带电粒子在磁场中沿圆形轨道绕行的周期与带电粒子运动的速率 v 无关.

（2）按题设，$\langle \boldsymbol{v}, \boldsymbol{B} \rangle = \theta \neq 90°$，如例题 4-12 图 b 所示，这时可将速度 $\boldsymbol{v}$ 分解为垂直和平行于磁场的分量：$v_2 = v\sin\theta$，$v_1 = v\cos\theta$；其中，速度分量 v_2 使带电粒子在磁场力作用下做匀速率圆周运动，按式（a），其回旋半径为

$$R = \frac{mv_2}{qB} = \frac{mv\sin\theta}{qB} \tag{c}$$

与此同时，速度分量 v_1 使带电粒子沿磁场方向做匀速直线运动，其速度为

$$v_1 = v\cos\theta \tag{d}$$

由于带电粒子同时参与这两种运动，可以想象，其合成运动的轨道是一条螺旋线，如图 b 所示. 带电粒子在螺旋线上每旋转一周，沿磁场 $\boldsymbol{B}$ 的方向前进的距离称为**螺旋线的螺距**，其值 h 可由式（b）、式（d）求得，即

$$h = v_1 T = \frac{2\pi mv\cos\theta}{qB} \tag{e}$$

说明　式（e）表明，带电粒子沿螺旋线每旋转一周，沿磁场 $\boldsymbol{B}$ 方向前进的位移大小与 v_1 成正比，而与 v_2 无关. 因此，若从磁场 $\boldsymbol{B}$ 中某点发射出一束具有相同电荷 q 和质量 m 的带电粒子群，它们具有相同的速度分量 v_1，则它们都将相交在距出发点为 $h, 2h, \cdots$ 处. 这就是**磁聚焦原理**. 至于各带电粒子的速度分量 v_2 不相同，只能使它们具有各不相同的螺旋线轨道，而不影响它们在前进 h 距离时会聚于一点. 磁场对带电粒子的磁聚焦现象，与一束光经透镜后聚焦于一点的现象颇相似.

上述的磁聚焦现象是利用载流长直螺线管中激发的均匀磁场来实现的. 在实际应用中，大多用载流的短线圈所激发的非均匀磁场来实现磁聚焦作用，如例题 4-12 图 c 所示，由于这种线圈的作用与光学中的透镜作用相似，故称为**磁透镜**或叫作**电磁透镜**. 在显像管、电子显微镜和真空器件中，常用磁透镜来聚焦电子束.

问题 4-11　（1）试述洛伦兹力公式及其意义.

（2）电子枪同时将速度分别为 $\boldsymbol{v}$ 与 $2\boldsymbol{v}$ 的两个电子射入均匀磁场 $\boldsymbol{B}$ 中，射入时两电子的运动方向相同，且皆垂直于磁场 $\boldsymbol{B}$，求证：这两个电子将同时回到出发点.

4.7.2　带电粒子在电场和磁场中的运动

如果在某一区域内同时有电场 $\boldsymbol{E}$ 和磁场 $\boldsymbol{B}$ 存在，则以电荷为 q、速度为 $\boldsymbol{v}$ 运动的带电粒子在此区域内所受的总作用力 $\boldsymbol{F}$，应是所受电场力和磁场力两者的矢量和，即

$$\boldsymbol{F}=\boldsymbol{F}_{\mathrm{e}}+\boldsymbol{F}_{\mathrm{m}}=q\boldsymbol{E}+q\boldsymbol{v}\times\boldsymbol{B} \tag{4-29}$$

按牛顿第二定律，质量为 m 的带电粒子在上述两个力作用下的运动方程为

$$q\boldsymbol{E}+q\boldsymbol{v}\times\boldsymbol{B}=m\frac{\mathrm{d}\boldsymbol{v}}{\mathrm{d}t} \tag{4-30}$$

如果带电粒子的运动速度接近光速，则按相对论力学，运动方程为

$$q\boldsymbol{E}+q\boldsymbol{v}\times\boldsymbol{B}=\frac{\mathrm{d}(m\boldsymbol{v})}{\mathrm{d}t} \tag{4-31}$$

式中，$m=m_0/\sqrt{(1-v^2/c^2)}$是带电粒子的运动质量．当粒子运动的初始位置和初始速度等已知时，按式（4-30）或式（4-31）就可以求解带电粒子的运动规律．下面，我们限于讨论低速（$v\ll c$）带电粒子在均匀磁场中的运动．主要是通过外加的电场和磁场，来控制带电粒子（电子射线或离子射线）的运动，这在近代科学技术中是极为重要的．例如，在阴极射线示波管、电视机显像管、微波炉的磁控管、电子显微镜和加速器等的设计中都获得了广泛应用．

1. 汤姆孙实验　电子的比荷

1897 年，英国物理学家汤姆孙（J. J. Thomson，1856—1940）利用运动电荷在均匀电场和均匀磁场中受力的规律，通过实验测定了**电子的电荷 e 和质量 m 之比——电子的比荷 e/m**，这就是著名的**汤姆孙实验**．其实验装置如图 4-21 所示．K 为发射电子的阴极，A 为阳极．在 K、A 之间加上了高电压．阴极 A 和金属屏 A′中心各开一个小孔．由阴极发射的电子在 K、A 之间被电场加速，经 A、A′小孔后形成狭窄的沿水平方向前进的电子束，最后打在荧光屏 S 上的 O 点．整个装置安放在高真空的玻璃泡内．如果在圆形区域内有如图所示的磁场，则电子束就向下偏转，最后打在荧光屏 S 上的 O'点，电子束在磁场中做圆弧形运动，按式（4-28）可知，圆弧的半径为

$$R=\frac{mv}{eB} \tag{a}$$

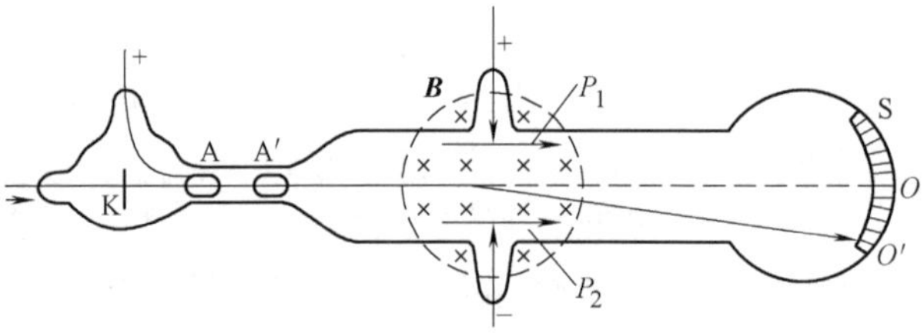

图 4-21　汤姆孙实验装置

倘若再加一竖直向下的均匀电场$\boldsymbol{E}$，只要$\boldsymbol{E}$ 的大小适当，就可使作用于电子上的电场力与洛伦兹力平衡，即 $eE=evB$，由此得

$$v=\frac{E}{B} \tag{b}$$

遂而使电子束仍打在荧光屏上的 O 点．测出这时的 $\boldsymbol{B}$ 与 $\boldsymbol{E}$，就可知道电子的速率 v，再将式（b）代入式（a），便得电子的比荷为

$$\frac{e}{m}=\frac{E}{RB^2} \tag{4-32}$$

式中，E、B、R 皆可由实验测定，因而由式（4-32）可求出电子的比荷．后来，汤姆孙不断改进实验设备，充分提高测量准确度，测得电子的比荷为 $1.7588047(49)\times10^{11}C\cdot kg^{-1}$．此前，人们还不确切知道电子的存在，认为原子是最小的不可分割的粒子．汤姆孙实验测得阴极射线的比荷很大，说明这种粒子比原子要小得多，后来就把它称为**电子**．所以汤姆孙实验被称为发现电子的实验．实际上，汤姆孙实验并没有分别测出电子的电荷和质量．12 年后，密立根（R. A. Millikan，1868—1953）用油滴实验测得电子的电荷 $e=1.602\times10^{-19}C$，从而通过比荷求出了电子的质量，即

$$m=\frac{1.602\times10^{-19}}{1.759\times10^{11}}kg=9.110\times10^{-31}kg$$

顺便指出，当电子速度接近光速时，应考虑相对论的质量与速度的关系：

$$m=\frac{m_o}{\sqrt{1-v^2/c^2}}$$

式中，m_o 为电子的静止质量．显然，电子的运动质量 m 将随其速度的增大而增大，因电子电量保持不变，故比荷 e/m 因电子速度增大而减小，但是 e/m_o 则仍为常量．

2. 质谱仪

质谱仪是一种用来分析同位素的仪器．同位素是原子序数相同、相对原子质量不同的原子，因为同位素的化学性质相同，所以需要用物理方法来区分，常用的仪器就是**质谱仪**．

质谱仪的结构如图 4-22 所示．N 是离子源，产生的正离子（$q>0$）通过有狭缝的电极 S_1、S_2，中间存在加速电场，沿狭缝径直地进入**速度选择器**，即图示的平板 P_1、P_2 之间的区域．在速度选择器中，有 P_1、P_2 两极间的电势差所形成的水平向右的均匀电场 $\boldsymbol{E}$，同时存在垂直纸面向外的均匀磁场，磁感应强度为 $\boldsymbol{B}$．由于离子源产生的离子经加速后可以有不同的速度，当它们进入速度选择器时，其中速度为 $\boldsymbol{v}$ 的离子恰能使其所受的电场力 $\boldsymbol{F}_e$ 和洛伦兹力 $\boldsymbol{F}_m$ 相平衡，离子方可无偏转地径直向下通过小孔 S_3．亦即，这时速度 v 满足：

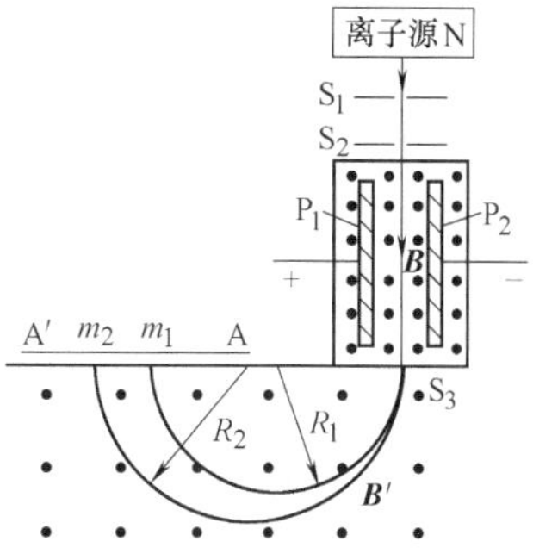

图 4-22　质谱仪的结构简图

$$eE=evB$$

或

$$v=\frac{E}{B} \tag{a}$$

的离子才能通过速度选择器而从小孔 S_3 进入均匀磁场 $\boldsymbol{B}'$ 的区域．$\boldsymbol{B}'$ 的方向也是垂直纸面向外的．这样，由于该区域内没有电场，因而进入磁场 $\boldsymbol{B}'$ 的正离子在洛伦兹力作用下，做匀速率圆周运动，其轨道半径为

$$R=\frac{mv}{qB'} \tag{b}$$

将式（a）代入式（b），得离子的比荷为

$$\frac{q}{m}=\frac{E}{RB'B} \tag{4-33}$$

上式右端各量都可直接测定，因而，便可算出离子的比荷 q/m；若离子是一价的，q 与电子的电荷大小 e 相等，即 $q=e$；若离子是二价的，$q=2e$，以此类推．于是从离子的价数

可知离子所带的电荷 q，再由 q/m，便可确定离子的质量 m.

从狭缝 S_3 射出而进入磁场 $\boldsymbol{B}'$ 中的离子，它们的速度 $\boldsymbol{v}$、电荷 q 都是相等的. 如果这些离子中有不同质量的同位素，则由 $R=mv/(qB')$ 可知，它们在磁场 $\boldsymbol{B}'$ 中做圆周运动的轨道半径 R 就不相同. 因此，这些不同质量 $m_1, m_2, \cdots$ 的离子将分别射到胶卷 AA′ 上的不同位置（见图 4-22），胶卷感光后，便形成若干条谱线状的细条纹，每一细条纹相当于一定质量的离子. 根据条纹的位置，可测出轨道半径 $R_1, R_2, \cdots$，从而算出它们的相应质量，所以这种仪器叫作**质谱仪**. 利用质谱仪测得的锗（Ge）元素的质谱，条纹表示质量数（即最靠近相对原子质量的整数）为 70, 72, …锗的同位素 ^{70}Ge, ^{72}Ge, ….利用质谱仪还可以测定岩石中铅同位素的成分，用来确定岩石的年龄，据此曾对地球、月球甚至银河系的年龄做过估算.

4.8　磁场中的磁介质

前面我们研究了电流在真空中激发的磁场，现在将讨论有磁介质时的情况. 在磁场中可以存在着各种各样的物质（指由原子、分子构成的固体、液体或气体等），这些物质因受磁场的作用而处于所谓**磁化状态**；与此同时，磁化了的物质反过来又要对原来的磁场产生影响. 这种能影响磁场的物质，统称为**磁介质**. 这里只讨论各向同性的均匀磁介质.

4.8.1　磁介质在外磁场中的磁化现象

我们知道，电介质放在外电场中要极化，在介质中要出现极化电荷（或束缚电荷），有电介质时的电场是外电场与极化电荷激发的附加电场相叠加的结果. 与此相仿，磁介质放入外磁场中要**磁化**，在磁介质中要出现所谓**磁化电流**，有磁介质时的磁场 $\boldsymbol{B}$ 应是外磁场 $\boldsymbol{B}_0$ 和磁化电流激发的附加磁场 $\boldsymbol{B}'$ 的叠加，即

$$\boldsymbol{B}=\boldsymbol{B}_0+\boldsymbol{B}' \tag{4-34}$$

实验表明，不同的磁介质在磁场中磁化的效果是不同的. 在有些磁介质内，磁化电流所激发的附加磁场 $\boldsymbol{B}'$ 与原来的外磁场 $\boldsymbol{B}_0$ 的方向相同（见图 4-23a），因而总磁场大于原来的磁场，即 $B>B_0$，这类磁介质称为**顺磁质**，例如锰、铬、氧等；而在另一些磁介质内，$\boldsymbol{B}'$ 与 $\boldsymbol{B}_0$ 的方向则相反（见图 4-23b），因而总磁场小于原来的外磁场，即 $B<B_0$，这类磁介质称为**抗磁质**，例如铜、水银、氢等. 在上述这两类磁介质中，磁化电流激发的附加磁场 $\boldsymbol{B}'$ 的数值是很小的，即 $B' \ll B_0$，也就是说，磁性颇为微弱，故把顺磁质和抗磁质统称为**弱磁物质**. 还有一类磁介质，如铁、镍、钴及其合金等，磁化后不仅 $\boldsymbol{B}'$ 与 $\boldsymbol{B}_0$ 的方向相同，而且在数值上 $B' \gg B_0$，因而能显著地增强和影响外磁场，我们把这类磁介质称为**铁磁质**或**强磁物质**. 铁磁质用途广泛，平常所说的磁性材料主要是指这类磁介质.

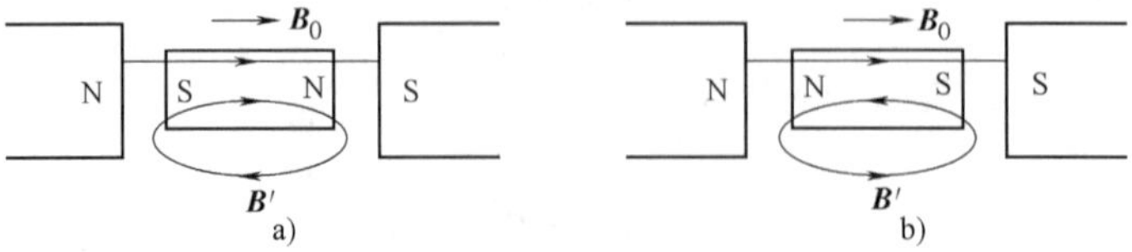

图 4-23　顺磁质和抗磁质的磁化

a）顺磁质　b）抗磁质

4.8.2　抗磁质和顺磁质的磁化机理

前面讲过，一切磁现象起源于电流．现在我们从物质的电结构出发，对物质的磁性做一初步解释．

在任何物质的分子（或原子）中，每个电子都在环绕着原子核做轨道运动，与此同时，它还绕其自身轴做自旋（自转）运动（见图 4-24），宛如地球绕太阳公转的同时也在绕地轴自转一样．

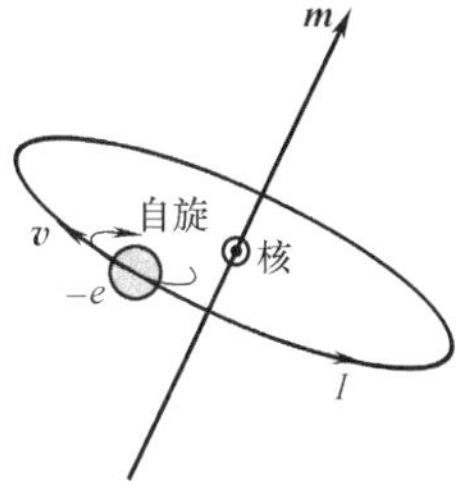

图 4-24　电子的运动

电子在带正电的原子核的库仑力（向心力）$\boldsymbol{F}_e$ 作用下，沿着圆形轨道运动．由于电子带负电，形成与电子运动速度 $\boldsymbol{v}$ 反方向的电流 I，相应于这个圆电流的磁矩，叫作**轨道磁矩**，记作 $\boldsymbol{m}$，$\boldsymbol{m}$ 垂直于电子轨道平面，方向如图 4-24 所示（参阅例题 4-11）．类似地，电子的自旋运动所具有的磁矩，叫作**自旋磁矩**．分子中所有电子的轨道磁矩和自旋磁矩的矢量和，称为**分子磁矩**，记作 $\boldsymbol{p}_m$．不同物质的分子磁矩大小不同．

今以顺磁质为例，说明介质磁化过程中所形成的磁化电流．设一条无限长载流直螺线管（见图 4-25a），单位长度绕有 n 匝线圈，通有电流 I，在管内激发了一个沿管轴方向的均匀磁场 $\boldsymbol{B}_0$．当管内充满均匀磁介质时，与螺线管形状、大小全同的整块介质沿轴线方向被均匀地磁化，其中每个分子圆电流（即分子磁矩）的平面在外磁场的力偶矩作用下，将转到与外磁场 $\boldsymbol{B}_0$ 的方向垂直．图4-25b表示磁介质任一截面上分子电流的排列情况．由于各个分子电流的环绕方向一致，因此在介质内任一位置（例如点 P）处的两个相邻分子电流的流向恒相反，它们的效应相互抵消．只有在介质截面边缘各点上分子电流的效应未被抵消，它们相当于与截面边缘重合的一个大圆形电流．对于被螺线管包围的整个圆柱形介质的各个截面边缘上，都有这种大圆形电流．因此，介质内所有分子电流之和实际上等效于分布在介质圆柱面上的电流，这些表面电流称为**磁化电流**[㊀]，以 I' 表示（见图 4-25c）．这样，便可把磁化了的介质归结为一个在真空中通有电流 I' 的“螺线管”，它所激发的磁场 $\boldsymbol{B}'$（大小为 $B'=\mu_0 nI'$）与螺线管中的传导电流 I[㊁] 所激发的外磁场 $\boldsymbol{B}_0$（大小为 $B_0=\mu_0 nI$）两者方向相同，这两个磁场 $\boldsymbol{B}_0$ 与 $\boldsymbol{B}'$ 相叠加，就是顺磁质处于外磁场 $\boldsymbol{B}_0$ 中时的总磁感应强度 $\boldsymbol{B}$．

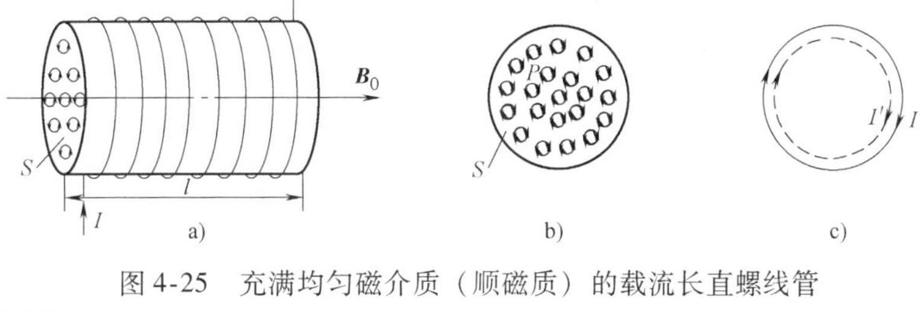

图 4-25　充满均匀磁介质（顺磁质）的载流长直螺线管

㊀ 如果磁介质的磁化是不均匀的，则介质内相邻分子电流的磁效应未必能够互相抵消，此时介质中不仅表面有磁化电流，并且介质内部也将有磁化电流．

㊁ 我们把由自由电荷定向运动所形成的电流统称为**传导电流**，以与磁介质磁化时由分子电流形成的磁化电流相区别．

如果在上述载流螺线管内充满均匀的抗磁质，其磁化电流 I' 的形成类似于顺磁质的情况. 不过，这时磁化电流 I' 所激发的磁场 $\boldsymbol{B}'$ 与外磁场 $\boldsymbol{B}_0$ 的方向相反.

问题4-12　何谓磁化电流？相应于分子圆电流所形成的分子磁矩与磁化电流有何关系？

4.8.3　磁介质的磁导率

设在真空中某点的磁感应强度为 $\boldsymbol{B}_0$，充满均匀磁介质后，由于磁介质的磁化，该点的磁感应强度变为 $\boldsymbol{B}$，$\boldsymbol{B}$ 和 $\boldsymbol{B}_0$ 的比值称为**磁介质的相对磁导率**，用 μ_r 表示，即

$$\frac{B}{B_0}=\mu_r \tag{4-35}$$

相对磁导率 μ_r 是没有单位的纯数，它的大小说明磁介质对磁场影响的大小. 真空中的毕奥-萨伐尔定律的数学表达式为

$$\mathrm{d}\boldsymbol{B}_0=\frac{\mu_0}{4\pi}\frac{I\mathrm{d}\boldsymbol{l}\times\boldsymbol{r}}{r^3}$$

则由式（4-35），无限大均匀磁介质中的毕奥-萨伐尔定律的数学表达式为

$$\mathrm{d}\boldsymbol{B}=\frac{\mu_0\mu_r}{4\pi}\frac{I\mathrm{d}\boldsymbol{l}\times\boldsymbol{r}}{r^3}=\frac{\mu}{4\pi}\frac{I\mathrm{d}\boldsymbol{l}\times\boldsymbol{r}}{r^3}$$

式中，$\mu=\mu_0\mu_r$ 称为**磁介质的磁导率**. 真空中，$\boldsymbol{B}=\boldsymbol{B}_0$，磁介质的相对磁导率 $\mu_r=1$，$\mu=\mu_0$，故 μ_0 称为**真空中的磁导率**. μ 与 μ_0 的单位相同.

按相对磁导率 μ_r 值的不同，对上述三类磁介质而言，$\mu_r>1$，即为顺磁质；$\mu_r<1$，即为抗磁质；$\mu_r\gg1$，即为铁磁质. 顺磁质和抗磁质的 μ_r 都近似等于1，表明这两种磁介质对磁场的影响很小；而铁磁质的 μ_r 可高至几万，铁磁质对磁场的影响很大.

相对磁导率 μ_r 的值可由实验测得，其值可查阅有关物理手册.

4.8.4　磁介质中的高斯定理和安培环路定理

从电流产生磁场的观点看，传导电流产生的磁场为 $\boldsymbol{B}_0$，磁介质中的附加磁场 $\boldsymbol{B}'$ 可以认为是磁介质磁化后出现的磁化电流所产生的，这两个磁场的磁感应线都是闭合的，存在着 $\oint_S\boldsymbol{B}_0\cdot\mathrm{d}\boldsymbol{S}=0$，$\oint_S\boldsymbol{B}'\cdot\mathrm{d}\boldsymbol{S}=0$，因此有 $\oint_S\boldsymbol{B}\cdot\mathrm{d}\boldsymbol{S}=0$，这就是**磁介质存在时的高斯定理**.

真空中磁场的安培环路定理为 $\oint_l\boldsymbol{B}_0\cdot\mathrm{d}\boldsymbol{l}=\mu_0\sum_{i=1}^{n}I_{传导i}$，与此类似，磁介质的附加磁场 $\boldsymbol{B}'$ 和磁化电流的关系为 $\oint_l\boldsymbol{B}'\cdot\mathrm{d}\boldsymbol{l}=\mu_0\sum_{i=1}^{n}I_{磁化i}$. 在磁介质中，安培环路定理为

$$\oint_l\boldsymbol{B}\cdot\mathrm{d}\boldsymbol{l}=\mu_0\left(\sum_{i=1}^{n}I_{传导i}+\sum_{i=1}^{n}I_{磁化i}\right)$$

其中 $\boldsymbol{B}=\boldsymbol{B}_0+\boldsymbol{B}'$，由上式得

$$\oint_l\frac{\boldsymbol{B}}{\mu_0}\cdot\mathrm{d}\boldsymbol{l}-\sum_{i=1}^{n}I_{磁化i}=\sum_{i=1}^{n}I_{传导i}$$

由于磁化电流较复杂，为此利用$\oint_l \boldsymbol{B}'\cdot \mathrm{d}\boldsymbol{l}=\mu_0\sum_{i=1}^{n} I_{磁化i}$，将上式中的$\sum_{i=1}^{n} I_{磁化i}$取代掉，则得

$$\oint_l \frac{\boldsymbol{B}}{\mu_0}\cdot \mathrm{d}\boldsymbol{l}-\oint_l \frac{\boldsymbol{B}'}{\mu_0}\cdot \mathrm{d}\boldsymbol{l}=\sum_{i=1}^{n} I_{传导i}$$

令$\frac{\boldsymbol{B}}{\mu_0}-\frac{\boldsymbol{B}'}{\mu_0}=\boldsymbol{H}$，$\boldsymbol{H}$ 称为**磁场强度矢量**，则上式可写成

$$\oint_l \boldsymbol{H}\cdot \mathrm{d}\boldsymbol{l}=\sum_{i=1}^{n} I_{传导i}$$

若以 I 代替 $I_{传导}$，则得

$$\oint_l \boldsymbol{H}\cdot \mathrm{d}\boldsymbol{l}=\sum_{i=1}^{n} I_i \tag{4-36}$$

称式（4-36）为**有磁介质时磁场的安培环路定理**，它表明**磁场强度 $\boldsymbol{H}$ 沿闭合回路的线积分等于回路内传导电流的代数和**．它对于任意磁场均适用．

对于充满磁场空间的各向同性均匀磁介质而言，因为 $\boldsymbol{B}=\boldsymbol{B}_0+\boldsymbol{B}'$，且 $B/B_0=\mu_r$ 以及 $\mu=\mu_0\mu_r$，所以

$$\boldsymbol{H}=\frac{\boldsymbol{B}}{\mu_0}-\frac{\boldsymbol{B}'}{\mu_0}=\frac{\boldsymbol{B}_0}{\mu_0}=\frac{\boldsymbol{B}_0\mu_r}{\mu_0\mu_r}=\frac{\boldsymbol{B}}{\mu}$$

或写作

$$\boldsymbol{B}=\mu\boldsymbol{H} \tag{4-37}$$

称式（4-37）为**磁介质的性质方程**．因此，对于具有一定对称性的磁介质中的磁场，可先用式（4-36）求出 $\boldsymbol{H}$，然后用式（4-37）就可求得 $\boldsymbol{B}$．

最后我们指出，与求解真空中的磁场问题相仿，**根据有磁介质时磁场的安培环路定理和毕奥-萨伐尔定律，并利用磁场的叠加原理，可以求解有磁介质时的磁场问题，所得的结果与真空中的类同，只不过将 μ_0 换成 μ 而已．**

问题 4-13　(1) 为什么要引入磁场强度 $\boldsymbol{H}$ 这个物理量？它与磁感应强度 $\boldsymbol{B}$ 有何异同？

(2) 试述有磁介质时磁场的安培环路定理和毕奥-萨伐尔定律．

例题 4-13　如例题 4-13 图所示，在磁导率 $\mu=5.0\times10^{-4}\mathrm{Wb\cdot A^{-1}\cdot m^{-1}}$ 的磁介质圆环上，每米长度均匀密绕着 1000 匝的线圈，绕组中通有电流 $I=2.0\mathrm{A}$．试计算环内的磁感应强度．

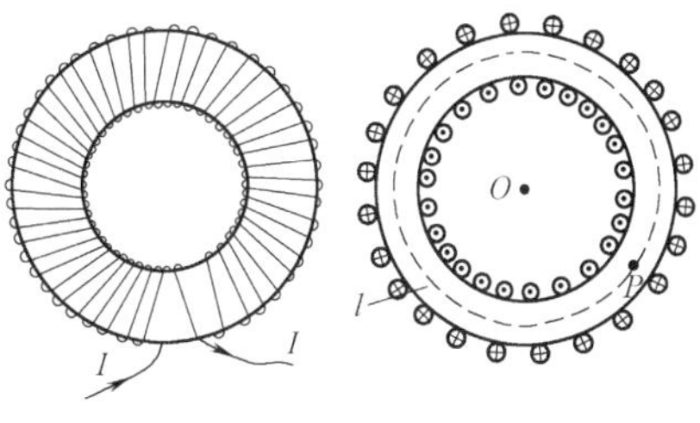

例题 4-13 图

解　在螺线管内充满磁介质时，欲求磁感应强度 $\boldsymbol{B}$，一般是先求磁场强度 $\boldsymbol{H}$．这是因为 $\boldsymbol{H}$ 只与绕组中的传导电流 I 有关．所以，可利用有磁介质时磁场的安培环路定理来求磁场强度 $\boldsymbol{H}$．为此，取通过场点 P 的一条磁感应线作为线积分的闭合路径 l，由于 l 上任一点的磁感应强度 $\boldsymbol{B}$ 都和这条闭合的磁感应线相切，则由关系式 $\boldsymbol{H}=\boldsymbol{B}/\mu$，$l$ 上任一点的磁场强度 $\boldsymbol{H}$ 也都和闭合线相切，且由于环内同一条磁感应线上的 $\boldsymbol{B}$ 或 $\boldsymbol{H}$ 的值都相等，故有

$$\oint_l \boldsymbol{H}\cdot \mathrm{d}\boldsymbol{l}=\oint_l H\cos\theta \mathrm{d}l=H\oint_l \cos 0^\circ \mathrm{d}l=H\oint_l \mathrm{d}l=Hl$$

l 为闭合线长度，近似等于环形螺线管的平均周长．而被 l 所围绕的传导电流为 nlI（其中 n 为每单位长度的匝数），故由安培环路定理［式（4-36）］，有

$$Hl=nlI$$

即
$$H = nI$$
代入题设数据，算得
$$H = 1000\mathrm{m}^{-1} \times 2.0\mathrm{A} = 2.0 \times 10^3\,\mathrm{A} \cdot \mathrm{m}^{-1}$$
然后按照关系式 $\boldsymbol{B} = \mu \boldsymbol{H}$，得出磁感应强度为
$$B = \mu H = \mu nI = (5.0 \times 10^{-4} \times 2.0 \times 10^3)\,\mathrm{Wb \cdot m^{-2}} = 1.0\,\mathrm{Wb \cdot m^{-2}}$$

［大国名片］中国华为 5G

5G 是第五代移动通信 Generation5 的简称. 国际电信联盟（ITU）定义了 5G 的三大类应用场景，即增强移动宽带（eMBB）、超高可靠低时延通信（uRLLC）和海量机器类通信（mMTC）. 增强移动宽带（eMBB）主要面向移动互联网流量爆炸式增长，为移动互联网用户提供更加极致的应用体验；超高可靠低时延通信（uRLLC）主要面向工业控制、远程医疗、自动驾驶等对时延和可靠性具有极高要求的垂直行业应用需求；海量机器类通信（mMTC）主要面向智慧城市、智能家居、环境监测等以传感和数据采集为目标的应用需求. 在移动互联网时代，最核心的技术是移动通信技术. 而在通信行业，世界 5G 标准之争是最高话语权的争夺. 一旦标准确立，将对全球通信产业产生巨大影响.

纵观通信技术发展史，已经先后经历了 1G、2G、3G、4G 几个重要时代：第一代 1G 是模拟技术；第二代 2G，实现了语音的数字化；第三代 3G，以多媒体通信为特征；第四代 4G，通信进入无线宽带时代，速率大大提高. 然而这些阶段里的重要专利技术几乎被高通、爱立信等国外企业垄断，中国一直处于落后状态.

2016 年美国时间 11 月 17 日，国际无线标准化机构 3GPP 的无线物理层 87 次会议在美国召开，就 5G 短码方案进行讨论. 中国华为的极化码（Polar Code）方案、美国高通的 LDPC 方案、法国的 Turbo2. 0 方案进行角逐. 最终华为的方案从两大竞争对手中胜出. 2017 年，服务化新架构作为 5G 核心网唯一基础架构，被确立为 5G 国际标准. 如今的华为 5G 技术已经成为国家的一张名片，就像中国高铁一样走向了世界，是服务于全人类的高科技。

习　题　4

4-1　边长为 l 的正方形线圈中通有电流 I，此线圈在 A 点（见习题 4-1 图）产生的磁感应强度 B 为

（A）$\dfrac{\sqrt{2}\mu_0 I}{4\pi l}$.　　（B）$\dfrac{\sqrt{2}\mu_0 I}{2\pi l}$.

（C）$\dfrac{\sqrt{2}\mu_0 I}{\pi l}$.　　（D）以上均不对.　　［　　］

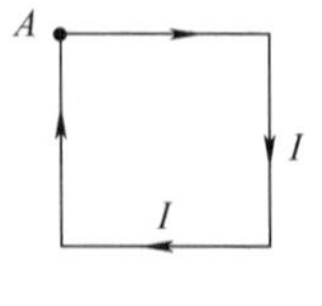

习题 4-1 图

4-2　如习题 4-2 图所示，两根直导线 ab 和 cd 沿半径方向被接到一个截面处处相等的铁环上，稳恒电流 I 从 a 端流入而从 d 端流出，则磁感应强度 $\boldsymbol{B}$ 沿图中闭合路径 L 的积分 $\oint_L \boldsymbol{B} \cdot \mathrm{d}\boldsymbol{l}$ 等于

（A）$\mu_0 I$.　　（B）$\dfrac{1}{3}\mu_0 I$.

（C）$\mu_0 I/4$.　　（D）$2\mu_0 I/3$.　　［　　］

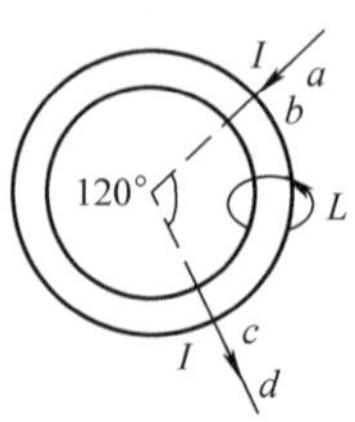

习题 4-2 图

4-3　习题 4-3 图所示为 4 个带电粒子在 O 点沿相同方向垂直于磁感应线射入均匀磁场后的偏转轨迹的照片. 磁场方向垂直纸面向外，轨迹所对应的 4 个粒子的质量相等，电荷大小也相等，则其中动能最大的带负电的粒子的轨迹是

(A) Oa.　　(B) Ob.

(C) Oc.　　(D) Od.　　[　　]

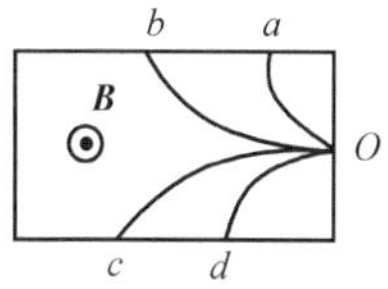

习题 4-3 图

4-4　在匀强磁场中，有两个平面线圈，其面积 $A_1 = 2A_2$，通有电流 $I_1 = 2I_2$，它们所受的最大磁力矩之比 M_1/M_2 等于

(A) 1.　　(B) 2.

(C) 4.　　(D) 1/4.　　[　　]

4-5　如习题 4-5 图所示，无限长直导线在 P 处弯成半径为 R 的圆，若通以电流 I，则在圆心 O 点的磁感应强度的大小等于

(A) $\dfrac{\mu_0 I}{2\pi R}$.　　(B) $\dfrac{\mu_0 I}{4R}$.

(C) 0.　　(D) $\dfrac{\mu_0 I}{2R}\left(1-\dfrac{1}{\pi}\right)$.

(E) $\dfrac{\mu_0 I}{4R}\left(1+\dfrac{1}{\pi}\right)$.　　[　　]

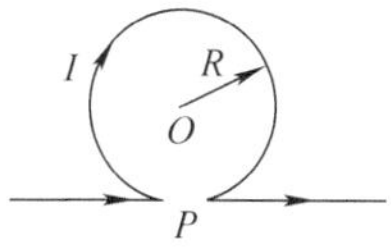

习题 4-5 图

4-6　有一半径为 R 的单匝圆线圈，通以电流 I，若将该导线弯成匝数 $N=2$ 的平面圆线圈，导线长度不变，并通以同样的电流，则线圈中心的磁感应强度和线圈的磁矩分别是原来的

(A) 4 倍和 1/8.　　(B) 4 倍和 1/2.

(C) 2 倍和 1/4.　　(D) 2 倍和 1/2.　　[　　]

4-7　有一无限长通以电流的扁平铜片，宽度为 a，厚度不计，电流 I 在铜片上均匀分布，在铜片外与铜片共面，离铜片右边缘为 b 处的 P 点（见习题 4-7 图）的磁感应强度 $\boldsymbol{B}$ 的大小为

(A) $\dfrac{\mu_0 I}{2\pi(a+b)}$.　　(B) $\dfrac{\mu_0 I}{2\pi a}\ln\dfrac{a+b}{b}$.

(C) $\dfrac{\mu_0 I}{2\pi b}\ln\dfrac{a+b}{b}$.　　(D) $\dfrac{\mu_0 I}{\pi(a+2b)}$.　　[　　]

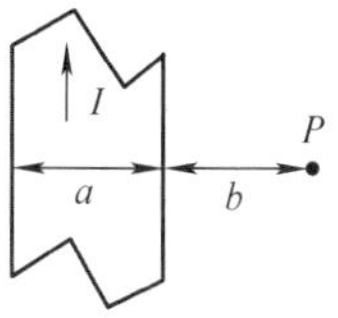

习题 4-7 图

4-8　一磁场的磁感应强度为 $\boldsymbol{B}=a\boldsymbol{i}+b\boldsymbol{j}+c\boldsymbol{k}$ (SI)，则通过一半径为 R，开口向 z 轴正方向的半球壳表面的磁通量的大小为________ Wb.

4-9　如习题 4-9 图所示，在宽度为 d 的导体薄片上有电流 I 沿此导体长度方向流过，电流在导体宽度方向均匀分布. 导体外在导体中线附近处 P 点的磁感应强度 $\boldsymbol{B}$ 的大小为________.

4-10　在阴极射线管的上方平行管轴方向上放置一长直载流导线，电流方向如习题 4-10 图所示，那么射线应________偏转.

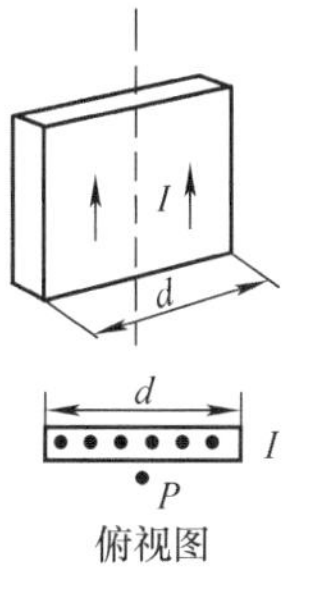

习题 4-9 图

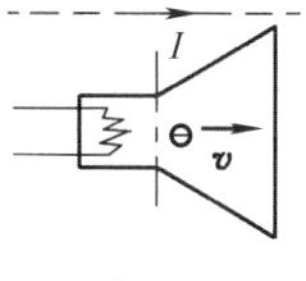

习题 4-10 图

4-11　一无限长载流直导线，通有电流 I，弯成如习题 4-11 图所示形状. 设各线段皆在纸面内，则 P 点磁感应强度 $\boldsymbol{B}$ 的大小为________.

4-12　如习题 4-12 图所示，用均匀细金属丝构成一半径为 R 的圆环 C，电流 I 由导线 1 流入圆环 A 点，并由圆环 B 点流入导线 2. 设导线 1 和导线 2 与圆环共面，则环心 O 处的磁感应强度的大小为________，方向________.

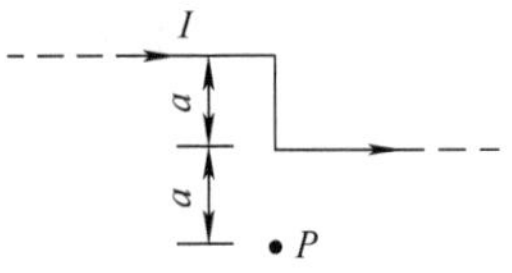

习题 4-11 图

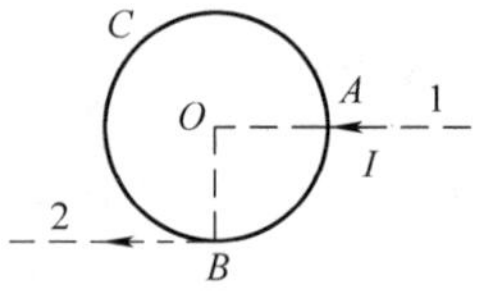

习题 4-12 图

4-13　氢原子中，电子绕原子核沿半径为 r 的圆周运动，它等效于一个圆形电流. 如果外加一个磁感应强度为 B 的磁场，其磁感应线与轨道平面平行，那么这个圆电流所受的磁力矩的大小 $M=$________.（设电子质量为 m_e，电子电荷的绝对值为 e）

4-14　习题 4-14 图所示为三种不同的磁介质的 $B-H$ 关系曲线，其中虚线表示的是 $B=\mu_0 H$ 的关系. 说明 a、b、c 各代表哪一类磁介质的 $B-H$ 关系曲线：

a 代表________的 $B-H$ 关系曲线.

b 代表________的 $B-H$ 关系曲线.

c 代表________的 $B-H$ 关系曲线.

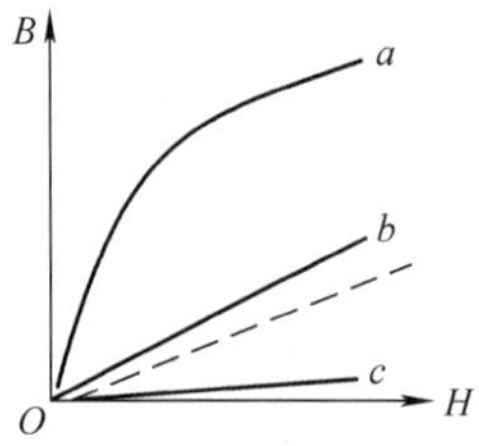

习题 4-14 图

4-15　一无限长圆柱形铜导体（磁导率 μ_0），半径为 R，通有均匀分布的电流 I. 今取一矩形平面 S（长为 1m，宽为 $2R$），位置如习题 4-15 图中画斜线部分所示，求通过该矩形平面的磁通量.

4-16　横截面为矩形的环形螺线管，如习题 4-16 图所示，圆环内外半径分别为 R_1 和 R_2，芯子材料的磁导率为 μ，导线总匝数为 N，绕得很密，若线圈通电流 I，求：

（1）芯子中的 B 值和芯子截面的磁通量；

（2）在 $r<R_1$ 和 $r>R_2$ 处的 B 值.

4-17　将通有电流 $I=5.0\mathrm{A}$ 的无限长导线折成如习题 4-17 图所示形状，已知半圆环的半径为 $R=0.10\mathrm{m}$. 求圆心 O 点的磁感应强度.（$\mu_0=4\pi\times10^{-7}\mathrm{H\cdot m^{-1}}$）

4-18　如习题 4-18 图所示，有一密绕平面螺旋线圈，其上通有电流 I，总匝数为 N，它被限制在半径为 R_1 和 R_2 的两个圆周之间. 求此螺旋线中心 O 处的磁感应强度.

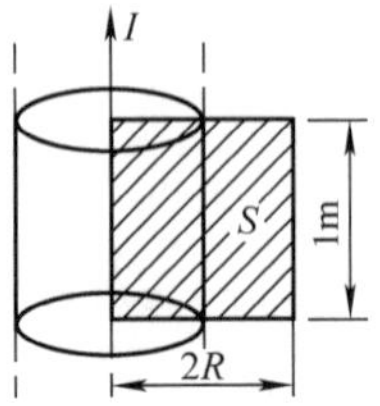

习题 4-15 图

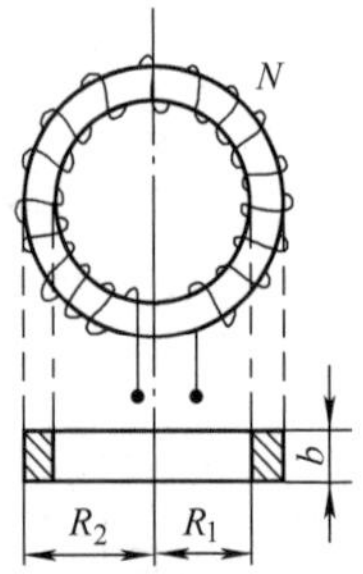

习题 4-16 图

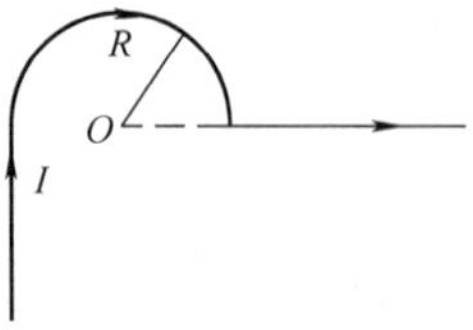

习题 4-17 图

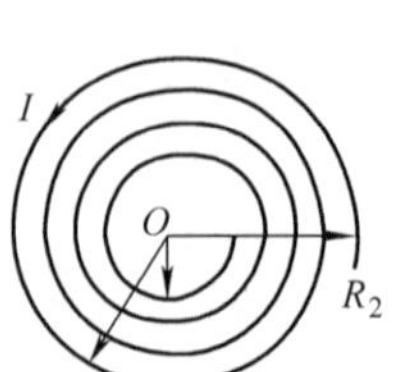

习题 4-18 图

[世界杰出物理学家] 现代电力之父——尼古拉·特斯拉

尼古拉·特斯拉是塞尔维亚裔美籍科学家，出生于1856年7月，他是发明家、物理学家、机械工程师、电气工程师. 特斯拉独自取得700多项发明专利，11次被提名诺贝尔物理学奖. 特斯拉一生的发明见证着他对社会无私的贡献，但他却长年经济拮据. 特斯拉放弃了交流电的专利权，条件是交流电的专利将永久公开，从此交流电成为一项免费的发明.

特斯拉才华横溢，除了是一位科学家，他还精通8种语言，在交流电系统、X射线研究、无线电能传输、无线电系统、球状闪电、粒子束武器等领域有着多项革命性发明. 他的多项相关专利以及电磁学理论研究工作是现代无线通信和无线电的基石. 1960年在巴黎召开的国际计量大会上，磁感应强度的单位被命名为特斯拉，以纪念其在电磁学领域做出的重要贡献.

在美国，特斯拉在历史或通俗文化上的名声可以媲美其他任何发明家或科学家. 在赢得著名的19世纪80年代的“电流之战”及在1894年成功进行短波无线通信试验之后，特斯拉被认为是当时美国最伟大的电气工程师之一. 他的许多发现被认为是具有开创性的，是电机工程学的先驱. 塞尔维亚的纸币上至今仍然印有尼古拉·特斯拉的头像.

第5章　变化的电磁场

前两章我们相继讨论了静电场和稳恒磁场的基本规律. 本章将进一步研究电场和磁场在时变的情况下相互激发、相互联系的情况和性质，并由此引入和归结为宏观电磁场理论的基础——麦克斯韦方程组.

1820年在奥斯特发现电流的磁现象之后不久，英国物理学家法拉第（M. Faraday, 1791—1867）于1821年提出“磁”能否产生“电”的想法，并经过多年实验研究，终于在1831年发现，当穿过闭合导体回路中的磁通量随时间发生改变时，回路中就出现电流，这个现象称为**电磁感应现象**.

电磁感应现象的发现，不仅揭示了电与磁之间的内在联系，为进一步建立电磁场理论提供了基础，而且使机械能转变为电能得以实现，促进了工业化社会的发展.

5.1　电磁感应现象及其基本规律

5.1.1　电磁感应现象

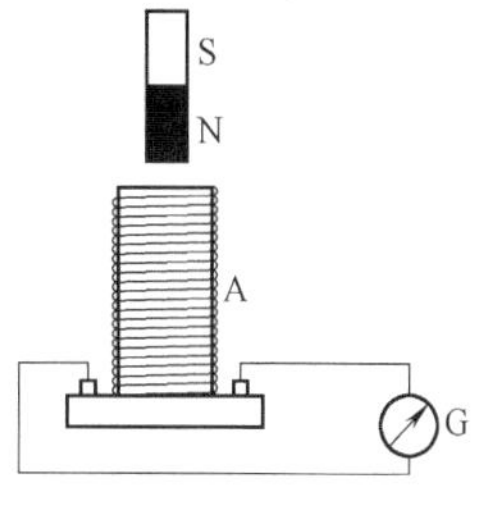

图5-1　磁铁插入线圈的实验

如图5-1所示，一线圈A与灵敏电流计G连接成一个回路，用一磁铁的N极或S极插入线圈的过程中，电流计显示出回路中有电流通过. 电流的方向与磁铁的极性及运动方向有关；电流的大小则与磁铁相对于线圈运动的快慢有关．磁铁运动得越快，电流越大；运动得越慢，电流越小；停止运动，则电流为零．

如果采取相反的操作过程，令插入线圈中的磁铁静止不动，将线圈相对于磁铁运动，结果完全相同．

如果将磁铁换成另一载流线圈 B，如图 5-2 所示，则发现只要载流线圈 B 和线圈 A 之间有相对运动，在线圈 A 的回路中就有电流通过．情况和磁铁与线圈 A 之间有相对运动时完全一样．不仅如此，还发现即使线圈 A 与 B 之间没有相对运动，而只要改变线圈 B 中的电流强度；或者甚至电流强度也不改变，只要改变线圈 B 中的介质（例如，把一根铁棒插入线圈 B 或将线圈中原有的铁棒抽出），同样要在线圈 A 的回路中引起电流．

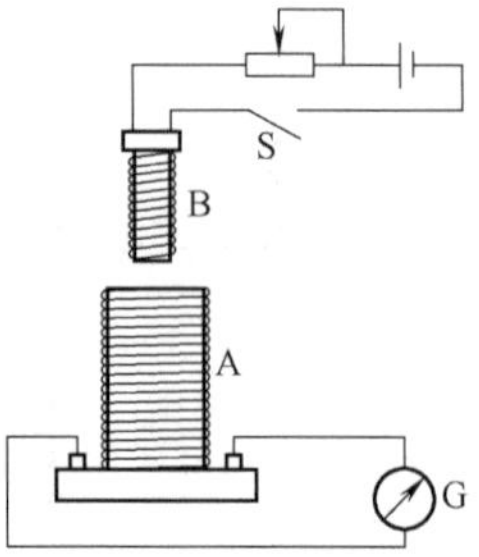

图 5-2　载流小线圈插入线圈

以上各实验的条件似乎很不相同，但是仔细分析，可以发现它们具有一个共同特征，即当线圈 A 内的磁感应强度发生变化时，线圈 A 中就有电流通过，这个电流称为**感应电流**．并且，磁感应强度变化越迅速，感应电流也越大．感应电流的方向可以根据磁场变化的具体情况来确定．

那么，磁场不变化能否产生感应电流呢？实验还发现另一种情况，如图 5-3 所示，在一均匀磁场 $\boldsymbol{B}$ 中放一矩形线框 $abcd$，线框的一边 cd 可以在 ad、bc 两条边上滑动，以改变线框平面的面积．线框的另一边 ab 中接一灵敏电流计 G．使线框平面与磁场 $\boldsymbol{B}$ 垂直，则当 cd 边滑动时，也会引起感应电流，滑动速度 $\boldsymbol{v}$ 越大，感应电流也越大．感应电流的流向与磁场 $\boldsymbol{B}$ 的方向及 cd 滑动的方向彼此有关．但如果线框平面平行于磁场方向，则无论怎样滑动，cd 边都没有感应电流产生．在这个实验中，磁场没有发生变化，但当 cd 边的滑动使得通过线框的磁通量发生变化时，也要产生感应电流．

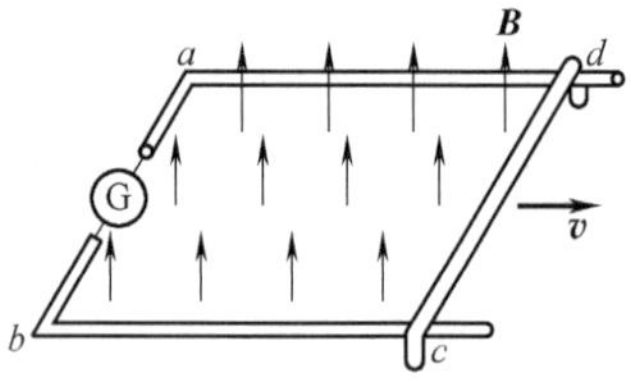

图 5-3　线框平面面积改变，引起感应电流

从以上三个实验现象我们可以看到，线圈中的感应电流是在磁铁相对于线圈位置发生变化，或者在磁场中的线圈回路面积发生变化的情形下引起的．这种电流的产生可以归结为如下结论：**当通过一闭合电路所包围面积的磁通量发生变化时，闭合电路中就出现感应电流．**

问题 5-1　如问题 5-1 图所示，放在纸面上的闭合导体回路 C，在垂直纸面且向里的均匀磁场 $\boldsymbol{B}$ 中做各图所示的运动时，则回路 C 中有无感应电流？

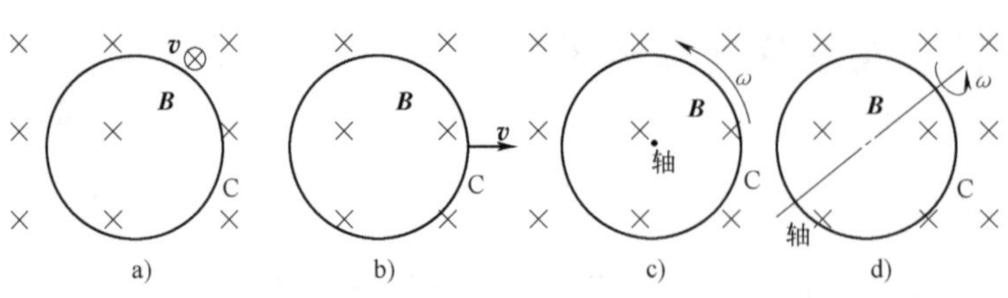

问题 5-1 图

a）回路沿磁场方向平动　b）回路垂直于磁场方向平动　c）回路绕平行于磁场的轴转动　d）回路绕垂直于磁场的轴转动

5.1.2　楞次定律

现在来说明如何判断感应电流的流向. 1833年，楞次（H. F. E. Lenz，1804—1865）在概括实验结果的基础上得出如下结论：**闭合回路中感应电流的流向，总是企图使感应电流本身所产生的通过回路面积的磁通量，去抵消或者补偿引起感应电流的磁通量的改变.** 这一结论称为**楞次定律.**

应用楞次定律判断感应电流的流向，可举例说明之. 如图5-4所示，当磁铁向线圈A移动时，我们可以按下述三个步骤来判断线圈A中感应电流的流向：

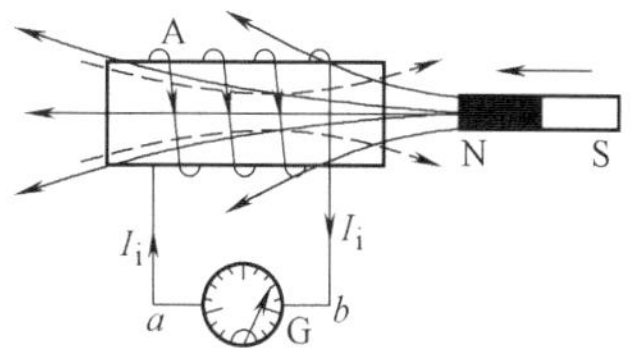

图5-4　楞次定律举例说明

（1）随着磁铁向线圈A靠近，穿过线圈A的磁通量在增大；

（2）根据楞次定律，螺线管中感应电流的磁场方向应与磁铁的磁场方向相反（如图中虚线所示）；

（3）根据右手螺旋法则，螺线管中感应电流 I_i 的方向如图5-4所示.

当磁铁离开线圈A向右移动时，读者不难自行判断，螺线管中感应电流的方向则与图示方向相反.

我们还可以这样看：仍如图5-4所示，当磁棒的N极向线圈移动时，在线圈中既然有感应电流，那么，这线圈就相当于一个条形磁铁，它的右端便成为N极，面迎着磁棒的N极. 以致这两个N极互相排斥. 反之，当磁棒的N极离开线圈时，读者可自行分析，线圈的右端则成为S极，将吸引磁棒而企图阻止它离开. 总之，**感应电流激发的磁场，其作用是反抗磁棒运动的.**

细加思量，读者不难领会，用以决定感应电流流向的楞次定律，是符合能量守恒与转换定律的. 在上述例子中可以看到，感应电流所激发的磁场，它的作用是反抗磁棒的运动，因此，一旦移动磁棒，外力就要做功；与此同时，在导体回路中就具有感应电流，这电流在回路上则是要消耗电能的，例如消耗在电阻上而转变为热能. 事实上，这个能量的来源就是外力所做的功.

反之，假如感应电流激发的磁场方向是使磁棒继续移动，而不是阻止它的移动，那么，只要我们将磁棒稍微移动一下，感应电流将帮助它移动得更快些，于是更增长了感应电流强度，这个增长更促进相对运动的加速，这样继续下去，相对运动就愈加迅速，回路中感应电流就愈加增长，不断获得能量. 这就是说，此后我们可以不做功，而同时无限地获得电能，这显然是违背能量守恒定律的. 所以，感应电流的流向只能按照楞次定律的规定取向.

问题5-2　（1）试述楞次定律，为什么说楞次定律是符合能量守恒定律的？

（2）如问题5-2（2）图所示，一导体回路A接入电源和可变电阻 R. 当电阻值 R 增大及减小时，试判定回路中感应电流的流向.

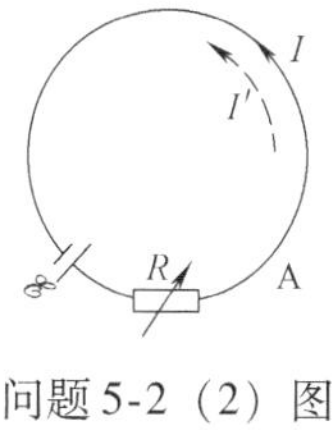

问题5-2（2）图

5.1.3　法拉第电磁感应定律

不言而喻，电路中出现电流，说明电路中有电动势. 直接由电磁感应而产生的感应电动势，只有当电路闭合时感应电动势才会产生感应电流. 法拉第从实验中总结了感应电动势与磁通量变化之间的关系，得出**法拉第电磁感应定律：不论任何原因使通过回路面积的磁通量发生变化时，回路中产生的感应电动势 $\mathscr{E}_i$ 与磁通量对时间的变化率 $d\Phi_m/dt$ 的负值成正比**，即

$$\mathscr{E}_i = -k\frac{d\Phi_m}{dt}$$

式中，k 是比例系数．在国际单位制中 $k=1$，则上式可写成

$$\mathscr{E}_i = -\frac{d\Phi_m}{dt} \tag{5-1}$$

式中，Φ_m 的单位为 Wb（韦伯）；t 的单位为 s（秒）；$\mathscr{E}_i$ 的单位为 V（伏特）．

如果闭合回路的电阻为 R，则回路中的感应电流为

$$I_i = -\frac{1}{R}\frac{d\Phi_m}{dt} \tag{5-2}$$

如果回路是由 N 匝线圈密绕而成，穿过每匝线圈的磁通量均为 Φ_m，那么总磁通量为 $N\Phi_m$．这时，我们可把法拉第电磁感应定律写成如下形式，即

$$\mathscr{E}_i = -\frac{d(N\Phi_m)}{dt} = -\frac{d\Psi}{dt} \tag{5-3}$$

我们把 $\Psi = N\Phi_m$ 称为通过 N 匝线圈的**磁通链数**，简称**磁链**．

上述各式中的负号反映了感应电动势的指向或电流的流向与磁通量变化趋势的关系，乃是楞次定律的数学表示．具体确定电动势 $\mathscr{E}_i$ 的指向（或电流 I_i 的流向）的方法如下：首先任意选定回路绕行的正取向，为方便起见，一般选取与原磁场 $\boldsymbol{B}$ 的方向成右手螺旋关系的绕行方向作为正的取向，如图 5-5 中的虚线所示．如果磁通量随时间增大，则 $d\Phi_m/dt>0$，$\mathscr{E}_i<0$，$I_i<0$，说明感应电动势 $\mathscr{E}_i$ 的指向或感应电流 I_i 的流向与假设的正取向相反；如果磁通量随时间减小，则 $d\Phi_m/dt<0$，$\mathscr{E}_i>0$，$I_i>0$ 说明感应电动势 $\mathscr{E}_i$ 的指向或感应电流 I_i 的流向与假定的正取向相同．

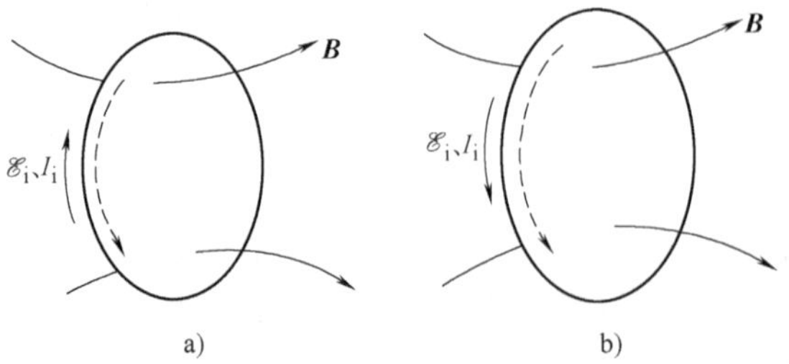

图 5-5　用法拉第电磁感应定律判定 $\mathscr{E}_i$ 的指向或 I_i 的流向

a）若 $\frac{d\Phi_m}{dt}>0$，则 $\mathscr{E}_i<0$，$I_i<0$

b）若 $\frac{d\Phi_m}{dt}<0$，则 $\mathscr{E}_i>0$，$I_i>0$

在具体进行数值计算时，我们往往用式（5-1）来求感应电动势的大小（绝对值），即 $|\mathscr{E}_i| = |-d\Phi_m/dt|$；而用楞次定律直接确定感应电动势的指向．这样较为方便．但是，在理论上讨论或分析电磁感应问题时，为了能从量值上同时表述感应电动势的指向（或感应电流的流向），则须直接运用法拉第电磁感应定律［式（5-1）、式（5-2）或式（5-3）］进行探究．

问题 5-3　（1）如问题 5-3a 图所示，当一长方形回路 A 以匀速 $\boldsymbol{v}$ 自无场区进入均匀磁场 $\boldsymbol{B}$ 后，又移出到无场区中．试判断回路在运动全过程中感应电动势的指向．

（2）如问题 5-3b 图所示，当一铜质曲杆 l 在均匀磁场 $\boldsymbol{B}$ 中沿垂直于磁场方向以速度 $\boldsymbol{v}$ 平动时，试判断杆中感应电动势的指向［提示：假想用三条不动的导线 KL、LM、MN（如图中虚线所示）与曲杆 l 构成一个“闭合导体回路”，而曲杆 l 可沿导线 KL、MN 平动］.

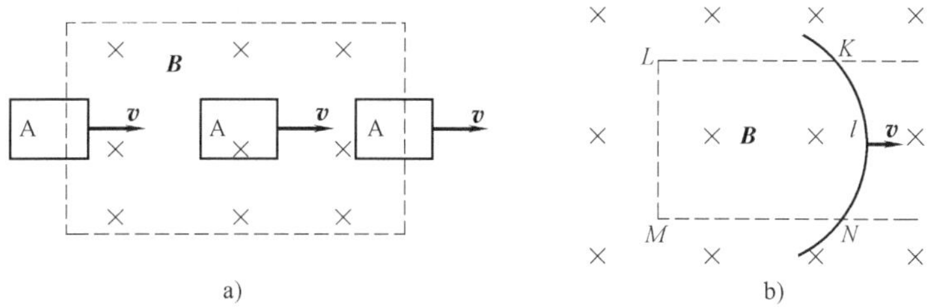

问题 5-3 图

例题 5-1 自 $t=t_0$ 到 $t=t_1$ 的时间内，若穿过闭合导线回路所包围面积的磁通量由 Φ_{m0} 变为 Φ_{m1}，求这段时间内通过该回路导线自身的任一横截面上的电荷 q. 设回路导线的电阻为 R.

解 按题意可知，回路中将引起感应电动势，其大小为 $\mathscr{E}_i=\left|\dfrac{d\Phi_m}{dt}\right|=\dfrac{|d\Phi_m|}{dt}$，则由闭合电路的欧姆定律，有 $I=\dfrac{\mathscr{E}_i}{R}=\left(\dfrac{1}{R}\right)\dfrac{|d\Phi_m|}{dt}$. 根据电流的定义，$I=\dfrac{dq}{dt}$，遂得通过导线横截面的电荷为

$$q=\int_{t_0}^{t_1}dq=\int_{t_0}^{t_1}Idt=\frac{1}{R}\int_{\Phi_{m0}}^{\Phi_{m1}}|d\Phi_m|=\frac{1}{R}\left|\int_{\Phi_{m0}}^{\Phi_{m1}}d\Phi_m\right|=\frac{1}{R}|\Phi_{m1}-\Phi_{m0}|$$

说明 这电荷的大小与磁通量 Φ_m 的改变值成正比，而与其变化率无关. 因此，只要测得通过回路导线中任一横截面的电荷，并在回路导线电阻已知的情况下，就可用来测定磁通量 Φ_m 的变化值. **磁通计**就是根据这个原理设计的.

例题 5-2 如例题 5-2 图所示，一长直导线通以交变电流 $i=I_0\sin\omega t$（即电流随时间 t 做正弦变化），其中 i 表示瞬时电流，而 I_0 表示最大电流（或称**电流振幅**），ω 是角频率，I_0 和 ω 都是恒量. 在此导线近旁平行地放一个长方形回路，长为 l，宽为 a，回路一边与导线相距为 d. 周围介质的磁导率为 μ. 求任一时刻回路中的感应电动势.

> 今后，常用 i 表示随时间 t 变化的电流，以区别于恒定电流 I.

分析 电流 i 随时间 t 变化，它激发的磁场也随时间 t 而变化，因此穿过回路的磁通量也随 t 而变化，故在此回路中要产生感应电动势 $\mathscr{E}_i$.

解 先求穿过回路的磁通量. 在某一瞬时，距导线 x 处的磁感应强度为

$$B=\frac{\mu}{2\pi}\frac{i}{x} \tag{a}$$

在距导线为 x 处，通过面积元 $dS=ldx$ 的磁通量为

$$d\Phi_m=BdS\cos0°=\frac{\mu}{2\pi}\frac{i}{x}ldx \tag{b}$$

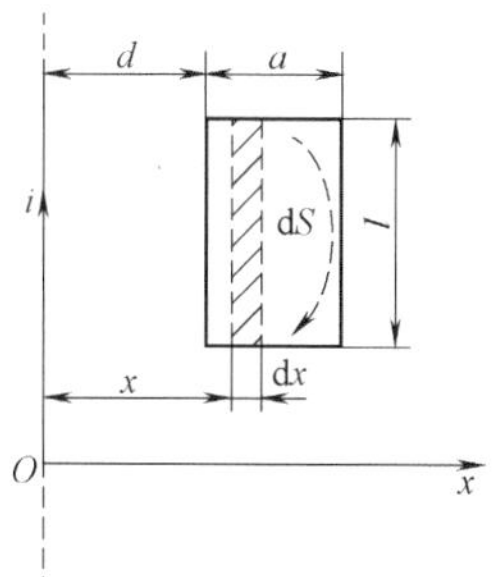

例题 5-2 图

在该瞬时（t 为定值）通过整个回路面积的磁通量为

$$\begin{aligned}\Phi_m&=\int_S d\Phi_m=\int_d^{d+a}\frac{\mu}{2\pi}\frac{i}{x}ldx=\frac{\mu l}{2\pi}\int_d^{d+a}\frac{I_0\sin\omega t}{x}dx\\&=\frac{\mu I_0 l}{2\pi}\sin\omega t\int_d^{d+a}\frac{dx}{x}=\frac{\mu I_0 l}{2\pi}\left(\ln\frac{d+a}{d}\right)\sin\omega t\end{aligned} \tag{c}$$

从式（c）可知，当时间 t 变化时，磁通量 Φ_m 亦随之改变．故回路内的感应电动势为

$$\mathscr{E}_i = -\frac{d\Phi_m}{dt} = -\frac{\mu l I_0}{2\pi}\left(\ln\frac{d+a}{d}\right)\frac{d}{dt}(\sin\omega t)$$

即

$$\mathscr{E}_i = -\frac{\mu l I_0 \omega}{2\pi}\left[\ln\frac{d+a}{d}\right]\cos\omega t \tag{d}$$

可见，感应电动势如同电流 $i=I_0\sin\omega t$ 那样，也随时间 t 按余弦而改变．若选定此回路正的绕向是循顺时针转向的，则当 $0<t<\pi/(2\omega)$ 时，$\cos\omega t>0$，由式（d）可知，$\mathscr{E}_i<0$，表明回路内的感应电动势 $\mathscr{E}_i$ 的指向为逆时针的．若用楞次定律来判断，由式（c）可知，在 $0<t<\pi/(2\omega)$ 时间内，$\Phi_m>0$，且其值随时间 t 而增大，故回路内的感应电流应是循逆时针流向的．而感应电动势的指向也是循逆时针转向的．结果是一致的．

读者试自行用法拉第电磁感应定律或楞次定律判断：在 $\pi/(2\omega)<t<\pi/\omega$ 这段时间内，此回路中感应电动势的指向．

例题 5-3 交流发电机的基本原理 设线圈 $abcd$ 的形状不变，面积为 S，共有 N 匝，在均匀磁场 $\boldsymbol{B}$ 中绕固定轴 OO' 转动，OO' 轴和磁感应强度 $\boldsymbol{B}$ 的方向垂直（见例题5-3 图 a）．在某一瞬时，设线圈平面的法线 $\boldsymbol{e}_n$ 和磁感应强度 $\boldsymbol{B}$ 之间的夹角为 θ，则这时刻穿过线圈平面的磁链为

$$N\Phi_m = NBS\cos\theta \tag{a}$$

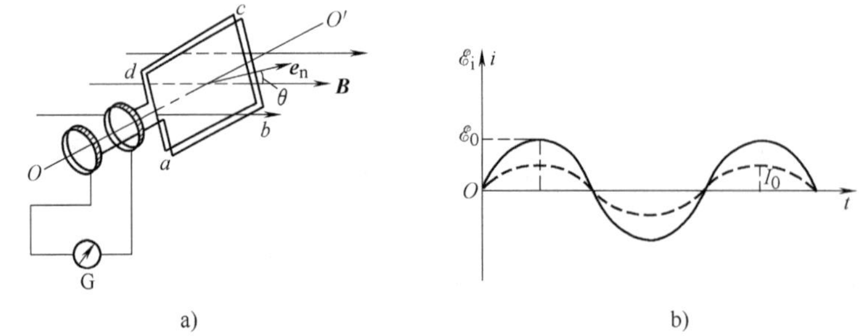

例题 5-3 图
a）在磁场中转动的线圈 b）交变电动势 $\mathscr{E}_i$ 和交变电流 i

当外加的机械力矩驱动线圈绕 OO' 轴转动时，式（a）的 N、B、S 各量都是不变的恒量，只有夹角 θ 随时间改变，因此磁通量 Φ_m 亦随时间改变，从而在线圈中产生感应电动势，即

$$\mathscr{E}_i = -N\frac{d\Phi_m}{dt} = NBS\sin\theta\frac{d\theta}{dt} \tag{b}$$

式中，$d\theta/dt$ 是线圈转动的角速度 ω；若 ω 是恒量（即匀角速转动），且使 $t=0$ 时，$\theta=0$，则得 $\theta=\omega t$，式（b）成为

$$\mathscr{E}_i = NBS\omega\sin\omega t \tag{c}$$

令 $NBS\omega=\mathscr{E}_0$，它是线圈平面平行于磁场方向（$\theta=90°$）时的感应电动势，也就是线圈中的最大感应电动势，则式（c）成为

$$\mathscr{E}_i = \mathscr{E}_0\sin\omega t \tag{d}$$

可见，在均匀磁场内转动的线圈，其感应电动势随时间做周期性变化，即周期为 $T=\frac{2\pi}{\omega}$ 或频率为 $\nu=\frac{\omega}{2\pi}$. 在相邻的每半个周期中，电动势的指向相反(见例题5-3 图 b)，这种电动势叫作**交变电动势**．在任一瞬时的电动势 $\mathscr{E}_i$ 可由式（d）决定，称为**电动势的瞬时值**，而最大瞬时值 $\mathscr{E}_0$ 称为**电动势的振幅**.

如果线圈与外电路接通而构成回路，其总电阻是 R，则其电流为

$$i = \frac{\mathscr{E}_0}{R}\sin\omega t = I_0\sin\omega t = I_0\sin 2\pi\nu t \tag{e}$$

即 i 也是交变的（见例题5-3图b），称为**交变电流**或**交流电**，$I_0 = \mathscr{E}_0/R$ 是电流的最大值，称为**电流振幅**.

说明　从功能观点来看，当线圈转动而出现感应电流时，这线圈在磁场中同时要受到安培力的力矩作用［参见4.6.2节］，这力矩的方向与线圈的转动方向相反，形成反向的制动力矩（楞次定律）．因此，要维持线圈在磁场中不停地转动，必须通过外加的机械力矩做功，即要消耗机械能；另一方面，在线圈转动过程中，感应电流的出现，意味着拥有了电能．这电能必然是由机械能转化过来的．因此，线圈和磁场做相对运动而形成的电磁感应作用是：**使机械能转化为电能**．这就是发电机的基本原理．例题5-3图a所示就是一台简单的交流发电机的示意图.

5.2　动生电动势及其表达式

从磁通量的定义式 $\Phi_m = \iint_S \boldsymbol{B}\cdot d\boldsymbol{S} = \iint_S B\cos\theta dS$ 分析磁通量的变化，有三种情况：

（1）回路导线的位置、形状和大小不变，而回路所在处的磁感应强度随着时间的变化在变化．例如，θ、S 不变，$\boldsymbol{B}$ 的大小在变．在这种情况下，由磁通量 Φ_m 变化而引起的感应电动势，称为**感生电动势**（如例题5-2）.

（2）回路导线所在处的空间内是稳恒磁场，但回路的位置、形状或大小在改变．例如，S、θ 在变化，而 $\boldsymbol{B}$ 不变．在这种情况下，由磁通量 Φ_m 变化而引起的感应电动势，称为**动生电动势**．本节将详细讨论.

（3）还有一种是磁场和回路都在变化，同时产生上述两种感应电动势.

5.2.1　动生电动势

如图5-6所示，一段长为 l 的直导线 ab 在给定的均匀磁场 $\boldsymbol{B}$ 中，以速度 $\boldsymbol{v}$ 平动，设 ab、$\boldsymbol{B}$、$\boldsymbol{v}$ 三者相互垂直，则直导线 ab 在运动时宛如在切割磁感应线；并且导线内每个自由电子（带电 $-e$）受洛伦兹力 $\boldsymbol{F}_m$ 作用，$\boldsymbol{F}_m = -e\boldsymbol{v}\times\boldsymbol{B}$，方向沿导线向下，使电子向下运动到 a 端，结果，上端 b 因电子缺失而带正电，下端 a 带负电．由于上、下端正、负电荷的积累，ab 间遂形成一个逐渐增大的静电场，该静电场使电子受到一个向上的静电力 $\boldsymbol{F}_e = -e\boldsymbol{E}$．当静电力增大到与洛伦兹力相等而达到两力平衡时，导线内的电子不再因导线的移动而发生定向运动．这时，相应于导线内所存在的静电场，使导线两端具有一定的电势差，在数值上就等于动生电动势 $\mathscr{E}_i$.

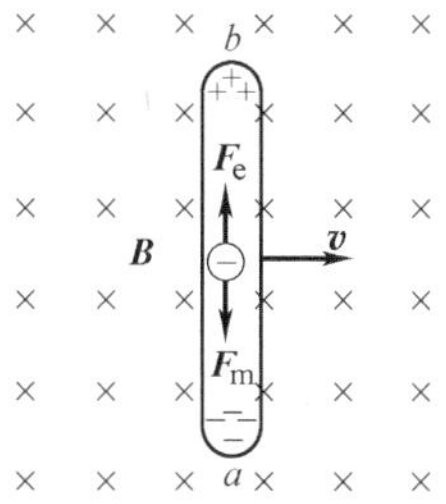

图5-6　动生电动势的电子理论

可见，在磁场中切割磁感线的上述导线 ab，相当于一个电源，上端 b 为正极，下端 a 为负极．这表明 $\mathscr{E}_i$ 的方向在导体内部是从 a 指向 b 的.

总而言之，运动导线在磁场中切割磁感应线所引起的动生电动势，其根源在于洛伦兹力.

5.2.2　动生电动势的表达式

电源的电动势，等于单位正电荷从电源负极通过电源内部移到正极的过程中非静电力

所做的功. 按照电动势的定义式，有

$$\mathscr{E}_{\rm i} = \int_l \boldsymbol{E}^{(2)} \cdot {\rm d}\boldsymbol{l}$$

这里的非静电力就是电子所受的洛伦兹力 $\boldsymbol{F}_{\rm m} = -e\boldsymbol{v}\times\boldsymbol{B}$，相应的非静电场的电场强度为 $\boldsymbol{E}^{(2)} = \boldsymbol{F}_{\rm m}/(-e) = \boldsymbol{v}\times\boldsymbol{B}$，因而对均匀磁场中一段有限长的运动导线 l 而言，其动生电动势为

$$\mathscr{E}_{\rm i} = \int_l (\boldsymbol{v}\times\boldsymbol{B}) \cdot {\rm d}\boldsymbol{l} \tag{5-4a}$$

应用式（5-4a）求动生电动势的具体步骤如下：

（1）在一般情形下，导线 L 不一定是直导线，其运动也不一定做平动，且处在非均匀磁场中（图 5-7）. 为此，我们可以首先沿导线 L 假定电动势的一个指向（如在图 5-7 中，选取 $a\to b$ 为电动势的指向）.

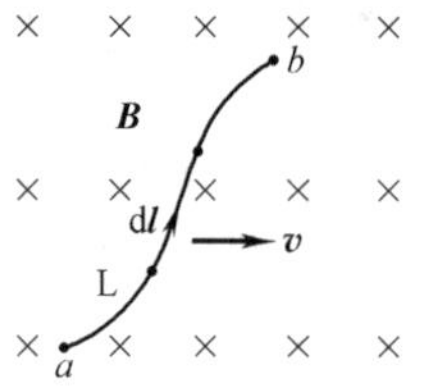

图 5-7　磁场中的运动导线

（2）循电动势的指向，在导线上任取一个线元矢量 $\mathrm{d}\boldsymbol{l}$，它相当于一小段直导线，其上的磁场可视作均匀的.

（3）根据线元 $\mathrm{d}\boldsymbol{l}$ 的速度 $\boldsymbol{v}$ 和该处的磁感应强度 $\boldsymbol{B}$ 以及两者之间小于 180° 的夹角 θ，按矢量积的定义，可求得 $\boldsymbol{v}\times\boldsymbol{B}$ $(\boldsymbol{v}\times\boldsymbol{B})$ 仍是一个矢量，其大小为 $Bv\sin\theta$，方向按右手螺旋法则确定.

（4）设矢量（$\boldsymbol{v}\times\boldsymbol{B}$）与 $\mathrm{d}\boldsymbol{l}$ 之间小于 180°的夹角为 γ，则按标量积的定义，（$\boldsymbol{v}\times\boldsymbol{B}$）· $\mathrm{d}\boldsymbol{l}$ 是一个标量，其值即为线元 $\mathrm{d}\boldsymbol{l}$ 上的动生电动势，即

$$\mathrm{d}\mathscr{E}_{\rm i} = (\boldsymbol{v}\times\boldsymbol{B})\cdot\mathrm{d}\boldsymbol{l} = (vB\sin\theta)\,\mathrm{d}l\cos\gamma$$

（5）最后，循电动势的指向 $a\to b$，对上式进行积分，就可求得整个运动导线上的动生电动势，即

$$\mathscr{E}_{\rm i} = \int_a^b vB\sin\theta\cos\gamma\,\mathrm{d}l \tag{5-4b}$$

今后读者按式（5-4a）求动生电动势时，可直接利用它的具体计算式（5-4b)，但必须搞清楚其中 θ、γ 角的含义.

（6）根据求出的动生电动势 $\mathscr{E}_{\rm i}$ 的正、负，判定其指向. 若 $\mathscr{E}_{\rm i}>0$，其指向与事先假定的指向 $a\to b$ 一致，表明 a 端为电源负极，b 端为电源正极；若 $\mathscr{E}_{\rm i}<0$，其指向则与 $a\to b$ 相反，即 a 端为电源正极，b 端为电源负极.

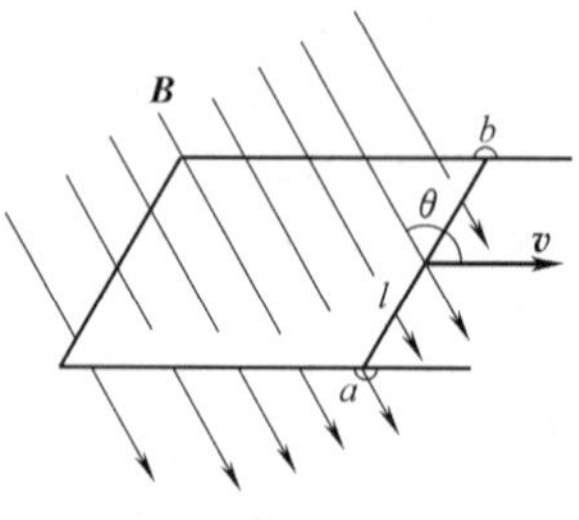

图 5-8　动生电动势的计算

现在，我们按照上述计算步骤，求长为 l 的直导线 ab 以垂直于自身的匀速 $\boldsymbol{v}$ 在均匀磁场 $\boldsymbol{B}$ 中平动时的动生电动势. 如图 5-8 所示，设磁感应强度 $\boldsymbol{B}$ 与速度 $\boldsymbol{v}$ 的夹角为 θ. 若假定导线 ab 中动生电动势 $\mathscr{E}_{\rm i}$ 的指向为 $a\to b$，则在这条直导线上，每一线元矢量 $\mathrm{d}\boldsymbol{l}$ 的方向皆沿 $a\to b$. 因而，在所设指向 $a\to b$ 的情况下，矢量（$\boldsymbol{v}\times\boldsymbol{B}$）与 $\mathrm{d}\boldsymbol{l}$ 处处同方向，即 $\gamma=0$，而 v、B 和 θ 诸量是给

定的，于是，由式（5-4b），有

$$\mathscr{E}_i = \int_a^b vB\sin\theta\cos 0^\circ \mathrm{d}l = vB\sin\theta \int_a^b \mathrm{d}l$$

式中，$\int_a^b \mathrm{d}l$ 即为导线的长度 l. 故所求的动生电动势为

$$\mathscr{E}_i = Blv\sin\theta \tag{5-4c}$$

显然，$\mathscr{E}_i>0$，表明其指向与假定的取向一致，即由 a 指向 b.

如果在图 5-8 中，磁感应强度 $\boldsymbol{B}$ 与速度 $\boldsymbol{v}$ 的夹角为 $\theta=90^\circ$，即 **$\boldsymbol{B}$、$\boldsymbol{v}$ 与直导线 ab 段三者满足相互垂直的条件**，则式（5-4c）成为

$$\mathscr{E}_i = Blv^{\ominus} \tag{5-4d}$$

$\mathscr{E}_i$ 的指向亦为 $a\to b$.

问题 5-4　（1）何谓动生电动势？其式（5-4a）如何导出？应用式（5-4a）的具体步骤如何？若在此式中，①$\theta=0^\circ$ 或 180°，但 $\gamma\neq 90^\circ$；②$\gamma=90^\circ$，这两种情况下，导线是否切割磁感应线？试绘图说明.

（2）在问题 5-4（2）图所示的均匀磁场 $\boldsymbol{B}$ 中，回路 A 做平动，B、C 各自绕轴转动，回路 D 的面积在缩小. 试判断各回路中哪些边在切割磁感应线？在回路 A、C 运动过程中，每个回路的动生电动势皆为零，为什么？试分析其原因.

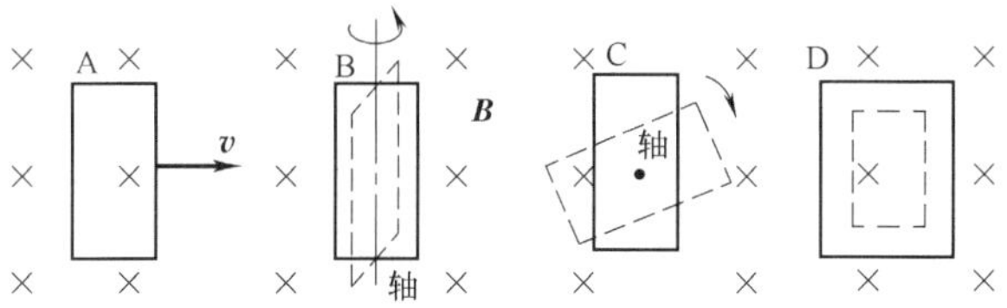

问题 5-4（2）图

例题 5-4　如例题 5-4 图所示，一根长直导线通有电流 I，周围介质的磁导率为 μ，在此长直导线近旁有一条长为 l 的导体细棒 CD，它以速度 $\boldsymbol{v}$ 向右做匀速运动的过程中，保持与长直导线平行. 求此棒运动到 $x=d$ 时的动生电动势；并问此棒两端 C、D 哪一端电势较高？

解　假定 $C\to D$ 为导体棒中电动势的指向，循此指向任取线元 $\mathrm{d}\boldsymbol{l}$.

导体棒虽在非均匀磁场中运动，但棒上各点的磁感应强度处处相同，当 $x=d$ 时，其大小皆为 $B=\mu I/(2\pi d)$，其方向皆垂直纸面向里. 因此，$\boldsymbol{v}\perp\boldsymbol{B}$，$\theta=90^\circ$；按右手螺旋法则，$(\boldsymbol{v}\times\boldsymbol{B})$ 与 $\mathrm{d}\boldsymbol{l}$ 同方向，$\gamma=0$. 于是，按式（5-4a）、式（5-4b），得此时棒中的动生电动势为

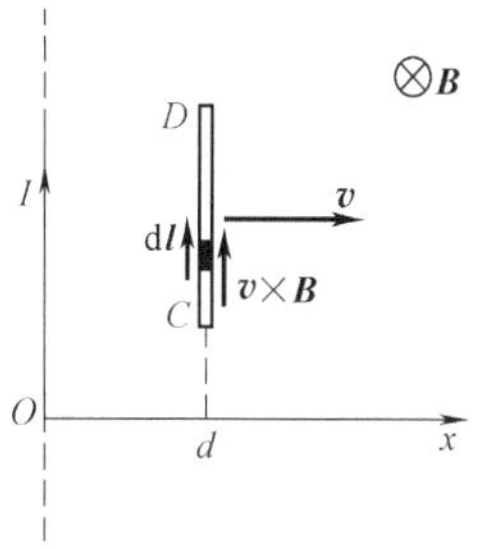

例题 5-4 图

$$\mathscr{E}_i = \int_C^D (\boldsymbol{v}\times\boldsymbol{B})\cdot \mathrm{d}\boldsymbol{l} = \int_0^l vB\sin 90^\circ\cos 0^\circ \mathrm{d}l = \int_0^l v\left(\frac{\mu I}{2\pi d}\right)\mathrm{d}l = \frac{\mu I v}{2\pi d}\int_0^l \mathrm{d}l$$

$$= \frac{\mu I}{2\pi}\,\frac{vl}{d}$$

⊖ 从导体切割磁感应线来理解，则此式中的乘积 lv 为单位时间内导线 ab 段划过的面积，Blv 为单位时间内直导线切割过的这个面积中的磁感应线条数（磁通量）. 所以**动生电动势在数值上等于单位时间内导线所切割的磁感应线条数.**

$\mathscr{E}_i>0$，表明它与所假定的电动势指向一致，即导体棒中的电动势自 C 指向 D. 故 D 点的电势较高.

例题5-5　如例题5-5图所示，一金属棒 OA 长 $l=50\text{cm}$，在大小为 $B=0.50\times10^{-4}\text{Wb}\cdot\text{m}^{-2}$、方向垂直纸面向内的均匀磁场中，以一端 O 为轴心做逆时针的匀速转动，转速 ω 为 $2\text{r}\cdot\text{s}^{-1}$. 求此金属棒的动生电动势；并问哪一端电势高？

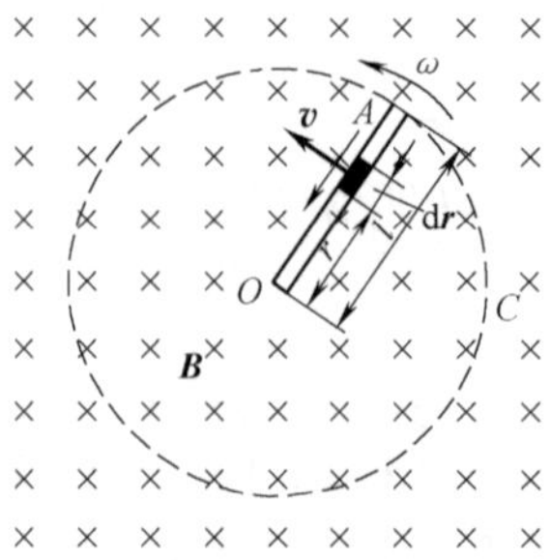

例题5-5图

解　假定金属棒中电动势的指向为 $A\to O$，循着这个指向，在金属棒上距轴心 O 为 r 处取线元 $\mathrm{d}\boldsymbol{r}$，其速度大小为 $v=r\omega$，方向垂直于 OA，也垂直于磁场 $\boldsymbol{B}$，按题意，$\boldsymbol{v}\perp\boldsymbol{B}$，$\theta=90°$；故按右手螺旋法则，矢量 $(\boldsymbol{v}\times\boldsymbol{B})$ 与 $\mathrm{d}\boldsymbol{r}$ 同方向，即 $\gamma=0$. 于是，按式（5-4b），得棒中的动生电动势为

$$\mathscr{E}_i=\int_{OA}vB\sin90°\cos0°\mathrm{d}r=\int_0^l Br\omega\mathrm{d}r=B\omega\int_0^l r\mathrm{d}r=\frac{B\omega l^2}{2}$$

代入题设数据，解得动生电动势为

$$\mathscr{E}_i=\frac{B\omega l^2}{2}=\frac{1}{2}(0.50\times10^{-4}\,\text{Wb}\cdot\text{m}^{-2})(2\times2\pi\,\text{rad}\cdot\text{s}^{-1})(0.50\text{m})^2$$
$$=7.85\times10^{-5}\text{V}$$

$\mathscr{E}_i>0$，故它的指向与所假定的一致，即 $A\to O$，故 O 端的电势高；而两端之间的电势差为 $V_O-V_A=\mathscr{E}_i=7.85\times10^{-5}\text{V}$.

例题5-6　如例题5-6图所示，在通有电流 I 的长直导线近旁，有一个半径为 R 的半圆形金属细杆 acb 与之共面，a 端与长直导线相距为 D，在细杆保持其直径 aOb 垂直于长直导线的情况下，以匀速 $\boldsymbol{v}$ 竖直向上平动时，求此细杆的动生电动势.

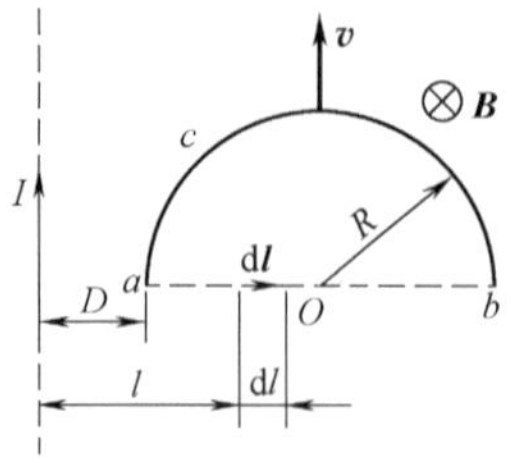

例题5-6图

分析　细杆处于非均匀磁场中，其上各点的磁感应强度不同.

解　如图所示，添加一条辅助的直导线 aOb，连接金属细杆 acb 的两端，使之构成一个假想的闭合回路 $aObca$. 当此回路以匀速 $\boldsymbol{v}$ 平行于载流导线运动时，回路内各点到载流导线的距离保持不变，因此，各点的磁感应强度 $\boldsymbol{B}$ 也保持不变，穿过回路的磁通量 Φ_m 没有改变，即 $\mathrm{d}\Phi_m/\mathrm{d}t=0$. 所以，纵然其中每条导线因切割磁感应线而具有动生电动势，但根据法拉第电磁感应定律有 $\mathscr{E}_{i回路}=-\mathrm{d}\Phi_m/\mathrm{d}t=0$，即整个回路无电动势.

考虑到整个回路上的感应电动势是两段导线 bca 与 aOb 的电动势的代数和（这相当于两个串联的电池所构成的一个电池组，其电动势为各个电池的电动势的代数和），即

$$\mathscr{E}_{i回路}=\mathscr{E}_{ibca}+\mathscr{E}_{iaOb}$$

如上所述，$\mathscr{E}_{i回路}=0$，故

$$\mathscr{E}_{ibca}=-\mathscr{E}_{iaOb}\tag{a}$$

因而，只需求出直导线 aOb 的电动势 $\mathscr{E}_{iaOb}$，就可得出所求细杆 bca 的电动势.

现在我们在直导线 aOb 上假定电动势的指向为 $a\to O\to b$，循此指向，取线元 $\mathrm{d}\boldsymbol{l}$，它与载流导线相距为 l，读者据此可以自行求出直导线 aOb 中的电动势为

$$\mathscr{E}_{iaOb}=-\frac{\mu_0 Iv}{2\pi}\ln\frac{D+2R}{D}\tag{b}$$

把式（b）代入式（a），便得所求的金属细杆 bca（即 acb）中的动生电动势 $\mathscr{E}_i$，即

$$\mathscr{E}_i=\mathscr{E}_{ibca}=\frac{\mu_0 Iv}{2\pi}\ln\frac{D+2R}{D}\tag{c}$$

说明　从本例可知，我们可以直接按式（5-4a）或式（5-4b）求动生电动势；有时，特别是当导线形状较复杂

而不易直接计算时，也可添加适当的辅助线，构成假想的导体回路，利用法拉第电磁感应定律［式（5-1）］，间接解算出回路中该导线的动生电动势.

5.3　感生电动势　涡旋电场及其应用

5.3.1　感生电动势与涡旋电场

如前所述，当线圈或导线在磁场里不运动，而是磁场随时间 t 不断地在改变，在线圈或导线内产生的感应电动势称为**感生电动势**. 感生电动势产生的原因不能用洛伦兹力来说明，但肯定也是电子受定向力而运动的结果. 在静电场中，电子在电场力作用下，可做定向运动. 于是麦克斯韦发展了电场的概念，提出假说：当空间的磁场发生变化时，在其周围产生一种**感生电场**，也称为**涡旋电场**，这种电场对电荷有力作用，这种力是非静电力. 因此，感生电场是产生感生电动势的原因.

设变化磁场中有一个周长为 l 的导体回路，回路所包围的面积为 S，导体所在处的变化磁场所产生的感生电场为 $\boldsymbol{E}^{(2)}$，如图 5-9所示，根据电动势的定义，回路 l 中产生的感生电动势为

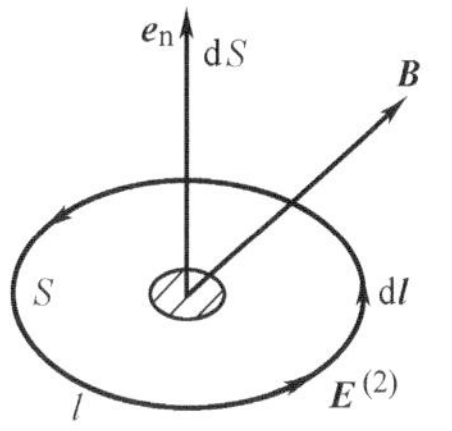

图 5-9　感生电动势由感生电场产生

$$\mathscr{E}_i = \oint_l \boldsymbol{E}^{(2)} \cdot \mathrm{d}\boldsymbol{l} \tag{a}$$

又根据法拉第电磁感应定律和磁通量定义式，有

$$\mathscr{E}_i = -\frac{\mathrm{d}\Phi_m}{\mathrm{d}t} = -\frac{\mathrm{d}}{\mathrm{d}t}\iint_S \boldsymbol{B} \cdot \mathrm{d}\boldsymbol{S} \tag{b}$$

则

$$\oint_l \boldsymbol{E}^{(2)} \cdot \mathrm{d}\boldsymbol{l} = -\frac{\mathrm{d}}{\mathrm{d}t}\iint_S \boldsymbol{B} \cdot \mathrm{d}\boldsymbol{S} \tag{5-5}$$

$\boldsymbol{B}$ 矢量是坐标和时间的函数，因此可将上式改写为

$$\oint_l \boldsymbol{E}^{(2)} \cdot \mathrm{d}\boldsymbol{l} = -\iint_S \frac{\partial \boldsymbol{B}}{\partial t} \cdot \mathrm{d}\boldsymbol{S} \tag{5-6}$$

式（5-6）的物理意义是：**变化的磁场在其周围产生感生电场**. 实验证明，不管在变化的磁场里有没有导体存在，都会在空间产生感生电场. 利用此式可求感生电场 $\boldsymbol{E}^{(2)}$，于是感生电动势与变化磁场的关系式可写为

$$\mathscr{E}_i = -\iint_S \frac{\partial \boldsymbol{B}}{\partial t} \cdot \mathrm{d}\boldsymbol{S} \tag{5-7}$$

式（5-6）表明，**在涡旋电场中，对于任何的闭合回路，$\boldsymbol{E}^{(2)}$ 的环流 $\oint_l \boldsymbol{E}^{(2)} \cdot \mathrm{d}\boldsymbol{l} \neq 0$.** 所以，**涡旋电场是非保守力场.** 这就是电荷的电场和变化磁场的电场两者之间的一个重要区别. 式（5-7）中的负号来源于楞次定律的数学表示；即 $\boldsymbol{E}^{(2)}$ 与 $\partial \boldsymbol{B}/\partial t$ 在方向上是**左旋**的，即遵循左手螺旋关系，如果左手的四指沿着电场线 $\boldsymbol{E}^{(2)}$ 的绕向弯曲，那么大拇指伸直的指向就是 $\partial \boldsymbol{B}/\partial t$ 的方向（见图 5-10）.

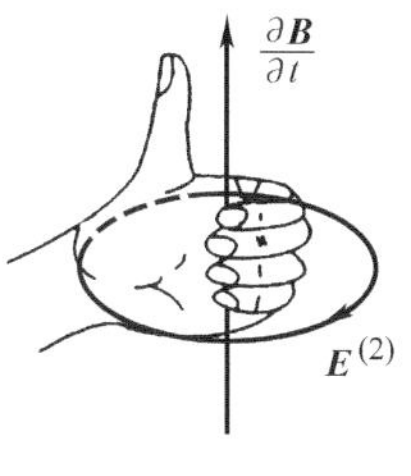

图 5-10　$\boldsymbol{E}^{(2)}$ 与 $\partial \boldsymbol{B}/\partial t$ 形成左手螺旋关系

综上所述，感生电场和静电场的相同之处在于皆对电荷

有作用力，不同之处主要有二：①静电场是由静止电荷激发的，感生电场却是随时间 t 而改变的磁场（亦称**时变磁场**）所激发的；②静电场的电场线是不闭合的，沿闭合回路一周时，静电力做功为零，感生电场的电场线是闭合的，故称**涡旋电场**，沿闭合回路一周时，感生电场力做功不为零.

问题 5-5　（1）何谓涡旋电场，它是如何引起的？静止电荷的电场和涡旋电场有什么区别？有人说："凡是电场都是由电荷激发的，电场线总是有起点和终点."这句话应如何评判？

（2）从理论上来说，怎样获得一个稳定的涡旋电场？

（3）设在空间中存在时变磁场，如果在该空间内没有导体，则这个空间中是否存在电场？是否存在感生电动势？

例题 5-7　如例题 5-7 图所示，在横截面半径为 R 的无限长圆柱形范围内，有方向垂直于纸面向里的均匀磁场 $\boldsymbol{B}$，并以 $\dfrac{\mathrm{d}B}{\mathrm{d}t}>0$ 的恒定变化率在变化着. 求圆柱内、外空间的感生电场.

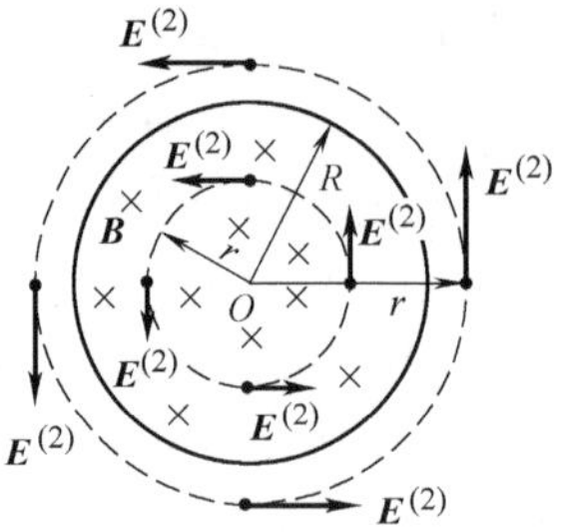

例题 5-7 图

解　由于圆柱形空间内磁场均匀，且与圆柱轴线对称，因此磁场变化所激发的感生电场 $\boldsymbol{E}^{(2)}$ 的电场线是以圆柱轴线为圆心的一系列同心圆，同一圆周上的电场强度 $\boldsymbol{E}^{(2)}$ 大小相同，方向与圆相切.

对于半径 $r<R$ 的圆周上各点 $\boldsymbol{E}^{(2)}$ 的方向，可以从 $\dfrac{\mathrm{d}B}{\mathrm{d}t}>0$ 和楞次定律判定，即 $\boldsymbol{E}^{(2)}$ 与 $\partial\boldsymbol{B}/\partial t$ 在方向上成左手螺旋关系，如图所示，乃沿逆时针方向. 求感生电场 $\boldsymbol{E}^{(2)}$ 的公式为

$$\oint_l \boldsymbol{E}^{(2)}\cdot\mathrm{d}\boldsymbol{l}=-\iint_S \frac{\partial\boldsymbol{B}}{\partial t}\cdot\mathrm{d}\boldsymbol{S}$$

应用上式时，必须注意到 $\mathrm{d}\boldsymbol{l}$ 是面积为 S 的周界上的一小段，它与 $\mathrm{d}\boldsymbol{S}$ 的方向之间存在右手螺旋关系. 本题中如果选取 $\mathrm{d}\boldsymbol{l}$ 的绕行方向与 $\boldsymbol{E}^{(2)}$ 同向，则 $\mathrm{d}\boldsymbol{S}$ 的方向由纸面向外，而 $\dfrac{\partial\boldsymbol{B}}{\partial t}$ 的方向由纸面向里，因此，$\boldsymbol{E}^{(2)}$ 与 $\mathrm{d}\boldsymbol{l}$ 的夹角为 $0°$，$\dfrac{\partial\boldsymbol{B}}{\partial t}$ 与 $\mathrm{d}\boldsymbol{S}$ 的夹角为 π. 积分计算得

$$E^{(2)}2\pi r=\frac{\partial B}{\partial t}\pi r^2$$

所以

$$E^{(2)}=\frac{r}{2}\frac{\partial B}{\partial t}$$

对于半径 $r>R$ 的圆周上各点 $\boldsymbol{E}^{(2)}$ 的方向，也是逆时针方向，同理，可进行积分计算，得

$$E^{(2)}2\pi r=\frac{\partial B}{\partial t}\pi R^2$$

即

$$E^{(2)}=\frac{R^2}{2r}\frac{\partial B}{\partial t}$$

5.3.2　电子感应加速器

电子感应加速器是利用涡旋电场加速电子以获得高能的一种装置. 如图5-11所示，在绕有励磁线圈的圆形电磁铁两极之间，安装一个环形真空室. 当励磁线圈通有交变电流时，电磁铁便在真空室区域内激发随时间变化的交变磁场，使该区域内的磁通量发生变化，从而在环形真空室内激发涡旋电场. 这时，借电子枪射入环形真空室中的电子，既要受磁场中的洛伦兹力 $\boldsymbol{F}_{\mathrm{m}}$ 作用，在真空室内沿圆形轨道运行；同时，在涡旋电场中又要受电场力

$\boldsymbol{F}_{\mathrm{e}}^{(2)}=-e\boldsymbol{E}^{(2)}$ 作用，沿轨道切线方向被加速. 为了使电子在涡旋电场作用下沿恒定的圆形轨道不断被加速而获得越来越大的能量，必须保证磁感应强度随时间按一定的规律变化.

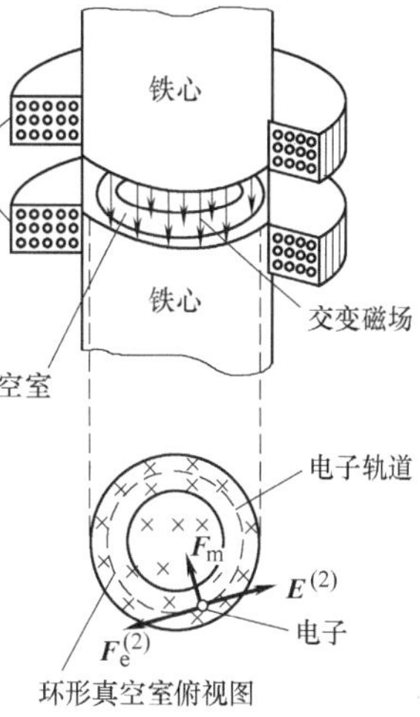

图 5-11　电子感应加速器工作原理图

5.3.3　涡电流及其应用

把金属块放在变化的磁场中，金属内产生的感生电场（涡旋电场）能使金属中的自由电子运动形成涡旋电流，简称**涡电流**. 由于金属中的电阻很小，涡电流很大，产生大量热量使金属发热，甚至熔化. 用此原理制成的高频感应炉（见图 5-12）可进行有色金属的冶炼. 涡电流的热效应还可用来加热真空系统中的金属部件，以除去它们吸附的气体. 又如，金属在磁场中运动时要产生涡电流，涡电流在磁场中要受洛伦兹力作用使金属的运动受阻，常称**电磁阻尼**，此原理常用于电磁测量仪表，以及无轨电车中的电磁制动器. 涡电流在电动机、变压器等铁心中引起发热是有害的，所以它们的铁心要用许多薄片叠合而成，片间绝缘，以隔断强大涡电流的流动，减少热能的损耗.

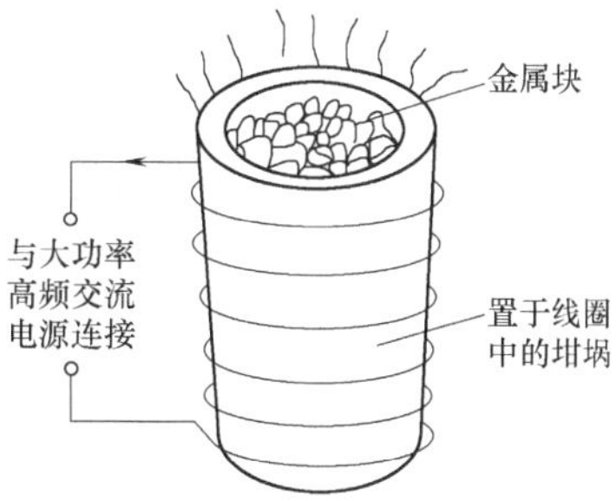

图 5-12　高频感应冶金炉

问题 5-6　什么叫作涡电流？试述涡流在工业上有哪些利弊？如问题5-6图所示，一铝质圆盘可以绕固定轴 Oz 转动. 为了使圆盘在力矩作用下做匀速转动，常在圆盘边缘处放一蹄形的永久磁铁. 圆盘受到力矩作用后做加速转动. 当角速度增加到一定值时，就不再增加. 试说明其作用原理.

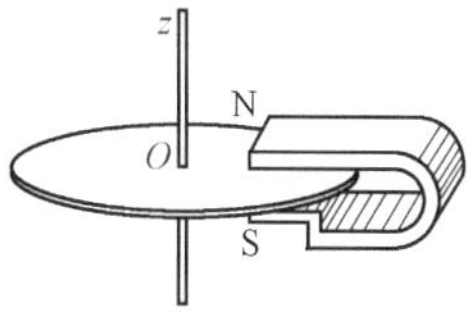

问题 5-6 图

5.4　自感与互感

5.4.1　自感

当回路中通有电流而在其周围激发磁场时，将有一部分磁通量穿过这回路所包围的面积. 因而，当回路中的电流、回路的形状或大小、回路周围的磁介质发生变化时，穿过这回路所包围面积内的磁通量都要发生变化. 从而在这回路中也要激起感应电动势. 上述**由于回路中的电流所引起的磁通量变化而在回路自身中激起感应电动势的现象**，称为**自感现象**，回路中激起的电动势称为**自感电动势**.

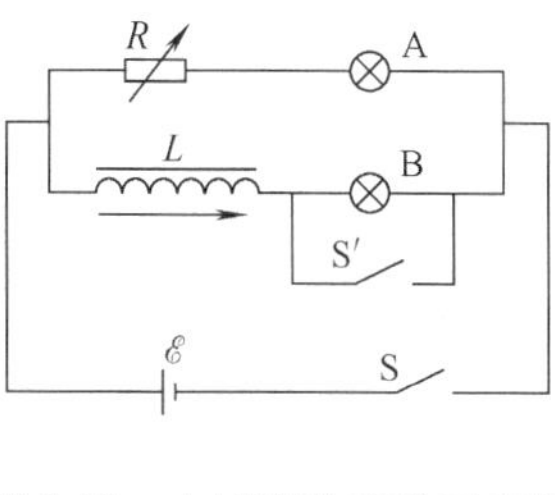

图 5-13　自感现象实验示意图

关于自感现象，我们可以用下述实验来观察. 在图 5-13

所示的电路中，A 和 B 是两只相同的白炽电灯泡，灯泡 B 与具有显著自感而电阻很小的线圈 L 串联，灯泡 A 和变阻器 R 串联，把它的电阻调节到和线圈 L 的电阻相同．现在打开电键 S′，按下电键 S，接通电流，可以看到灯泡 A 先亮，而和线圈 L 串联的灯泡 B 需经过相当一段时间后才和灯泡 A 有同一的亮度．这是由于当电路接通时，电流在片刻之间从无到有，线圈 L 所包围的面积内穿过的磁通量也从无到有地增加，但由于自感的存在，线圈 L 中就产生了感应电动势，以反抗电流的增长，因而使电路中的电流不能立即达到它的最大值，而只是逐渐增长，比没有自感的电路缓慢些．

> 在电路图中，一般用符号表示线圈，若线圈中装有铁心等，则表示为.

现在按下电键 S′，同时打开 S．在打开电键 S 的瞬时，这时电路中的电流就成为零，通过 L 所包围面积的磁通量也减少，由于线圈 L 的自感作用，有和原来电流相同流向的感应电流出现，如图中箭头所示．因为在切断原来电流的瞬时，电流从有到无，在很短时间 Δt 内，线圈 L 便产生很大的自感电动势，又因 S′已按下，故有感应电流通过灯泡 A，因此使 A 发出比原来更强的闪光，而后逐渐熄灭．

设闭合回路中的电流为 i，根据毕奥-萨伐尔定律，空间任意一点的磁感应强度 $\boldsymbol{B}$ 的大小都和回路中的电流 i 成正比，因此，穿过该回路所包围面积内的磁通量 Φ_m 也和 i 成正比，即

$$\Phi_m = Li \tag{5-8}$$

比例恒量 L 叫作回路的**自感**，它表征回路本身的一种属性，与电流的大小无关，它的数值由回路的几何形状、大小及周围介质（指非铁磁质）的磁导率所决定．从式(5-8)可见，**某回路的自感在数值上等于这回路中的电流为 1 单位时穿过这回路所包围面积中的磁通量．**

按法拉第电磁感应定律，回路中所产生的自感电动势为

$$\mathscr{E}_L = -\frac{\mathrm{d}\Phi_m}{\mathrm{d}t} = -\frac{\mathrm{d}(Li)}{\mathrm{d}t} = -\left(L\frac{\mathrm{d}i}{\mathrm{d}t} + i\frac{\mathrm{d}L}{\mathrm{d}t}\right)$$

如果回路的形状、大小和周围磁介质的磁导率都不变，则取决于这些因素的自感 L 也不变，即 $\mathrm{d}L/\mathrm{d}t = 0$，于是得

$$\mathscr{E}_L = -L\frac{\mathrm{d}i}{\mathrm{d}t} \tag{5-9}$$

式中，负号是楞次定律的数学表示，它指出自感电动势将反抗回路中电流的改变．亦即，**当电流增加时，自感电动势与原来电流的流向相反；当电流减小时，自感电动势与原来电流的流向相同**．由此可见，任何回路中电流改变的同时，必将引起自感的作用，以反抗回路中电流的改变．显然，回路的自感越大，自感的作用也越大，则改变该回路中的电流也越不易．换句话说，回路的自感 L 有使回路保持原有电流不变的性质，这一特性和力学中物体的惯性相仿．因而，自感 L 可认为是描述回路“电惯性”的一个物理量．

若在某回路中电流的改变率为 $1\mathrm{A}\cdot\mathrm{s}^{-1}$ 时，自感电动势为 1V，则回路的自感 L 为 1H，称为**亨利**，简称**亨**，即 $1\mathrm{H} = 1\mathrm{V}/(1\mathrm{A}\cdot\mathrm{s}^{-1}) = 1\Omega\cdot\mathrm{s}$；或由自感 L 的定义式(5-8)，也可将亨利表示为 $1\mathrm{H} = 1\mathrm{Wb}\cdot\mathrm{A}^{-1}$．

在生产和生活中，自感的应用很多，例如电工和无线电技术中的扼流圈、稳压电源中的滤波电感、日光灯装置中的镇流器等．自感现象也有很多害处，在具有铁心线圈的电路里，若电流很大，突然断开电流时，将在断开处产生很大的自感高电压，以致使空气击穿产生强大的电弧，例如电车顶上导电弓与架空线脱开时的火花．在电动机

和电磁铁等强电系统中，应先增大电阻、减小电流后再断开电路，有时还在开关中装有灭弧设备，以减少断开开关时所形成的电弧.

问题 5-7 (1) 何谓自感现象？如何引入自感 L？其单位如何确定？在通有交变电流的交流电路中，接入一个自感线圈，问这线圈对电流有何作用？在通有直流电的电路中接入一自感线圈，问这线圈对电流有作用吗？

(2) 要设计一个自感较大的线圈，应从哪些方面去考虑？

(3) 自感是由 $L=\Phi_m/i$ 定义的，能否由此式说明：通过线圈的电流越小，自感 L 就越大？

例题 5-8 长直螺线管的长度 l 远大于横截面面积 S 的线度，密绕 N 匝线圈，管内充满磁导率为 μ 的磁介质，求它的自感.

解 设想当螺线管通以电流 i 时，管内中部的磁感应强度可视为均匀磁场，它的大小为 $B=\mu ni=\mu\dfrac{N}{l}i$，通过线圈每一匝的磁通量都为 $\Phi_m=BS$，对整个线圈的磁通量为

$$N\Phi_m=NBS=\mu\frac{N^2}{l}Si$$

则按式 (5-8)，可得长直螺线管的自感为

$$L=\frac{N\Phi_m}{i}=\mu\frac{N^2}{l}S=\mu\frac{N^2}{l^2}lS=\mu n^2\tau \tag{5-10}$$

式中，$\tau=Sl$ 为螺线管的体积；$n=N/l$ 为螺线管单位长度的匝数．如此看来，某个导体回路（或线圈）的自感只由回路的匝数、大小、形状和介质的磁导率所决定，与回路中有无电流无关．但对于有铁心的线圈，由于 μ 随电流 i 而变，这时，L 才与电流 i 有关.

在计算自感时，为了先求磁通量，必须假定它已通电，而在最后可以消去电流，这样的计算方法是与电容的计算相类似的.

例题 5-9 如例题 5-9 图所示，设有一电缆，由两个“无限长”同轴圆筒状的导体组成，其间充满磁导率为 μ 的磁介质．某时刻在电缆中沿内圆筒和外圆筒流过的电流 i 相等，但方向相反．设内、外圆筒的半径分别为 R_1 和 R_2，求单位长度电缆的自感.

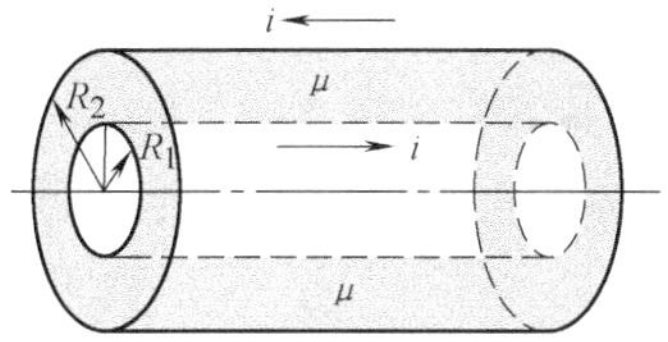

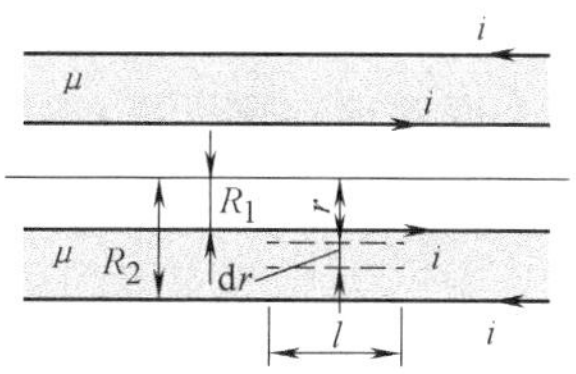

例题 5-9 图

解 应用有磁介质时磁场的安培环路定理可知，在内圆筒以内及在外圆筒以外的区域中，磁场强度均为零．在内、外两圆筒之间，离开轴线距离为 r 处的磁场强度为 $H=i/(2\pi r)$．今任取一段电缆，长为 l，穿过电缆纵剖面上的面积元 $l\mathrm{d}r$ 的磁通量为

$$\mathrm{d}\Phi_m=B\mathrm{d}S=(\mu H)(l\mathrm{d}r)=\frac{\mu il}{2\pi}\frac{\mathrm{d}r}{r}$$

对某一时刻而言，i 为一定值，则长度为 l 的两圆筒之间的总磁通量为

$$\Phi_m=\iint_S\mathrm{d}\Phi_m=\int_{R_1}^{R_2}\frac{\mu il}{2\pi}\frac{\mathrm{d}r}{r}=\frac{\mu il}{2\pi}\ln\frac{R_2}{R_1}$$

按 $\Phi_m=Li$，可得长度为 l 的这段电缆的自感为

$$L=\frac{\Phi_m}{i}=\frac{\mu l}{2\pi}\ln\frac{R_2}{R_1}$$

由此，便可求出单位长度电缆的自感为

$$L'=\frac{L}{l}=\frac{\mu}{2\pi}\ln\frac{R_2}{R_1}$$

5.4.2　互感

设有两个邻近的导体回路 1 和 2，分别通有电流 i_1 和 i_2（见图 5-14）．i_1 激发一磁场，这磁场的一部分磁感应线要穿过回路 2 所包围的面积，用磁通量 Φ_{m21} 表示．当回路 1 中的电流 i_1 发生变化时，Φ_{m21} 也要变化，因而在回路 2 内激起感应电动势 $\mathscr{E}_{21}$；同样，回路 2 中的电流 i_2 变化时，它也使穿过回路 1 所包围面积的磁通量 Φ_{m12} 变化，因而在回路 1 中也激起感应电动势 $\mathscr{E}_{12}$．**上述两个载流回路相互地激起感应电动势的现象**，称为**互感现象**．

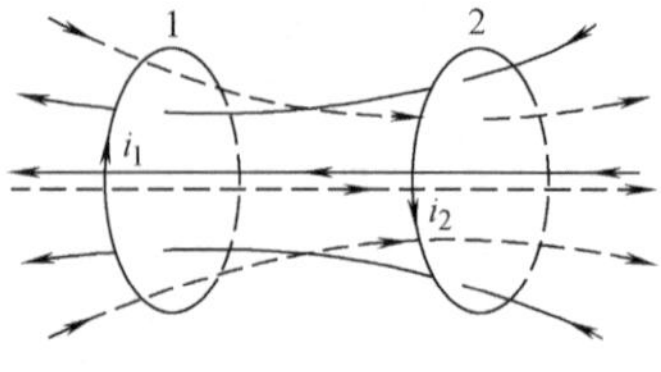

图 5-14　互感现象

假设这两个回路的形状、大小、相对位置和周围磁介质的磁导率都不改变，则根据毕奥-萨伐尔定律，由 i_1 在空间任何一点激发的磁感应强度都与 i_1 成正比，相应地，穿过回路 2 的磁通量 Φ_{m21} 也必然与 i_1 成正比，即

$$\Phi_{m21} = M_{21} i_1$$

同理，有

$$\Phi_{m12} = M_{12} i_2$$

式中，M_{21} 和 M_{12} 是两个比例恒量，它们只和两个回路的形状、大小、相对位置及其周围磁介质的磁导率有关，可以证明（从略），$M_{12} = M_{21} = M$，M 称为两回路的**互感**．这样，上两式可简化为

$$\left.\begin{aligned}\Phi_{m21} &= M i_1 \\ \Phi_{m12} &= M i_2\end{aligned}\right\} \tag{5-11}$$

由式（5-11）可知，**两个导体回路的互感在数值上等于其中一个回路中的电流为 1 单位时，穿过另一个回路所包围面积的磁通量**．

应用法拉第电磁感应定律，可以决定由互感产生的电动势．由于上述回路 1 中电流的变化，在回路 2 中产生的感应电动势为

$$\mathscr{E}_{21} = -\frac{\mathrm{d}\Phi_{m21}}{\mathrm{d}t} = -M\frac{\mathrm{d}i_1}{\mathrm{d}t} \tag{5-12}$$

同理，回路 2 中电流的变化，在回路 1 中产生的感应电动势为

$$\mathscr{E}_{12} = -\frac{\mathrm{d}\Phi_{m12}}{\mathrm{d}t} = -M\frac{\mathrm{d}i_2}{\mathrm{d}t} \tag{5-13}$$

根据互感定义式（5-11），我们也可计算 N 匝线圈的互感（见例题 5-10）．互感的计算一般很复杂，常用实验方法测定．

根据式（5-12）和式（5-13），可以规定互感的单位．如果在两个导体回路中，当一个回路的电流改变率为 $1\mathrm{A}\cdot\mathrm{s}^{-1}$ 时，在另一回路中激起的感应电动势为 1V，则两个导体回路的互感规定为 1H，这与自感的单位是相同的．

互感在电工和电子技术中应用很广泛．通过互感线圈可使能量或信号由一个线圈方便地传递到另一个线圈；利用互感现象的原理可制成变压器、感应圈等．

问题 5-8　（1）何谓互感现象？如何引入互感及其单位？

（2）互感电动势与哪些因素有关？为了在两个导体回路间获得较大的互感，需用什么方法？

例题5-10　如例题5-10图所示，一长直螺线管线圈 C_1，长为 l，截面积为 S，共绕 N_1 匝彼此绝缘的导线，在 C_1 上再绕另一与之共轴的绕圈 C_2，其长度和截面积都与线圈 C_1 相同，共绕 N_2 匝彼此绝缘的导线．线圈 C_1 称为**原线圈**，线圈 C_2 称为**副线圈**．螺线管内磁介质的磁导率为 μ．求：(1) 这两个共轴螺线管的互感；(2) 这两个螺线管的自感与互感的关系．

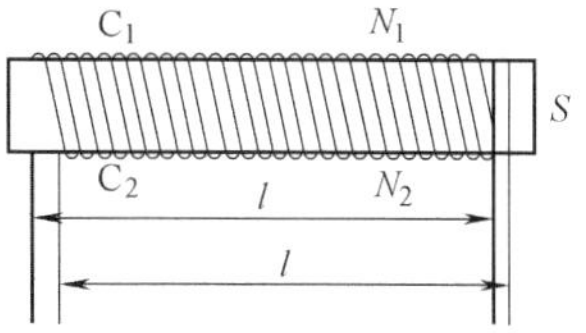

例题5-10图

解　(1) 假想原线圈 C_1 中通有电流 i_1，则螺线管内均匀磁场的磁感应强度为 $B=\mu N_1 i_1/l$，且磁通量为

$$\Phi_m = BS = \mu\frac{N_1 i_1}{l}S$$

因为磁场集中在螺线管内部，所有磁感应线都通过副线圈 C_2，即通过副线圈的磁通量也为 Φ_m，故副线圈的磁链为

$$N_2\Phi_m = \mu\frac{N_1 N_2 i_1}{l}S$$

按互感的定义式 (5-11)，对 N_2 匝线圈来说，当穿过每匝回路的磁通量相同时，应有 $Mi_1 = N_2\Phi_m$，由此得两线圈的互感为

$$M = \frac{N_2\Phi_m}{i_1} = \mu\frac{N_1 N_2}{l}S$$

(2) 在原线圈通电流 i_1 时，原线圈自己的磁链为

$$N_1\Phi_m = \mu\frac{N_1^2 i_1}{l}S$$

按自感的定义式 (5-8)，对 N_1 匝线圈来说，当穿过每匝回路的磁通量相同时，应有 $L = N_1\Phi_m/i$，由此得原线圈的自感为

$$L_1 = \frac{N_1\Phi_m}{i_1} = \mu\frac{N_1^2 S}{l}$$

同理，副线圈的自感为

$$L_2 = \mu\frac{N_2^2 S}{l}$$

故有

$$M^2 = L_1 L_2$$

由此，得这两螺线管的自感与互感的关系为

$$M = \sqrt{L_1 L_2} \tag{5-14}$$

顺便指出，只有对本例所述这种完全耦合的线圈，才有 $M=\sqrt{L_1L_2}$ 的关系．一般情形下，$M=k\sqrt{L_1L_2}$，而 $0\leqslant k\leqslant 1$，k 称为**耦合系数**，k 值视两线圈的相对位置（即耦合的程度）而定．

例题5-11　如例题5-11图所示，圆形小线圈 C_2 由绝缘导线绕制而成，其匝数 $N_2=50$，面积 $S_2=40\text{cm}^2$，放在半径为 $R_1=20\text{cm}$、匝数为 $N_1=100$ 的大线圈 C_1 的圆心 O 处，两者同轴、同心且共面．试求：(1) 两线圈的互感；(2) 当大线圈的电流以 $5\text{A}\cdot\text{s}^{-1}$ 的变化率减小时，小线圈中的互感电动势为多大？

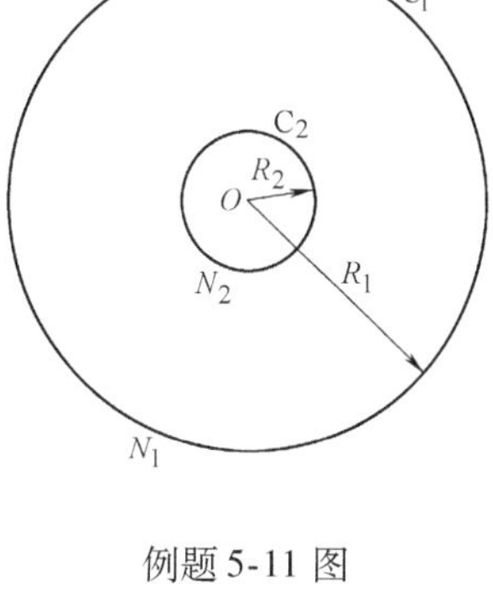

例题5-11图

解　(1) 设大线圈中通有电流为 i_1，由题设可知，$S_2 \ll S_1$，且 $S_1=\pi R_1^2$，因而可视 i_1 在面积 S_2 上各点激发的磁场均匀分布，其值为

$$B = N_1\frac{\mu_0 i_1}{2R_1}$$

通过 S_2 的磁通量为

$$N_2\Phi_{m21}=N_2BS_2=N_2N_1\frac{\mu_0 i_1}{2R_1}S_2$$

互感为

$$M=\frac{N_2\Phi_{m21}}{i_1}=\frac{N_2N_1\mu_0S_2}{2R_1}=\frac{50\times100\times(4\pi\times10^{-7}\text{N}\cdot\text{A}^{-2})\times(40\times10^{-4}\text{m})}{2\times20\times10^{-2}\text{m}}=6.28\times10^{-5}\text{H}$$

（2）小线圈中的互感电动势为

$$\mathscr{E}_M=-M\frac{di_1}{dt}=-(6.28\times10^{-5}\text{H})\times(-5\text{A}\cdot\text{s}^{-1})=3.14\times10^{-4}\text{V}$$

说明　读者按本题求解过程，自行总结一下互感和互感电动势的求解方法和步骤.

5.5　磁场的能量

我们讲过，电场拥有能量. 那么，磁场是否也拥有能量? 从自感现象的实验中读者曾看到，当切断电源时，由于自感线圈的存在，与其并联的灯泡不是由明到暗地即刻熄灭，而是突然变得很亮后再熄灭. 这就显示通电线圈的磁场中拥有能量. 当切断电流时，磁场消失，磁场的能量被释放出来，转变为灯泡的光能量和热能量.

如图 5-15 所示，当开关 S 合上时，电路中的电流 i 是缓慢地增长到稳定值 I 的，与此同时，线圈 L 中就逐渐建立起磁场. 现在我们来计算线圈中磁场的能量. 设某时刻电流为 i 时，线圈中的自感电动势为 $\mathscr{E}_L=-Ldi/dt$，在 dt 时间内，电源反抗自感电动势所做的功为

$$dA=-\mathscr{E}_L i dt=Lidi$$

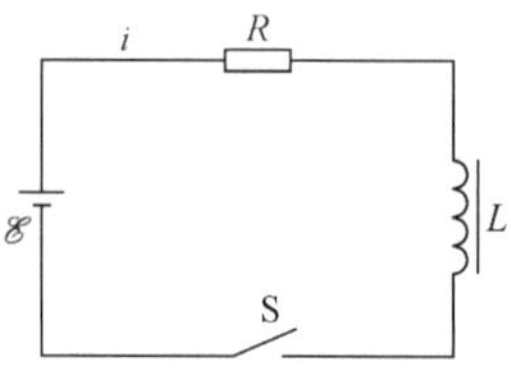

图 5-15　磁场的能量

因而电流从零增加到 I 时，外电源对线圈建立磁场所做的功为

$$A=\int_\tau dA=\int_0^I Lidi=\frac{1}{2}LI^2 \qquad (5\text{-}15)$$

这个功就转换为线圈中磁场的能量 W_m 而存储在磁场里. 为了用磁场的磁感应强度来表示磁场的能量，我们以密绕的长直螺线管中均匀磁场为例予以讨论，它的自感为 $L=\mu n^2\tau$，磁感应强度为 $B=\mu nI$，则得**磁场能量**为

$$W_m=\frac{1}{2}LI^2=\frac{1}{2}\mu n^2\tau(B/\mu n)^2=\frac{B^2}{2\mu}\tau$$

式中，τ 为螺线管的体积. 我们把单位体积中的磁场能量称为**磁场能量体密度**，记作 w_m，则

$$w_m=\frac{W_m}{\tau}=\frac{B^2}{2\mu}=\frac{1}{2}BH=\frac{\mu}{2}H^2 \qquad (5\text{-}16)$$

这个结果虽然是从长直螺线管中导出的，但它适用于一切磁场，$\boldsymbol{B}$、$\boldsymbol{H}$ 是描述磁场各点状态的物理量，因此，磁场能量体密度 w_m 也是表示磁场中各点的能量. 如果磁场是非均匀场，可以把磁场分割为无数个体积元 $d\tau$，使 $d\tau$ 区域内的磁场可视为均匀的，则 $d\tau$ 内的磁场能量为

$$dW_m=w_m d\tau=\frac{B^2}{2\mu}d\tau$$

而有限体积内拥有的总磁场能量为

$$W_{\mathrm{m}} = \iiint_{\tau} \frac{B^2}{2\mu}\mathrm{d}\tau \tag{5-17}$$

问题 5-9　(1) 阐明磁场能量密度和在有限区域内磁场能量的公式的意义.

(2) 在真空中，设一均匀电场与一个 0.5T 的均匀磁场具有相同的能量密度，求此电场的电场强度的大小. [答：$E = 1.5 \times 10^8\,\mathrm{V \cdot m^{-1}}$]

例题 5-12　同轴电缆是由半径为 R_1 的铜芯线和半径为 R_2 的筒状导体所组成，中间充满磁导率为 μ 的绝缘介质. 电缆工作时沿芯线和外筒流过的电流大小相等、方向相反. 如果略去导体内部的磁场，求“无限长”同轴电缆长为 l 的一段电缆内的磁场所存储的能量.

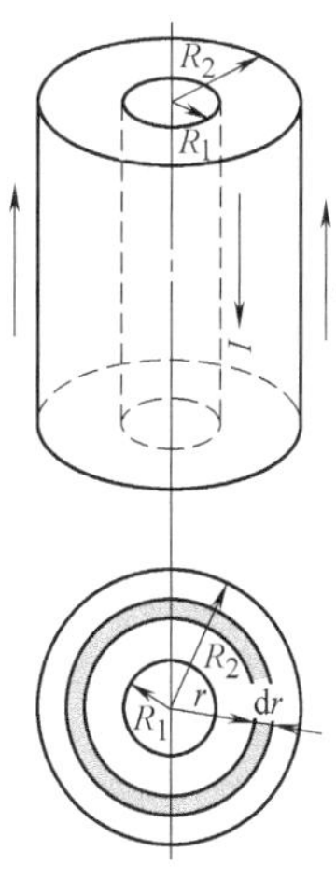

例题 5-12 图

解　在外筒外面的空间，由安培环路定理计算可知，各处的磁感应强度 $\boldsymbol{B}$ 为零，在芯线与外筒之间，距轴线 r 处的磁感应强度的大小，用安培环路定理可算得 $B = \mu I/(2\pi r)$，在芯线与外筒之间距离轴线 r 处的磁场能量密度为

$$w_{\mathrm{m}} = \frac{B^2}{2\mu} = \frac{\mu I^2}{8\pi^2 r^2}$$

则长为 l 的一段电缆所存储的磁场能量为

$$W_{\mathrm{m}} = \iiint_{\tau} w_{\mathrm{m}}\mathrm{d}\tau = \int_0^{\tau} \frac{\mu I^2}{8\pi^2 r^2}\mathrm{d}\tau = \int_{R_1}^{R_2} \frac{\mu I^2}{8\pi^2 r^2}(2\pi r l \mathrm{d}r) = \frac{\mu I^2 l}{4\pi}\ln\frac{R_2}{R_1}$$

讨论　如果用磁场能量公式 $W_{\mathrm{m}} = \frac{1}{2}LI^2$ 与上式比较，则可得到这段同轴电缆的自感为

$$L = \frac{\mu l}{2\pi}\ln\frac{R_2}{R_1}$$

这与例题 5-9 中对长为 l 的一段电缆的自感的计算结果相同.

问题 5-10　如何理解磁场的能量是分布在磁场所在的空间里?

5.6　位移电流

在 5.3 节中我们讲过，变化的磁场能够产生涡旋电场. 而今，我们不禁要问：变化的电场能否建立磁场呢？回答是肯定的. 但是，问题的提出在这里还需借助于电容器的充、放电情况. 如图 5-16 所示，开关 S 与节点 1 接通时，对电容器充电，S 与节点 2 接触，电容器就放电，无论在充电还是放电过程中，同一瞬时导线各横截面通过的电流皆相同，可是电容器两极板间却无电流. 对整个电路而言，电流应是不连续的. 这与传导电流应该是连续的这个结论，显然相悖.

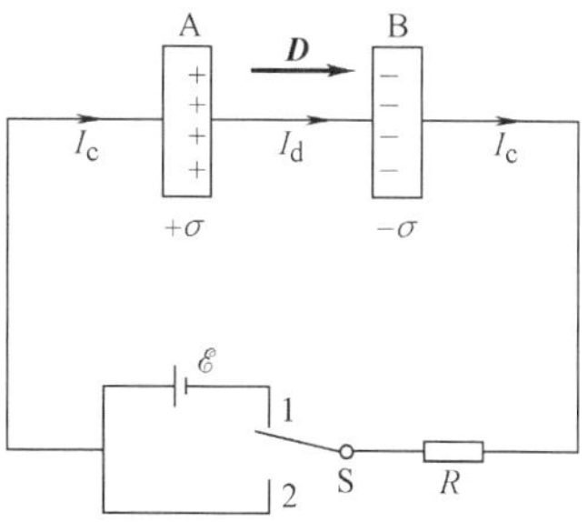

图 5-16　位移电流

为了解决上述传导电流的连续性问题，并在上述场合下，使得适用于传导电流的安培环路定理也能成立，麦克斯韦 (J. C. Maxwell, 1831—1879) 提出了在电容器两极板之间存在**位移电流**的概念.

下面我们来求位移电流的表述式. 在电容器充电的任一时刻，极板 A 上有正电荷 $+q$，电荷面密度为 $+\sigma$，极板 B 上有负电荷 $-q$，电荷面密度为 $-\sigma$，它们皆随时间而改变. 设极板面积为 S，则极板内部的传导电流为

$$I_c = \frac{dq}{dt} = \frac{d(\sigma S)}{dt} = S\frac{d\sigma}{dt} \tag{a}$$

传导电流密度为

$$j_c = \frac{I_c}{S} = \frac{d\sigma}{dt} \tag{b}$$

而两极板间的空间内传导电流为零；但存在电场，按式（3-48）可知，其电位移矢量的大小为 $D=\sigma$，电位移通量为 $\Phi_e = DS = \sigma S$，它们随时间的变化率分别为

$$\frac{dD}{dt} = \frac{d\sigma}{dt} \tag{c}$$

$$\frac{d\Phi_e}{dt} = S\frac{d\sigma}{dt} \tag{d}$$

为了使上述电路中的电流保持连续性，对以上四式［式（a）～式（d）］进行比较．麦克斯韦把两极板间变化的电场假设为电流，称为**位移电流**，记作 I_d，则

$$I_d = \frac{d\Phi_e}{dt} \tag{5-18}$$

位移电流密度为

$$j_d = \frac{dD}{dt} \tag{5-19}$$

这样，整个电路上传导电流中断的地方就由位移电流接续．实验指出，位移电流在建立磁场方面是与传导电流等效的；在其他方面，位移电流不能与传导电流相提并论．例如，传导电流有热效应，位移电流则没有．

由于位移电流在磁效应方面与传导电流是等效的，所以设位移电流周围的磁场强度为 $\boldsymbol{H}^{(2)}$，则 $\boldsymbol{H}^{(2)}$ 也应满足安培环路定理，即

$$\oint_l \boldsymbol{H}^{(2)} \cdot d\boldsymbol{l} = I_d = \frac{d\Phi_e}{dt} \tag{5-20}$$

式中，Φ_e 为积分回路 l 所包围面积的电位移通量，即

$$\Phi_e = \iint_S \boldsymbol{D} \cdot d\boldsymbol{S} \tag{5-21}$$

将式（5-21）代入式（5-20），并考虑 $\boldsymbol{D}$ 是坐标和时间的函数，应改用偏导数表示，则有

$$\oint_l \boldsymbol{H}^{(2)} \cdot d\boldsymbol{l} = \iint_S \frac{\partial \boldsymbol{D}}{\partial t} \cdot d\boldsymbol{S} \tag{5-22}$$

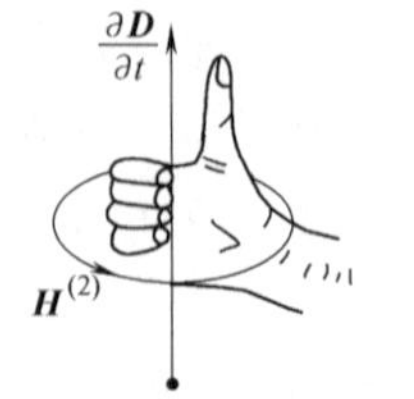

图 5-17　$\boldsymbol{H}^{(2)}$ 与 $\partial\boldsymbol{D}/\partial t$ 形成右旋系统

式（5-22）表述了变化的电场 $\frac{\partial \boldsymbol{D}}{\partial t}$ 与它所建立的磁场 $\boldsymbol{H}^{(2)}$ 之间的关系，二者的方向成右手螺旋关系，如图 5-17 所示．由此可见，麦克斯韦的位移电流假设实质上揭示了**变化的电场可以激发涡旋磁场**．

问题 5-11　为什么要引入位移电流的概念？其实质是什么？它与传导电流有何异同？

例题 5-13　真空中的一个平行板电容器，由半径为 $R=0.1\text{m}$ 的两平行圆形极板组成，设电容器被匀速地充电，使两板间电场的变化率 $dE/dt = 1.0\times10^{13}\,\text{V}\cdot\text{m}^{-1}\cdot\text{s}^{-1}$．求：(1) 两极板间的位移电流；(2) 电容器内离两极板中心

连线为 r 处（$r<R$）处及 $r=R$ 处的磁感应强度.

解　(1) 平行板电容器中的位移电流为

$$I_d = d\Phi_e/dt = \varepsilon_0 \pi R^2 dE/dt$$

$$= [8.85\times10^{-12}\times\pi\times(0.1)^2\times1.0\times10^{13}]A = 2.8A$$

(2) 在离两极板中心连线 r 处（$r<R$）取一环路，由安培环路定理有

$$\oint_l \boldsymbol{H}^{(2)}\cdot d\boldsymbol{l} = I_d$$

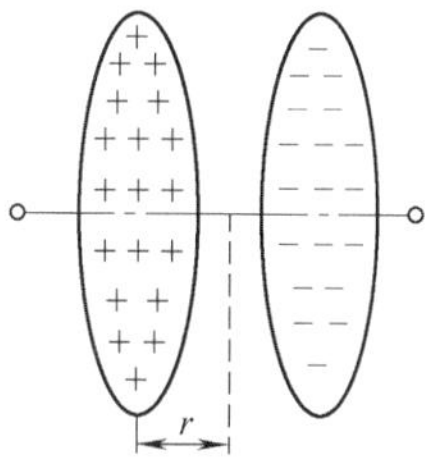

例题 5-13 图

考虑到磁场对称分布，按题设，有

$$H(2\pi r) = \varepsilon_0 (dE/dt)\pi r^2$$

由上式，即得所求的磁感应强度为

$$B = \mu_0 H = \frac{\mu_0\varepsilon_0}{2}\frac{dE}{dt}r$$

当 $r=R$ 时，

$$B = \frac{\mu_0\varepsilon_0}{2}\frac{dE}{dt}R = \left(\frac{4\pi\times10^{-7}\times8.85\times10^{-12}}{2}\times1.0\times10^{13}\times0.1\right)T = 5.6\times10^{-6}T$$

5.7　麦克斯韦电磁场理论

麦克斯韦系统地总结了前人的成果，特别是总结了电磁学的基本规律，然后提出了涡旋电场和位移电流的概念，从理论上概括、总结、推广和发展了电磁学理论，从而建立了表达电磁场理论的麦克斯韦方程组，为此，我们先对电场和磁场的规律做一归纳.

5.7.1　电场

空间任一点的电场可以是由电荷激发的静电场或稳恒电场，也可以是由变化的磁场激发的涡旋电场. 稳恒电场和静电场的规律是相同的，是有源无旋场，是保守场，具有电势；涡旋电场是无源有旋场. 前者的电力线不闭合，后者则是闭合的，若用 $\boldsymbol{E}^{(1)}$、$\boldsymbol{D}^{(1)}$ 分别表示静电场或稳恒电场的电场强度和电位移矢量，用 $\boldsymbol{E}^{(2)}$、$\boldsymbol{D}^{(2)}$ 分别表示涡旋电场的电场强度和电位移矢量，则高斯定理和电场强度的环流为

$$\oiint_S \boldsymbol{D}^{(1)}\cdot d\boldsymbol{S} = \sum_i q_i \tag{5-23}$$

$$\oint_l \boldsymbol{E}^{(1)}\cdot d\boldsymbol{l} = 0 \tag{5-24}$$

$$\oiint_S \boldsymbol{D}^{(2)}\cdot d\boldsymbol{S} = 0 \tag{5-25}$$

$$\oint_l \boldsymbol{E}^{(2)}\cdot d\boldsymbol{l} = -\iint_S \frac{\partial\boldsymbol{B}}{\partial t}\cdot d\boldsymbol{S} \tag{5-26}$$

设 $\boldsymbol{E}$、$\boldsymbol{D}$ 分别表示空间任一点电场的电场强度和电位移矢量，则 $\boldsymbol{E}$、$\boldsymbol{D}$ 应为两类性质不同的电场的矢量和，即 $\boldsymbol{E}=\boldsymbol{E}^{(1)}+\boldsymbol{E}^{(2)}, \boldsymbol{D}=\boldsymbol{D}^{(1)}+\boldsymbol{D}^{(2)}$，因此

$$\oiint \boldsymbol{D}\cdot d\boldsymbol{S} = \sum_i q_i \tag{5-27}$$

$$\oint_l \boldsymbol{E}\cdot \mathrm{d}\boldsymbol{l} = -\iint_S \frac{\partial \boldsymbol{B}}{\partial t}\cdot \mathrm{d}\boldsymbol{S} \tag{5-28}$$

5.7.2　磁场

空间任一点的磁场可以是传导电流产生的，也可以是位移电流产生的．两者产生的磁场是相同的，都是涡旋场，磁感应线都是闭合的．若用 $\boldsymbol{B}^{(1)}$ 和 $\boldsymbol{H}^{(1)}$ 表示传导电流的磁场，$\boldsymbol{B}^{(2)}$ 和 $\boldsymbol{H}^{(2)}$ 表示位移电流的磁场，则高斯定理和安培环路定理为

$$\oiint_S \boldsymbol{B}^{(1)}\cdot \mathrm{d}\boldsymbol{S} = 0 \tag{5-29}$$

$$\oint_l \boldsymbol{H}^{(1)}\cdot \mathrm{d}\boldsymbol{l} = \sum_i I_i \tag{5-30}$$

$$\oiint_S \boldsymbol{B}^{(2)}\cdot \mathrm{d}\boldsymbol{S} = 0 \tag{5-31}$$

$$\oint_l \boldsymbol{H}^{(2)}\cdot \mathrm{d}\boldsymbol{l} = I_{\mathrm{d}} = \iint_S \frac{\partial \boldsymbol{D}}{\partial t}\cdot \mathrm{d}\boldsymbol{S} \tag{5-32}$$

设 $\boldsymbol{B}$、$\boldsymbol{H}$ 分别表示空间任一点磁场的磁感应强度和磁场强度，则 $\boldsymbol{B}$、$\boldsymbol{H}$ 应为两种相同性质磁场的矢量和，即 $\boldsymbol{B}=\boldsymbol{B}^{(1)}+\boldsymbol{B}^{(2)}$，$\boldsymbol{H}=\boldsymbol{H}^{(1)}+\boldsymbol{H}^{(2)}$．因此

$$\oiint_S \boldsymbol{B}\cdot \mathrm{d}\boldsymbol{S} = 0 \tag{5-33}$$

$$\oint_l \boldsymbol{H}\cdot \mathrm{d}\boldsymbol{l} = \sum_i I_i + \iint \frac{\partial \boldsymbol{D}}{\partial t}\cdot \mathrm{d}\boldsymbol{S} \tag{5-34}$$

式（5-34）中等号右端是传导电流和位移电流之和，称为**全电流**，式（5-34）也称为**全电流环路定律**．全电流总是闭合的，亦即全电流永远是连续的．实际上，无论在真空中或在电介质中的电流主要是位移电流，传导电流可忽略不计，但是，当电介质被击穿时，传导电流就不能忽略了．在一般情况下，金属中的位移电流可忽略不计，但在电流变化频率较高的情况下，位移电流就不能略去．

5.7.3　电磁场的麦克斯韦方程组的积分形式

综合上述电场和磁场的规律，可以简洁而完美地用下列四个方程表达：

$$\oiint_S \boldsymbol{D}\cdot \mathrm{d}\boldsymbol{S} = \sum_i q_i \tag{5-35}$$

$$\oint_l \boldsymbol{E}\cdot \mathrm{d}\boldsymbol{l} = -\iint_S \frac{\partial \boldsymbol{B}}{\partial t}\cdot \mathrm{d}\boldsymbol{S} \tag{5-36}$$

$$\oiint_S \boldsymbol{B}\cdot \mathrm{d}\boldsymbol{S} = 0 \tag{5-37}$$

$$\oint_l \boldsymbol{H}\cdot \mathrm{d}\boldsymbol{l} = \sum_i I_i + \iint_S \frac{\partial \boldsymbol{D}}{\partial t}\cdot \mathrm{d}\boldsymbol{S} \tag{5-38}$$

一般来说，$\dfrac{\partial \boldsymbol{B}}{\partial t}$是随时间的变化而变化的．从上述四个方程组可知，变化的磁场所激

发的电场是变化的；又$\frac{\partial \boldsymbol{D}}{\partial t}$也是随时间的变化而变化的，同理可知，变化的电场所激发的磁场也是变化的. 这样，变化的电场和磁场是紧密联系、互相交织在一起的，而不是简单的电场和磁场的叠加，故可以称为统一的**电磁场**，这在认识上是一个飞跃. 这四个方程称为**麦克斯韦方程组的积分形式**. 在实际应用中更为重要的是要知道场中各点的场量，为此，可以通过数学变换，将上述积分形式的方程组变为微分形式的方程组. 这个微分方程组常称为**麦克斯韦方程组**.

在各向同性均匀介质中，由麦克斯韦方程组，再加上以前曾介绍过的描述物质性质的物质方程，即

$$\boldsymbol{D}=\varepsilon\boldsymbol{E}$$

$$\boldsymbol{B}=\mu\boldsymbol{H}$$

$$\boldsymbol{j}=\gamma\boldsymbol{E}$$

再考虑到边界条件和初始条件，原则上就可求解电磁场的问题. 因此，麦克斯韦方程组在电磁学中具有举足轻重的地位.

问题 5-12　试述麦克斯韦方程（积分形式）及其意义.

［大国名片］中国核能

“华龙一号”是由中国两大核电企业——中国核工业集团有限公司和中国广核集团在我国核电科研、设计、制造、建设和运行经验的基础上，根据日本福岛核事故经验反馈以及我国和全球最新安全要求，研发的先进百万千瓦级压水堆核电技术产品.

作为中国核电“走出去”的主打品牌，在设计创新方面，“华龙一号”提出“能动和非能动相结合”的安全设计理念，采用 177 个燃料组件的反应堆堆芯、多重冗余的安全系统、单堆布置、双层安全壳，全面贯彻了纵深防御的原则，设置了完善的严重事故预防和缓解措施，其安全指标和技术性能达到了国际三代核电技术的先进水平，具有完整自主知识产权.

2021 年 1 月 30 日，我国自主三代核电技术“华龙一号”全球首堆——福清核电 5 号机组投入商业运行，标志着我国在三代核电技术领域跻身世界前列，成为继美国、法国、俄罗斯等国之后真正掌握自主三代核电技术的国家，核电技术水平和综合实力已跻身世界第一方阵，有力支撑了我国由核电大国向核电强国的跨越，成为彰显我国自主创新能力的“国家名片”之一.

核能是低碳能源，先进核能技术可以提供高品质热源，能实现多用途利用，涵盖电力、制氢、供热供汽、海水淡化等领域，必将成为我国低碳绿色经济发展的重要能源支撑. 华龙系列将继续围绕经济性等关键指标持续创新，进一步夯实我国在三代核电技术领域的领先地位.

习　题　5

5-1　如习题 5-1 图所示，矩形区域为均匀稳恒磁场，半圆形闭合导线回路在纸面内绕轴 O 做逆时针方向匀角速转动，O 点是圆心且恰好落在磁场的边缘上，半圆形闭合导线完全在磁场外时开始计时. 下列选项的 $\mathscr{E}-t$ 函数图像中哪一条属于半圆形导线回路中产生的感应电动势？　［　　］

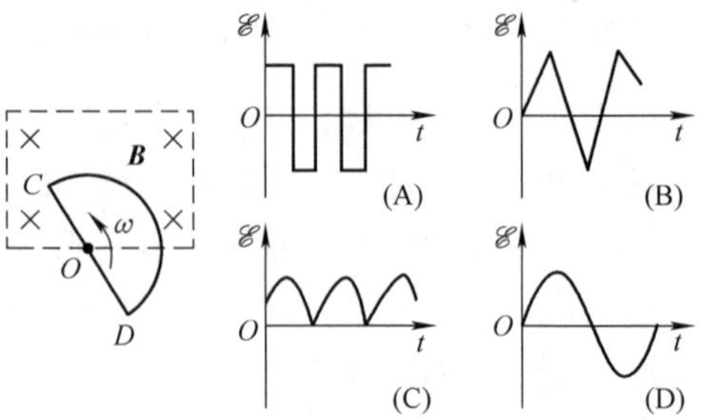

习题 5-1 图

5-2　将形状完全相同的铜环和木环静止放置，并使通过两环面的磁通量随时间的变化率相等，则不计自感时，

（A）铜环中有感应电动势，木环中无感应电动势.

（B）铜环中感应电动势大，木环中感应电动势小.

（C）铜环中感应电动势小，木环中感应电动势大.

（D）两环中感应电动势相等.　　　　[　　]

5-3　如习题 5-3 图所示，导体棒 AB 在均匀磁场 $\boldsymbol{B}$ 中绕通过 C 点的垂直于棒且沿磁场方向的轴 OO' 转动（角速度 $\boldsymbol{\omega}$ 与 $\boldsymbol{B}$ 同方向），BC 的长度为棒长的 1/3，则

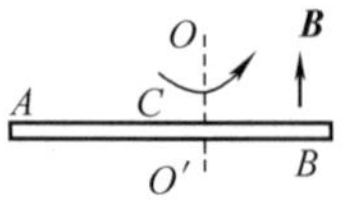

习题 5-3 图

（A）A 点比 B 点电势高.　　　　（B）A 点与 B 点电势相等.

（B）A 点比 B 点电势低.　　　　（D）有稳恒电流从 A 点流向 B 点.

[　　]

5-4　自感为 0.25H 的线圈中，当电流在(1/16)s 内由 2A 均匀减小到零时，线圈中自感电动势的大小为

（A）7.8×10^{-3}V.　　　　（B）3.1×10^{-2}V.

（C）8.0V.　　　　（D）12.0V.　　　　[　　]

5-5　在感应电场中，电磁感应定律可写成 $\oint_L \boldsymbol{E}_K\cdot \mathrm{d}\boldsymbol{l} = -\dfrac{\mathrm{d}\Phi}{\mathrm{d}t}$，其中 $\boldsymbol{E}_K$ 为感应电场的电场强度. 此式表明：

（A）闭合曲线 L 上 $\boldsymbol{E}_K$ 处处相等.

（B）感应电场是保守力场.

（C）感应电场的电场强度线不是闭合曲线.

（D）在感应电场中不能像对静电场那样引入电势的概念.　　　　[　　]

5-6　用导线制成一半径为 $r=10$cm 的闭合圆形线圈，其电阻 $R=10\Omega$，均匀磁场垂直于线圈平面. 欲使电路中有一稳定的感应电流 $i=0.01$A，B 的变化率应为 $\mathrm{d}B/\mathrm{d}t=$__________.

5-7　磁换能器常用来检测微小的振动. 如习题 5-7 图所示，在振动杆的一端固接一个 N 匝的矩形线圈，线圈的一部分在匀强磁场 $\boldsymbol{B}$ 中，设杆的微小振动规律为 $x=A\cos\omega t$，线圈随杆振动时，线圈的感应电动势为__________.

5-8　如习题 5-8 图所示，aOc 为一折成∠形的金属导线（$aO=Oc=L$），位于 xOy 平面中；磁感应强度为 $\boldsymbol{B}$ 的匀强磁场垂直于 Oxy 平面. 当 aOc 以速度 $\boldsymbol{v}$ 沿 x 轴正向运动时，导线上 a、c 两点间电势差 $U_{ac}=$________；当 aOc 以速度 $\boldsymbol{v}$ 沿 y 轴正向运动时，a、c 两点的电势相比较，是________点电势高.

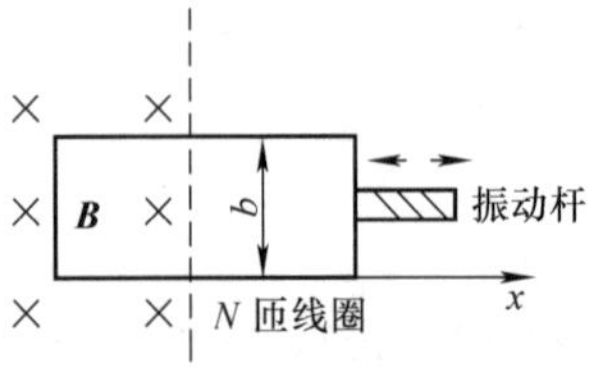

习题 5-7 图

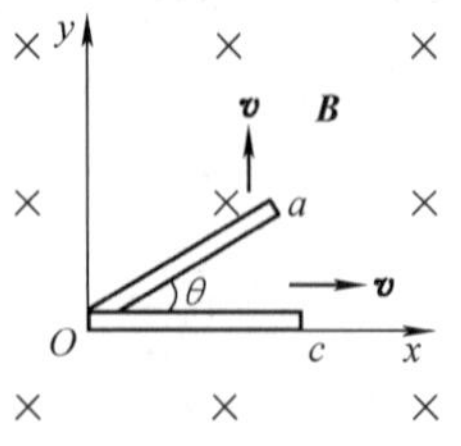

习题 5-8 图

5-9　反映电磁场基本性质和规律的积分形式的麦克斯韦方程组为

$$\oiint_S \boldsymbol{D} \cdot \mathrm{d}\boldsymbol{S} = \sum_i q_i \qquad ①$$

$$\oint_l \boldsymbol{E} \cdot \mathrm{d}\boldsymbol{l} = -\iint_S \frac{\partial \boldsymbol{B}}{\partial t} \cdot \mathrm{d}\boldsymbol{S} \qquad ②$$

$$\oiint_S \boldsymbol{B} \cdot \mathrm{d}\boldsymbol{S} = 0 \qquad ③$$

$$\oint_l \boldsymbol{H} \cdot \mathrm{d}\boldsymbol{l} = \sum_i I_i + \iint_S \frac{\partial \boldsymbol{D}}{\partial t} \cdot \mathrm{d}\boldsymbol{S} \qquad ④$$

试判断下列结论是包含于或等效于哪一个麦克斯韦方程的. 将你确定的方程用代号填在相应结论后的空白处.

（1）变化的磁场一定伴随有电场. ________________

（2）磁感线是无头无尾的. ________________

（3）电荷总伴随有电场. ________________

5-10　习题 5-10 图所示为一圆柱体的横截面，圆柱体内有一均匀电场 $\boldsymbol{E}$，其方向垂直纸面向内，$\boldsymbol{E}$ 的大小随时间 t 线性增加，P 为柱体内与轴线相距为 r 的一点，则：

（1）P 点的位移电流密度的方向为__________.

（2）P 点感生磁场的方向为__________.

5-11　如习题 5-11 图所示，一长直导线通有电流 I，其旁共面地放置一匀质金属梯形线框 $abcda$，已知：$da = ab = bc = L$，两斜边与下底边夹角均为 60°，d 点与导线相距 l. 今线框从静止开始自由下落 H 高度，且保持线框平面与长直导线始终共面，求：

（1）下落高度为 H 的瞬间，线框中的感应电流为多少？

（2）该瞬时线框中电势最高处与电势最低处之间的电势差为多少？

5-12　均匀磁场 $\boldsymbol{B}$ 被限制在半径 $R = 10\text{cm}$ 的无限长圆柱空间内，方向垂直纸面向里. 取一固定的等腰梯形回路 $abcd$，梯形所在平面的法向与圆柱空间的轴平行，位置如习题 5-12 图所示. 设磁感应强度以 $\mathrm{d}B/\mathrm{d}t = 1\text{T} \cdot \text{s}^{-1}$ 的匀速率增加，已知 $\theta = \frac{1}{3}\pi$，$\overline{Oa} = \overline{Ob} = 6\text{cm}$，求等腰梯形回路中感生电动势的大小和方向.

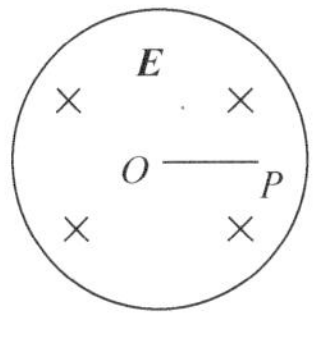

习题 5-10 图

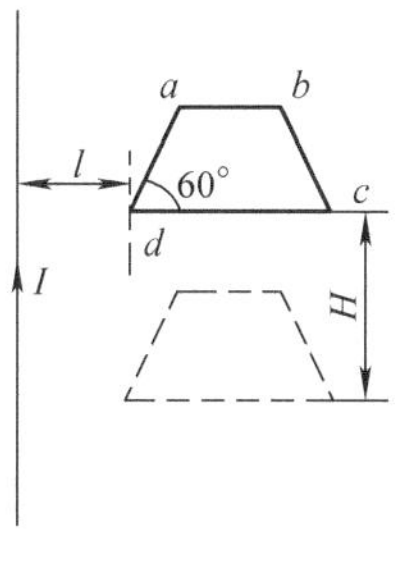

习题 5-11 图

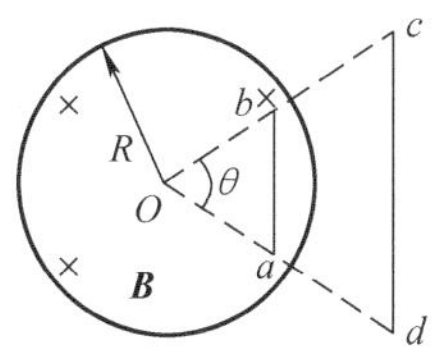

习题 5-12 图

5-13　给电容为 C 的平行板电容器充电，电流为 $i = 0.2\mathrm{e}^{-t}$（SI），$t = 0$ 时电容器极板上无电荷. 求：

（1）极板间电压 U 随时间 t 而变化的关系.

（2）t 时刻极板间总的位移电流 I_d（忽略边缘效应）.

［传承·大力弘扬中国科学家精神］中国光学之父——王大珩

王大珩，中国科学院、工程院院士．1999年中共中央、国务院、中央军委决定，授予王大珩“两弹一星”功勋奖章．2018年12月18日，党中央、国务院授予王大珩同志“改革先锋”称号，并获评“‘863’计划的主要倡导者”．他是我国光学事业的开拓者和奠基人之一，对国防现代化中研制各种大型光学观测设备有突出贡献，对中国光学、仪器仪表和计量科教事业起了重要作用．

他创办了中国科学院仪器馆，以后发展成为长春光学精密机械研究所．领导该所早期研制我国第一锅光学玻璃、第一台电子显微镜、第一台激光器，并使该所成为国际知名的从事应用光学和光学工程的研究开发基地．1986年他和王淦昌、杨嘉墀、陈芳允联名提出《关于跟踪世界战略性高技术发展的建议》，最终成为国家《高技术研究发展计划纲要》（简称“863”计划）；还与王淦昌联名倡议，促成了激光核聚变重大装备的建设；提倡并组织学部委员主动为国家重大科技问题进行专题咨询，颇有成效；1992年与其他五位学部委员倡议并促成中国工程院的成立．

“科技人员是有祖国的，他为祖国谋利益而受到人民的尊重．”——王大珩

第6章　波动光学

波的干涉和衍射现象是各种波所独有的基本特征．光是电磁波．在一定条件下，两列光波在传播过程中当然也可以因叠加而产生干涉和衍射等现象．本章主要研究可见光在传播过程中呈现的干涉、衍射和偏振等现象的规律．

光在电磁波谱中的波段是很窄的，其波长范围为400～760nm．这一波段的电磁波能引起人们的视觉，故称为**可见光**．不同波长的可见光引起人们不同颜色的感觉．人眼对不同波长的光感觉的灵敏度也不同，对波长为550nm左右的黄绿光感觉最为敏感．

可见光的天然光源主要是太阳，人工光源主要是炽热物体，特别是白炽灯，它们所发射的可见光谱是连续的．气体放电管也发射可见光，如荧光灯（日光灯）、高压汞灯、钠光灯、氙灯等．在实验室中，常利用各种气体放电管加滤色片作为单色光源，如钠光灯，它能发出波长为589.3nm的单色光．以上光源统称为**普通光源**．1960年问世的**激光器**是一种特殊的光源，它所发出的激光具有一系列与普通光不同的鲜明特点，引起了现代光学及应用技术的巨大变革．

仅单纯含有一种波长（严格地说，应是一种频率）的光，称为单色光．

6.1　光的干涉　相干光的获得

6.1.1　光强　光的干涉

光波是光振动的传播，并且主要是指电磁波中电场强度 $\boldsymbol{E}$ 矢量振动的传播．但是，

在光学中，**E** 矢量、**H** 矢量都是无法直接观测到的，人们除能够看到光的颜色以外，只能观测到光强．例如，任何感光仪器，无论是人的眼睛或者照相底片，观感到的都是光强而不是光振动本身．不过，光的电磁理论指出，光强 I 取决于在一段观察时间内的电磁波能流密度的平均值，其值与光振动的振幅 E 的平方成正比，并可写作

$$I = kE^2 \tag{6-1}$$

式中，k 为比例恒量，由于我们只关心相对光强，因而不妨取 $k=1$．因此，光波传到之处，若该处光振动的振幅为最大，看起来就最亮；而振幅为最小（或几乎接近于零）处，则差不多完全黑暗．由式（6-1）可知，亮暗的程度也可用光强来表述．

现在我们讨论光的干涉现象．对于两列光波在空间重叠（相遇）的区域内各点所引起的光振动，若叠加所得的合振动具有恒定的振幅，则将稳定地呈现出加强和减弱的明、暗图样．这就是**光的干涉现象**．产生干涉现象的光称为**相干光**，它们分别是由**相干光源**发射出来的．

相干光必须满足**相干条件：光振动的频率相同、振动方向相同**（或具有同方向的光振动分量）、**相位相同或相位差保持恒定**．

如上所述，两束相干光的干涉，可以归结为在空间任一点上两个光振动的叠加问题．设两个相干光光振动的振幅分别为 E_1 和 E_2，相位差为 $\Delta\varphi$，光的合振动振幅 E 的平方为

$$E^2 = E_1^2 + E_2^2 + 2E_1E_2\cos\Delta\varphi \tag{6-2}$$

既然我们能观测到的都是光强，而不是振幅，因此我们可将式（6-2）改写成光强之间的关系．对一定频率的光波来说，按式（6-1），可将式（6-2）改写成

$$I = I_1 + I_2 + 2\sqrt{I_1 I_2}\cos\Delta\varphi \tag{6-3}$$

式中，$\Delta\varphi$ 为两相干光的相位差；I_1、I_2 和 I 分别为两列相干光的光强和所合成的光强．即在相干光叠加时，合成的光强并不等于两光源单独发出的光波在该点处的光强之和，即 $I \neq I_1 + I_2$．若所讨论的两束相干光的振幅相等，则它们的光强相等，即 $I_1 = I_2$，并因 $1 + \cos\varphi = 2\cos^2\varphi/2$，式（6-3）可简化为

$$I = 4I_1\cos^2\frac{\Delta\varphi}{2} \tag{6-4}$$

当 $\Delta\varphi = \pm 2k\pi$，$k = 0, 1, 2, \cdots$时，

$$I = 4I_1$$

当 $\Delta\varphi = \pm(2k+1)\pi, k = 0, 1, 2, \cdots$时，

$$I = 0$$

由此可见，两束光强相等的相干光叠加后，空间各点的合成光强不是两束光的光强的简单相加．在某些地方，光强增大到一束光光强的 4 倍，而有些地方光强则为零，即**两束光干涉的结果，光的能量在空间做了重新分布**，于是我们便可以从屏幕上看到由一系列明暗相间的条纹所组成的干涉图样．

对于干涉图样的明暗反差，取决于相应的光强的对比，光强反差越大，明暗对比越明显．因此，我们引用**可见度** V 来表征干涉图样的明暗反差，即

$$V = \frac{I_{max} - I_{min}}{I_{max} + I_{min}} \tag{6-5}$$

特别是在两列相干波的振幅恒定且 $E_1 = E_2$ 的情况下，有 $I_1 = I_2$，并令 $I_1 = I_2 = I_0$，则由式（6-4）得

$$I_{\max} = 4I_0,\ I_{\min} = 0$$

由式（6-5），在所述情况下，可见度为 $V = 100\%$，达到最大值．这时，由于最大光强达到了每列相干光波的光强的 4 倍，显得更亮；而最小光强为零，暗得全黑．亮暗分明，反差极大，干涉图样最为清晰．

所以，为了获得清晰的干涉图样，**两束相干光波的光强应力求相等或接近于相等**．这是对光的干涉所提出的另一个要求．

问题 6-1　（1）试述光强与光振动振幅之间的关系．

（2）何谓相干光和相干条件？导出相干光叠加时总光强与两列相干光波光强之间的关系．

（3）何谓干涉图样的可见度？$V=0$ 和 $V=100\%$ 分别表示什么意义？为了获得清晰的干涉图样，两列相干光尚需满足什么条件？

6.1.2　相干光的获得

现在我们进一步说明如何才能获得相干光．

对于机械波或无线电波来说，相干条件比较易于满足．例如，两个频率完全相等的音叉在室内振动时，可以觉察到空间有些点的声振动始终很强，而另一些点的声振动始终很弱．这是因为机械波的波源可以连续地振动，发射出不中断的波．只要两个波源的频率相同，相干波源的其他两个条件，即振动方向相同和相位差恒定的条件就较易满足．因此，观察机械波的干涉现象比较容易．

但是对于光波来说，即使两个光源的光强、形状、大小等完全相同，上节所述的光的相干条件仍然不可能获得，这是由于光源发光机制的复杂性所决定的．

根据近代研究，光波是炽热物体中大量分子和原子的运动状态发生变化时辐射出去的电磁波．因此，发光物体（光源）中许多发光的原子、分子，它们分别相当于一个小的点光源．人们看到的每束光，都是由大量原子辐射出来的电磁波汇集而成的．

在发光体中，同一时间内各个分子或原子的状态变化不同，因而它们所发出的光波的振幅、相位、振动方向亦彼此不同．另一方面，分子或原子的发光是间歇的，当某一群分子或原子发光时，另一群分子或原子还没有开始发光；当后者发光时，以前发光的分子或原子群已经由于辐射而损失了能量，或由于周围分子或原子的作用而停止发光了．每个分子或原子发光的持续时间很短，大约只有 10^{-9}s．在这样短促的时间内发出的光波，是一个长度有限的波列；并且，往往在间歇片刻（时间很短，其数量级也是 10^{-9}s）后再发出另一个波列，如图 6-1 所示．同一个分子或原子前后发出的各个波列，它们的频率和振动方向不尽相同，也无固定的相位关系，这些波列是完全独立的．对于不同原子发出的光波，情况同样如此，也是各自独立的．因此，对整个发光体而言，所发光的相位瞬息万变．

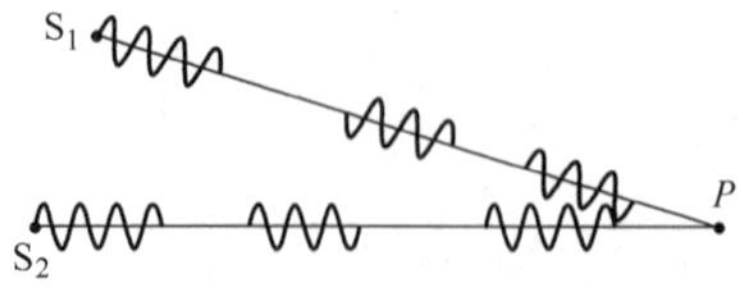

图 6-1　光源 S_1、S_2 中分子或原子发出的光波是一系列断续的波列

这样，对两个独立的光源来说，由于其中各原子发出的光振动相位之间没有任何固定

的联系，所以，**从两光源中所有原子发出的光振动在空间任一点 P 处叠加时，这些光振动在该点的相位差是随时改变的．实际上，我们只能观察到一个平均效应，即光强的均匀分布**[㊀]．这种情况叫作**非相干叠加**．例如，我们用两支点燃的蜡烛或电灯（即两个不相干的独立光源）照射屏幕，在幕上就只能看到均匀照亮的一片，而不能形成明、暗相间的干涉图样．而且，在幕上被均匀照亮区域上的光强等于每支蜡烛单独照射所产生的各个光强之和．由此可见，要使两个独立光源满足相干的条件，特别是相位相同或相位差恒定这个条件，显然是不可能实现的，即使利用同一发光体上两个不同的部分，也是不可能实现的．

但是，如果两个并排的小孔受到同一个很小的光源或离得很远的宽光源（例如一支点燃的蜡烛）照明，则从两个小孔射出来的光可以在小孔后面的屏幕（例如墙壁）上产生干涉现象，出现明、暗的条纹，读者不妨自行演示一下．

因此，为了获得满足相干条件的光波，我们只能采用人为的方法，**将同一个点光源发出来的光线分成两个细窄的光束，并使这两束光在空间经过不同的路径而会聚于同一点**．由于这两束光来自同一个点光源，所以，在任何瞬时到达观察点的，应该是经过不同波程的两列频率相同、振动方向相同的光波．尽管各原子辐射的光波，其相位迅速地改变，但任何相位的改变总是亦步亦趋地同时发生在这两列光波中，因此，如果一个光束发生相位的改变，则另一个光束也将同步地发生同样的相位改变，即它们时时刻刻保持恒定的相位差．总起来说，它们是满足相干条件的．

根据以上所述，通常我们采取下列两种方法来获得相干光．

（1）**分波阵面法**（**或分波前法**）　可采用类似于图6-1所示的装置，设 S_0 处为光源，所发出的光波传播到对称于 S_0 的两狭缝 S_1 和 S_2 时，S_1 和 S_2 处在同一波前上，其相位是相同的，并且，通过狭缝 S_1 和 S_2 后，所分开的两列光波都来自同一光源 S_0，其频率和振动方向也都是相同的．所以，S_1 和 S_2 成为两个相干光源，所发出的两列相干光在空间将产生干涉现象．历史上著名的杨氏双缝干涉实验，就是利用分波阵面法获得相干光的（见6.2节）．

（2）**分振幅法**　利用光的反射和折射，将来自同一光源的一束光分成两束相干光．例如，图6-2所示，从光源 S_0 发出的光在空气中入射到一定厚度的均匀薄膜上，一部分光在薄膜的上表面 MN 处反射，形成光束Ⅰ；另一部分光折射而透入膜内，在下表面 $M'N'$ 处被反射，然后经上表面折射出来，形成光束Ⅱ．光束Ⅰ、Ⅱ是从同一入射光中分开来的[㊁]，因此具有相同的频率和振动方向，并具有恒

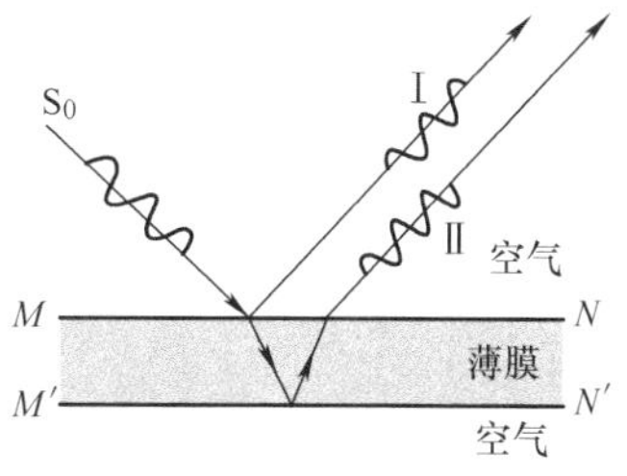

图6-2　分振幅法

㊀ 即使光源中两个发光原子同时发出振动方向相同的同频率的光波，它们所形成的干涉图样也只能在极短的时间（$\sim 10^{-9}$s）内存在，而另一时刻将被对应于另一个相位差的干涉图样所代替，在一定的观察和测量时间内，干涉图样瞬息万变，任何接收器都来不及反应，因而觉察不到这种图样的迅捷更迭，而只能记录到光强的某一时间平均值，如同眼睛不能觉察到交流电通过电灯时灯丝的亮度变化、而只能看到某一不变的平均亮度一样．

㊁ 光束Ⅰ、Ⅱ的能量也是从同一入射光的能量中分出来的．由于光波的能量与振幅有关，所以，由此获得相干光的方法叫作**分振幅法**．

定的相位差（这是由于它们所经历的介质和波程、即几何路程不同所造成的），所以这两束光是相干光，如果让它们通过透镜或肉眼会聚于空间各点，将产生干涉现象．在 6.4 节中讨论的薄膜干涉，就是借这种分振幅法实现干涉的一个实例．

最后，我们要指出，以上所谈到的光的干涉现象，乃是一种理想情况下的干涉，即对光源线度为无限小，波列为无限长的单色光而言的．

实际上，光源总是有一定的大小，它将对光的相干性产生影响，主要表现在干涉图样明暗对比的清晰程度被削弱．这就是说，光源的线度应受到一定的限制，才能使发出的光获得较好的相干性．

其次，由于光源中的分子或原子每次发光的持续时间 Δt 很短，而且先后各次发出的光波波列，其振动方向和相位又不尽相同．故而采取了上述的分波阵面法或分振幅法，才能够将同一次发出的光分成两个相干的波列．显然，这两个波列到达空间某点的时间之差不能大于一次发光的持续时间 Δt，否则在该点相遇的两个波列，就不可能是从同一次发出的光波中分出来的，因而不能满足光波的相干条件．显然，Δt 越长，光的相干性就越好．

因此，我们在考察光的相干性时，严格地说，应考虑到上述影响．有时可以通过适当的装置来消除这些影响，以获得好的相干性．幸而，当前有了激光光源，它与普通光源相比，具有亮度高、方向性好、相干性好的特点，这就为实现光的干涉提供了充分的条件．

问题 6-2　试述光源的发光机理和获得相干光的两种方法．

6.2　双缝干涉

6.2.1　杨氏双缝干涉实验

1. 实验装置

1801 年英国医生兼物理学家托马斯·杨（Thomas Young，1773—1829）首先用实验方法实现了光的干涉，从而为光的波动学说提供了有力的证据．

图 6-3 所示是实验的装置示意图．将平行单色光垂直地射向狭缝 S_0，于是 S_0 便成为一个发射柱面波的线光源，如图 6-3b 所示．双缝 S_1 和 S_2 相对于 S_0 呈对称分布，因而两者位于柱面波的同一个波面上．根据惠更斯原理[⊖]，S_1 和 S_2 就成为来自同一光源的频率

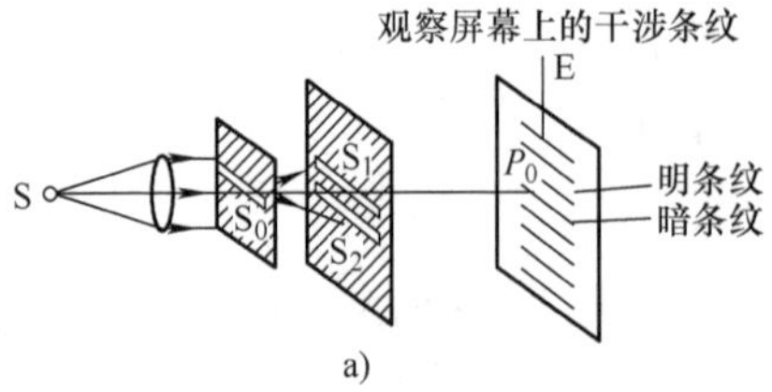

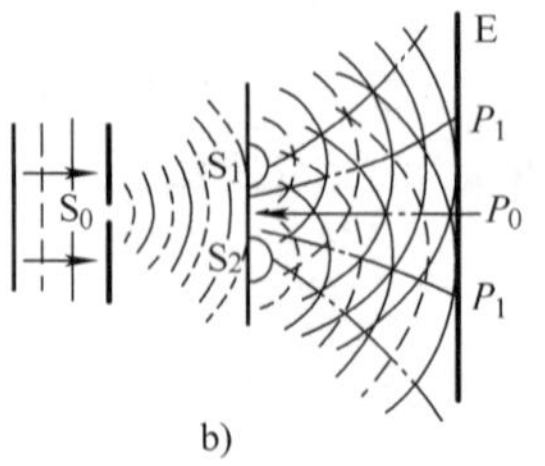

图 6-3　双缝干涉实验

⊖ 介质中波传到的各点，不论在同一波前或不同波前上，都可看作是发射子波的波源；在任一时刻，这些子波的包迹就是该时刻的波前．这就是惠更斯原理．

相同、振动方向相同、相位相同的两个**相干光源**，从它们发出的光在相遇区域内便能产生干涉现象，若在此区域内放置一个观察屏幕 E，就可以在屏上观察到一系列与狭缝平行的明暗相间的稳定条纹，即**干涉条纹**. 这些条纹的大致情况，如图 6-3a 的观察屏 E 所示. 由于 S_1 和 S_2 是从同一波阵面上分离出来的两部分，因而这种获得相干光的方法就称为**分波阵面法**. 下面就对干涉条纹在屏幕上的分布进行定量的分析.

2. 明、暗条纹在屏幕上的位置

在图 6-4 中，设 S_1 和 S_2 相距为 d（$\approx 10^{-3}$m），它们到屏幕 E 的距离为 D（约 1～3m），屏幕上某点 P 到两狭缝的距离分别为 r_1 和 r_2，故由点 P 到两狭缝的波程差为

$$\delta = r_2 - r_1$$

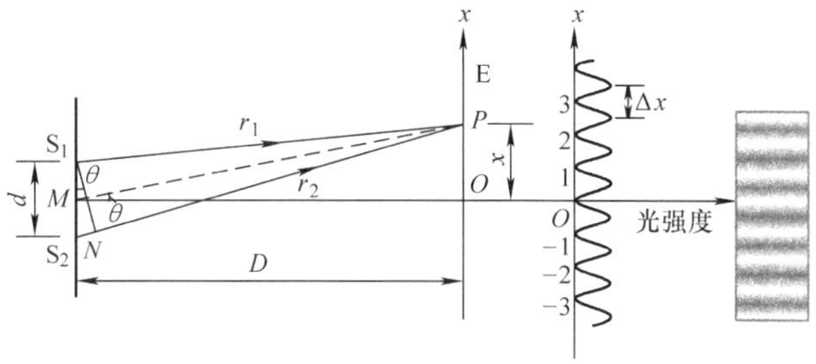

图 6-4 干涉条纹的计算

由于 S_1 和 S_2 是初相相同的两个相干光源，所以相干光在点 P 干涉的结果仅由波程差 δ 来决定，即

$$\delta = r_2 - r_1 = \begin{cases} k\lambda, & k = 0, \pm 1, \pm 2, \cdots, \text{明条纹} \\ (2k+1)\dfrac{\lambda}{2}, & k = 0, \pm 1, \pm 2, \pm 3, \cdots, \text{暗条纹} \end{cases} \tag{6-6}$$

式中，k 称为条纹的**级次**. 当 $k=0$ 时，$\delta = r_2 - r_1 = 0$，即**零级明条纹**呈现在双缝的中垂面与屏幕的交线处，故又称**中央明条纹**. 在零级明条纹上、下两侧，对称地排列着正、负级次的条纹. 图 6-4 中的曲线表示屏幕上光强的分布情况.

为了确定各级明、暗条纹在屏幕上的位置，我们以零级明纹中心点 O 为原点作坐标轴 Ox，以坐标为 x 的点 P 代表某一条纹的位置. 连接点 P 和双缝的中点 M，并设 PM 与 OM 的夹角为 θ. 由图可得

$$x = D\tan\theta \tag{a}$$

在一般情况下，有 $D \gg d$ 及 $D \gg x$，故

$$r_2 - r_1 \approx S_2N = d\sin\theta \approx d\tan\theta \tag{b}$$

由式（a）、式（b）两式可得

$$r_2 - r_1 = \frac{d}{D}x$$

代入式（6-6），即可得到各级明、暗条纹中心线的位置为

$$x = \begin{cases} k\dfrac{D}{d}\lambda, & k = 0, \pm 1, \pm 2, \cdots, \text{明条纹} \\ (2k+1)\dfrac{D}{d}\dfrac{\lambda}{2}, & k = 0, \pm 1, \pm 2, \pm 3, \cdots, \text{暗条纹} \end{cases} \tag{6-7}$$

3. 明、暗条纹的宽度

屏幕上的光强是连续变化的，明、暗条纹间没有明显的界线，我们定义相邻两条明条纹中心线之间的距离为暗条纹的宽度（见图 6-4）．由式（6-7）中的明条纹条件，可得暗条纹宽度为

$$\Delta x = x_{k+1} - x_k = (k+1)\frac{D}{d}\lambda - k\frac{D}{d}\lambda = \frac{D}{d}\lambda \tag{6-8}$$

仿此，相邻两条暗条纹中心线间的距离即为明条纹的宽度，通过计算，其宽度与式（6-8）结果相同．

由式（6-8）可见，条纹宽度 Δx 与条纹的级次 k 无关，即各级条纹是等宽的，它们在幕上是均匀排列的．由式（6-8）还可看出，条纹宽度 Δx 与波长 λ 成正比，因此，如果用白光做双缝干涉实验，白光中所含各种波长的单色光各自形成干涉条纹，其宽度各不相同．红光波长最长，条纹最宽；紫光波长最短，条纹最窄．所以在零级明条纹的边缘将出现彩色，其他各级明条纹也将成为彩色条纹．随着级次 k 的增大，各种波长的不同级次的明条纹和暗条纹将互相重叠，以致难以分辨．

6.2.2　洛埃德镜实验

如图 6-5 所示，英国物理学家洛埃德（H. Lloyd，1800—1881）于 1834 年提出了用一块平面反射镜 KL 观察干涉的装置，称为**洛埃德镜**．具体构想是这样的，从一个狭缝光源 S_1 所发出的光波，其波前的一部分直接照射到屏幕 E 上，另一部分则被平面镜 KL 反射到屏幕上．这两束光为由分波阵面得到的，满足相干条件，故在叠加区域互相干涉，在此区域的屏幕上可以观察到与狭缝平行的明暗相间的干涉条纹．

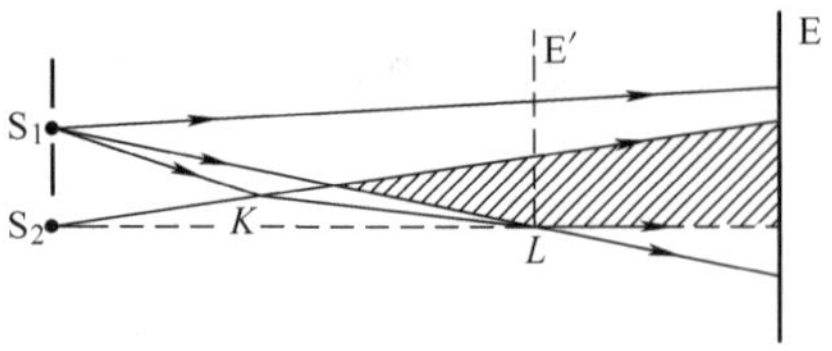

图 6-5　洛埃德镜光路图

从镜面上反射出来的光束好似是从虚光源 S_2 发出来的，S_2 也就是 S_1 在平面镜 KL 中的虚像．S_1、S_2 构成一对相干光源，相当于两个狭缝光源，因此，所产生的干涉条纹与双缝干涉条纹相类同．

此实验还有一个重要的现象．我们将屏幕 E 平移到图中 E′处，使其与镜端 L 相接触．从图中可见，S_1 和 S_2 到屏幕上 L 处的距离相等，即波程相等，两束相干光在 L 处似乎应该干涉加强而出现明条纹，但事实上在 L 处却出现暗条纹．这是因为：从光源 S_1 发出的光波在镜面上反射时，其相位要发生 **π 的突变，故而当此反射光与到达该处的入射光相互叠加后，便会出现暗条纹．由电磁场理论可以严格证明：当一束光从折射率较小的光疏介质，垂直入射（$i=0°$）或掠入射（$i\approx 90°$）到折射率较大的光密介质上发生反射时，**在这两种介质分界面的入射点处，**便有 π 的相位突变**，这相当于光波在该处存在半个波长的额外波程差．我们把这种情况往往称为光波的**半波损失**．如果光波从光密介质向光疏介质传播时，在分界面处，入射波的相位与反射波的相位相同，不存在半波损失．

问题 6-3　在杨氏双缝实验中，按下列方法操作，则干涉条纹将如何变化？为什么？

（1）使两缝间的距离逐渐增大；

（2）保持双缝间距不变，使双缝与屏幕的距离变大；

（3）将缝光源 S_0 在垂直于轴线方向往下移动.

问题6-4 在双缝实验中，所用蓝光的波长是440nm，在2.00m远的屏幕上测得干涉条纹的宽度为0.15cm. 试求两缝间距. ［答：5.87×10^{-4}m］

问题6-5 （1）试述由洛埃德镜获得相干光的方法，画出其光路图. 并说明如何由洛埃德镜实验证实相位突变现象；何谓半波损失？

（2）如问题6-5（2）图所示，从远处的点光源 S_0 发出的两束光 S_0AP 和 S_0BP 在折射率为 n_1 的介质中传播，它们分别在折射率为 n_2、n_3 的介质表面上反射后相遇于 P 点. 已知 $n_2>n_1$，$n_3<n_1$. 问这两束光在分界面发生反射时有无相位 π 的突变？

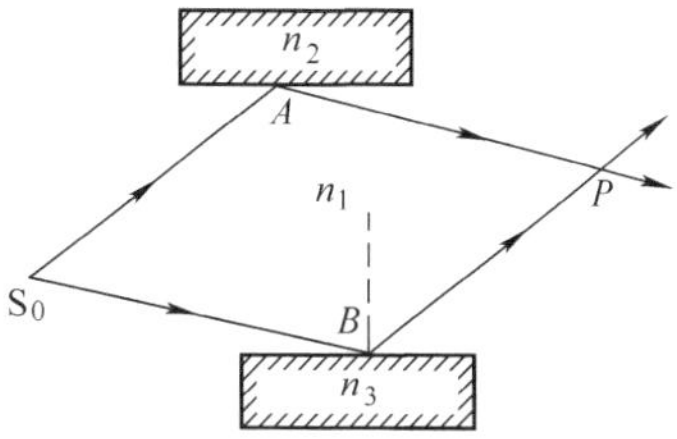

问题6-5（2）图

例题6-1 如图6-4所示，在杨氏双缝实验中测得 $d=1.0$mm，$D=50$cm，相邻明条纹宽度为0.3mm，求光波波长.

解 按式（6-7）的暗条纹形成条件，可得第 k 级和第 $k+1$ 级暗条纹中心线的位置分别为

$$x_k=\pm(2k+1)\frac{D}{d}\frac{\lambda}{2},\quad x_{k+1}=\pm[2(k+1)+1]\frac{D}{d}\frac{\lambda}{2}$$

因此，得相邻暗条纹中心之间的距离，即明条纹的宽度为

$$|\Delta x|=|x_{k+1}-x_k|=\frac{D}{d}\lambda \tag{a}$$

即

$$\lambda=\frac{d|\Delta x|}{D} \tag{b}$$

已知：$d=1.0\text{mm}=1.0\times10^{-3}\text{m}$，$|\Delta x|=0.3\text{mm}=0.3\times10^{-3}\text{m}$，$D=50\times10^{-2}\text{m}$. 代入式（b），得波长为

$$\lambda=\frac{1.0\times10^{-3}\times0.3\times10^{-3}}{50\times10^{-2}}\text{m}=6.0\times10^{-7}\text{m}=600\text{nm}$$

6.3 光程 光程差

我们说过，干涉现象的产生取决于相干光之间的相位差. 在同种的均匀介质内，例如在杨氏双缝实验中，两束光在空气（介质）中相遇处叠加时的相位差，仅取决于两束光之间波程（即几何路程）之差. 可是，在一般情况下，光波将经历不同的介质，例如光从空气中透入薄膜. 这时，相干光之间的相位差，就不能单纯地由两束相干光的波程差来决定. 为此，我们在下面先介绍光程的概念，然后说明光程差的计算方法.

6.3.1 光程

我们知道，单色光的光速 v、波长 λ 与频率 ν 有下列关系：

$$v=\lambda\nu$$

当光穿过不同介质时，其频率 ν 始终不变，但其光速 v 则随介质的不同而异，因而，其波长 λ 亦将随介质的不同而改变. 设 c 和 v_1 为给定的单色光分别在真空中和某种介质中的速度，n_1 为这介质对真空的绝对折射率，则有

$$v_1=\frac{c}{n_1} \tag{a}$$

设 λ 和 λ_1 分别为该单色光在真空中和这介质中的波长，则 $c=\lambda\nu$，$v_1=\lambda_1\nu$，把它们代入式（a），可得

$$\lambda_1=\frac{\lambda}{n_1} \tag{b}$$

可见，光经历较密的介质（其折射率恒大于 1）时，其波长要缩短.

空气的折射率 $n_1 \approx 1$，所以光在空气中的波长与在真空中的波长相差极微. 通常我们所说的各色光的波长 λ，都是指真空中或空气中的波长.

在折射率为 n_1 的介质中，设频率为 ν 的平面光波的波函数为

$$E = E_0 \cos\omega\left(t - \frac{r}{v_1}\right) = E_0 \cos 2\pi\left(\nu t - \frac{r}{\lambda_1}\right) \tag{c}$$

式中，r 为光波所经过的波程；v_1 和 λ_1 分别为在折射率 n_1 的介质中光的速度和波长.

利用式（b），用真空中的波长 λ 代替 λ_1，则光波波函数式（c）成为

$$E = E_0 \cos 2\pi\left(\nu t - \frac{n_1 r}{\lambda}\right) \tag{d}$$

在式（d）中我们看到，光波的相位为 $2\pi\left(\nu t - \frac{n_1 r}{\lambda}\right)$. 在均匀介质中，对给定的单色光来说，$\nu$ 和 λ（真空中的波长）都是恒量，因此在折射率为 n_1 的介质中，决定光波相位的不是波程 r，而是 $n_1 r$. 我们把**介质的折射率与光波经过的波程的乘积**，称为**光程**.

现在我们进一步指出"光程"的意义. 设在折射率为 n 的介质中，光速为 v，则光波在该介质中经过路程 r 所需的时间为 $t = r/v$；在这一段时间内，光波在真空中所经过的路程为

$$ct = c\frac{r}{v} = \frac{c}{v}r = nr \tag{e}$$

而这就是光在介质中的光程. 由此可见，计算光程实际上就是计算与介质中几何路程相当的真空中的路程，也就是把牵涉到不同介质时的复杂情形，都变换成真空中的情形.

问题 6-6　(1) 何谓光程? 为什么要引用光程这一概念?

(2) 单色光从空气射入水中，光的频率、波长、速度、颜色是否改变? 怎样改变?

(3) 波长为 λ 的单色光在折射率为 n 的均匀介质中自点 A 传播到点 B，相位改变了 3π. 问 A、B 两点间的光程是多少? 几何路程是多少? [**答**: $3\lambda/2$, $3\lambda/(2n)$]

(4) 一频率为 ν 的单色光从真空进入折射率为 n 的介质. 试证: 在介质中路程 r 内所包含的波长数与真空中路程 nr 内所包含的波长数相等.

(5) 设一束光从 S 出发，经平行透明平板到达点 P，其光路 $SABCP$ 的各段波程 r_1、r_2 和 r_3 如问题 6-6 (5) 图所示. 设介质的折射率分别为 n_1、n_2 和 n_3，试将光线的几何路程折算为光程. [**答**: $n_1 r_1 + 2n_2 r_2 + n_1 r_3$]

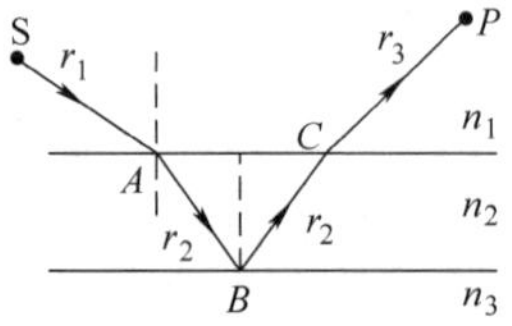

问题 6-6 (5) 图

例题 6-2　用很薄的云母片（$n = 1.58$）覆盖在双缝中的一条缝上，如例题 6-2 图所示. 观察到零级明条纹由点 O 移到原来的第 9 级明条纹的位置上. 已知所用单色光波长 $\lambda = 550\text{nm}$，求云母片的厚度 d.

解　按题意，在未覆盖云母片时，屏幕上点 P 处应是第 9 级明条纹. 由式 (6-6) 可得

$$r_2 - r_1 = 9\lambda \tag{a}$$

覆盖云母片后，点 P 处变为零级明条纹，这意味着由 S_1 和 S_2 到点 P 的光程差为零. 今由 S_1 到点 P 的光程可以认为 $nd +(r_1 - d)$，由 S_2 到点 P 的光程仍为 r_2，两者之差为零，即

$$r_2 - [nd + (r_1 - d)] = 0 \tag{b}$$

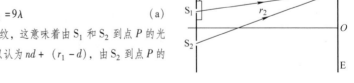

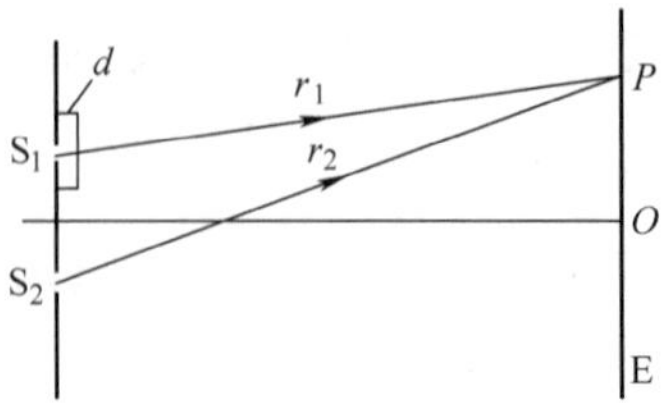

例题 6-2 图

联立式(a)、式(b)两式，解得云母片的厚度为

$$d=\frac{9\lambda}{n-1}=\frac{9\times5.5\times10^{-7}}{1.58-1}\mathrm{m}=8.5\times10^{-6}\mathrm{m}$$

6.3.2 光程差

有了光程的概念，就可用来比较光波在不同介质中经过的路程所引起的相位变化，这对于讨论两束相干光各自经过不同介质而干涉的条件，十分方便. 设来自同一个点光源的两束相干光 S_1P 和 S_2P，分别在两种介质(折射率分别为 n_1 及 n_2)中经过的波程为 r_1 和 r_2(见图6-6)，它们在点 P 的干涉条件决定于相位差：

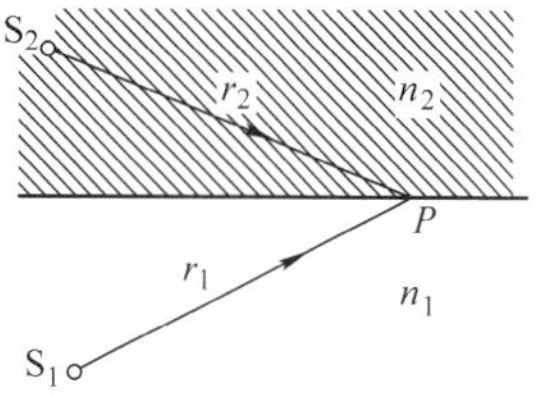

图6-6 光程差计算用图

$$\varphi_{12}=\left(\omega t+\varphi_1-\frac{2\pi r_1}{\lambda_1}\right)-\left(\omega t+\varphi_2-\frac{2\pi r_2}{\lambda_2}\right)$$
$$=2\pi\frac{r_2}{\lambda_2}-2\pi\frac{r_1}{\lambda_1}$$ ㊀

式中已设 $\varphi_2=\varphi_1$(因这两束相干光来自同一个点光源，它们的初相相同)；λ_1 和 λ_2 是这两束光分别在两种介质中的波长. 今把上式中的不同介质中的波程 r_1、r_2 统一折算成真空中的波程(即光程)，则上式的相位差便可用光程差来表达，即

$$\underset{\text{相位差}}{\varphi_{12}}=\frac{2\pi}{\lambda}\underbrace{(n_2r_2-n_1r_1)}_{\text{光程差}} \tag{6-9}$$

式中，λ 为这两束相干光在真空中的波长；$n_2r_2-n_1r_1$ 是由它们在两种介质中的传播路径(波程)不同所引起的光程差，用 Δ_1 表示，则

$$\Delta_1=n_2r_2-n_1r_1 \tag{6-10}$$

6.3.3 额外光程差 干涉条件的一般表述

如果两束相干光在传播路径中，还相继地在不同介质的分界面上发生过反射，那么，如6.2.2节所述，对每一次反射都需考虑是否存在相位 π 的突变，或者说，在计算两束相干光的光程差时，对每一次反射是否都需计入一个相应的额外光程差 $\lambda/2$——半波损失(即增加或减小半个波长；本书约定：一律采取增加 $\lambda/2$ 的方式㊁). 设所有可能由半波损失产生的额外光程差为 Δ_2，则两束相干光的光程差 Δ 的公式一般地可写作

$$\Delta=\Delta_1+\Delta_2 \tag{6-11}$$

即总的光程差 Δ 等于波程差引起的光程差 Δ_1 与半波损失引起的光程差 Δ_2 的代数和. 这时，由式(6-9)所表述的两束相干光的相位差与光程差的关系应进一步改写成

㊀ 在求两列相干波的相位差时，我们可以随意地将其中任何一列波的相位减去另一列波的相位，无须顾及它们的顺序，这对决定它们的干涉条件无关紧要，在计算光程差或波程差时，也是如此.

㊁ 在计入额外光程差 $\lambda/2$ 时，可以加上 $\lambda/2$，也可以减去 $\lambda/2$，这不影响干涉条件的结果，只不过在干涉条件中，导致 k 递增或递减一个级次而已，本书统一采用加上 $\lambda/2$ 的办法.

$$\varphi_{12} = 2\pi \frac{\Delta}{\lambda} \tag{6-12}$$

式中，Δ 按式（6-11）计算．于是，两束相干光的干涉条件便归结为

$$2\pi \frac{\Delta}{\lambda} = \begin{cases} 2k\pi, & k = 0, \pm 1, \pm 2, \cdots, \text{干涉加强} \\ (2k+1)\pi, & k = 0, \pm 1, \pm 2, \cdots, \text{干涉减弱} \end{cases} \tag{6-13a}$$

由式（6-13a），可把干涉条件化成用波长 λ 表示的常见形式：

$$\Delta = \begin{cases} k\lambda, & k = 0, \pm 1, \pm 2, \cdots, \text{干涉加强} \\ (2k+1)\dfrac{\lambda}{2}, & k = 0, \pm 1, \pm 2, \cdots, \text{干涉减弱} \end{cases} \tag{6-13b}$$

总之，**两束相干光在不同介质中传播时，干涉条件取决于这两束光的光程差 Δ，而不是两者的波程（即几何路程）之差．**

6.3.4　透镜不引起额外的光程差

在光学中，为了把光束会聚（聚焦）在焦平面上成像，我们经常要用到透镜．在透镜成像的实验中，如果平行光波的波前和透镜的光轴垂直，则这光波经过透镜后，能够会聚于透镜焦平面上，且相互加强而产生亮点（像点）．这是因为平行光在同一个波前上各点的相位是相同的，经过透镜而会聚于焦平面上一点时（见图 6-7），相位必然仍是相同的，因而才能相互加强而形成亮点．这就表明，使用透镜并不引起这些光的额外光程差．其实，从光程来考虑，也不难定性理解这一结论．例如，在图 6-7 所示的平行光中，光束 $AA'F$ 的波程虽然大于光束 $BB'F$ 的波程，但是前者在透镜内的波程小于后者在透镜内的波程，而透镜材料的折射率则大于空气的折射率，故把它们折算成光程，$AA'F$ 与 $BB'F$ 两者的光程便有可能相等．

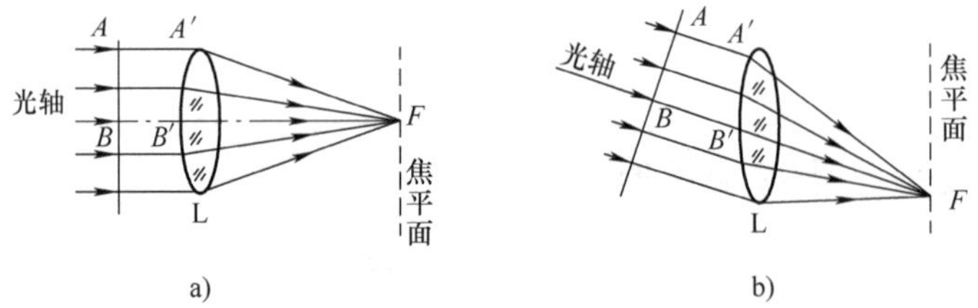

图 6-7　平行光经过透镜聚焦成像

问题 6-7　在问题 6-5（2）中，设 $S_0A = AP = BP = r_1$，$S_0B = r_2$，试在两种情况下求两束光 S_0AP 和 S_0BP 的光程差：①$n_2 > n_1$，$n_3 < n_1$；②$n_2 > n_1$，$n_3 > n_1$．［**答**：① $\Delta = n_1(r_1 - r_2) + \lambda/2$；② $\Delta = n_1(r_1 - r_2)$］

6.4　薄膜干涉　增透膜和增反膜

现在讨论光照射到薄膜上的干涉现象．平时，我们观察透明的薄膜，例如肥皂泡、河面上和雨后地面上的废油层等，常会发现薄膜的表面上呈现许多绚丽的彩色条纹．这些条纹就是自然光（阳光）照射在薄膜上，经过薄膜的上、下表面反射后相互干涉的结果．

日常生活中我们遇到的光波一般是自然界的阳光，它或者直接来自天空，或者是从反光的物体上（例如墙壁等）反射过来的．因此，光波的光源并不是点光源，而是一个宽

广的扩展光源. 扩展光源上的每一个发光点相当于一个点光源，它向各方向发射光波.

6.4.1 薄膜干涉

如图6-8所示，在折射率为 n_1 的介质（例如空气）中，有一层均匀透明介质形成的薄膜，其折射率为 n_2，且 $n_2 > n_1$. 薄膜的表面为两个互相平行的平面，膜的厚度为 e（图中做了放大）.

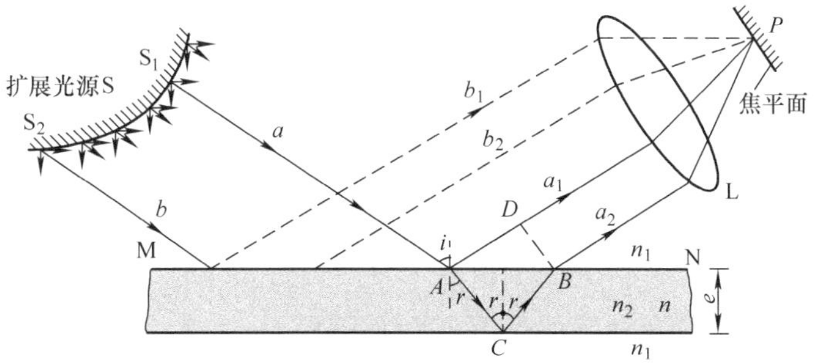

图6-8 薄膜的光干涉

设图示的扩展光源S是单色的，它的表面上每一发光点（点光源）都向各方向发射波长为 λ 的单色光. 其中，一个点光源 S_1 发出的一束光 a 投射到薄膜上表面的 A 点，入射角为 i. 光束 a 的一部分在上表面 A 点反射，成为反射光束 a_1；另一部分以折射角 r 透入薄膜内，在其下表面 C 点处反射. 继而射到上表面的 B 点，再从薄膜内折射出来，成为光束 a_2㊀. 根据光的反射定律和折射定律，读者从图示的光路图不难证明，这两束光 a_1 与 a_2 是平行的.

这样，光束 a 投射到薄膜而被分成两个光束 a_1 和 a_2. 它们来自同一个点光源 S_1，具有相同的频率和振动方向；当它们通过光轴平行于光束 a_1 和 a_2 的透镜L后，会聚在其焦平面上的 P 点，将有恒定的相位差，因而满足相干光的条件.

现在我们来计算两束光 aa_1、aa_2 的光程差. 由于它们从点光源 S_1 到达 A 点的光程是相等的，其光程差为零，为此，只需计算在 A 点以后的两者光程差. 作 $BD \perp AD$，则光束 aa_1 从 A 点反射后到达 D 点的光程为 $n_1\overline{AD}$；光束 aa_2 从 A 点经 C 点到达 B 点的光程为 $n_2(\overline{AC}+\overline{CB})$. 此后，光束 aa_1 和 aa_2 乃是具有同一波前 BD 的平行光，分别通过透镜而会聚于 P 点，由于透镜不产生额外的光程差，故它们的光程相等，不存在光程差. 因而，总起来说，这两束光的光程差为

$$\Delta = n_2(\overline{AC}+\overline{CB}) - n_1\overline{AD} + \frac{\lambda}{2} \tag{a}$$

式中附加了 $\lambda/2$ 一项. 这是因为光束 aa_1 从光疏介质入射到光密介质（薄膜）而在薄膜

㊀ 尚需说明：在薄膜下表面，除了一部分光反射到上表面外，另一部分光将透过下表面而折出薄膜，成为透射光（图中未画出），再有，从下表面反射到上表面的光束中，除了从薄膜折射出来的光束 a_2 外，还有一部分在薄膜内向下表面反射（图中也未画出）等. 这种几经反射的光甚为微弱，可忽略不计，只有 a_1、a_2 两束光的光强度相差无几. 因此，我们只讨论这两束光的干涉.

的上表面 A 点反射时，有相位 π 的突变，故应计入额外光程差 $\lambda/2$；而光束 aa_2 是从上表面折射进入光密介质而射向光疏介质，并在薄膜的下表面 C 点反射，没有半波损失. 由图 6-8 可知

$$\overline{AC}=\overline{CB}=e\sec r,\ \overline{AD}=\overline{AB}\sin i=2e\tan r\sin i$$

根据光的折射定律 $n_1\sin i=n_2\sin r$，式（a）可化成

$$\begin{aligned}\Delta&=2n_2\overline{AC}-n_1\overline{AD}+\frac{\lambda}{2}=2n_2e\sec r-2n_1e\tan r\sin i+\frac{\lambda}{2}\\&=\frac{2n_2e}{\cos r}(1-\sin^2 r)+\frac{\lambda}{2}=2n_2e\cos r+\frac{\lambda}{2}\\&=2e\sqrt{n_2^2-n_2^2\sin^2 r}+\frac{\lambda}{2}\\&=2e\sqrt{n_2^2-n_1^2\sin^2 i}+\frac{\lambda}{2}\end{aligned}\tag{b}$$

于是，根据式（6-13b），便得薄膜的光干涉条件为

$$2e\sqrt{n_2^2-n_1^2\sin^2 i}+\frac{\lambda}{2}=\begin{cases}k\lambda, & k=1,2,\cdots,\text{干涉加强}^{㊀}\\(2k+1)\dfrac{\lambda}{2}, & k=0,1,2,\cdots,\text{干涉减弱}\end{cases}\tag{6-14}$$

类似地，从扩展光源上其他点光源发出的光波中，凡是与光束 a 在同一入射面内，且与光束 a 的入射角 i 相等的所有光束（例如图 6-8 所示的点光源 S_2 发出的光束 b 等），如同光束 a 的情况一样，经薄膜后所形成的每一对相干光束（如光束 b_1 和 b_2 等），都将会聚在透镜焦平面上的同一点 P. 由于它们的入射角 i 相等，由式（b）可知，每一对相干光束皆有相同的光程差，它们在 P 点产生的干涉强、弱的效果也完全相同，显示出相同的光强度. 并且，由于来自各个点光源 $S_1, S_2, \cdots$ 的光束 $a, b, \cdots$ 彼此独立，互不相干，这些光强度在 P 点将被非相干叠加（参阅 6.1 节），从而提高了 P 点的明、暗程度.

读者不难想象，由于扩展光源的表面展布于空间中，其上每个点光源向各方向发射的光波中，也有与光束 a 不在同一入射面上、但与光束 a 具有相同入射角 i 的众多光束，这些入射光束将形成以薄膜法线为轴的圆锥面（见图 6-9），相应于沿圆锥不同母线（即不同的入射面）的入射光束，纵然与光束 a 一样，经薄膜干涉而在焦平面上会聚时，有相同的相位差（因入射角 i 相同）和相同的干涉效果，可是由于入射面与光束 a 的入射面不同，因而它们在透镜焦平面上将不再会聚于 P 这个点上，而是在焦平面上形成一个光强度相同的圆形条纹. 由于同一个圆形条纹对应于同一个入射角 i，即对应于入射光束与薄膜上表面所成的相同倾角，故把这种条纹称为**等倾干涉条纹**. 条纹的明、暗可以根据薄膜的光干涉条件确定. 由式（6-14）可知，对于不同的入射角，将对应着不同级次的明、暗圆条纹. 因而，在焦平面处的屏幕上所显示出来的等倾干涉图样，乃是一组明、暗相间的同心圆条纹（见图 6-10）.

如果我们用白色扩展光源照射薄膜时，这种等倾干涉明条纹便成为彩色光环.

㊀ 因为此处干涉加强条件式的左端恒不等于零（因左端的第二项 $\lambda/2\neq0$），所以此式的右端，$k\lambda\neq0$；如果我们取 $k=0$，此式便不成立. 因此，这里 k 的取法只能从 $k=1$ 开始，这与以前所述的情况有所不同，要求读者注意.

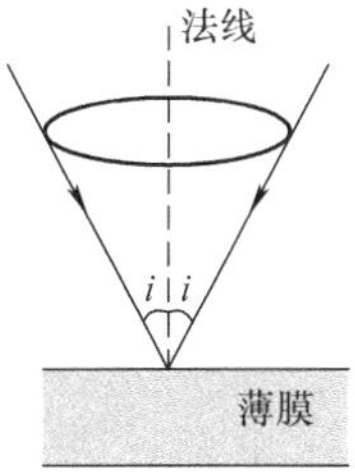

图 6-9

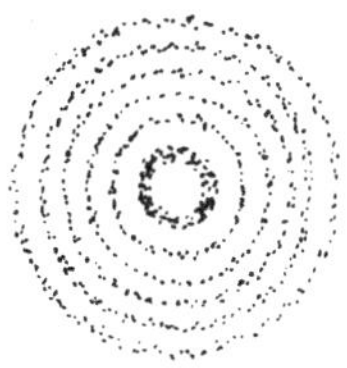

图 6-10

6.4.2 增透膜和增反膜

下面我们简单介绍一下薄膜干涉在镀膜工艺中的应用. 为了减少光学仪器中光学元件(照相机的镜头、眼镜片、棱镜等)表面上光反射的损失,一般在元件表面上都镀有一层厚度均匀的透明薄膜(通常用氟化镁,MgF_2),叫作**增透膜**.

它的作用就是利用薄膜干涉原理来减少反射光,增强透射光,使元件的透明度增加.

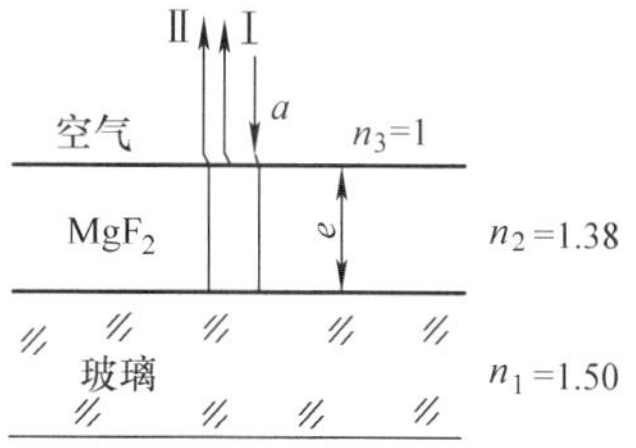

图 6-11

如图 6-11 所示,在元件的玻璃(其折射率 $n_1=1.5$)表面上镀一层厚度为 e 的氟化镁增透膜,它的折射率 $n_2=1.38$,比玻璃的折射率 n_1 小,比空气的折射率 n_3 大. 所以在氟化镁上、下两表面上的反射光Ⅰ和Ⅱ都是从光疏介质到光密介质进行的,在两个界面上都有半波损失. 假设入射光束 a 垂直照射到氟化镁薄膜表面上,即入射角 $i=0$,则氟化镁薄膜上、下表面的反射光束Ⅰ和Ⅱ[㊀],其光程差为

$$\Delta = 2n_2e + \frac{\lambda}{2} + \frac{\lambda}{2} = 2n_2e + \lambda \tag{a}$$

我们希望从氟化镁薄膜上、下表面反射的光束Ⅰ和Ⅱ干涉相消,则由式(6-13b)可知,式(a)应满足干涉减弱条件:

$$2n_2e + \lambda = (2k+1)\frac{\lambda}{2}, \quad k = 1, 2, \cdots \tag{b}$$

式中,应取 $k\neq0$(为什么?). 由此可得应需控制镀膜的厚度为

$$e = \frac{(2k-1)\lambda}{4n_2}$$

令 $k=1$,取光的波长 $\lambda=550\text{nm}$(黄绿光),则镀膜的最小厚度为

$$e_{\min} = \frac{\lambda}{4n_2} = \frac{550\text{nm}}{4\times1.38} = 100\text{nm}$$

即氟化镁的厚度如为 100nm 或 $(2k-1)\times100\text{nm}$,都可使这种波长的黄绿光在两界面上的反射光干涉减弱. 根据能量守恒定律,反射光减少,透过薄膜的黄绿光就增强了.

反之,对图 6-11 所示的薄膜,在入射光垂直照射的情况下,若使两束光Ⅰ和Ⅱ的光

㊀ 在垂直入射的情况下,反射光Ⅰ和Ⅱ与入射光 a 三者都在一条直线上,为了清楚起见,在图 6-11 中把这三束光分开来画了. 以后我们往往这样画,请读者注意.

程差［见式（a）］等于入射光波长的整数倍，即

$$2n_2e+\lambda=k\lambda,\ k=1,2,\cdots \tag{c}$$

则由式（6-13b）可知，两束光的干涉加强，反射光增强，透射光势必相应地被削减. 这种薄膜则称为**增反膜**. 激光器中反射镜的表面都镀有增反膜，以提高其反射率；宇航员的头盔和面甲，其表面上亦需镀增反膜，以削弱强红外线对人体的透射.

问题 6-8 （1）试讨论光的薄膜干涉现象中的干涉条件.

（2）小孩吹的肥皂泡鼓胀得较大时，在阳光下便呈现出彩色. 这是何故?

（3）何谓增透膜和增反膜?

例题 6-3 在空气中垂直入射的白光从肥皂膜上反射，对 630nm 的光有一个干涉极大（即加强），面对 525nm 的光有一个干涉极小（即减弱）. 其他波长的可见光经反射后并没有发生极小. 假定肥皂水膜的折射率看作与水的相同，即 $n=1.33$，膜的厚度是均匀的，求膜的厚度.

解 按薄膜的反射光干涉加强和减弱的条件式（6-14），由题设垂直入射，即入射角 $i=0$，有

$$2ne+\lambda_1/2=k\lambda_1 \tag{a}$$

$$2ne+\lambda_2/2=(2k+1)\frac{\lambda_2}{2} \tag{b}$$

其中 $\lambda_1=630\text{nm}$，$\lambda_2=525\text{nm}$. 联立求解式（a）和式（b），得

$$k=\frac{\lambda_1}{2(\lambda_1-\lambda_2)}=\frac{630\text{nm}}{2\times(630\text{nm}-525\text{nm})}=3$$

以 $k=3$ 代入式（a），得膜的厚度为

$$e=\frac{(k-0.5)\lambda_1}{2n}=\frac{(3-0.5)\times630\text{nm}}{2\times1.33}=592.1\text{nm}$$

6.5 劈尖干涉 牛顿环

6.5.1 劈尖干涉

如果上节所述的薄膜两个表面不平行，便形成劈的形状，称为**劈形膜**. 本节主要讨论光波垂直入射在劈形空气膜上的干涉.

如图 6-12a 所示，两块平面玻璃片 AB 和 AC，其一端互相紧密叠合，另一端垫入一薄纸片（为了便于作图，将纸片的厚度 d 放大了），则在两玻璃片之间形成一个夹角为 θ 的**劈形空气膜**，膜的上、下两个表面就是两块玻璃片的内表面. 两玻璃片叠合端的交线称为**棱边**，在膜的表面上，沿平行于棱边的一条直线上各点处，膜的厚度 e 皆相等.

当单色光源 S 发出的光波经透镜 L 成为平行光后，投射到倾角为 45°的半透明平面镜 M 上，经反射而垂直射向劈形空气膜. 从膜的上、下表面分别反射回来的光波，就有一部分透过平面镜 M[㊀]，进入读数显微镜 T. 在显微镜中便可观察到一组明暗相间、均匀分布的平行直条纹（见图 6-12b），每一条明（或暗）条纹各自位于劈形空气膜的相等厚度处，它们都是相应的两束反射光干涉的结果. 因此，这种条纹叫作**等厚干涉条纹**，这种干涉称为**等厚干涉**.

㊀ 例如，在平板玻璃的一个表面上镀以薄银层，就成为半透明平面镜. 这样，入射光不仅可以从平面镜上反射到劈形膜上，而且可以使来自劈形膜上的反射光一部分透过平面镜，进入显微镜.

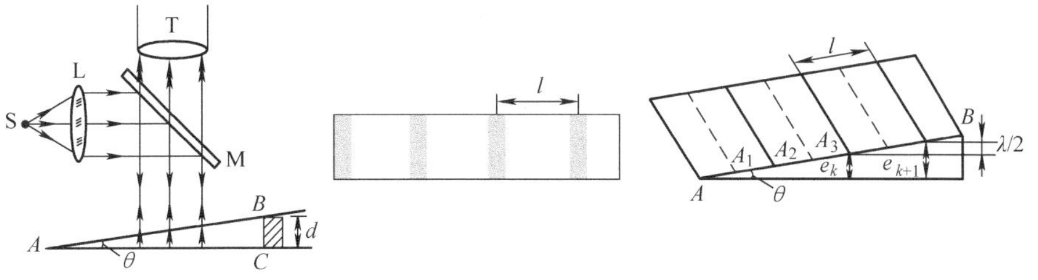

图6-12 劈形空气膜的光干涉

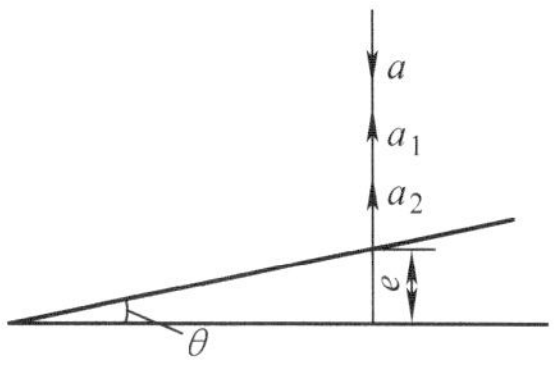

图6-13 垂直入射光在劈形空气膜上、下表的反射

为了阐明上述等厚干涉现象，我们先计算入射光在劈形空气膜的上、下表面分别反射所产生的光程差Δ. 由于膜的夹角θ甚小，因而入射光和反射光皆可近似看成垂直于空气膜的上、下表面，即入射角$i\approx0$，折射角$r\approx0$. 类似于上一节关于薄膜的讨论，由于在入射光中，同一入射光束a在劈形空气膜的上、下表面反射后的光束a_1、a_2是相干光（见图6-13），考虑到反射光束a_2是在空气膜的下表面反射的，这是从光疏介质（空气）射向光密介质（玻璃片AC）的反射，故存在额外光程差$\lambda/2$. 因而，两束反射光a_1、a_2的光程差为

$$\Delta=2n_2e+\frac{\lambda}{2} \tag{6-15}$$

式中，n_2为空气膜的折射率，即$n_2=1$. 由此便可给出劈形空气膜的光干涉条件：

$$\begin{cases}2e+\dfrac{\lambda}{2}=k\lambda, & k=1,2,3,\cdots,\ \text{干涉加强}\\[2ex] 2e+\dfrac{\lambda}{2}=(2k+1)\dfrac{\lambda}{2}, & k=0,1,2,\cdots,\ \text{干涉减弱}\end{cases} \tag{6-16}$$

干涉加强和干涉减弱的位置分别对应于一定的级次k，而由式（6-16）可知，一定的级次k对应于劈形空气膜的一定厚度e. 这意味着因干涉加强而出现的某一级次k的亮点都位于劈形空气膜的同一厚度上，形成一条平行于棱边的直条纹；同理，因干涉减弱而出现的同一级次的暗条纹，也必是位于同一厚度处.

任何两个相邻的明条纹或暗条纹的中心线之间的距离l都是相等的，即间隔相同. 从图6-12c不难给出：

$$l\sin\theta=e_{k+1}-e_k=\frac{1}{2}(k+1)\lambda-\frac{1}{2}k\lambda$$

化简得

$$l=\frac{\lambda}{2\sin\theta} \tag{6-17}$$

所以，当已知劈形空气膜的夹角θ和入射光的波长λ时，便可由式（6-17）求出条纹的间隔l. 其次，对波长λ给定的入射光来说，劈形空气膜的夹角θ越小，则l越大，干涉条纹越疏；θ 越大，则 l 越小，干涉条纹越密．因此，干涉条纹只能在 θ 很小的劈形空气膜上看得清楚．否则，θ 较大，干涉条纹就密集得无法分辨．

仿照上述劈形空气膜光干涉的讨论，读者也可自行研究其他介质的劈形膜光干涉问题（参阅例题 6-4）．

在图 6-12a 中，如果将玻璃片 AC 向上平移，并保持玻璃片 AB 固定不动，因为两玻璃片的紧密接触处始终是一条暗线（接触处 $e=0$，只适合于 $k=0$ 的暗条纹条件）㊀，所以 AB 面上的明、暗条纹组将沿着 AB 面移动．例如，在图 6-12c 中，当 A 端平移到 A_1 处时，原来 A_1 处是明条纹，现在要变成暗条纹，原来 A_2 处是暗条纹，现在要变成明条纹．由此类推，其他各条纹的明暗交替改变也是如此．当 A 端平移到 A_2 处时，即玻璃片 AC 上移 $\lambda/2$，各明、暗条纹又恢复原状；如果玻璃片 AC 向上移动 $n\lambda/2$，则各明、暗条纹也交替改变 n 次．由此可根据明、暗条纹改变的次数，算出玻璃片 AC 向上移动的距离．利用这个原理可以制成干涉膨胀仪和各种干涉仪，前者用于测量热膨胀效应甚小的物质的线膨胀系数，后者可用来测量光谱线的波长和检验机械加工的工件表面光洁度．

利用等厚干涉检测机械加工的工件表面光洁度时，把一块标准的平面玻璃（即**块规**）覆盖在待测的工件表面上，并使之形成一个劈形空气膜（见图 6-14）．这时，用单色光垂直入射，如果工件表面是平整的，则劈形空气膜的等厚干涉条纹必是平行于棱边的直条纹；倘若观察到的干涉条纹并不是直的，在待测表面上有凹痕，凹陷处的膜厚 e_a 与它右方某处的膜厚 e_b 相同．因此，从显微镜中观察到凹陷处对应的条纹与右方向某处的条纹是属于同一级条纹．所以凹陷处的干涉条纹向劈形膜棱边方向弯曲．同理，若待测工件表面有凸痕，则凸出处的干涉条纹向背离劈形膜的方向弯曲．这样，我们便可以根据条纹的弯曲方向，判断工件表面的凹、凸情况；并且还可由此计算出凹（或凸）痕的深度．

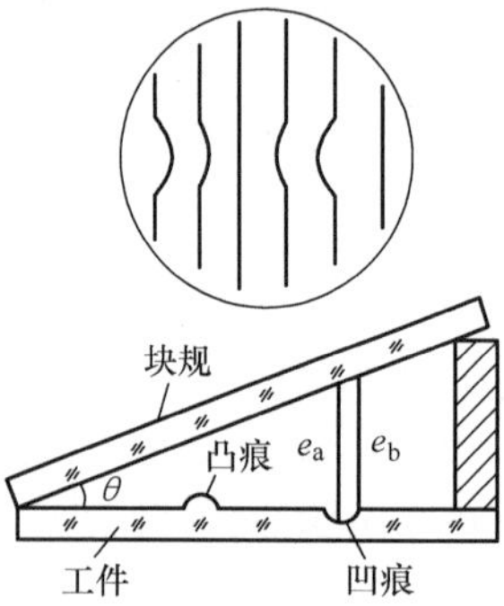

图　6-14

问题 6-9　(1) 劈形空气膜在单色光垂直照射下，试计算从上、下表面反射而相遇于上表面的两条光线的光程差，并由此给出明、暗条纹分布的公式及推算两相邻明（或暗）条纹之间的距离．

(2) 波长为 λ 的单色光垂直照射折射率为 n 的劈形膜，观察到相邻明条纹中心的间距为 $l=\lambda/(2n\theta)$，求相邻两暗条纹中心处的厚度差．［**答**：$\lambda/(2n)$］

(3) 简述劈形膜干涉现象的一些应用．

例题 6-4　利用等厚干涉可以测量微小的角度．如例题 6-4 图所示，折射率 $n=1.4$ 的透明楔形板在某单色光的垂直入射下，量出两相邻明条纹中心线之间的距离 $l=0.25\text{cm}$．已知单色光在空气中的波长 $\lambda=700\text{nm}$，求楔形板顶角 θ．

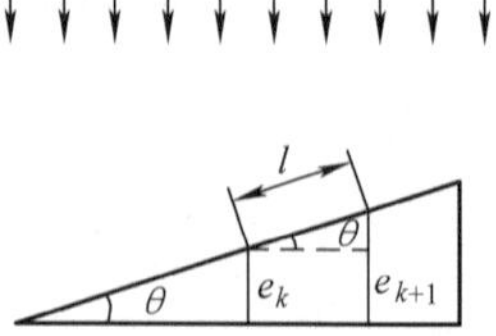

例题 6-4 图

解　在楔形板的表面上，取第 k 级和第 $k+1$ 级这两条相邻的明条纹，用 e_k 及 e_{k+1} 分别表示这两条明条纹所在处楔形板的厚度（如例题 6-4 图所示）．按明条纹出现的条件，e_k 和 e_{k+1} 应满足下列两式：

㊀ 入射光在厚度 $e=0$ 的薄膜的两表面反射的两束光，尽管波程都为 $e=0$，但由于从下表面反射的一束光有半波损失，致使两束光之间存在额外光程差 $\lambda/2$，即相位相反而互相减弱，出现暗条纹．

$$2ne_k+\frac{\lambda}{2}=k\lambda$$

$$2ne_{k+1}+\frac{\lambda}{2}=(k+1)\lambda$$

读者可自行思考：上两式中为什么都有 $\lambda/2$ 这一项？现在我们将两式相减，得

$$n(e_{k+1}-e_k)=\frac{\lambda}{2} \tag{a}$$

由图可知，$(e_{k+1}-e_k)$ 与两明条纹的间隔 l 之间，有如下关系：

$$l\sin\theta=e_{k+1}-e_k$$

把上式代入式（a），可求得

$$\sin\theta=\frac{\lambda}{2nl} \tag{b}$$

将 $n=1.4$，$l=0.25\text{cm}$，$\lambda=700\text{nm}=700\times10^{-9}\text{m}=7\times10^{-5}\text{cm}$ 代入式（b），得

$$\sin\theta=\frac{\lambda}{2nl}=\frac{7\times10^{-5}}{2\times1.4\times0.25}=10^{-4}$$

由于 $\sin\theta$ 很小，所以 $\theta\approx\sin\theta=10^{-4}\text{rad}=20.8''$.

这样小的角度用通常的方法不易测出，而用本例所述光的等厚干涉方法测定，却很简便.

6.5.2 牛顿环

将一曲率半径相当大的平凸玻璃透镜 A 的凸面，放在一片平板玻璃 B 的上面，如图 6-15 所示. 于是，在两玻璃面之间，形成一厚度由零逐渐增大的类似于劈形的空气薄层，因而可以得到等厚干涉条纹. 自单色光源 S 发出的光线经过透镜 L，成为平行光束，再经倾角为 45°的半透明平面镜 M 反射，然后垂直地照射到平凸透镜 A 的表面上. 入射光线在空气层的上、下两表面（即透镜 A 的凸面和平板玻璃 B 的上表面）反射后，一部分穿过平面镜 M，进入显微镜 T，在显微镜中可以观察到，在透镜的凸面和空气薄层的交界面上，呈现着以接触点 O 为中心的一组环形干涉条纹，这组环形条纹在靠近中央部分分布较疏，边缘部分分布较密. 如果光源发出单色光，这些条纹是明、暗相间的环形条纹（参见后面的图 6-17）；如果光源发出白色光，则这些条纹是彩色的环形条纹（级次高的条纹互相重叠，分辨不清，一般能看到三四个彩色环）. 这些环状干涉条纹叫作**牛顿环**，它是等厚干涉条纹的另一特例.

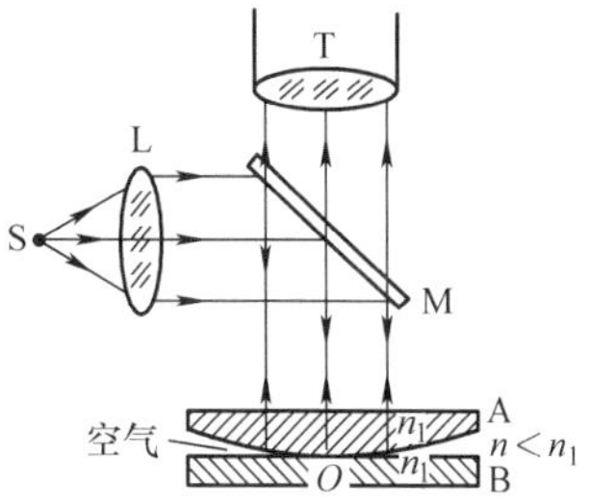

图 6-15 观察牛顿环的仪器简图

现在我们来寻求各环形明、暗条纹中心的半径 r、波长 λ 及平凸透镜 A 的曲率半径 R 三者之间的关系. 根据前面所讲，在空气层的厚度 e 能满足

$$\left.\begin{aligned}2e+\frac{\lambda}{2}&=k\lambda\\2e+\frac{\lambda}{2}&=(2k+1)\frac{\lambda}{2}\end{aligned}\right\} \tag{a}$$

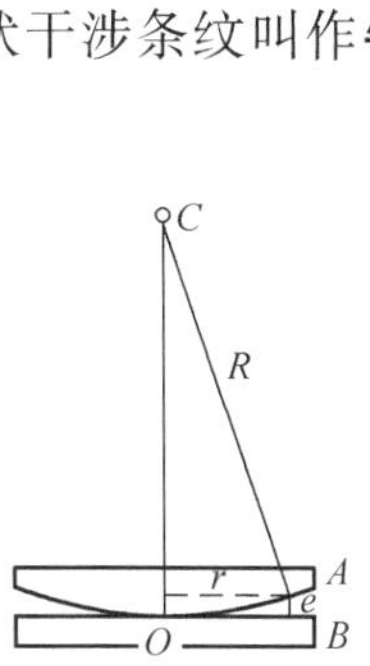

图 6-16

的地方，就分别出现明的及暗的干涉条纹. 令 r 为条纹中心的半

径，从图 6-16 可得

$$R^2 = r^2 + (R-e)^2$$

简化后，得

$$r^2 = 2eR - e^2$$

因为 R 远比 e 为大，所以上式中 e^2 可以略去，因而，有

$$e = \frac{r^2}{2R} \tag{b}$$

把式（b）代入式（a）的干涉条件中，化简后，得条纹中心的半径为

$$\left.\begin{aligned} &\text{明环：} r = \sqrt{(2k-1)\frac{\lambda}{2}R}, \quad k = 1,2,3,\cdots \\ &\text{暗环：} r = \sqrt{k\lambda R}, \qquad\qquad k = 0,1,2,\cdots \end{aligned}\right\} \tag{6-18}$$

在平凸透镜与玻璃片的接触点 O 上，因为 $e=0$，两反射光线的额外光程差是 $\Delta = \lambda/2$，所以接触点（即牛顿环的中心点）是一个暗点. 可是，平凸透镜放在平玻璃片上，会引起接触点附近的变形，所以接触处实际上不是暗点而是一个暗圆面，如图 6-17a 所示.

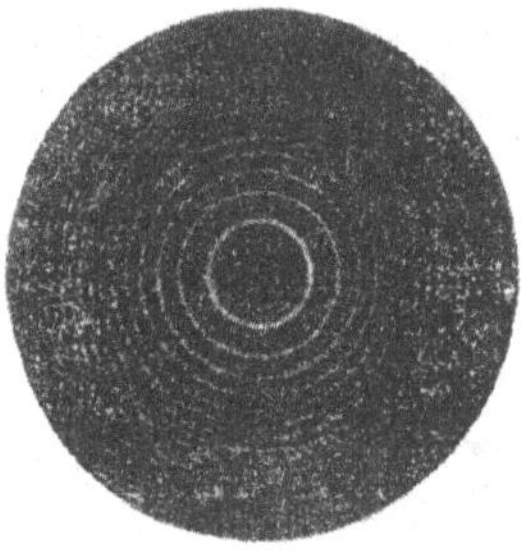

a)

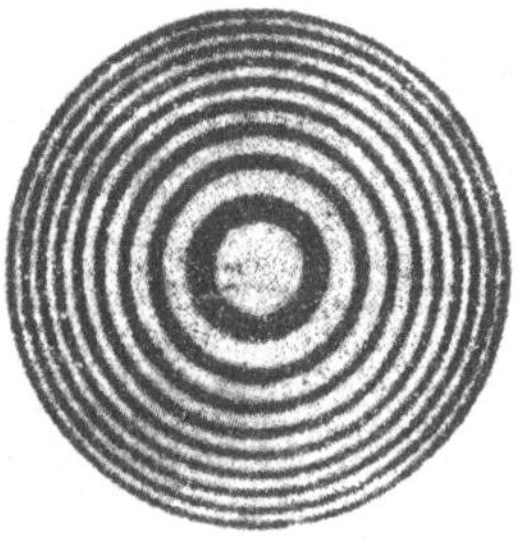

b)

图 6-17　由反射光及透射光所形成的牛顿环的照片

用牛顿环仪器也可以观察透射光的环形干涉条纹. 这些条纹的明暗情形与反射光的明暗条纹恰好相反，环的中心点在透射光中是一个亮点（如图 6-17b 所示，实际上是一亮圆面）.

在实验室里，用牛顿环来测定光波的波长是一种最通用的方法. 我们也可以根据条纹的圆形程度来检验平面玻璃是否磨得很平，以及曲面玻璃的曲率半径是否处处均匀.

问题 6-10　（1）在牛顿环实验中，试导出单色光垂直照射下所形成牛顿环的明环中心和暗环中心的半径公式.

（2）为什么在劈形薄膜干涉中条纹的间距相等，而在牛顿环中则是中心接触点附近的条纹较疏，离中心接触点较远处的条纹较密？

例题 6-5　用紫色光观察牛顿环现象时，看到第 k 级暗环中心的半径 $r_k = 4\text{mm}$，第 $k+5$ 级暗环中心的半径 $r_{k+5} = 6\text{mm}$. 已知所用平凸透镜的曲率半径为 $R = 10\text{m}$，求紫色光的波长和环数 k.

解　根据牛顿环的暗环半径公式 $r = \sqrt{k\lambda R}$，得

$$r_k = \sqrt{k\lambda R}, \quad r_{k+5} = \sqrt{(k+5)\lambda R}$$

从以上两式得出

$$\lambda = \frac{r_k^2}{kR}, \quad \lambda = \frac{r_{k+5}^2}{(k+5)R}$$

以 $r_k = 4\text{mm}$，$r_{k+5} = 6\text{mm}$ 和 $R = 10\text{m}$ 代入上两式，可联立解算出环数和波长分别为

$$k = 4, \ \lambda = 400\text{nm}$$

6.6 光的衍射

6.6.1 光的衍射现象

当水波穿过障碍物的小孔时，可以绕过小孔的边缘，不再按照原来波射线的方向，而是弯曲地向障碍物后面传播．波能够绕过障碍物而弯曲地向它后面传播的现象，称为**波的衍射**现象．和干涉一样，衍射现象是波动过程基本特征之一．

光的衍射现象进一步说明了光具有波动性．如图6-18所示，在屏障上只开一个缝，叫作**单缝**．自光源S发出的光线，穿过宽度可以调节的单缝K之后，在屏幕E上呈现光斑ab（见图6-18a）．在S、K、E三者的位置已经固定的情况下，光斑的宽度决定于单缝K的宽度．如果缩小单缝K的宽度，使穿过它的光束变得更狭窄，则屏幕E上的光斑也随之缩小．但是，当单缝K的宽度缩小到一定程度（约10^{-4}m）时，如果再继续缩小，实验指出，屏幕上的光斑不但不缩小，反而逐渐增大，如图6-18b中$a'b'$所示．这时，光斑的全部亮度也发生了变化，由原来均匀的分布变成一系列的明、暗条纹（若光源为单色光）或彩色条纹（若光源为白色光），条纹的边缘上也失去了明显的界限，变得模糊不清．

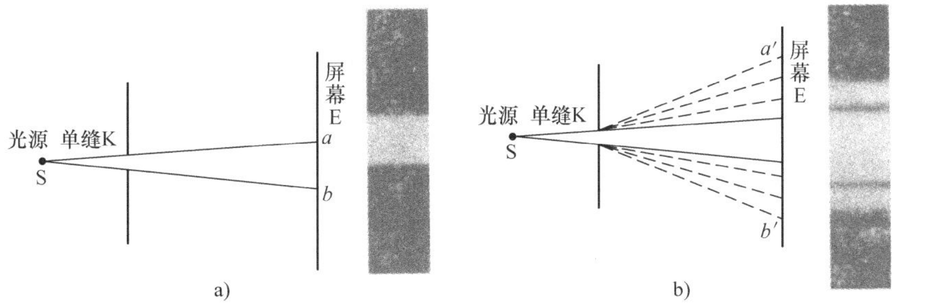

图6-18 光的衍射现象的演示实验

如果用一根细长的障碍物，例如细线、针、毛发等代替缝K，在光沿直线传播时，按通常的想法，一部分光势必被障碍物挡住，在屏上出现一个暗影；但是，实际上却并非如此，屏上出现的却是明、暗条纹组（若光源为单色光）或彩色条纹组（若光源为白色光）．

以上事实表明，光显著地发生了不符合直线传播的情况．这就是光的波动性所表现出来的衍射现象．

光的衍射现象在日常生活中也不难观察到．例如，在夜间隔着纱窗眺望远处灯火，其周围散布着辐射状的光芒，这是灯光通过纱窗小孔的衍射结果．太阳光或月光经大气层中雾滴的衍射，人们可以观察到其边缘所呈现出来的彩色光圈，即所谓**日晕**或**月晕**．

6.6.2 惠更斯-菲涅耳原理

光的衍射现象只能用光的波动理论来说明．惠更斯原理虽可用来定性说明波的衍射，但却不能定量地研究上述衍射条纹的分布情况.

法国物理学家菲涅耳（A. J. Fresnel，1788—1827）用光的波动说圆满地解释了光的衍射现象，从而使光的波动学说更臻完备．他发展了惠更斯原理，认为**波前上每一点都要发射子波**；还进一步认为：**从同一波前上各点所发出的子波，在传播过程中相遇于空间某点时，也可相互叠加而产生干涉现象**．此原理发展了的惠更斯原理，故称为**惠更斯-菲涅耳原理**.

根据惠更斯-菲涅耳原理，如果已知波动在某时刻的波前 S，就可以计算光波从波前 S 传播到某点 P 的振动情况．其基本思想和方法是：将波前 S 分成许多面积元 ΔS（见图6-19)，每个面积元 ΔS 都是子波的波源，它们发出的子波分别在点 P 引起一定的光振动；把波前 S 上所有各面积元 ΔS 发出的子波在点 P 相遇时的光振动叠加起来，就得到点 P 的合振动．其中各面积元 ΔS 发出的子波在点 P 引起的光振动，其振幅和面积元 ΔS 的大小、ΔS 到点 P 的距离 r 以及相应位矢 $\boldsymbol{r}$ 与 ΔS 的法线 $\boldsymbol{e}_n$ 所成夹角 α 等有关，其相位则仅与 r 有关．所以在一般情况下，合成振动的计算比较复杂．下面我们将根据惠更斯-菲涅耳原理，应用菲涅耳所提出的波带法来解释单缝衍射现象，以避免复杂的计算.

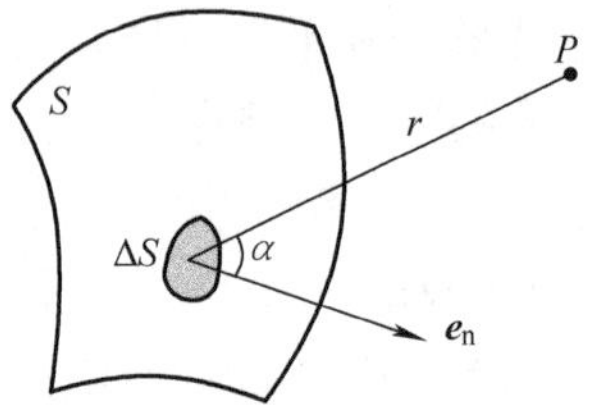

图6-19 惠更斯-菲涅耳原理

问题6-11 试述光的衍射现象，简述惠更斯-菲涅耳原理.

6.7 单缝衍射

6.7.1 单缝的夫琅禾费衍射

上面我们介绍的是不用透镜而直接观察到的衍射现象．其实也可用德国物理学家夫琅禾费（J. Fraunhofer，1787—1826）研究衍射现象的方法来考察，即用透镜把入射光和衍射光都变成平行光束，由此来观察平行光的衍射现象．这种平行光的衍射叫作**夫琅禾费衍射**．我们主要讨论这种衍射.

图6-20所示是观察单缝的夫琅禾费衍射的演示实验装置简图．自点光源 S[㊀]（位于透镜 L_1 的焦点上）发出的光，经透镜 L_1 变成平行光，射在单缝 K 上，一部分光被屏障挡住，一部分光穿过单缝，再经过透镜 L_2 的聚焦，就在放置于透镜 L_2 焦平面处的屏幕 E 上出现与狭缝平行的明、暗衍射条纹[㊁].

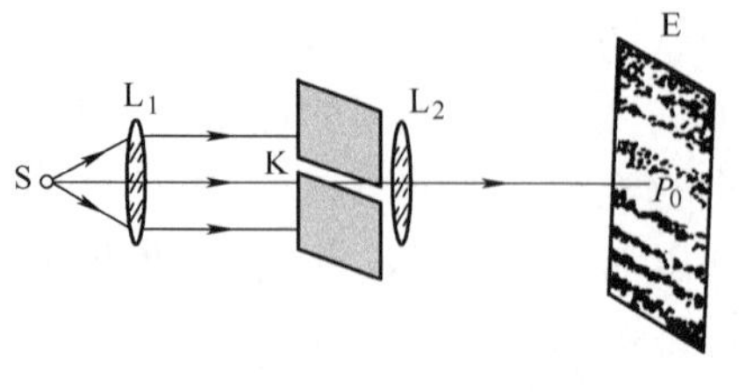

图6-20 单缝衍射演示装置简图

㊀ 实际上，图6-20中的S不一定是点光源，而是一条位于透镜 L_1 的焦平面上，且平行于狭缝的线光源（例如，一种指示灯泡内的一根细短的明亮直灯丝）．其次，光源S的尺寸必须借一定装置加以限制，以能获得清晰的单缝衍射条纹.

㊁ 由于一般光源的光强太弱，不能在屏幕上直接观察到条纹，这时可用显微镜放大，进行观察.

6.7.2 单缝衍射条纹的形成

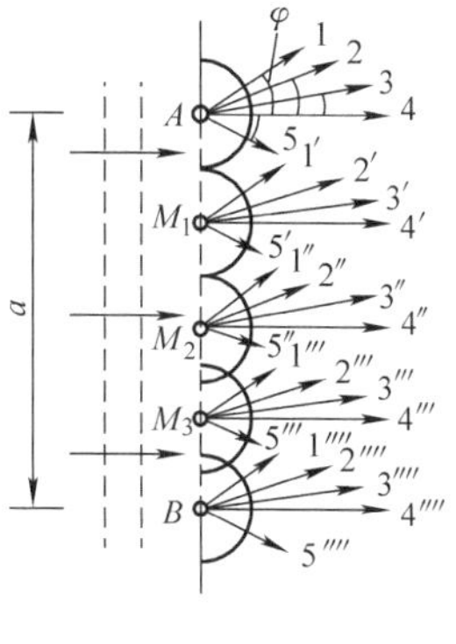

图6-21 单缝

在上述图6-20中，设单缝K的宽度为a，如图6-21所示（为便于说明，图中把缝特别放大）. 当入射的平行光垂直于单缝的平面AB时，这个平面AB也就是入射光经过单缝时的波前（在图6-21中，如虚线AB所示）.

按照惠更斯原理，在波前上的每一点都可看作子波波源，各自发出球面波，向各方向传播. 显然，每一个子波波源向前方沿所有可能的方向都发射出子波，这些子波都称为**衍射光**. 它们在图6-21上用许多带箭头的直线表示㊀，例如点A上的1、2、3、4、5就代表该点发出的任意五个传播方向的衍射光. 而波前上各点发出的所有衍射光，则互相构成各方向的平行光束，每一光束包含许多互相平行的子波. 例如在图6-21中，沿同一方向1、1′、1″、1‴、1⁗的子波构成一个平行光束，沿另一方向2、2′、2″、2‴、2⁗的子波构成另一个平行光束，图中画出五个平行光束，每一个都有其特殊的方向，这个方向可用与透镜主光轴间的夹角φ来表示，这个角称为**衍射角**.

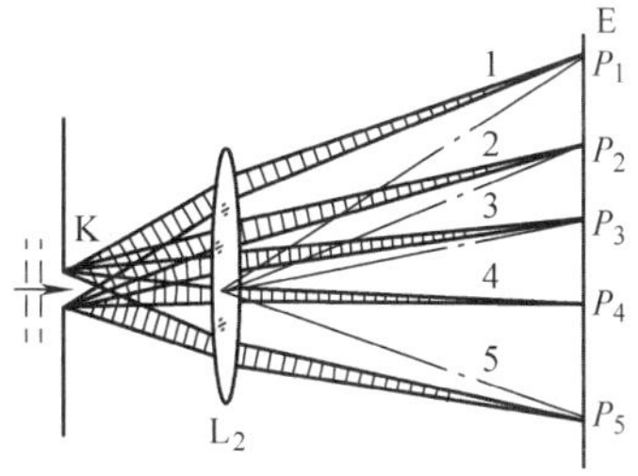

图6-22 单缝中的各平行光束

按几何光学原理，各平行光束经过透镜L_2以后，会聚于焦平面上. 图6-22表示图6-21中五个光束经透镜L_2后的会聚情况. 显然，从同一波前AB面上发生的每一个平行光束中，它所包含的子波均来自同一光源S，因此根据惠更斯-菲涅耳原理，每个平行光束中的各子波有干涉作用. 至于它们在屏幕E上（E放置在焦平面上）会聚成亮条纹还是暗条纹，则要看光束中各平行子波间的光程差如何来决定.

6.7.3 单缝衍射条纹的明、暗条件

如图6-23a所示，设入射光为平行单色光. 我们首先考虑沿入射光方向传播的一束平行光［图中用（4）表示，即衍射角$\varphi=0$］. 光束中的这些子波在出发处（即同一波前AB上）的相位是相同的，并形成和透镜L_2的主光轴垂直的平面波，因而经过透镜L_2后聚焦于点P_0时的相位仍然相同，即它们在点P_0的相位差为零，所以P_0是一亮点. 但是，图6-23a只是单缝的截面，如果考虑垂直于纸面、通过一定长度单缝的全部光线，我们将观察到一条经过点P_0，且平行于单缝的明亮条纹（见图6-20）.

其次，我们研究其中一束衍射角为φ的平行光［图6-23a中用（3）表示］，经过透镜后聚焦于屏幕上的点P. 这束光的两条边缘光线AP和BP之间的光程差（即最大光程差）为$BC=a\sin\varphi$. 这里，a为缝的宽度. 为了根据这个光程差决定P处条纹的明、暗，我们利用菲涅耳的**波带法**来研究. 这种方法是把波前AB分割成许多相等面积的**波带**. 如

㊀ 图中所画的这些直线仅表示沿所有可能方向的衍射光中某几条光线，用箭头表示它们的传播方向；所画直线的长短是任意的，不表示其他意义，只是为了便于读者看清楚图形而已.

图 6-23b 所示，在所述的单缝情况下，作一系列平行于 AC 的平面，两个相邻平面间的距离等于入射单色光的波长之半，即 $\lambda/2$. 设这些平面将单缝处的波前 AB 分成 AA_1、A_1A_2、A_2B 等整数个面积相等的**波带**（亦称为**半波带**），则由于这些波带的面积相等，所以波带上子波波源的数目也相等. 任何两个相邻的波带上，两对应点（如 A_1A_2 带上的点 A_1 与 A_2B 带上的点 A_2，A_1A_2 带上的点 G 与 A_2B 带上的点 G'，等等）所发出的子波到达 AC 面上时，因为光程差为 $\lambda/2$，所以相位差是 π. 经过透镜聚焦在点 P 时，相位差不变，仍然是 π. 由此可见，任何两个相邻波带所发出的光波在 P 处将完全相互抵消.

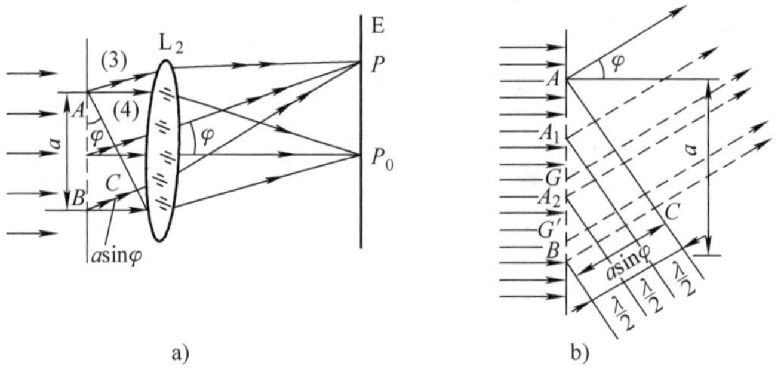

图 6-23　单缝衍射条纹的计算

如果 BC 是半波长的偶数倍，即在某个确定的衍射角 φ 下将单缝上的波前 AB 分成偶数个波带，则相邻波带发出的子波皆成对抵消，从而在 P 处出现暗条纹；如果 BC 是半波长的奇数倍，则波前 AB 也被分成奇数个波带，于是除了其中相邻波带发出的子波两两相互抵消外，必然剩下一个波带发出的子波未被抵消，故在 P 处出现明条纹；这明条纹的亮度（光强），只是奇数个波带中剩下来的一个波带上所发出的子波经过透镜聚焦后所产生的效果. 上述结果可用数学式表示如下：

$$
\left.\begin{array}{r}
\text{当 } \varphi \text{ 适合 } a\sin\varphi = \pm 2k\dfrac{\lambda}{2}, \\
k=1,2,3,\cdots \text{时，为暗条纹（衍射极小）} \\
\text{当 } \varphi \text{ 适合 } a\sin\varphi = \pm(2k+1)\dfrac{\lambda}{2}, \\
k=1,2,3,\cdots \text{时，为明条纹（衍射次极大）} \\
\text{当 } \varphi \text{ 适合 } a\sin\varphi = \lambda \text{ 与 } a\sin\varphi = -\lambda \text{ 之间，且对应于} \\
k=0 \text{ 时，为零级明条纹（衍射主极大）}
\end{array}\right\} \tag{6-19}
$$

尚需指出，对于任意衍射角 φ 来说，波前 AB 一般不能恰巧被分成整数个波带，即 BC 段的长度不一定等于 $\lambda/2$ 的整数倍，对应于这些衍射角的衍射光束，经透镜聚焦后，在屏幕上形成介于最明与最暗之间的中间区域. 所以，在单缝衍射条纹中，光强分布并不是均匀的. 如图 6-24 所示，中央条纹（即零级明条纹）最亮，同时也最宽，可以证明（参见例题 6-6），它的宽度为其他各级明条纹宽度的两倍，然后亮度向着两侧逐渐降低，直到第 1 级暗条纹为止. 这是因为在式（6-19）的暗条纹条件中，当 $k=\pm1$ 时，一侧适合于 $a\sin\varphi=\lambda$，另一侧适合于 $a\sin\varphi=-\lambda$ 处，而中央条纹区域即处于这两侧之间，显然，其宽度为最大. 接着，光强又逐渐增大，由第 1 级暗条纹而过渡到第 1 级明条纹，以此类推. 同时，各级明条纹的光强随级次 k 的增加而逐渐减小. 这是因为 φ 角越大，分成的波带数越多，因而未被抵消的波带面积占单缝的面积越小，所以波带上发出的光在屏上产生的明条纹的光强也越小.

衍射条纹的位置是由 $\sin\varphi$ 决定的，但按公式 $a\sin\varphi = \pm(2k+1)\lambda/2$ 或 $a\sin\varphi = \pm 2k\lambda/2$ 可知，在缝宽 a 一定时，同一级条纹所对应的 $\sin\varphi$ 与波长 λ 成正比. 即波长不同时，各种单色光的同级衍射明条纹不会重叠在一起. 如果单缝为白光所照射，白光中各种波长的光抵达 P_0 处时，都没有光程差，所以中央仍是白色明条纹. 但在 P_0 处两侧，各种单色光将按波长由短到长，呈现自近而远的排列. 显然，离 P_0 处最近的一端将是紫色的，而最远的一端则是红色的. 在紫和红之间出现其他各种颜色，色彩分布情况与棱镜光谱相类似，可称为**衍射光谱**.

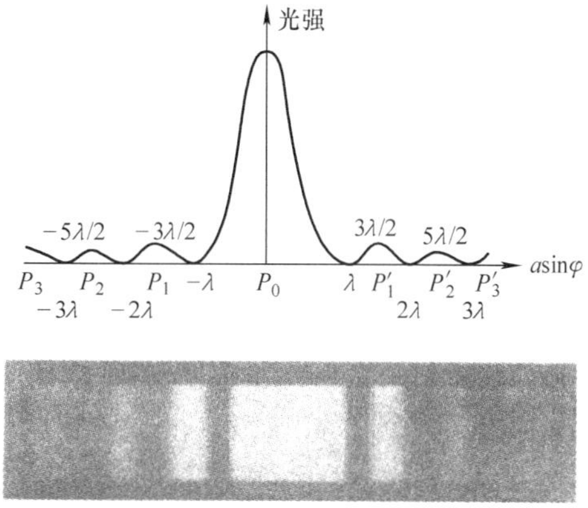

图6-24 单缝衍射的光强分布

由式（6-19）可见，对波长 λ 一定的单色光来说，在 a 越小时，相应于各级条纹的 φ 角也就越大，也就是衍射越显著. 反之，在 a 越大时，各级条纹所对应的 φ 角将越小，这些条纹就都向 P_0 处的中央明条纹靠拢，逐渐分辨不清，衍射也就越不显著. 如果 $a \gg \lambda$，各级衍射条纹将全部汇拢在 P_0 处附近，形成单一的明条纹，这就是透镜所造成的单缝的像. 这个像相当于 φ 趋近于零的平行光束所造成的，亦即，这是由于入射到单缝平面 AB 的平行光束直线传播所引起的. 由此可见，通常所看到的光的直线传播现象，乃是因为光的波长极短，而障碍物上缝的线度相对来说很大，以致衍射现象极不显著的缘故. 只有当缝较窄，以至于其线度与波长可相比较时，衍射现象才较为显著.

问题6-12 （1）利用波带法分析单缝衍射明、暗条纹形成的条件和光强的分布情况. 干涉现象和衍射现象有什么区别？又有什么联系？

（2）以白光垂直照射单缝，中央明条纹边缘有彩色出现，为什么？边缘的彩色中，靠近中央一侧的是红色还是紫色？

（3）单缝宽度较大时，为什么看不到衍射现象而表现出光线沿直线行进的特性？在日常生活中，声波的衍射为什么比光波的衍射现象显著？

例题6-6 如例题6-6图所示，波长 $\lambda = 500\text{nm}$ 的单色光，垂直照射到宽为 $a = 0.25\text{mm}$ 的单缝上. 在缝后置一凸透镜L，使之形成衍射条纹，若透镜焦距为 $f = 25\text{cm}$，求：（1）屏幕上第一级暗条纹中心与点 O 的距离；（2）中央明条纹的宽度；（3）其他各级明条纹的宽度.

分析 用以观察衍射条纹的屏幕实际上是放在透镜焦平面上的，由于透镜L很靠近单缝，因此，屏幕与单缝间的距离 D 近似等于透镜的焦距 f.

又因 φ 角很小，故有近似关系式

$$\sin\varphi \approx \varphi \approx \frac{x}{D} \approx \frac{x}{f} \qquad (a)$$

由此可求出条纹与中心的距离 x.

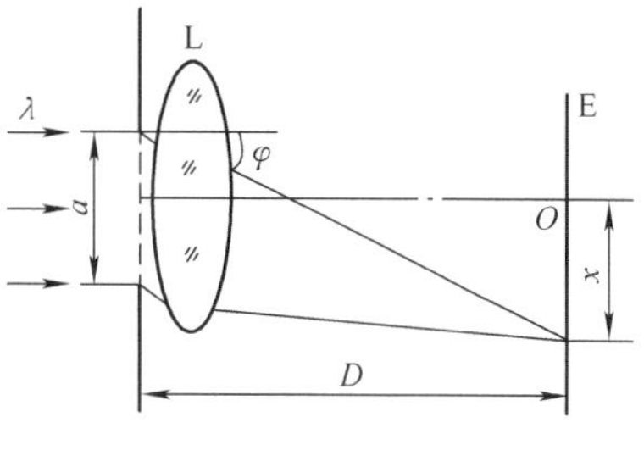

例题6-6图

解 （1）按式（6-19）的暗条纹条件

$$a\sin\varphi = \pm 2k\frac{\lambda}{2}$$

由式（a），上式可写作

$$a\varphi = \pm 2k\frac{\lambda}{2} \tag{b}$$

在本题中，$k=1$，并因中央明条纹的上、下侧条纹是对称的，故只需讨论其中的一侧，因此，± 号也就无须考虑. 于是，得

$$a\varphi = \lambda \tag{c}$$

设第 1 级暗条纹中心与中央明条纹中心的距离为 x_1，则由式（c）和式（a）得

$$x_1 = f\varphi = \frac{f\lambda}{a} \tag{d}$$

把 $f=25\text{cm}$，$\lambda=500\text{nm}=5\times10^{-5}\text{cm}$，$a=0.025\text{cm}$ 代入式（d），得

$$x_1 = \frac{25\times5\times10^{-5}}{0.025}\text{cm} = 0.05\text{cm}$$

（2）欲求中央明条纹的宽度，只需求中央明条纹上、下两侧第 1 级暗条纹间的距离 s_0，由式（d），有

$$s_0 = 2x_1 = 2\lambda f/a \tag{e}$$

利用上面的计算结果，得

$$s_0 = 2\times0.05\text{cm} = 0.10\text{cm}$$

（3）设其他任一级明条纹的宽度（即其两旁的相邻暗条纹间的距离）为 s. 按式（a）、式（b），有

$$s = x_{k+1} - x_k = \varphi_{k+1}f - \varphi_k f = \left[\frac{(k+1)\lambda}{a} - \frac{k\lambda}{a}\right]f = \frac{f\lambda}{a} \tag{f}$$

按上式，代入已知数据，则可算出任一级明条纹（除中央明条纹以外）的宽度均为 $s=0.05\text{cm}$.

说明　由式（f）、式（e）可见，**除中央明条纹外，所有其他各级明条纹的宽度均相等，而中央明条纹的宽度为其他明条纹宽度的两倍.**

读者从上述式（e）、式（f）不难看出，若已知缝宽 a 和透镜焦距 f，只要测定 s_0 或 s，就可算出波长 λ. 因此，利用单缝衍射，应该说也可测定光波的波长.

6.8　衍射光栅　衍射光谱

6.8.1　衍射光栅

在上节例题 6-6 中，我们讲过，原则上可以利用单色光通过单缝所产生的衍射条纹来测定这单色光的波长. 但是为了测得准确的结果，就必须把各级条纹分得很开，而且每一级条纹又要很亮. 然而对单缝衍射来说，这两个要求是不能同时满足的，因为要求各级明条纹分得很开，单缝的宽度 a 就要很小，而宽度太小，通过单缝的光能量就少，条纹就不甚亮. 为了克服这一困难，实际上测定光波波长时，往往利用**光栅**所形成的衍射现象.

常用的光栅是用一块玻璃片刻制而成的，在这玻璃片上刻有大量宽度和距离都各自相等的平行线条（刻痕），在 1cm 内，刻痕最多可以达一万条以上. 每一刻痕就相当于一条毛玻璃而不易透光，所以当光照射到光栅的表面上时，只有在两刻痕之间的光滑部分才是透明的，可以让光通过，这光滑部分就相当于一狭缝. 因此，我们可以把这种光栅叫作**平面透射光栅**. 它是由同一平面上许多彼此平行、等宽、等距离的狭缝构成的. 设以 a 表示每一狭缝的宽度，b 表示两条狭缝之间的距离，即刻痕的宽度，则 $a+b$ 称为**光栅常量**. 光栅常量的数量级约为 $10^3 \sim 10^4\text{nm}$.

本节讨论平面透射光栅的夫琅禾费衍射．图6-25表示光栅的一个截面．平行光线垂直地照射在光栅上，在靠近光栅的另一面置一透镜L，并在其焦平面上放置一屏幕E，光线经过L后，聚焦于屏幕E上，就呈现出各级衍射条纹．

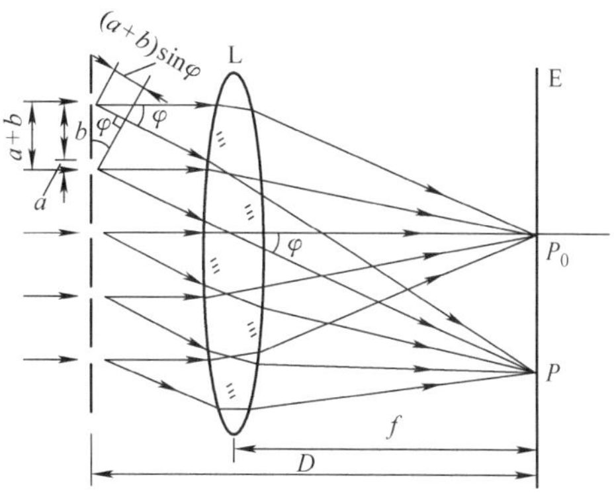

图6-25　光栅衍射

光栅衍射条纹的分布和单缝的情况不同．在单缝衍射图样中，中央明条纹宽度很大，其他各级明条纹的宽度较小，且其强度也随级次 k 递降，这可从图6-24的光强分布图上看出；而在光栅衍射中，呈现在屏幕上的衍射图样，乃是在黑暗背景上排列着一系列平行于光栅狭缝的明条纹．如图6-26所示，光栅的狭缝数目 N 越多，则屏幕上的明条纹变得越亮和越细窄，且互相分离得越开，即各条细亮的明条纹之间的暗区扩大了．

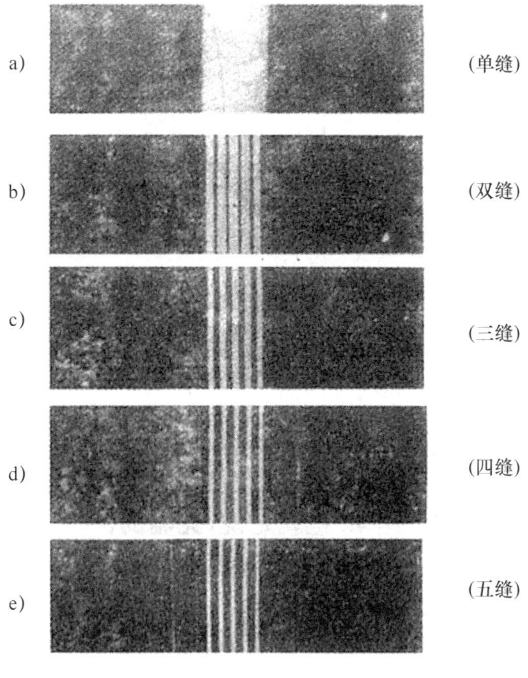

图6-26　单缝和含有若干条狭缝的光栅所产生的衍射条纹照相

问题6-13　光栅衍射图样与单缝衍射图样有何不同？

6.8.2　衍射光栅条纹的成因

从式（6-19）可知，在单缝的夫琅禾费衍射中，屏幕上各级条纹的位置仅取决于相应的衍射角 φ，而与单缝沿着缝平面方向上所处的位置无关．也就是说，如果把单缝平行于缝平面移动，通过同一透镜而在屏幕上显示的衍射图样，仍在原位置保持原状．因此，在具有 N 条狭缝的光栅平面上，各条狭缝的位置尽管不同，但是，它们以相同的衍射角 φ

发出的平行光通过同一透镜后，必定会聚于通过某点 P，且平行于狭缝的同一条直线的位置上（见图 6-27）；所有狭缝独自产生的单缝衍射图样在屏幕上的位置是相同的，形成彼此重叠的 N 幅单缝衍射图样.

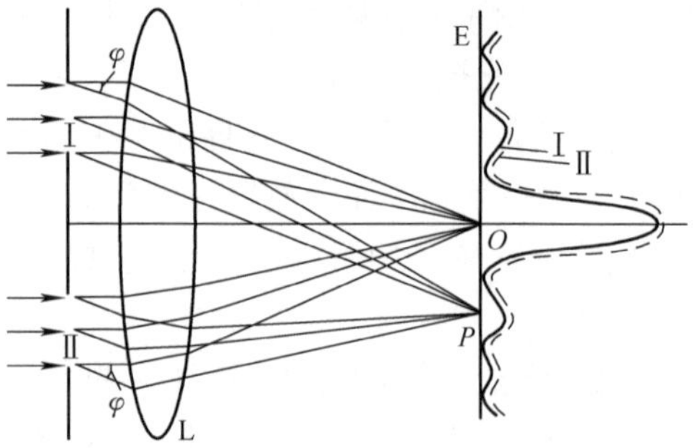

图 6-27　光栅中各狭缝的衍射图样彼此重叠

（图中只画出两个狭缝 Ⅰ、Ⅱ 的重叠衍射图样，分别用实线和虚线表示）

不过，在上述互相重叠的衍射图样中，任一衍射极大处的光强，却并不都等于所有狭缝发出的衍射光在该处的光强之和. 事实上，由于各狭缝都处在同一波前上，它们发出的衍射光都是相干光，在屏幕上会聚时还要发生干涉，使得干涉加强的地方，出现明条纹；干涉减弱的地方，出现暗条纹. 这样，对上述重叠的 N 个衍射图样中的光强就同时被相干叠加了，导致了光强的重新分布.

综上所述，最后形成的光栅衍射条纹，不仅与光栅上各狭缝的衍射作用有关，更重要的还是由于各狭缝之间发出的衍射光束之间的干涉，即多光束干涉作用所引起的结果. 也就是说，**光栅的衍射条纹是单缝衍射和多光束干涉的综合效果.**

据此进行理论计算（从略），可以给出光栅衍射图样的光强分布曲线，如图 6-28 所示. 由图可知，在光栅衍射图样中，呈现出一系列光强较大和甚弱的明条纹，前者叫作**主极大**，后者叫作**次极大**. 主极大的位置与缝数 N 无关，但它们的宽度随缝数 N 的增大而减小. 可以证明，对一个具有 N 条狭缝的光栅来说，在衍射图样的相邻主极大之间存在 $N-1$ 条暗纹和 $N-2$ 条次极大. 这些次极大的光强甚弱，可以不予考虑. 所以，如果光栅的狭缝数目 N 很大，则在两相邻主极大之间，暗条纹和次极大的数目（$N-1$）、（$N-2$）也都很大，两者几乎无法分辨，实际上形成了一个暗区，从而清晰地衬托出既细窄又明亮的主极大. 其情况正如图 6-26 所示.

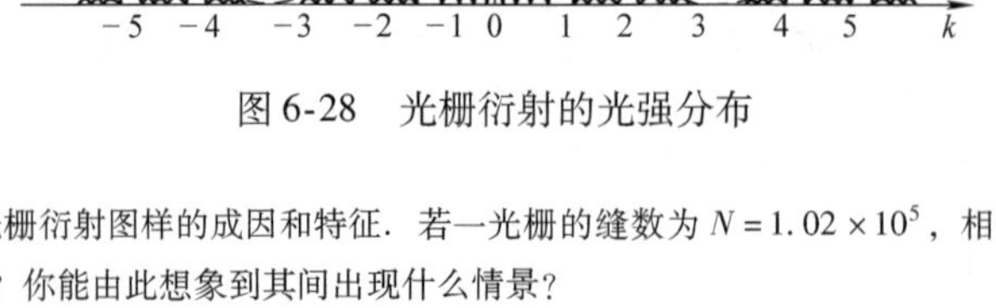

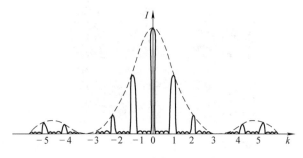

图 6-28　光栅衍射的光强分布

问题 6-14　试述光栅衍射图样的成因和特征. 若一光栅的缝数为 $N=1.02\times10^5$，相邻主极大条纹之间各有多少条暗条纹和次极大条纹？你能由此想象到其间出现什么情景？

6.8.3　光栅公式

光栅衍射中的明条纹（主极大）的位置，取决于各狭缝衍射光束之间的干涉情况. 现在，我们考虑衍射角为 φ 的衍射光. 如图 6-25 所示，在所有相邻的狭缝中有许多彼此

相距为 $(a+b)$ 的对应点，从各狭缝对应点沿衍射角 φ 方向发出的平行衍射光是相干光，经透镜聚焦而到达屏幕上通过 P 点，且平行于狭缝的一条直线上时，其中任两条相邻衍射光之间的光程差都是 $\Delta=(a+b)\sin\varphi$. 这是因为透镜不产生额外的光程差. 如果上述光程差 Δ 是波长的整数倍，即当 φ 角满足下述条件时：

$$(a+b)\sin\varphi=\pm k\lambda,\quad k=0,1,2,\cdots \tag{6-20}$$

所有对应点发出的衍射光到达通过 P 点，且平行于狭缝的这条直线上时都是同相位的，因而它们相互干涉加强，即在点 P 出现明条纹. 由于这种明条纹是由所有狭缝的对应点射出的衍射光叠加而成的，所以强度具有极大值，故称为**主极大**，也称为**光谱线**. 光栅狭缝数目 N 越大，则这种明条纹越细窄、越明亮.

式（6-20）称为**光栅公式**. 式中，k 是一个整数，表示条纹的级次. $k=0$ 时，$\varphi=0°$，叫作中央明条纹；于是 $k=1,2,3,\cdots$ 对应的明条纹分别称为1级、2级、3级……光谱，通常大致应用到3级. 式（6-20）中的正、负号表示各级明条纹（光谱线）对称地分布在中央明条纹的两侧. 在波长 λ 一定的单色光照射下，光栅常量（$a+b$）越小，则由公式（6-20）可知，φ 越大，相邻两个明条纹分得越开.

> $|\varphi|\leqslant 90°$，因而 $|\sin\varphi|\leqslant 1$，这就限制了所能观察到的明条纹数目. 显然，主极大的最大级次 $k<(a+b)(\sin 90°)/\lambda=(a+b)/\lambda$.

其次，读者应注意，光栅公式（6-20）只是出现明条纹（主极大）的必要条件. 这是因为：当衍射角 φ 满足式（6-20）时，理应出现明条纹（主极大）；但如果 φ 角同时又满足单缝衍射的暗条纹条件［式（6-19）］，即

$$a\sin\varphi=\pm 2k'\frac{\lambda}{2},\quad k'=1,2,\cdots \tag{a}$$

这时，从每个狭缝射出的光都将由于单缝本身的衍射而自行抵消，形成暗条纹. 因此，尽管 φ 角也同时满足式（6-20）的干涉加强的条件：

$$(a+b)\sin\varphi=\pm k\lambda,\quad k=0,1,2,\cdots \tag{b}$$

怎奈缝与缝之间暗条纹干涉加强的结果，终究还是暗条纹. 因此，在 φ 角同时满足上述式（a）和式（b）时，在屏幕上不可能出现相应的明条纹. 这就是所谓主极大的**缺级现象**. 将式（a）和式（b）联立消去 φ，即得缺级的条件为

$$\frac{a+b}{a}=\frac{k}{k'} \tag{6-21}$$

这里，k' 和 k 是分别为单缝衍射暗条纹级次和光栅衍射明条纹（主极大）的级次，而 k/k' 为整数. 例如，当 $k/k'=(a+b)/a=3$ 时，一般来说，可得缺级级次为 $k=3k'=\pm 3,\pm 6,\pm 9,\cdots$，屏幕上不出现这些级次的明条纹.

综上所述，在光栅衍射中，仅当衍射角 φ 满足单缝衍射的明条纹条件或中央明条纹条件：

$$a\sin\varphi=\pm(2k+1)\frac{\lambda}{2},\quad k=1,2,3,\cdots$$

或

$$-\lambda<a\sin\varphi<\lambda$$

的前提下，相邻两缝的干涉同时满足光栅公式（6-20），才能形成强度最大的明条纹（主极大）.

问题 6-15 （1）确定光栅衍射中主极大位置的光栅公式是如何给出的？

（2）若光栅常量中 $a=b$，光栅光谱有何特点？

（3）试分析主极大出现缺级的原因；在同时满足什么条件下才能形成主极大？

例题 6-7　波长为 500nm 及 520nm 的光照射于光栅常量为 0.002cm 的衍射光栅上．在光栅后面用焦距为 2m 的透镜 L 把光线会聚在屏幕上（参见图 6-25）．求这两种光的第 1 级光谱线间的距离．

解　根据光栅公式 $(a+b)\sin\varphi=k\lambda$，得

$$\sin\varphi=\frac{k\lambda}{a+b} \tag{a}$$

第 1 级光谱中，$k=1$；因此相应的衍射角 φ_1 满足下式：

$$\sin\varphi_1=\frac{\lambda}{a+b} \tag{b}$$

设 x 为谱线与中央条纹间的距离（图 6-25 所示的 P_0P），D 为光栅与屏幕间的距离，由于透镜 L 实际上很靠近光栅，故近似地可看作为透镜 L 的焦距 f，即 $D\approx f$，则 $x=D\tan\varphi$．因此，对第 1 级有

$$x_1=D\tan\varphi_1 \tag{c}$$

本题中，由于 φ 角不大（用数字代入式（a）即可看出），所以 $\sin\varphi\approx\tan\varphi$．因此，波长为 520nm 与 500nm 的两种光的第 1 级谱线间的距离为

$$x_1-x_1'=D\tan\varphi_1-D\tan\varphi_1'=D\left(\frac{\lambda}{a+b}-\frac{\lambda'}{a+b}\right)$$

$$=200\text{cm}\times\left(\frac{520\times10^{-7}}{0.002}-\frac{500\times10^{-7}}{0.002}\right)=0.2\text{cm}$$

6.8.4　衍射光谱

一般来说，光栅上每单位长度的狭缝条数很多，光栅常量（$a+b$）很小，故各级明条纹的位置分得很开，而且由于光栅上狭缝总数很多，所以得到的明条纹也很亮、很窄，这样就很容易确定明条纹的位置，因而可以用衍射光栅精确地测定光波的波长．

用衍射光栅测定光波波长的方法如下：先用显微镜测出光栅常量，然后将光栅 G 放在分光计上，如图 6-29 所示．光线由平行光管 C 射来，通过光栅 G 以后形成各级条纹．用望远镜 T 观察，从分光计上的读数可以测定相应的偏离角度 φ．将光栅常量、角度 φ 等数值代入公式（6-20），就可算出波长 λ．

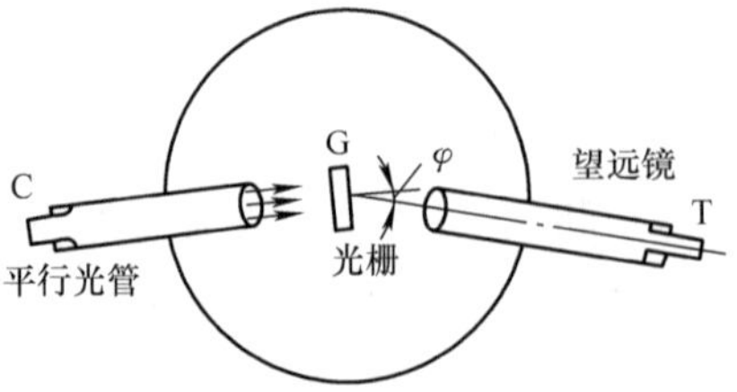

图 6-29　用光栅测定光波波长的装置

根据衍射光栅的公式（6-20），可以看出，在已知光栅常量的情况下，产生明条纹的衍射角 φ 与入射光波的波长有关，因此白色光通过光栅之后，各单色光将产生各自的明条纹，从而相互分开形成衍射光谱．中央条纹或零级条纹显然仍为白色条纹，在中央条纹两旁，对称地排列着第 1 级、第 2 级等光谱，如图 6-30 所示（图中只画出中央条纹一侧的光谱，每级光谱中靠近中央条纹的一侧为紫色，远离中央条纹的一侧为红色，分别用 V、R 表示）．由于各谱线间的距离随着光谱的级次而增加，所以级次高的光谱彼此重叠，实际上很难观察到．

可以看出，在衍射光谱中，波长越小的光波偏折越小，而在棱镜折射后形成的光谱中，波长越小的光波偏折越大．这是两种光谱的不同之处．

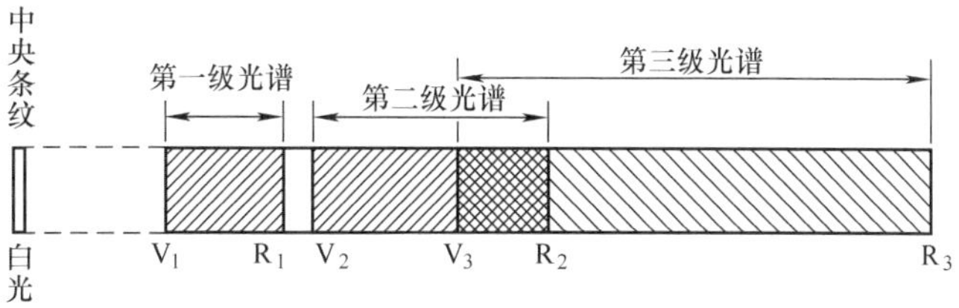

图6-30　各级衍射光谱

6.9　圆孔的夫琅禾费衍射　光学仪器的分辨率

在几何光学中讨论光学仪器的成像时，总认为只要适当选择透镜的焦距，便能得到所需要的放大率，就可把任何微小的物体放大到可以看得清楚的程度．但实际上这是不可能的，因为各种光学仪器受到光的波动性的影响，即使它把物体所成的像放得很大，但由于光的衍射现象，物体上细微部分仍有可能分辨不出来．

为了说明光的衍射现象对光学仪器分辨能力的限制，下面我们先来讨论具有实际意义的圆孔衍射．

6.9.1　圆孔的夫琅禾费衍射

前面讲过，光通过狭缝时要产生衍射现象．同样，当光通过小圆孔时，也会产生衍射现象．如图6-31a所示，当用单色平行光垂直照射到小圆孔K上时，若在小圆孔后面放置一个焦距为f的透镜L，则位于透镜焦平面处的屏幕E上，所出现的不是和小圆孔K同等大小的亮点，而是比小圆孔几何影子大的亮斑，亮斑周围有较弱的明暗相间的环状条纹(见图6-31a)．而且小圆孔的直径越小，亮斑的半径越大，周围的环纹也越向外扩展．这就是光通过圆孔时产生的衍射现象．亮斑和它周围的环纹所形成的衍射图样及其强度分布，可以从理论上给出（从略），如图6-31b所示，其中以第一暗环为界限的中央亮斑，叫作**艾里**（G. Airy，1801—1892）**斑**，它的光强约占整个入射光强的80%以上．若艾里斑的直径为d，透镜焦距为f，圆孔直径为D，单色光波长为λ，则由理论计算得出，艾里斑对透镜光心的张角（见图6-31c）可借下式来求，即

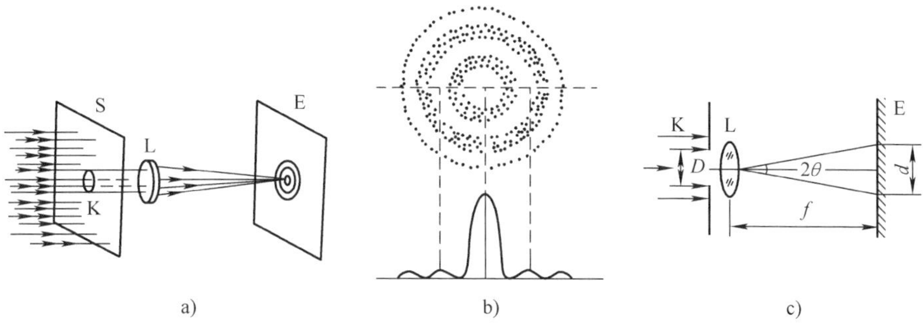

图6-31　小圆孔衍射

$$\theta=\frac{d}{2f}=1.22\frac{\lambda}{D} \tag{6-22}$$

6.9.2　光学仪器的分辨率

上述关于圆孔衍射的讨论有很重要的实际意义. 大多数光学仪器都要通过透镜将入射光会聚成像，透镜边缘一般都制成圆形的，或者说，透镜是一个透明的圆片，因而可以看成一个圆孔. 从几何光学来看，在物体通过透镜成像时，每一个物点有一个对应的像点. 但由于光的衍射，物点的像就不是一个几何点，通常是一个具有一定大小的亮斑. 如果两个物点的距离太小，以致对应的亮斑互相重叠，这时就不能清楚地分辨出两个物点的像. 也就是说，光的衍射现象限制了光学仪器的分辨能力.

例如，显微镜的物镜可以看成是一个小圆孔，用显微镜观察一个物体上 a、b 两点时，从 a、b 发出的光经显微镜的物镜成像时，将形成两个亮斑，它们分别是 a 和 b 的像. 如果这两个亮斑分得较开，亮斑的边缘没有重叠，或重叠较少，我们就能够分辨出 a、b 两点（见图 6-32a）. 如果 a、b 靠得很近，它们的亮斑将相互重叠，a、b 两点就不再能分辨出来（见图 6-32c）. 对于任何一个光学仪器，例如显微镜，如果点 a 的衍射图样的中央最亮处，刚好和点 b 的衍射图样的第一个最暗处相重叠（见图 6-32b），我们就说，这个物体上的 a、b 两点恰好为这一光学仪器所分辨. 所以对于恰能分辨的两个点，它们的衍射图样中心之间的距离 d_0，应等于它们的中央亮斑的半径 $d/2$（见图 6-33）. 此时，a、b 两点在显微镜物镜（透镜）处所张的角度 θ_0 叫作**最小分辨角**. 设 f 为透镜 L 的焦距，则

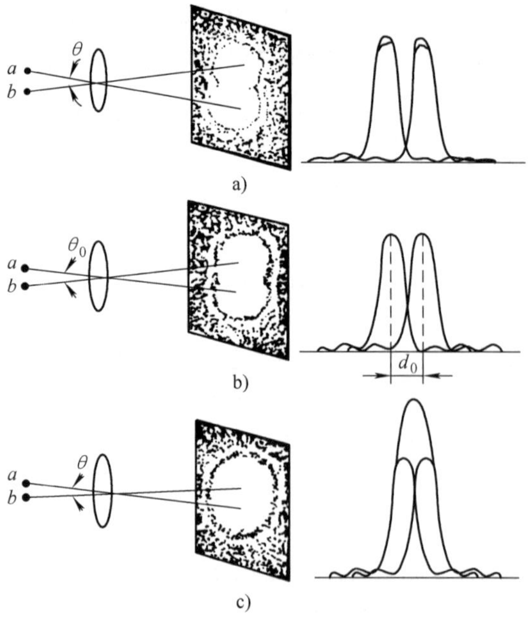

图 6-32　光学仪器的分辨能力

a）能分辨　b）恰能分辨　c）不能分辨

$$\theta_0=\frac{d_0}{f}=\frac{1}{2}\frac{d}{f}$$

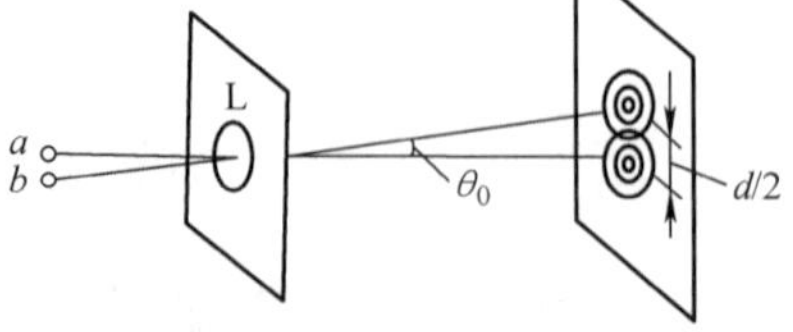

图 6-33　最小分辨角

将式（6-22）代入上式，得最小分辨角为

$$\theta_0=1.22\frac{\lambda}{D} \tag{6-23}$$

最小分辨角的倒数叫作光学仪器的**分辨率**. 由式（6-23）可知，分辨率与波长 λ 成反比，与透镜的直径成正比. 分辨率是评定光学仪器性能的一个主要指标，也是我们在使用光学仪器时必须考虑的一个因素.

6.10　光的偏振

大家知道，波的基本形态有纵波、横波两种，纵波的振动与波的传播方向是一致的；而横波的振动在与传播方向相垂直的某一特定方向上，横波的这个特性称为波的**偏振性**. 光的干涉和衍射现象表明了光的波动性，光的偏振现象则进一步说明光是一种横波.

光是电磁波. 我们说过，任何电磁波都可由两个互相垂直的振动矢量来表征，即电场强度 $\boldsymbol{E}$ 和磁场强度 $\boldsymbol{H}$；而电磁波的传播方向则垂直于 $\boldsymbol{E}$ 与 $\boldsymbol{H}$ 两者所构成的平面（见图6-34）. 因此，电磁波（光波）是横波. 实验指出，光波所引起的感光作用及生理作用等，都是由电场强度 $\boldsymbol{E}$ 引起的. 所以在讨论光的有关现象时，只需讨论电场强度 $\boldsymbol{E}$ 的振动，因此把 $\boldsymbol{E}$ 称为**光矢量**，$\boldsymbol{E}$ 矢量（包括大小和方向）的周期性变化称为**光振动**.

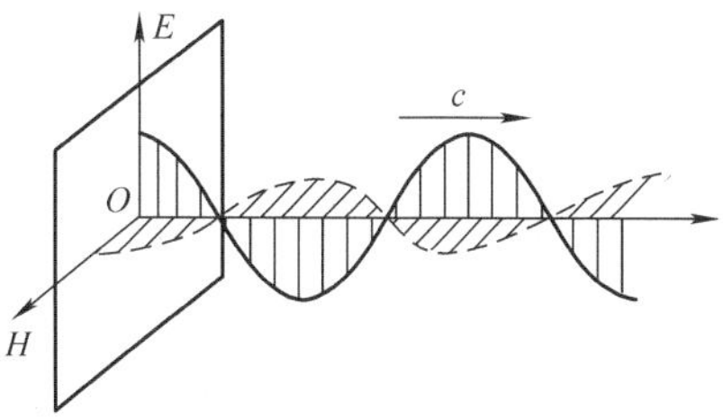

图6-34　$\boldsymbol{E}$、$\boldsymbol{H}$ 与 c 的关系

光波既然是横波，可是从普通光源发出的光却未能从总体上显示出它的偏振性. 这是由于普通光源发出的光波是其中大量分子或原子发射出来的，它远非图6-34所示的电磁波那么简单. 虽然光源中每个分子或原子间歇地每次发射出的光波（即波列）都是偏振的，各自有其确定的光振动方向，然而，普通光源中各个分子或原子内部运动状态的变化是随机的，发光过程又是间歇的，它们发出的光是彼此独立的，从统计规律上来说，相应的光振动将在垂直于光速的平面上遍布于**所有可能的方向，其中没有一个光振动的方向较其他光振动的方向更占优势**，所以，这种光在任一时刻都不能形成偏振状态，而是表现为**所有可能的振动方向上，相应光矢量的振幅（光强度）都是相等的**. 因此，在垂直于光速 c（即光的传播方向）的平面上，**沿所有光振动方向的光矢量 $\boldsymbol{E}$ 呈对称分布**（见图6-35a），具有上述特征的光称为**自然光**.

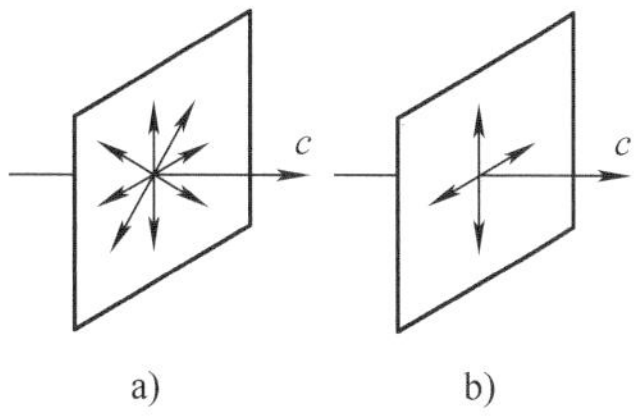

图6-35　自然光

在自然光的传播过程中，由于介质的反射、折射及吸收等外界作用，可以成为只具有某一方向的光振动，或者说，只在一个确定的平面内有光振动，**这种只具有某一方向光振动的光**称为**线偏振光**或**完全偏振光**，简称**偏振光**. 如果由于上述的外界作用，造成自然光中各个光振动方向上的光强度发生变化，导致某一方向的光振动比其他方向的光振动更占优势，则这种光称为**部分偏振光**.

偏振光的振动方向与其传播方向所构成的平面，叫作偏振光的**振动面**.

由于自然光中沿各个方向分布的光矢量 $\boldsymbol{E}$ 彼此之间没有固定的相位关系，所以不能把它叠加成一个具有某一方向的合矢量，亦即，不可能把自然光归结为相应于这个合成光矢量的线偏振光. 但是我们可以把自然光中所有取向的光矢量 $\boldsymbol{E}$ 在任意指定的两个相互垂直方向上都分解为两个光矢量（分矢量），对沿这两个方向上分解成的所有光矢量，分别求其光强的时间平均值，应是相等的. 也就是说，在任一时刻，我们总是可以**把自然光都等效地表示成这样的两个线偏振光，它们的光矢量互相垂直，相位之间没有固定的关**

系，两者的光强各等于自然光总光强的一半. 这样，今后我们就可把自然光用两个相互垂直的光矢量来表示（见图 6-35b），显然，对这两个光矢量来说，它们的光振动振幅是相同的；而相位关系则瞬息万变，乃是不固定的.

如上所述，既然自然光可看作两个互相垂直的线偏振光，那么，如果我们用垂直于传播方向的短线表示在纸面内的光振动，用点子表示与纸面垂直的光振动，就可以在自然光的传播方向上把短线和点子画成一个隔一个地均匀分布，形象地表示自然光中没有哪一个方向的光振动占优势（见图 6-36a）. 同样，我们可以把光振动方向在纸面内和垂直于纸面的线偏振光分别表示成图 6-36b、c 所示；而把在纸面内光振动较强和垂直于纸面光振动较强的部分偏振光分别用线多点少和点多线少来标示，如图 6-36d、e 所示.

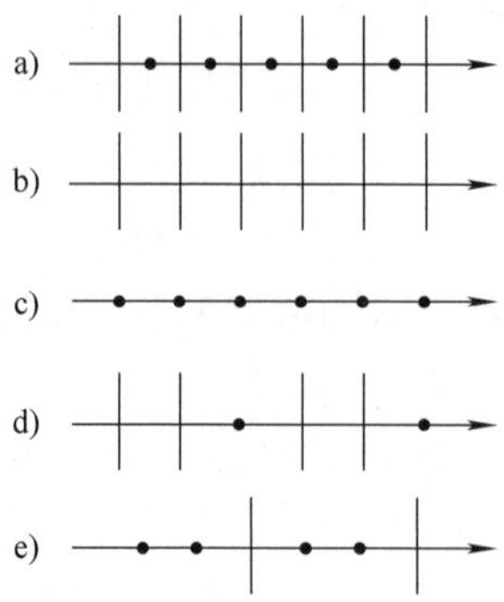

图 6-36　自然光、偏振光和部分偏振光的图示

实际上，除了激光发生器等特殊光源外，一般光源（如太阳、电灯等）发出的光都是自然光. 但是，有时我们需要将自然光转变为偏振光，这就是所谓**起偏**；有时还需检查某束光是否是偏振光，即所谓**检偏**. 用以转变自然光为偏振光的物体叫作**起偏器**；用以判断某束光是否是偏振光的物体叫作**检偏器**.

下面，我们将介绍起偏和检偏的一些方法以及有关的定律.

问题 6-16　（1）何谓偏振光？自然光为什么是非偏振光？如何把自然光用两个线偏振光来表示？

（2）何谓振动面？试绘图分别用自然光、线偏振光和部分偏振光表示出来，并指出它们的振动面.

（3）何谓起偏和检偏？

6.11　偏振片的起偏和检偏　马吕斯定律

有一些物质（如奎宁硫酸盐碘化物等晶体），对光波中沿某一方向的光振动有强烈的吸收作用，而在与该方向相垂直的那个方向上，对光振动的吸收甚为微弱而可以让光透过. 这种物质叫作**二向色性物质**，如图 6-37 所示. 这个允许通过的光振动方向，叫作二向色性物质的**偏振化方向**. 当自然光照射在一定厚度的二向色性物质上时，透射光中垂直于偏振化方向的光振动可以全部被吸收掉，因而只有沿偏振化方向的光透射出来，成为线偏振光. 因此，我们可以把这种二向色性物质涂在透明薄片（如赛璐珞等）上，制成常见的**偏振片**，用作起偏和检偏. 偏振片上的偏振化方向用符号“↕”表示.

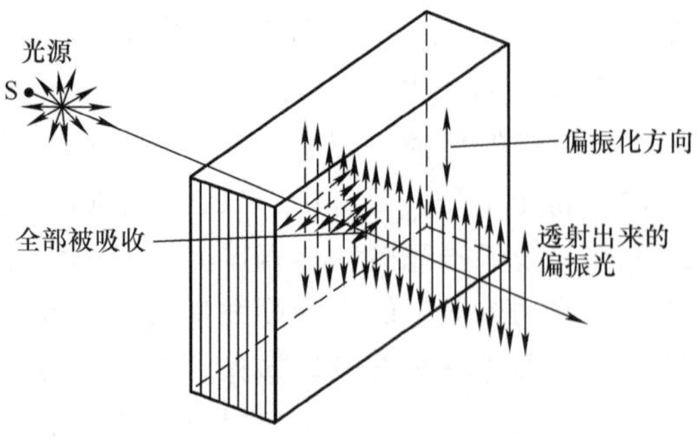

图 6-37　利用二向色性物质产生偏振光

6.11.1　偏振片的起偏和检偏

偏振片既可以用作起偏器，也可以用作检偏器.

在图6-38中，我们让自然光投射到偏振片N上，并利用偏振片N′来检查从偏振片N透射出来的光是否为偏振光. 图中OO_1和$O'O'_1$分别是偏振片N和N′的偏振化方向，当自然光由偏振片N透出而变成偏振光后，再经过偏振片N′，我们可以在屏E上看到亮暗情形. 如果使偏振片N和N′两者的偏振化方向OO_1与$O'O'_1$相互平行，即它们之间的夹角$\alpha=0°$（见图6-38a），由于偏振光的振动方向与N′的偏振化方向$O'O'_1$平行，因此它能够完全通过N′，而在屏E上形成一个光强度最大的亮点S′. 以偏振光传播方向为轴，旋转偏振片N′，使两偏振片的偏振化方向OO_1与$O'O'_1$成α角（见图6-38b），这时屏E上亮点的光强度逐渐减弱. 再旋转N′，使$\alpha=90°$时（见图6-38c），即两个偏振片的偏振化方向互相垂直（称为两个偏振片“**正交**”），屏上亮点就完全消失. 这表明从偏振片N透射出来的光确是一种偏振光，因为只有偏振光才具有上述这种表现，从而偏振片N′就起了检偏器的作用.

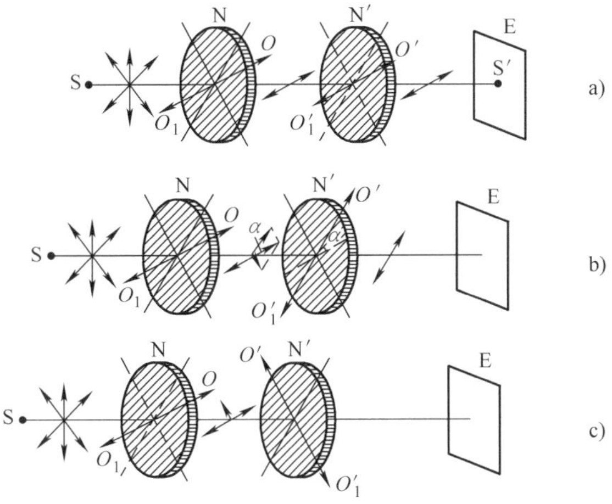

图6-38　起偏和检偏

如果你有两个相同的人造偏振片（例如，偏振化眼镜的两个镜片）重叠在一起，将其中一片相对于另一片缓慢地旋转，就很容易做这个实验.

机械横波也有类似的情况，我们可以将两者做一对照. 图6-39画出了一对栅栏对绳波所起的两种作用. 当两个栅栏的缝隙都平行于绳的振动方向时，绳波能通过两个栅栏：转动第二栅栏使其与第一栅栏垂直时，绳波就不能通过第二个栅栏，其能量为第二个栅栏所吸收；显然，与用机械横波通过栅栏的情况比较，则这里的检偏器N′无疑是起了第二个栅栏的作用. 所以偏振光虽不能直接用人眼觉察到，但可以用检偏器来鉴别.

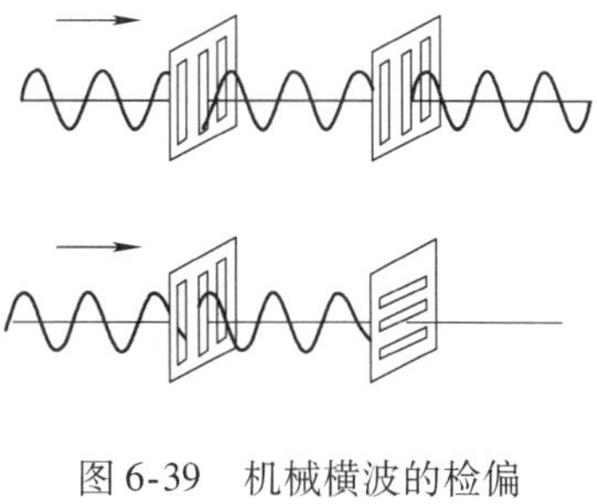
图6-39　机械横波的检偏

6.11.2　马吕斯定律

法国物理学家马吕斯（E. L. Malus，1775—1812）在研究偏振光的光强时发现：**光强为I_0的偏振光透过检偏器后，光强变为**

$$I = I_0 \cos^2 \alpha \tag{6-24}$$

式中，α 是起偏器和检偏器的偏振化方向之间的夹角．这就是**马吕斯定律**.

这定律可证明如下：如图 6-40 所示，若 N 为起偏器Ⅰ的偏振化方向，N'为检偏器Ⅱ的偏振化方向，两者的夹角为 α，令 A_0 为通过起偏器Ⅰ以后偏振光的振幅．A_0 可分解为 $A_0\cos\alpha$ 及 $A_0\sin\alpha$，其中只有平行于检偏器Ⅱ的 N'方向的分量 $A = A_0\cos\alpha$ 可通过检偏器．由于光强正比于振幅的平方，所以

$$\frac{I}{I_0} = \frac{A^2}{A_0^2}$$

把 $A = A_0\cos\alpha$ 代入上式，从而证得 $I = (I_0A_0^2\cos^2\alpha)/A_0^2 = I_0\cos^2\alpha$.

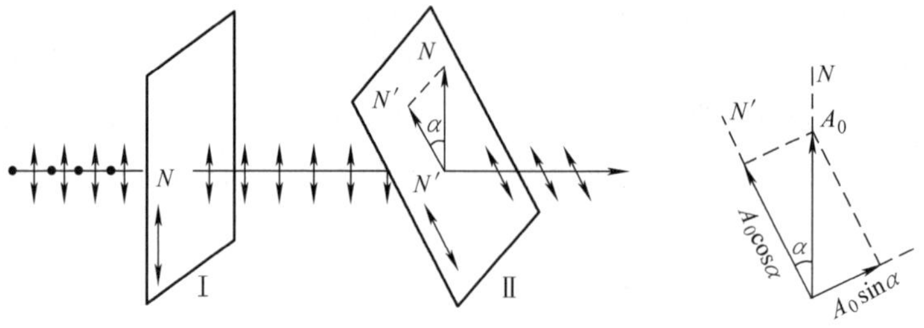

图 6-40　马吕斯定律的证明

6.11.3　偏振片的应用

上面我们讲了偏振片的起偏和检偏．由于这种人造偏振片可以制成很大的面积且厚度很薄，既轻便又价廉，因此，尽管其透射率较低且随光波的波长而改变，但是，在工业上还是被广泛应用.

例如，地质工作者所使用的偏振光显微镜和用于力学试验方面的光测弹性仪，其中的起偏器和检偏器目前大多采用人造偏振片.

又如，强烈的阳光从水面、玻璃表面、高速公路路面或白雪皑皑的地面反射入人眼的眩光十分耀眼，影响人们的视力，特别是城市里有些高层建筑的玻璃幕墙，往往造成上述这种光污染．经检测，这种反射光大多是光振动在水平面内的部分偏振光．因此，如果把偏振化方向设计成铅直方向的偏振片，制成偏振光眼镜，供汽车驾驶员、交通警察、哨兵、水上运动员、渔民、舵手和野外作业人员等戴用，就可消除或削弱来自路面和水面等水平面上反射过来的强烈眩光.

问题 6-17　（1）二向色性物质有何特性？如何用偏振片鉴别一束光是否是偏振光？

（2）叙述马吕斯定律，并证明之.

（3）夜间行车时，为了避免迎面驶来的汽车的炫目灯光，以保证行车安全，可在汽车的前灯和挡风玻璃上装配偏振片，其偏振化方向都与铅直方向向右成 45°角．则当两车相向行驶时，就可大大削弱对方汽车射来的灯光．这是为什么？

例题 6-8　将两偏振片分别作为起偏器和检偏器，当它们的偏振化方向成 30°时，看一个光源发出的自然光；成 45°时，再看同一位置的另一光源发出的自然光，两次观测到的光强相等．求两光源光强之比.

分析　前面说过，自然光可用两个相互垂直、振幅相同的线偏振光表示，它们的光强各占自然光总的光强的一半，今将本题中两个光源发出的自然光分别用平行和垂直于起偏器偏振化方向的两个线偏振光表示，其中平行于偏振

化方向的线偏振光将透过起偏器. 因此，若令所述两光源的光强分别为 I_1 和 I_2，则透过起偏器后，其光强分别为 $I_1/2$ 和 $I_2/2$.

解 按马吕斯定律，两光源发出的光透过检偏器的光强分别为

$$I'_1 = \frac{I_1}{2}\cos^2 30°,\ I'_2 = \frac{I_2}{2}\cos^2 45°$$

由题设 $I'_1 = I'_2$，则由上两式可得

$$I'_1\cos^2 30° = I_2\cos^2 45°$$

故得两光源光强之比为

$$\frac{I_1}{I_2} = \frac{\cos^2 45°}{\cos^2 30°} = \frac{\frac{2}{4}}{\frac{3}{4}} = \frac{2}{3}$$

6.12 反射和折射时光的偏振 布儒斯特定律

利用自然光在两种介质分界面上的反射和折射，可以获得偏振光.

如图 6-41 所示，MN 是两种各向同性介质（例如空气和玻璃）的分界面. 当一束自然光以入射角 i 射到分界面 MN 上时，它的反射光和折射光分别为 IR 和 IR'，反射角为 i，折射角为 r. 根据电磁波理论，在这种情况下，自然光可分解为互相垂直的两部分光矢量：一部分光矢量在入射面（即纸面）内，它的光振动方向与分界面 MN 成 i 角，叫作**平行振动**，在图上用短线表示；另一部分光矢量垂直于入射面，它的光振动方向与入射面（纸面）垂直，叫作**垂直振动**，在图上用点子表示. 由于光是横波，这两种光振动都垂直于光的传播方向；并且，沿着自然光的射线，表示这两种光振动的短线和点子是均匀分布的.

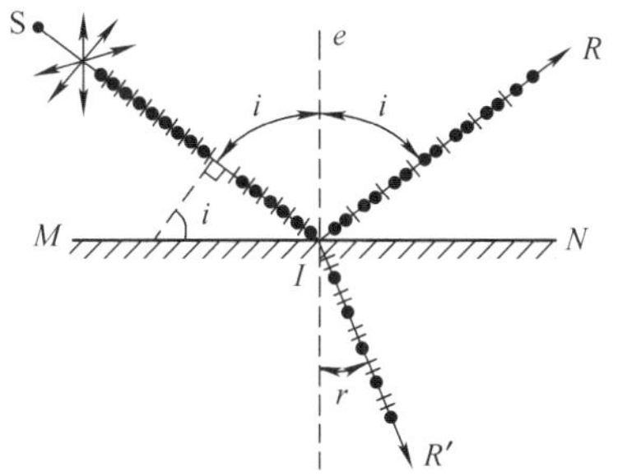

图 6-41 自然光反射与折射后产生的部分偏振光

由于上述两种光振动的振动方向相对于分界面是不同的，所以它们也以不同程度进行反射和折射：垂直振动（点子）反射多而折射少，平行振动（短线）反射少而折射多. 因此，反射光和折射光都变成了部分偏振光（图中分别用点多线少和线多点少来标志），这也可用检偏器来判别. 例如，我们用一块偏振片来观察反射光，当偏振片表面正对着反射光方向而旋转时，其偏振化方向就不断改变，发现反射光透过偏振片的光强也随着在变化，表明反射光在不同方向上的偏振化程度是不同的. 可知反射光是部分偏振光.

实验表明，当自然光入射到折射率分别为 n_1 和 n_2 的两种介质的分界面上时，反射光的偏振化程度取决于入射角 i. **当入射角** $i = i_0$，**且满足关系**

$$\tan i_0 = n_{21} \tag{6-25a}$$

时，**反射光变成光振动方向垂直于入射面的完全偏振光**（见图 6-42），式中，$n_{21}=n_2/n_1$，乃是折射介质对入射介质的相对折射率；i_0 称为**起偏角**或**布儒斯特角**. 上述结论是 1812 年由英国物理学家布儒斯特（D. Brewster，1781—1868）由实验得出的，称为**布儒斯特定律**.

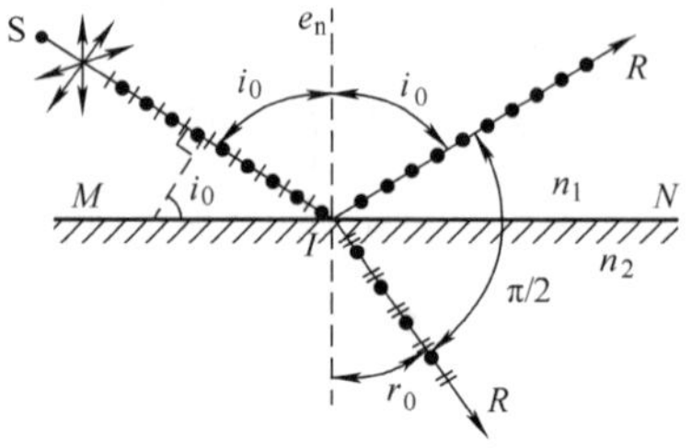

图 6-42　产生反射完全偏振光的条件

例如，当太阳光自空气（$n_1=1$）射向玻璃（$n_2=1.5$）而反射时，$n_{21}=1.5/1=1.5$，则由式（6-25a）可算得起偏角为 $i_0=56°19'$.

又如，在晴天的清晨或黄昏时，太阳光线接近于水平方向，当它通过大气层时，一部分光将被空气中的水滴（云、雾）或尘埃沿不同方向反射而形成散射光，其中被铅直地反射到地面上的散射光，约有一半以上是偏振光.

现在，我们根据公式（6-25a）也可以把布儒斯特定律表述为：**完全偏振的反射光和折射光相互垂直**. 证明如下：因为式（6-25a）可写作

$$\frac{\sin i_0}{\cos i_0}=n_{21}$$

但根据折射定律

$$\frac{\sin i_0}{\sin r_0}=n_{21}$$

式中，r_0 是相应于自然光以起偏角 i_0 入射时的折射角，则由上两式，得 $\cos i_0=\sin r_0$，即

$$i_0+r_0=90° \tag{6-25b}$$

至于折射光的偏振化程度，则取决于入射角和相对折射率. 在相对折射率 n_{21} 给定的情况下，如果入射角 i_0 适合 $\tan i_0=n_{21}$，则折射光偏振化的程度最强，但与反射光不同，它不是完全偏振光. 如果自然光以起偏角 i_0 连续通过由许多平行玻璃片叠置而成的**玻璃片堆**，如图 6-43a 所示，则折射光偏振化的程度可以逐渐增加. 因为光从一块玻璃透过而进入下一块玻璃时，又发生折射而增加偏振化的程度，所以玻璃片数越多，透射出来的折射光的偏振化程度也高，最后透射出来的光几乎变成完全偏振光，它的光振动都在入射面内.

综上所述，利用玻璃片的反射或玻璃片堆的折射，可以将自然光变为偏振光，玻璃片或玻璃片堆就是起偏器.

问题 6-18　（1）在什么情况下反射光是完全偏振光？这时折射光是不是完全偏振光？使折射光变成完全偏振光需用什么方法？

（2）在问题 6-18（2）图所示的各种情况中，以部分偏振光或偏振光入射于折射率分别为 n_1 和 n_2 的两种介质的分界面，试在入射角 $i=i_0$ 和 $i\neq i_0$（$i_0=\arctan(n_2/n_1)$ 为起偏角）两种情况下，对图上的反射光和折射光分别用点子与短线表示出光振动的方向.

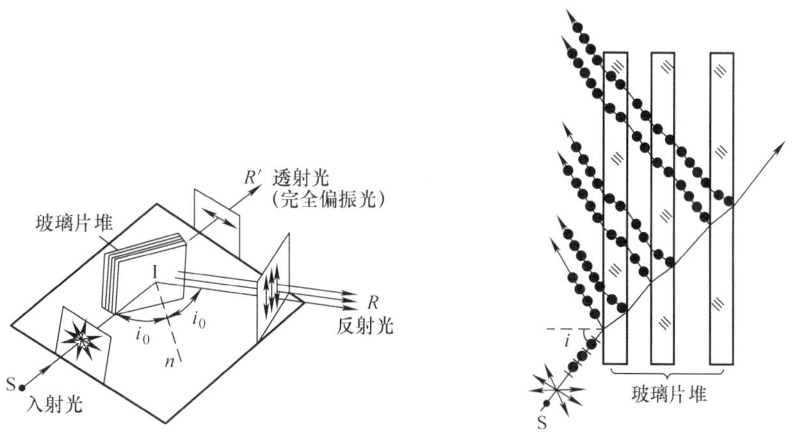

a) b)

图6-43 利用玻璃片堆产生完全偏振光

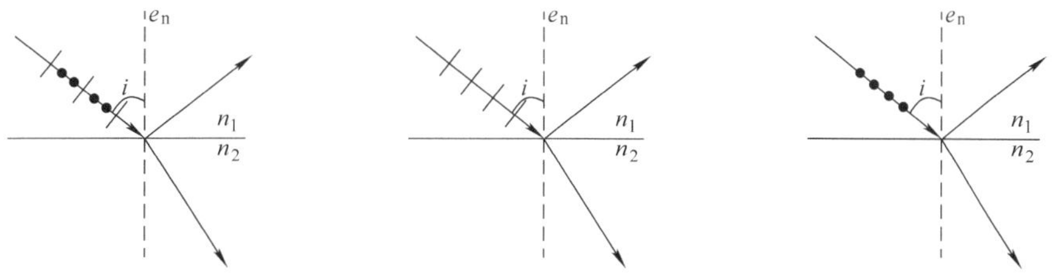

a) b) c)

问题6-18（2）图

［大国名片］ 中国天眼

被誉为“中国天眼”的500米口径球面射电望远镜（FAST）是国家“十一五”重大科技基础设施建设项目，于2011年3月25日动工兴建，2020年1月11日通过国家验收，正式开放运行. FAST开创了建造巨型望远镜的新模式，建设了反射面相当于30个足球场的射电望远镜，灵敏度超过德国100米口径望远镜10倍以上，大幅拓展了人类的视野，用于探索宇宙起源和演化.

FAST的建设涉及了众多高科技领域，如天线制造、高精度定位与测量、高品质无线电接收机、传感器网络及智能信息处理、超宽带信息传输、大量数据存储与处理等. FAST是世界最大的单口径球面射电望远镜，人类将能观测脉冲星、中性氢、黑洞等等这些宇宙形成时期的信息，探索宇宙起源. 截至2023年2月，国之重器FAST已发现超740余颗新脉冲星.

世界最大的超大跨度、超高精度、主动变位式的索网结构……“中国天眼”创造了数项世界之最和59项发明专利. 2022年1月5日，中国科学院在国家天文台举行新闻发布会，发布中国天眼（FAST）高质量开放运行取得的系列重要科学成果，其中包括：FAST中性氢谱线测量星际磁场取得重大进展；获得迄今最大快速射电暴爆发事件样本，首次揭示快速射电暴的完整能谱及其双峰结构；“银道面脉冲星快照巡天”项目持续发现毫秒脉冲星；开展多波段合作观测，开启脉冲星搜索新方向，打开研究脉冲星电磁辐射机制的新途径等重要成果.

习　题　6

6-1　在双缝干涉实验中，屏幕 E 上的 P 点处是明条纹. 若将缝 S_2 盖住，并在 S_1S_2 连线的垂直平分面处放一高折射率介质反射面 M，如习题 6-1 图所示，则此时

(A) P 点处仍为明条纹.　　(B) P 点处为暗条纹.

(C) 不能确定 P 点处是明条纹还是暗条纹.　(D) 无干涉条纹.　[　　]

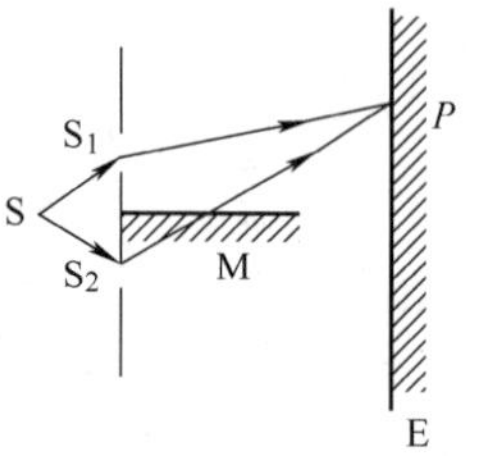

习题 6-1 图

6-2　在双缝干涉实验中，光的波长为 600nm（$1\text{nm}=10^{-9}\text{m}$），双缝间距为 2mm，双缝与屏的间距为 300cm. 在屏上形成的干涉图样的明条纹间距为

(A) 0.45mm.　　(B) 0.9mm.

(C) 1.2mm　　(D) 3.1mm.　[　　]

6-3　在习题 6-3 图所示三种透明材料构成的牛顿环装置中，用单色光垂直照射，在反射光中看到干涉条纹，则在接触点 P 处形成的圆斑为

(A) 全明.　　(B) 全暗.

(C) 右半部明，左半部暗.　　(D) 右半部暗，左半部明.

[　　]

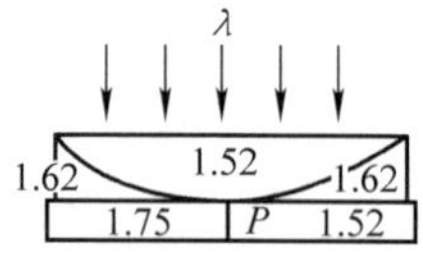

习题 6-3 图
（图中数字为各处的折射率）

6-4　一束波长为 λ 的单色光由空气垂直入射到折射率为 n 的透明薄膜上，透明薄膜放在空气中，要使反射光得到干涉加强，则薄膜最小的厚度为

(A) $\lambda/4$.　　(B) $\lambda/(4n)$.

(C) $\lambda/2$.　　(D) $\lambda/(2n)$.　[　　]

6-5　若把牛顿环装置（都是用折射率为 1.52 的玻璃制成的）由空气搬入折射率为 1.33 的水中，则干涉条纹

(A) 中心暗斑变成亮斑.　　(B) 变疏.

(C) 变密.　　(D) 间距不变.　[　　]

6-6　用劈尖干涉法可检测工件表面缺陷，当波长为 λ 的单色平行光垂直入射时，若观察到的干涉条纹如习题 6-6 图所示，每一条纹弯曲部分的顶点恰好与其左边条纹的直线部分的连线相切，则工件表面与条纹弯曲处对应的部分

(A) 凸起，且高度为 $\lambda/4$.

(B) 凸起，且高度为 $\lambda/2$.

(C) 凹陷，且深度为 $\lambda/2$.

(D) 凹陷，且深度为 $\lambda/4$.　[　　]

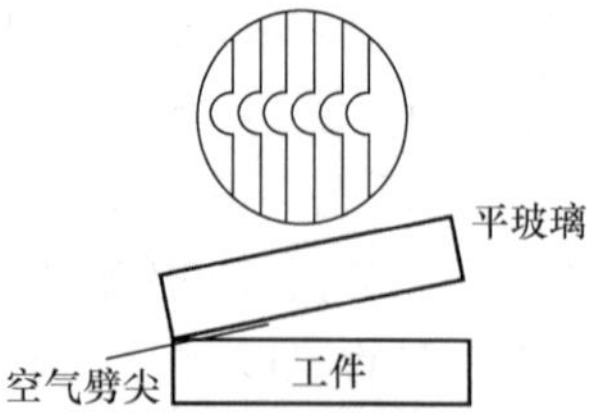

习题 6-6 图

6-7　一束波长为 λ 的平行单色光垂直入射到一单缝 AB 上，装置如习题 6-7 图所示. 在屏幕 D 上形成衍射图样，如果 P 是中央亮纹一侧第一个暗纹所在的位置，则 $\overline{BC}$ 的长度为

(A) $\lambda/2$.　　(B) λ.

(C) $3\lambda/2$.　　(D) 2λ.　[　　]

6-8　波长为 λ 的单色光垂直入射于光栅常数为 d、缝宽为 a、总缝数为 N 的光栅上. 取 $k=0, \pm1, \pm2, \cdots$，则决定出现主极大的衍射角 θ 的公式可写成

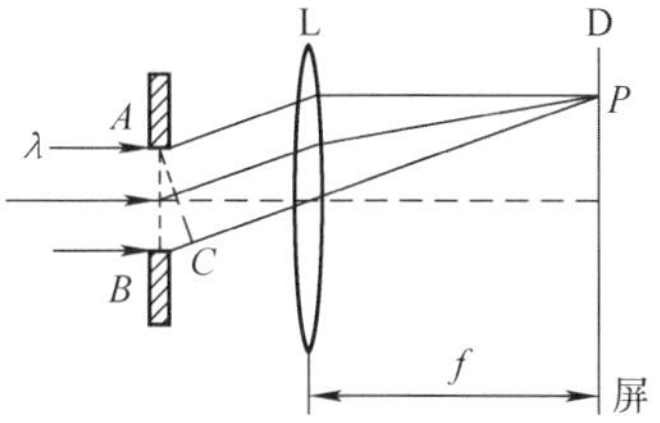

习题6-7图

(A) $Na\sin\theta = k\lambda$.　　(B) $a\sin\theta = k\lambda$.

(C) $Nd\sin\theta = k\lambda$.　　(D) $d\sin\theta = k\lambda$.　　[ ]

6-9 一束光是自然光和线偏振光的混合光，让它垂直通过一偏振片. 若以此入射光束为轴旋转偏振片，测得透射光强最大值是最小值的5倍，那么入射光束中自然光与线偏振光的光强比值为

(A) 1/2.　　(B) 1/3.

(C) 1/4.　　(D) 1/5.　　[ ]

6-10 自然光以60°的入射角照射到某两介质交界面时，反射光为完全线偏振光，则知折射光为

(A) 完全线偏振光且折射角是30°.

(B) 部分偏振光且只是在该光由真空入射到折射率为$\sqrt{3}$的介质时，折射角是30°.

(C) 部分偏振光，但须知两种介质的折射率才能确定折射角.

(D) 部分偏振光且折射角是30°.　　[ ]

6-11 一个平凸透镜的顶点和一平板玻璃接触，用单色光垂直照射，观察反射光形成的牛顿环，测得中央暗斑外第k个暗环半径为r_1. 现将透镜和玻璃板之间的空气换成某种液体（其折射率小于玻璃的折射率），第k个暗环的半径变为r_2，由此可知该液体的折射率为________.

6-12 在空气中有一劈形透明膜，其劈尖角$\theta = 1.0\times10^{-4}$rad，在波长$\lambda = 700$nm的单色光垂直照射下，测得两相邻干涉明条纹间距$l = 0.25$cm，由此可知此透明材料的折射率$n =$________.（$1\text{nm} = 10^{-9}\text{m}$）

6-13 若在迈克耳孙干涉仪的可动反射镜M移动0.620mm过程中，观察到干涉条纹移动了2300条，则所用光波的波长为________nm.（$1\text{nm} = 10^{-9}\text{m}$）

6-14 波长为600nm的单色平行光，垂直入射到缝宽为$a = 0.60$mm的单缝上，缝后有一焦距$f' =$ 60cm的透镜，在透镜焦平面上观察衍射图样，则中央明纹的宽度为________，两个第三级暗纹之间的距离为________.（$1\text{nm} = 10^{-9}\text{m}$）

6-15 波长为λ的单色光垂直入射在缝宽$a = 4\lambda$的单缝上. 对应于衍射角$\varphi = 30°$，单缝处的波面可划分为________个半波带.

6-16 某单色光垂直入射到一个每毫米有800条刻线的光栅上，如果第1级谱线的衍射角为30°，则入射光的波长应为________.

6-17 一束平行的自然光，以60°角入射到平玻璃表面上. 若反射光束是完全偏振的，则透射光束的折射角是________；玻璃的折射率为________.

6-18 白色平行光垂直入射到间距为$a = 0.25$mm的双缝上，距$D = 50$cm处放置屏幕，分别求第1级和第5级明纹彩色带的宽度.（设白光的波长范围是从400nm到760nm. 这里说的“彩色带宽度”指两个极端波长的同级明纹中心之间的距离.）（$1\text{nm} = 10^{-9}\text{m}$）

6-19 用波长为λ_1的单色光垂直照射牛顿环装置时，测得中央暗斑外第1和第4暗环半径之差为l_1，而用未知单色光垂直照射时，测得第1和第4暗环半径之差为l_2，求未知单色光的波长λ_2.

6-20 （1）在单缝夫琅禾费衍射实验中，垂直入射的光有两种波长，$\lambda_1 = 400$nm，$\lambda_2 = 760$nm（$1\text{nm} = 10^{-9}\text{m}$）. 已知单缝宽度$a = 1.0\times10^{-2}$cm，透镜焦距$f = 50$cm. 求两种光第1级衍射明纹中心之间的距离.

（2）若用光栅常量 $d=1.0\times10^{-3}$cm 的光栅替换单缝，其他条件和上一问相同，求两种光第 1 级主极大之间的距离.

6-21　波长 $\lambda=600$nm（$1\text{nm}=10^{-9}$m）的单色光垂直入射到一光栅上，测得第 2 级主极大的衍射角为 30°，且第 3 级是缺级.

（1）光栅常量（$a+b$）等于多少?

（2）透光缝可能的最小宽度 a 等于多少?

（3）在选定了上述（$a+b$）和 a 之后，求在衍射角 $-\frac{1}{2}\pi<\varphi<\frac{1}{2}\pi$ 范围内可能观察到的全部主极大的级次.

附　　录

附录 A　一些物理常量

1. 引力常量　$G = 6.67242 \times 10^{-11} \mathrm{N \cdot m^2 \cdot kg^{-2}}$
2. 重力加速度　$g = 9.80665 \mathrm{m \cdot s^{-2}}$
3. 1mol 中的分子数目（阿伏伽德罗常数）　$N_A = 6.0221415 \times 10^{23} \mathrm{mol^{-1}}$
4. 摩尔气体常数　$R = 8.314472\ \mathrm{J \cdot mol^{-1} \cdot K^{-1}}$
5. 玻耳兹曼常数　$k = 1.3806505 \times 10^{-23} \mathrm{J \cdot K^{-1}}$
6. 空气的平均摩尔质量　$M = 28.9 \times 10^{-3} \mathrm{kg \cdot mol^{-1}}$
7. 冰的熔点为 273.16K（解题时用 273K）
8. 电子静质量　$m_e = 9.1093826 \times 10^{-31} \mathrm{kg}$（解题时取 $9.1 \times 10^{-31} \mathrm{kg}$）
9. 质子静质量　$m_p = 1.6726271 \times 10^{-27} \mathrm{kg}$
10. 中子静质量　$m_n = 1.6726217 \times 10^{-27} \mathrm{kg}$
11. 电子电荷量　$e = 1.60217653 \times 10^{-19} \mathrm{C}$
12. 普朗克常量　$h = 6.6260755 \times 10^{-34} \mathrm{J \cdot s}$
13. 里德伯常量　$R_H = 1.0973731534 \times 10^{-7} \mathrm{m^{-1}}$
14. 氢原子质量　$m_H = 1.6734 \times 10^{-27} \mathrm{kg}$
15. 地球的平均半径　$6.37 \times 10^6 \mathrm{m}$
16. 地球的质量　$5.977 \times 10^{24} \mathrm{kg}$
17. 太阳的直径　$1.39 \times 10^9 \mathrm{m}$
18. 太阳的质量　$1.99 \times 10^{30} \mathrm{kg}$
19. 由太阳至地球的平均距离　$1.49 \times 10^{11} \mathrm{m}$
20. 月球半径与地球半径的比　3:11
21. 月球质量　$7.35 \times 10^{22} \mathrm{kg}$
22. 地球到月球距离与地球半径的比　60:1

附录 B　矢量的运算

B1　矢量的表示和基本运算

B1.1　矢量的表示

矢量可用几何方法表示：画一条有箭头的直线段，以一定的比例令其长度代表矢量的大小，并令直线段的方位及箭头的指向代表矢量的方向（见图 B-1）．矢量的大小（即直线段的长度）是正的标量（绝对值）．

矢量的写法通常有两种：一种是用普通印刷体的外文字母上面加“→”，如 $\vec{v}$，我们平时在手写时，都采用这种写法；一种是用黑体外文字母表示，如 $\boldsymbol{v}$．而以 $|\boldsymbol{v}|$ 或 v 表示该矢量的大小（例如 $|\boldsymbol{v}| = v = 45\mathrm{m \cdot s^{-1}}$）㊀．读者要注意，本书除特殊情况外，矢量一般都印成黑体外文字母，如图 B-1 中的速度用 $\boldsymbol{v}$ 表示；有时也用 $\overrightarrow{OA}$ 表示，其中 O 是该矢量的始端，A 是其末端，但后面这种表示法用得不多．

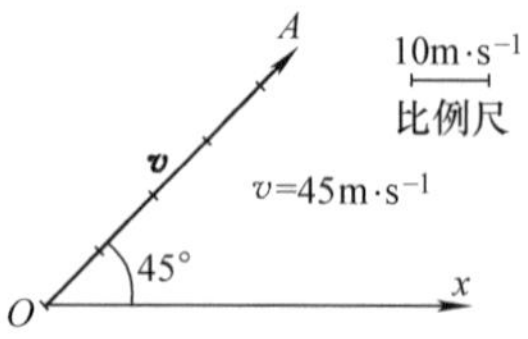

图 B-1　矢量图示法

若一矢量 $\boldsymbol{v}$ 的大小 $|\boldsymbol{v}| = 0$，则该矢量称为**零矢量**，记作 $\boldsymbol{0}$．

两个矢量相等，表示**它们的大小相等，共线或相互平行，指向相同**，如图 B-2a 所示．若矢量 $\boldsymbol{F}_1$ 和 $\boldsymbol{F}_2$ 相等，则可表示为如下的矢量等式：

$$\boldsymbol{F}_1 = \boldsymbol{F}_2 \tag{B-1}$$

如果一矢量 $\boldsymbol{F}_1$ 与另一矢量 $\boldsymbol{F}_2$ 有下列关系：

$$\boldsymbol{F}_1 = -\boldsymbol{F}_2 \tag{B-2}$$

则表示 $\boldsymbol{F}_1$ 和 $\boldsymbol{F}_2$ **的大小相等，共线或相互平行，而指向相反**，如图 B-2b 所示．我们把矢量 $-\boldsymbol{F}_2$ 称为矢量 $\boldsymbol{F}_1$ 的**负矢量**．

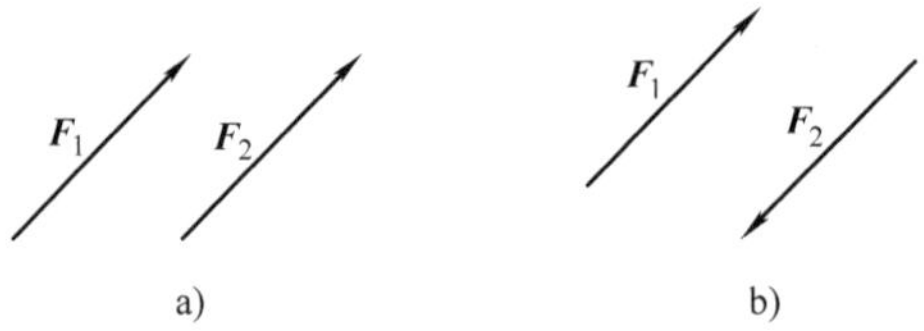

图 B-2　等矢量和负矢量

B1.2　矢量相加（或称矢量的合成）和相减

矢量相加（或合成）服从**平行四边形法则**．合成的矢量称为**矢量和**．用几何作图法，按平行四边形法则合成两个矢量 $\boldsymbol{A}$ 和 $\boldsymbol{B}$ 时（图 B-3a），可任取一点 O，分别将两个矢量不改变大小和方向、平行地移到 O 点，**以这两个矢量为边作一个平行四边形，则从两矢量的始端交点 O 引出的该平行四边形的对角线 $\overrightarrow{OQ}$，就代表矢量和 $\boldsymbol{C}$，并以下列矢量式表示：**

$$\boldsymbol{C} = \boldsymbol{A} + \boldsymbol{B} \tag{B-3a}$$

与代数量（标量）的求和方法不同，式（B-3）表示：求矢量 $\boldsymbol{A}$ 与 $\boldsymbol{B}$ 的矢量和 $\boldsymbol{C}$ 的大小和方向，要按照上述平行四边形法则，用几何方法确定．

当 $\boldsymbol{A}$ 和 $\boldsymbol{B}$ 的大小 A、B 与方向（图中以 $\boldsymbol{A}$ 和 $\boldsymbol{B}$ 两个方向之间小于 180°的夹角 φ 表示）已知时，矢量 $\boldsymbol{C}$ 的大小 C 和方向便可利用图 B-3c 所示的几何关系，根据余弦定理及三角函数的定义，从下面两个公式求出：

㊀ 用 v 表示矢量 $\boldsymbol{v}$ 的大小，它是正的标量．但要注意，我们对具有正、负意义的标量也是用普通印刷体外文字母表示的，读者应根据课文中表述的意思，加以区别，切勿混淆．

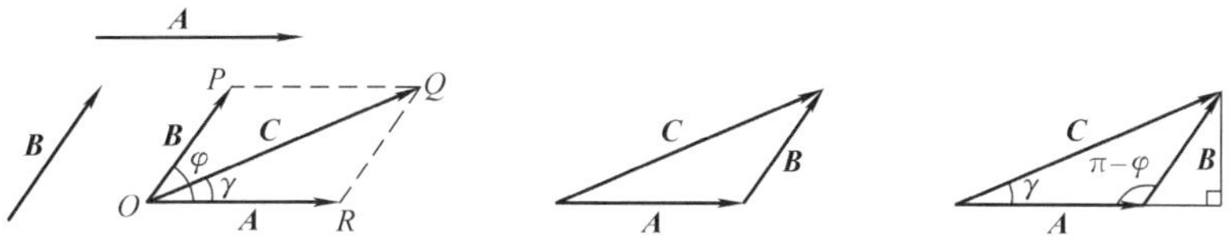

a)　　b)　　c)

图 B-3　两矢量求和的平行四边形法则和三角形法则

$$C = |\boldsymbol{C}| = \sqrt{A^2 + B^2 + 2AB\cos\varphi} \tag{B-3b}$$

$$\tan\gamma = \frac{B\sin\varphi}{A + B\cos\varphi} \quad ⊖ \tag{B-3c}$$

求矢量和，采用**三角形法则**更为简便，即把两矢量 $\boldsymbol{A}$ 与 $\boldsymbol{B}$ 首尾相接地画出（图 B-3b），然后从始端 $\boldsymbol{A}$ 向末端 $\boldsymbol{B}$ 画一矢量，这个矢量就是它们的矢量和 $\boldsymbol{C}$. 显然，三角形法则与平行四边形法则是等效的.

矢量也可以相减. **两个矢量相减所得的差称为矢量差**. 两矢量 $\boldsymbol{A}$ 与 $\boldsymbol{B}$ 之差记作 $\boldsymbol{A}-\boldsymbol{B}$，它可以看成矢量 $\boldsymbol{A}$ 与 $-\boldsymbol{B}$ 之和（图 B-4b），即

$$\boldsymbol{A}-\boldsymbol{B} = \boldsymbol{A} + (-\boldsymbol{B}) \tag{B-4}$$

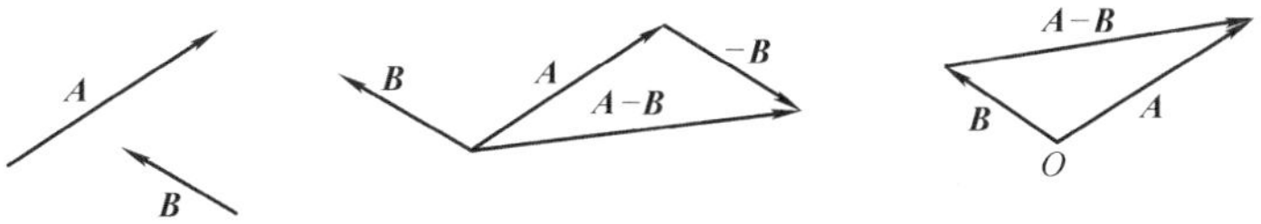

a)　　b)　　c)

图 B-4　两矢量相减

因此，两矢量相减也可转化为用矢量相加的三角形法则来求. 通常，也可按图 B-4c 所示的方法求矢量差：即**任选一点 O，分别将两矢量 $\boldsymbol{A}$、$\boldsymbol{B}$ 平行移动到同一点 O，则从 $\boldsymbol{B}$ 末端向 $\boldsymbol{A}$ 末端画一矢量，即得矢量差 $\boldsymbol{A}-\boldsymbol{B}$.**

根据平行四边形合成法则，不难推断，矢量加法具有下列性质：

（1）**交换律**　由图 B-3a 可见，

$$\overrightarrow{OQ} = \overrightarrow{OP} + \overrightarrow{PQ} = \boldsymbol{B} + \boldsymbol{A}$$

及

$$\overrightarrow{OQ} = \overrightarrow{OR} + \overrightarrow{RQ} = \boldsymbol{A} + \boldsymbol{B}$$

所以

$$\boldsymbol{A} + \boldsymbol{B} = \boldsymbol{B} + \boldsymbol{A}$$

即矢量和与各矢量相加的次序无关.

（2）**结合律**　不难证明，对多个矢量相加，服从结合律，例如四个矢量 $\boldsymbol{F}_1$、$\boldsymbol{F}_2$、$\boldsymbol{F}_3$、$\boldsymbol{F}_4$ 相加，有

$$\begin{aligned}(\boldsymbol{F}_1 + \boldsymbol{F}_2) + (\boldsymbol{F}_3 + \boldsymbol{F}_4) &= \boldsymbol{F}_1 + (\boldsymbol{F}_2 + \boldsymbol{F}_3) + \boldsymbol{F}_4 \\ &= \boldsymbol{F}_1 + \boldsymbol{F}_2 + \boldsymbol{F}_3 + \boldsymbol{F}_4\end{aligned}$$

⊖ 一个矢量的方向通常可用它与已知方向所成的角表示. 由于矢量 $\boldsymbol{A}$、$\boldsymbol{B}$ 的方向已给定，故矢量 $\boldsymbol{C}$ 的方向可用它与矢量 $\boldsymbol{A}$ 或矢量 $\boldsymbol{B}$ 的夹角来表示. 这里，我们选用矢量 $\boldsymbol{C}$ 与矢量 $\boldsymbol{A}$ 之间的夹角 γ 表示.

B1.3　矢量在给定轴上的分矢量和分量（投影）

标定方向的无限长直线称为**轴**. 设有矢量$\boldsymbol{v}=\overrightarrow{AB}$和 Ox 轴，Ox 轴的方向如图 B-5 所示. 从矢量$\boldsymbol{v}$ 的两端点 A 和 B 分别作 AA_1、BB_1 垂直于 Ox 轴，垂足 A_1 和 B_1 分别称为点 A 和 B 在 Ox 轴上的**投影**；而矢量$\overrightarrow{A_1B_1}$则称为矢量$\boldsymbol{v}$ 在 Ox 轴上的**分矢量**，记作$\boldsymbol{v}_x$.

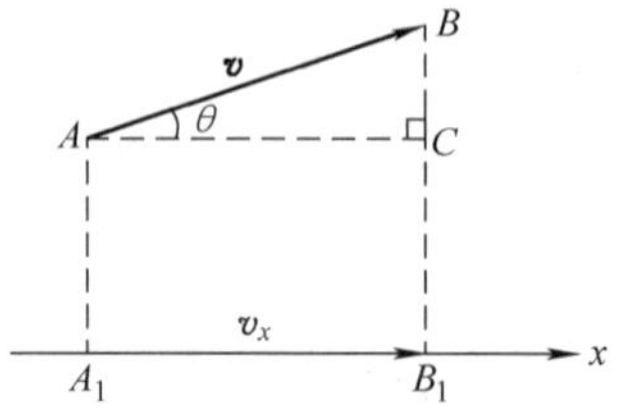

图 B-5　矢量的投影

我们把这样的一个标量 v_x 称为**矢量$\boldsymbol{v}$ 在 Ox 轴上的投影**，即这个标量的绝对值等于矢量$\boldsymbol{v}$ 在 Ox 轴上的分矢量$\boldsymbol{v}_x$ 的大小；这个标量的正、负按下述规则确定：若$\boldsymbol{v}_x$ 的指向与事先规定的 Ox 轴正方向一致（见图 B-5），其值为正，即 $v_x>0$；若$\boldsymbol{v}$ 的指向与 Ox 轴正方向相反，其值为负，即 $v_x<0$. 据此，矢量$\boldsymbol{v}$ 在 Ox 轴上的投影 v_x 可由下式确定：

$$v_x=v\cos\theta \tag{B-5}$$

即**一矢量$\boldsymbol{v}$ 在 Ox 轴上的投影，等于该矢量的大小 v 乘以该矢量$\boldsymbol{v}$ 与 Ox 轴的正方向之间夹角 θ 的余弦**.

请注意，矢量在任一轴上的投影，以后我们就叫作**矢量在该轴上的分量**.

由式（B-5）可知：若$\boldsymbol{v}$ 与 Ox 轴平行且同向，即 $\theta=0°$，则分量为 $v_x=+v$；若$\boldsymbol{v}$ 与 Ox 轴成锐角，即 $0<\theta<\pi/2$，$\cos\theta>0$，则 $v_x>0$，分量为正；若$\boldsymbol{v}$ 与 Ox 轴成钝角，即 $\pi/2<\theta<\pi$，$\cos\theta<0$，则 $v_x<0$，即分量为负；若$\boldsymbol{v}$ 与 Ox 轴平行、但反向，即 $\theta=\pi$，则分量 $v_x=-v$；若$\boldsymbol{v}$ 与 Ox 轴垂直，即 $\theta=\pi/2$ 或 $3\pi/2$，则分量 $v_x=0$.

B1.4　矢量与标量的乘积　单位矢量

从矢量的加法可知，n 个相同的矢量 $\boldsymbol{E}$ 之和是这样的一个矢量：它的大小等于矢量 $\boldsymbol{E}$ 的大小之 n 倍；它的方向与矢量 $\boldsymbol{E}$ 的方向相同. 这个矢量可看作矢量 $\boldsymbol{E}$ 与标量 n 之乘积，记作 $n\boldsymbol{E}$. 这一概念可推广到任意实数 q 与矢量 $\boldsymbol{E}$ 的乘积. 设有一矢量 $\boldsymbol{E}$ 与标量 q（q 为任意实数）相乘，其乘积 $q\boldsymbol{E}$ 是一个新的矢量 $\boldsymbol{F}$，即

$$\boldsymbol{F}=q\boldsymbol{E} \tag{B-6}$$

如图 B-6 所示，若标量 $q>0$，则矢量 $\boldsymbol{F}$ 与 $\boldsymbol{E}$ 共线或相互平行，且两者的方向相同，其大小等于矢量 $\boldsymbol{E}$ 的大小 E 的 q 倍，即 $F=qE$；若 $q<0$，则 $\boldsymbol{F}$ 与 $\boldsymbol{E}$ 共线或相互平行，且两者的方向相反，其大小等于矢量 $\boldsymbol{E}$ 的大小 E 的 $|q|$ 倍，即 $F=|q|E$；若 $q=-1$，则 $\boldsymbol{F}=(-1)\boldsymbol{E}=-\boldsymbol{E}$，则 $\boldsymbol{F}$ 与 $\boldsymbol{E}$ 两者大小相等而方向相反，亦即 $\boldsymbol{F}$ 是 $\boldsymbol{E}$ 的负矢量.

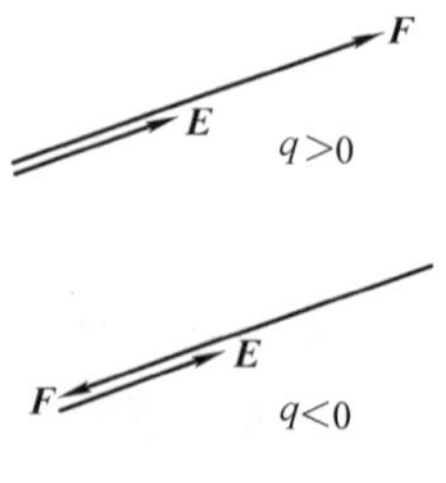

图　B-6

不难推断，**两个矢量共线（或相互平行）的充分必要条件是：其中任一矢量可表示为另一矢量与某一标量的乘积**.

如上所述，任一矢量都可用它的大小（正的标量）乘以与它同方向的**单位矢量**来表示. 所谓一矢量的单位矢量，**其方向与该矢量的方向相同，其大小等于** 1. 例如，在图 B-7 中，一矢量 $\boldsymbol{r}$，其大小为 r，若取与 $\boldsymbol{r}$ 同方向的单位矢量为 $\boldsymbol{e}_r$，则 $\boldsymbol{r}$ 可表示为

$$\boldsymbol{r}=r\boldsymbol{e}_r \tag{B-7}$$

其中，$|\boldsymbol{e}_r|=1$. 若 $\boldsymbol{r}$ 不是零矢量，即 $|\boldsymbol{r}|=r\neq 0$，则由式（B-7）可得

$$\boldsymbol{e}_r=\frac{\boldsymbol{r}}{r} \tag{B-8}$$

而 $\boldsymbol{r}$ 的负矢量 $\boldsymbol{r}'$（见图 B-7）可写作

$$\boldsymbol{r}'=-r\boldsymbol{e}_r \tag{B-9}$$

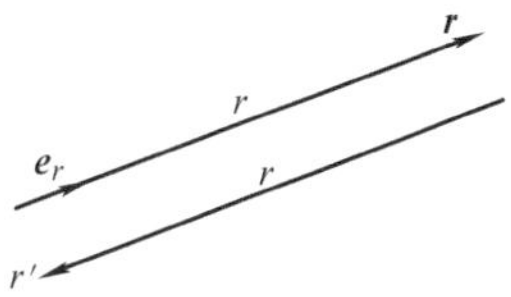

图　B-7

显然，式（B-9）中的负号表示 $\boldsymbol{r}'$ 与 $\boldsymbol{e}_r$ 两者的方向相反.

一矢量的单位矢量，仅仅起到表示该矢量方向的作用. 因此，利用单位矢量，便可将该矢量的大小（绝对值）和方向（由单位矢量表示）在矢量表示式（B-7）中各自区分开来. 或者说，利用单位矢量，可以把一个矢量的大小和方向同时表示出来.

其次，若沿一平面的法线方向作一个单位矢量 $\boldsymbol{e}_\text{n}$，则 $\boldsymbol{e}_\text{n}$ 就标示出该平面在空间的方位（见图 B-8）. 设 S 为该平面的面积，则还可将此平面的大小和方位用面积矢量 $\boldsymbol{S}$ 表示为

$$\boldsymbol{S}=S\boldsymbol{e}_\text{n} \tag{B-10}$$

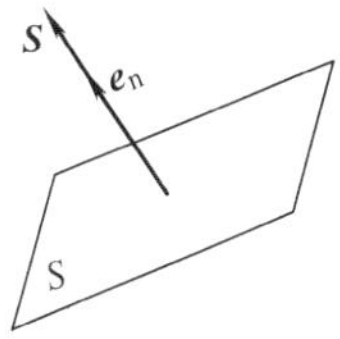

图　B-8

B2　矢量的正交分解及合成

B2.1　矢量的正交分解

在两个矢量合成时，由平行四边形或三角形法则可得到唯一的矢量和. 反之，有时我们需要把一个矢量看成是由几个矢量所合成的，或者说，把一个矢量**分解**为几个矢量，分解后的几个矢量称为原来矢量的**分矢量**（如分速度、分力等）. 把一个矢量分解成分矢量，可以有无数种不同的分解法. 例如，把图 B-9 所示的矢量 $\boldsymbol{A}$ 按三角形法则分解为两个分矢量，可有多种分法. 但是，如果根据需要，将 $\boldsymbol{A}$ 按事先选定的方位（如图 B-10 所示的虚线）分解为两个分矢量，由几何作图法可知，其分法就只有一种.

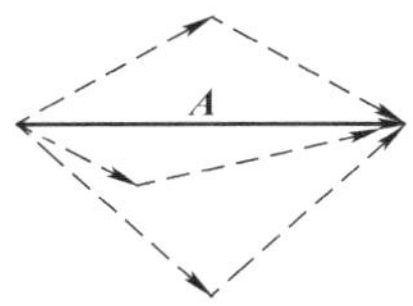

图　B-9

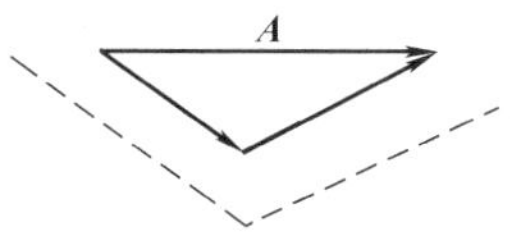

图　B-10

在实际问题中，最常用的矢量分解法是将矢量沿平面或空间的正交轴分解，即所谓**正交分解法**.

例如，上海市杨浦大桥是一座横跨黄浦江的**斜拉桥**. 为了考察每根钢索的斜向拉力 $\boldsymbol{F}_i$ 的作用，就得利用正交分解法，将 $\boldsymbol{F}_i$ 正交分解为垂直和平行于桥面的两个分矢量（即分力）$\boldsymbol{F}_{iy}$、$\boldsymbol{F}_{ix}$（图 B-11a）. 其中，所有钢索斜向拉力的垂直分力 $\sum\limits_i \boldsymbol{F}_{iy}$ ⊖承担了桥身自

⊖　求和符号 $\sum\limits_i$ 下面的"i"表示对相加项 $\boldsymbol{F}_{iy}$ 或 $\boldsymbol{F}_{ix}$ 中的下标 i 取所有可能的值，然后求所有这些相加项矢量和；若相加项为标量，则表示求代数和.

重和桥面上各种负载（如车辆和行人等）；相应的水平分力 $\sum_i \boldsymbol{F}_{ix}$ 则用来增大桥面的抗弯刚度. 这样，既可减少桥墩，增大跨度和桥的净空高度，便于大吨位的船舶畅通，又可减轻桥面自重.

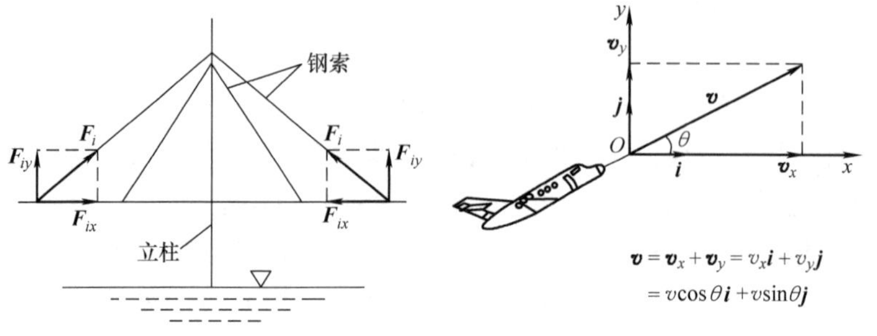

图 B-11　矢量在平面上的正交分解

又如，一架飞机以速度$\boldsymbol{v}$与水平成 θ 角斜向上升（见图 B-11b）. 若要知道飞机的上升速度和水平前进速度，可以先在通过矢量$\boldsymbol{v}$的竖直平面内，沿水平方向和竖直方向作正交的 Ox 和 Oy 轴，再将矢量$\boldsymbol{v}$分别沿 Ox 和 Oy 轴分解成两个分矢量$\boldsymbol{v}_x$ 和$\boldsymbol{v}_y$，这就是飞机的水平分速度和竖直分速度.

同样，也可将一矢量$\boldsymbol{v}$在空间正交分解. 设直角坐标系 $Oxyz$ 的原点 O 取在矢量$\boldsymbol{v}$的始端，如图 B-12a 所示. 按平行四边形法则，先将$\boldsymbol{v}$分解为沿 Oz 轴的分矢量$\boldsymbol{v}_z$ 和 xOy 平面上的分矢量$\boldsymbol{v}_1$，然后再将$\boldsymbol{v}_1$在平面 xOy 上分解成沿 Ox 和 Oy 轴的分矢量$\boldsymbol{v}_x$ 和$\boldsymbol{v}_y$，即

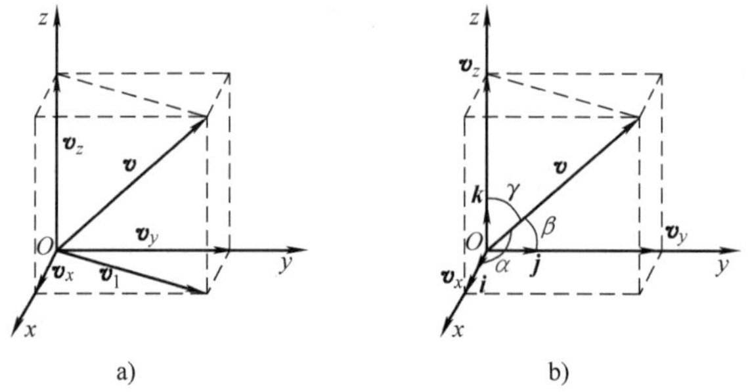

图 B-12　矢量在空间的正交分解

$$\boldsymbol{v}=\boldsymbol{v}_1+\boldsymbol{v}_z \tag{B-11}$$

而
$$\boldsymbol{v}_1=\boldsymbol{v}_x+\boldsymbol{v}_y$$

所以
$$\boldsymbol{v}=\boldsymbol{v}_x+\boldsymbol{v}_y+\boldsymbol{v}_z \tag{B-12}$$

B2.2　矢量的分量表示式——正交分解式

在图 B-11b 中，矢量 $\boldsymbol{v}$ 在正交坐标轴 Ox 和 Oy 上的投影分别用 v_x 和 v_y 表示，由式（B-5），有

$$\begin{cases} v_x = v\cos\theta \\ v_y = v\cos\left(\dfrac{\pi}{2} - \theta\right) = v\sin\theta \end{cases} \tag{B-13}$$

通常，我们用 $\boldsymbol{i}$ 和 $\boldsymbol{j}$ 表示沿 Ox 轴和 Oy 轴正方向的单位矢量，则根据单位矢量的定义和矢量与标量相乘的法则，可以把沿坐标轴的分矢量 $\boldsymbol{v}_x$ 和 $\boldsymbol{v}_y$ 分别表示为

$$\boldsymbol{v}_x = v_x\boldsymbol{i}, \quad \boldsymbol{v}_y = v_y\boldsymbol{j} \tag{B-14}$$

即一矢量在坐标轴上的分矢量可用该矢量在相应坐标轴上的分量来表示. 分量的绝对值表示分矢量的大小，分量的正、负表示分矢量沿坐标轴的指向. 例如，若 v_x 为负值，则 $\boldsymbol{v}_x$ 与 $\boldsymbol{i}$ 的指向（亦即 x 轴正方向）相反，即指向 Ox 轴的负方向. 根据分矢量与矢量和的关系［式（B-12）］，可得矢量沿坐标轴 Ox、Oy 的**正交分解式**为

$$\boldsymbol{v} = v_x\boldsymbol{i} + v_y\boldsymbol{j} \tag{B-15}$$

同理，在图 B-12b 中，若矢量 $\boldsymbol{v}$ 在正交坐标轴 Ox、Oy、Oz 上的分量分别用 v_x、v_y、v_z 表示，则有

$$\begin{cases} v_x = v\cos\alpha \\ v_y = v\cos\beta \\ v_z = v\cos\gamma \end{cases} \tag{B-16}$$

式中，α、β、γ 分别为矢量 $\boldsymbol{v}$ 与 Ox、Oy、Oz 轴正方向所成的方向角；$\cos\alpha$、$\cos\beta$、$\cos\gamma$ 表示矢量 $\boldsymbol{v}$ 的**方向余弦**. 若 $\boldsymbol{i}$、$\boldsymbol{j}$、$\boldsymbol{k}$ 分别为沿 Ox、Oy、Oz 轴正方向的单位矢量，则利用式（B-16）所给出的沿各坐标轴的分量，类似地可将矢量 $\boldsymbol{v}$ 表示成如下的正交分解式：

$$\boldsymbol{v} = v_x\boldsymbol{i} + v_y\boldsymbol{j} + v_z\boldsymbol{k} \tag{B-17}$$

若说矢量 $\boldsymbol{v}$ 已知，就意味着 $\boldsymbol{v}$ 的大小和方向（用方向角或方向余弦表出）均已知道. 于是，由式（B-16）或式（B-13），就可求出这个矢量沿各个正交坐标轴的分量.

反之，如果已知矢量 $\boldsymbol{v}$ 的正交分量，例如，已知它在空间直角坐标轴上的各分量 v_x、v_y、v_z，则矢量 $\boldsymbol{v}$ 也就被唯一地确定了. 亦即，由图 B-12b 可得矢量 $\boldsymbol{v}$ 的大小为

$$v = |\boldsymbol{v}| = \sqrt{v_x^2 + v_y^2 + v_z^2} \tag{B-18}$$

矢量 $\boldsymbol{v}$ 的方向（用方向余弦表示）为

$$\cos\alpha = \frac{v_x}{v}, \quad \cos\beta = \frac{v_y}{v}, \quad \cos\gamma = \frac{v_z}{v} \tag{B-19}$$

对于图 B-11 所示的平面情况，一矢量与其在 Ox、Oy 轴上的各分量间的关系，可以仿照上述空间情况处理. 平面问题是空间问题的特例，亦即，当矢量 $\boldsymbol{v}$ 的两个分量 v_x、v_y 已知时，矢量 $\boldsymbol{v}$ 便可完全确定（图 B-11）. 其中，$\boldsymbol{v}$ 的大小为

$$v = \sqrt{v_x^2 + v_y^2} \tag{B-20}$$

$\boldsymbol{v}$ 的方向只需用 $\boldsymbol{v}$ 与 Ox 轴正方向的夹角 θ 就可表示出来了，即

$$\theta = \arctan\frac{v_y}{v_x} \tag{B-21}$$

综上所述，给定一个矢量同给定该矢量的全部正交分量，完全是一回事.

由于矢量兼具大小和方向，我们固然可从几何上用一定长度和一定方向的线段来表示一个矢量，但是在实际运算时毕竟不方便. 而今，既然一个矢量可以用指定的正交坐标系

中的一组分量来表示，那么，不仅可以把一个矢量从解析上表示成正交分解式，而且还可把矢量的运算归结为标量的运算. 例如，设矢量 $\boldsymbol{r}_1$ 和 $\boldsymbol{r}_2$ 在选定的空间直角坐标系 $Oxyz$ 中的分量分别为 x_1、y_1、z_1 和 x_2、y_2、z_2，则相应的正交分解式为

$$\boldsymbol{r}_1 = x_1\boldsymbol{i} + y_1\boldsymbol{j} + z_1\boldsymbol{k}, \qquad \boldsymbol{r}_2 = x_2\boldsymbol{i} + y_2\boldsymbol{j} + z_2\boldsymbol{k}$$

于是，$\boldsymbol{r}_1$ 与 $\boldsymbol{r}_2$ 的矢量和 $\boldsymbol{r}$ 的正交分解式为

$$\begin{aligned}\boldsymbol{r} &= \boldsymbol{r}_1 + \boldsymbol{r}_2 = (x_1\boldsymbol{i} + y_1\boldsymbol{j} + z_1\boldsymbol{k}) + (x_2\boldsymbol{i} + y_2\boldsymbol{j} + z_2\boldsymbol{k}) \\ &= (x_1 + x_2)\boldsymbol{i} + (y_1 + y_2)\boldsymbol{j} + (z_1 + z_2)\boldsymbol{k}\end{aligned} \tag{B-22}$$

式中，$x_1 + x_2$、$y_1 + y_2$ 和 $z_1 + z_2$ 是矢量和 $\boldsymbol{r}$ 的三个正交分量. 上述表明，**两矢量之和的分量等于它们对应分量的代数和.**

同理，若 $\boldsymbol{r}_1$ 与 $\boldsymbol{r}_2$ 的矢量差为 $\boldsymbol{r}'$，则正交分解式为

$$\begin{aligned}\boldsymbol{r}' &= \boldsymbol{r}_1 - \boldsymbol{r}_2 = (x_1\boldsymbol{i} + y_1\boldsymbol{j} + z_1\boldsymbol{k}) - (x_2\boldsymbol{i} + y_2\boldsymbol{j} + z_2\boldsymbol{k}) \\ &= (x_1 - x_2)\boldsymbol{i} + (y_1 - y_2)\boldsymbol{j} + (z_1 - z_2)\boldsymbol{k}\end{aligned} \tag{B-23}$$

式中，$x_1 - x_2$、$y_1 - y_2$ 和 $z_1 - z_2$ 是矢量差 $\boldsymbol{r}'$的三个正交分量.

又如，标量 m 与矢量 $\boldsymbol{r}_1$ 的乘积的正交分解式为

$$m\boldsymbol{r}_1 = m(x_1\boldsymbol{i} + y_1\boldsymbol{j} + z_1\boldsymbol{k}) = mx_1\boldsymbol{i} + my_1\boldsymbol{j} + mz_1\boldsymbol{k} \tag{B-24}$$

式中，mx_1、my_1 和 mz_1 是矢量 $m\boldsymbol{r}_1$ 的三个正交分量.

我们知道，两个标量 x_1 与 x_2 的差是指前一个标量 x_1 与后一个标量相减，即 $x_1 - x_2$；而它们的增量 Δx 则是指后一个标量 x_2 与前一个标量 x_1 相减，即 $\Delta x = x_2 - x_1$. 显然，$x_1 - x_2 = -\Delta x$，亦即，**两个标量之差是其增量的负值**. 与此相仿，由式（B-23），矢量 $\boldsymbol{r}_2$ 相对于 $\boldsymbol{r}_1$ 的增量为

$$\Delta\boldsymbol{r} = \boldsymbol{r}_2 - \boldsymbol{r}_1 = (x_2 - x_1)\boldsymbol{i} + (y_2 - y_1)\boldsymbol{j} + (z_2 - z_1)\boldsymbol{k} \tag{B-25}$$

式中，分量的增量 $x_2 - x_1$、$y_2 - y_1$ 和 $z_2 - z_1$ 是矢量增量 $\Delta\boldsymbol{r}$ 的三个正交分量.

必须注意，在物理学中，常用矢量式来表述物理定律或概念，但**在具体计算时，又常常运用矢量的正交分解法，写出矢量的正交分解式**. 由于其中各分量是标量，它易于用代数或微积分的方法进行计算. 这样，便可把矢量计算问题转化为对其分量的标量运算问题. 例如，力学中的质点动量定理是用矢量式

$$\boldsymbol{F}\Delta t = m\boldsymbol{v}_2 - m\boldsymbol{v}_1 \tag{B-26}$$

表述的. 式中，m、Δt 是正的标量. 当利用该公式计算力学问题时，通常是将其转化为沿事先选定的各坐标轴的分量式. 在空间中，当直角坐标系 $Oxyz$ 选定后，若矢量 $\boldsymbol{F}$ 的三个分量为 F_x、F_y、F_z，矢量$\boldsymbol{v}_2$ 的三个分量为 v_{2x}、v_{2y}、v_{2z}，矢量$\boldsymbol{v}_1$ 的三个分量为 v_{1x}、v_{2y}、v_{1z}，则由式（B-17），可得

$$\boldsymbol{F} = F_x\boldsymbol{i} + F_y\boldsymbol{j} + F_z\boldsymbol{k}$$
$$\boldsymbol{v}_2 = v_{2x}\boldsymbol{i} + v_{2y}\boldsymbol{j} + v_{2z}\boldsymbol{k}$$
$$\boldsymbol{v}_1 = v_{1x}\boldsymbol{i} + v_{1y}\boldsymbol{j} + v_{1z}\boldsymbol{k}$$

把它们代入式（B-26），有

$$(F_x\boldsymbol{i} + F_y\boldsymbol{j} + F_z\boldsymbol{k})\Delta t = m(v_{2x}\boldsymbol{i} + v_{2y}\boldsymbol{j} + v_{2z}\boldsymbol{k}) - m(v_{1x}\boldsymbol{i} + v_{1y}\boldsymbol{j} + v_{1z}\boldsymbol{k})$$

展开后移项，再合并同类项，可得

$$\begin{aligned}&[F_x\Delta t - (mv_{2x} - mv_{1x})]\boldsymbol{i} + [F_y\Delta t - (mv_{2y} - mv_{1y})]\boldsymbol{j} + \\ &[F_z\Delta t - (mv_{2z} - mv_{1z})]\boldsymbol{k} = \boldsymbol{0}\end{aligned}$$

因 $|\boldsymbol{i}|=|\boldsymbol{j}|=|\boldsymbol{k}|=1\neq0$，故要求上式成立，必有

$$\begin{cases}F_x\Delta t-(mv_{2x}-mv_{1x})=0\\F_y\Delta t-(mv_{2y}-mv_{1y})=0\\F_z\Delta t-(mv_{2z}-mv_{1z})=0\end{cases}$$

从而，在选定的直角坐标系 $Oxyz$ 中，得到与矢量式（B-26）等价的一组分量式：

$$\begin{cases}F_x\Delta t=mv_{2x}-mv_{1x}\\F_y\Delta t=mv_{2y}-mv_{1y}\\F_z\Delta t=mv_{2z}-mv_{1z}\end{cases}\tag{B-27}$$

应注意，以后在课文中遇到矢量式时，或者在解题运算中须将矢量方程转化成分量方程时，往往都直接列出其相应的分量式，而不再做详尽分解. 读者可利用沿坐标轴的单位矢量 $\boldsymbol{i}$、$\boldsymbol{j}$、$\boldsymbol{k}$，按照上述的正交分解方法自行推演.

B2.3　矢量合成的解析法

对于多个矢量，虽然可用平行四边形法则逐步求其矢量和，但我们却往往用它们的正交分量来计算矢量和. 这就是所谓的**正交分解合成法或矢量合成的解析法**，它使计算结果更为准确. 如图 B-13 所示，矢量 $\boldsymbol{v}_1$ 与 $\boldsymbol{v}_2$ 的矢量和为 $\boldsymbol{v}$，在平面直角坐标系 Oxy 中，由式（B-22）及其结论可知，矢量和 $\boldsymbol{v}$ 在任一坐标轴 Ox 或 Oy 上的分量等于矢量 $\boldsymbol{v}_1$ 与 $\boldsymbol{v}_2$ 在同一坐标轴上各分量的代数和，即

$$\begin{cases}v_x=v_{1x}+v_{2x}\\v_y=v_{1y}+v_{2y}\end{cases}\tag{B-28}$$

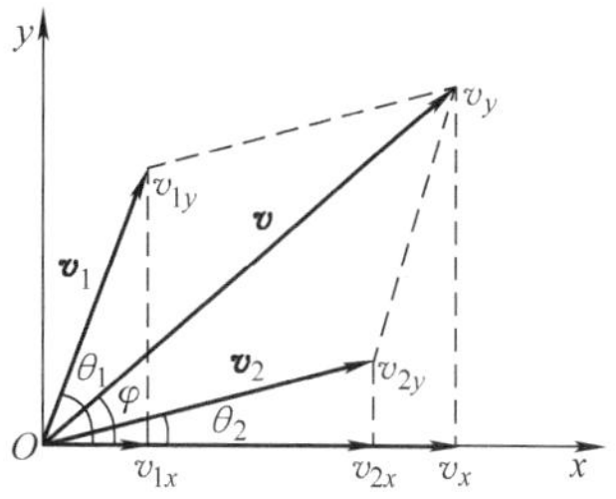

图 B-13　矢量正交分解合成法

这样，矢量和 $\boldsymbol{v}$（即其大小和方向）便可由它的两个分量 v_x、v_y 按式（B-20）和式（B-21）完全确定. 因此，只要求出 v_x 和 v_y，这就意味着矢量和 $\boldsymbol{v}$ 可以求出来了.

由两个矢量得到的上述结论，不难推广到有任意多个矢量的情形. 并且，也可把上述平面问题推广到空间问题中去. 事实上，对于 n 个矢量 $\boldsymbol{v}_1,\boldsymbol{v}_2,\cdots,\boldsymbol{v}_n$ 的矢量和 $\boldsymbol{v}$，它在空间直角坐标系 $Oxyz$ 中的分量 v_x、v_y、v_z 可表示为

$$\begin{cases}v_x=v_{1x}+v_{2x}+\cdots+v_{ix}+\cdots+v_{nx}=\sum\limits_i v_{ix}\\v_y=v_{1y}+v_{2y}+\cdots+v_{iy}+\cdots+v_{ny}=\sum\limits_i v_{iy}\\v_z=v_{1z}+v_{2z}+\cdots+v_{iz}+\cdots+v_{nz}=\sum\limits_i v_{iz}\end{cases}\tag{B-29}$$

式中，v_{ix}、v_{iy}、v_{iz} 分别表示 n 个矢量中第 i 个矢量 $\boldsymbol{v}_i$ 在 Ox、Oy、Oz 轴上的分量. 在求出矢量和 $\boldsymbol{v}$ 的三个正交分量 v_x、v_y、v_z 后，便可由式（B-18）和式（B-19）算出矢量和 $\boldsymbol{v}$ 的大小和方向.

B3　矢量的标积和矢积

物理学中，还常遇到矢量与矢量相乘的问题．矢量乘法与通常的代数乘法根本不同．本书中用到的矢量乘法有两种运算法则，分别简述如下：

B3.1　矢量的标积

矢量 $\boldsymbol{F}$ 与矢量 $\boldsymbol{s}$ 的标积 $\boldsymbol{F}\cdot\boldsymbol{s}$ 是一个标量，其数值等于两矢量的大小 F、s 与二者之间小于 180°的夹角 θ（见图 B-14）的余弦之积，记作

$$\boldsymbol{F}\cdot\boldsymbol{s}=Fs\cos\theta \tag{B-30}$$

标积的正负，取决于矢量 $\boldsymbol{F}$ 和 $\boldsymbol{s}$ 之间的夹角为锐角或钝角．

设有矢量 $\boldsymbol{F}$、$\boldsymbol{s}$、$\boldsymbol{a}$、$\boldsymbol{b}$、$\boldsymbol{c}$，读者试证明标积的如下性质和运算规则：

（1）若 $\boldsymbol{F}$ 与 $\boldsymbol{s}$ 平行，则 $\boldsymbol{F}\cdot\boldsymbol{s}=\pm Fs$

（2）若 $\boldsymbol{F}$ 与 $\boldsymbol{s}$ 垂直，则 $\boldsymbol{F}\cdot\boldsymbol{s}=0$

（3）$\boldsymbol{a}\cdot\boldsymbol{a}=a^2$

（4）$\boldsymbol{a}\cdot\boldsymbol{b}=\boldsymbol{b}\cdot\boldsymbol{a}$（交换律）

（5）$\boldsymbol{a}\cdot(\boldsymbol{b}+\boldsymbol{c})=\boldsymbol{a}\cdot\boldsymbol{b}+\boldsymbol{a}\cdot\boldsymbol{c}$　（分配律）

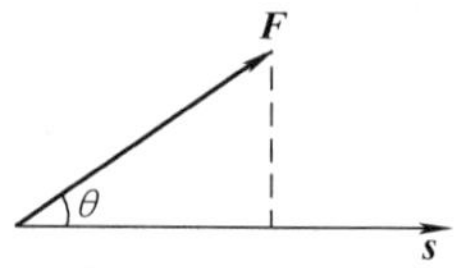

图　B-14

（6）直角坐标系 $Oxyz$ 各轴上的单位矢量 $\boldsymbol{i}$、$\boldsymbol{j}$、$\boldsymbol{k}$ 之间的标积为

$$\boldsymbol{i}\cdot\boldsymbol{i}=\boldsymbol{j}\cdot\boldsymbol{j}=\boldsymbol{k}\cdot\boldsymbol{k}=1,\quad \boldsymbol{i}\cdot\boldsymbol{j}=\boldsymbol{j}\cdot\boldsymbol{k}=\boldsymbol{k}\cdot\boldsymbol{i}=0$$

我们往往利用标积求一矢量在某方向上的分量．例如，设矢量 $\boldsymbol{A}$ 与 Ox 轴成 α 角，Ox 轴方向可用单位矢量 $\boldsymbol{i}$ 标志，则矢量 $\boldsymbol{A}$ 在 Ox 轴上的分量为

$$\boldsymbol{A}\cdot\boldsymbol{i}=|\boldsymbol{A}|\ |\boldsymbol{i}|\cos\alpha=A\cos\alpha$$

式中，$|\boldsymbol{A}|=A$，$|\boldsymbol{i}|=1$．因此，还可将矢量 $\boldsymbol{a}$ 在另一矢量 $\boldsymbol{b}$ 上的分量写作 $\dfrac{\boldsymbol{a}\cdot\boldsymbol{b}}{b}$，其实它就是 $\boldsymbol{a}\cdot\dfrac{\boldsymbol{b}}{b}=\boldsymbol{a}\cdot\boldsymbol{b}^0$，式中，$\boldsymbol{b}^0=\dfrac{\boldsymbol{b}}{b}$ 为矢量 $\boldsymbol{b}$ 的单位矢量．

B3.2　矢量的矢积

矢量 $\boldsymbol{r}$ 与矢量 $\boldsymbol{F}$ 的矢积 $\boldsymbol{r}\times\boldsymbol{F}$ 仍是矢量，它被定义为另一矢量 $\boldsymbol{M}$，即

$$\boldsymbol{M}=\boldsymbol{r}\times\boldsymbol{F} \tag{B-31}$$

矢量 $\boldsymbol{M}$ 的大小为

$$M=|\boldsymbol{M}|=rF\sin\theta \tag{B-32}$$

式中，r、F 分别为矢量 $\boldsymbol{r}$、$\boldsymbol{F}$ 的大小；θ 为 $\boldsymbol{r}$ 和 $\boldsymbol{F}$ 间小于 180°的夹角．**矢量 $\boldsymbol{M}$ 的方向垂直于 $\boldsymbol{r}$ 与 $\boldsymbol{F}$ 所组成的平面，其指向由“右手螺旋法则”确定：即当右手除拇指外的四指从 $\boldsymbol{r}$ 方向经小于 180°的角度转向 $\boldsymbol{F}$ 方向时，伸直拇指的指向就是 $\boldsymbol{M}$ 的方向**（见图 B-15）．

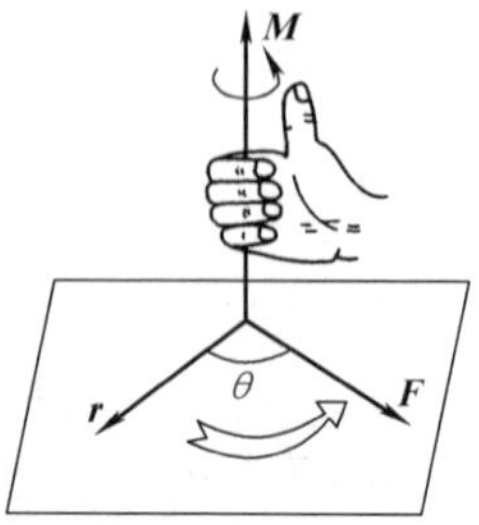

图　B-15

设有矢量 $\boldsymbol{F}$、$\boldsymbol{r}$、$\boldsymbol{a}$、$\boldsymbol{b}$、$\boldsymbol{c}$，读者试证明矢积的如下性质和运

算规则:

(1) 若 $\boldsymbol{r}$ 与 $\boldsymbol{F}$ 平行或其中有一矢量为零，则 $\boldsymbol{r}\times\boldsymbol{F}=\boldsymbol{0}$

(2) 若 $\boldsymbol{r}$ 与 $\boldsymbol{F}$ 垂直，则 $|\boldsymbol{r}\times\boldsymbol{F}|=rF$

(3) $\boldsymbol{a}\times\boldsymbol{a}=\boldsymbol{0}$

(4) $\boldsymbol{a}\times\boldsymbol{b}=-(\boldsymbol{b}\times\boldsymbol{a})$ (矢积不适合交换律)

(5) $\boldsymbol{a}\times(\boldsymbol{b}+\boldsymbol{c})=\boldsymbol{a}\times\boldsymbol{b}+\boldsymbol{a}\times\boldsymbol{c}$ (矢积适合分配律)

(6) 直角坐标系 $Oxyz$ 各轴上的单位矢量 $\boldsymbol{i}$、$\boldsymbol{j}$、$\boldsymbol{k}$ 之间的矢积为

$$\boldsymbol{i}\times\boldsymbol{i}=\boldsymbol{j}\times\boldsymbol{j}=\boldsymbol{k}\times\boldsymbol{k}=\boldsymbol{0}$$

$$\boldsymbol{i}\times\boldsymbol{j}=\boldsymbol{k},\ \boldsymbol{j}\times\boldsymbol{k}=\boldsymbol{i},\ \boldsymbol{k}\times\boldsymbol{i}=\boldsymbol{j}$$

$$\boldsymbol{j}\times\boldsymbol{i}=-\boldsymbol{k},\ \boldsymbol{k}\times\boldsymbol{j}=-\boldsymbol{i},\ \boldsymbol{i}\times\boldsymbol{k}=-\boldsymbol{j}$$

B4　矢量微积分

B4.1　矢量函数

矢量具有大小和方向两个要素. 若一个矢量的大小和方向都不发生变化，则叫作**恒矢量**；若一个矢量的大小虽不变但方向却在变化，或方向虽不变，但大小却在变化，或大小和方向二者同时都在变化，则叫作**变矢量**. 物理学中经常遇到变矢量. 变矢量往往是某一个标量的函数，我们把该函数称为**矢量函数**. 如果矢量 $\boldsymbol{v}$ 是一个标量 t 的函数，则可记作

$$\boldsymbol{v}=\boldsymbol{v}(t)$$

请注意，上式左边的 $\boldsymbol{v}$ 是矢量函数的符号，它表示矢量 $\boldsymbol{v}$ 的大小和方向都按一定的规律随 t 而变. 不要误解为 $\boldsymbol{v}$ 与 t 相乘.

B4.2　矢量的增量

大家知道，当一个标量发生变化时，其变化情形可用该标量的**增量**（即改变量）来描述. 例如，在一事物变化的某一过程中，标量 t 从开始的 t_1 变化到末了的 t_2，**则标量 t 的增量 Δt 即为末了的标量 t_2 与开始的标量 t_1 之差，**即

$$\Delta t=t_2-t_1$$

如果 $\Delta t>0$，即 $t_2>t_1$，则表示 t 增大；如果 $\Delta t<0$，即 $t_2<t_1$，则表示 t 减小；如果 $\Delta t=0$，即 $t_1=t_2$，则表示 t 没有改变.

对于变矢量来说，仿照标量变化的增量概念，也可引入**矢量的增量**概念. 设有变矢量 $\boldsymbol{v}=\boldsymbol{v}(t)$，当自变量 t 从 t_1 变化到 t_2 时，矢量 $\boldsymbol{v}$ 相应地从 $\boldsymbol{v}_1=\boldsymbol{v}(t_1)$ 变化到 $\boldsymbol{v}_2=\boldsymbol{v}(t_2)$，如图 B-16a 所示，**则矢量 $\boldsymbol{v}$ 的增量等于末了的矢量 $\boldsymbol{v}_2$ 与开始的矢量 $\boldsymbol{v}_1$ 之差，**即

$$\Delta\boldsymbol{v}=\boldsymbol{v}_2-\boldsymbol{v}_1 \tag{B-33}$$

按照求矢量差的三角形法则，将矢量 $\boldsymbol{v}_1$ 和 $\boldsymbol{v}_2$ 平移到同一起点 O，根据式（B-33）画出两者之差，即得矢量 $\boldsymbol{v}$ 的增量 $\Delta\boldsymbol{v}$，如图 B-16b 所示. $\Delta\boldsymbol{v}$ 仍为矢量，它描述了矢量 $\boldsymbol{v}$ 的大小和方向上的改变.

如果以起点 O 为原点，作空间直角坐标系 $Oxyz$，并设沿 Ox、Oy、Oz 轴的单位矢量分别为 $\boldsymbol{i}$、$\boldsymbol{j}$、$\boldsymbol{k}$，则有

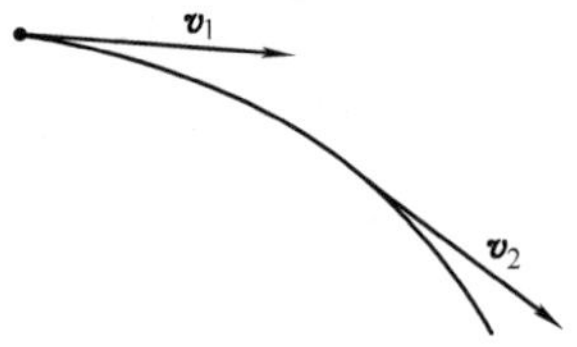

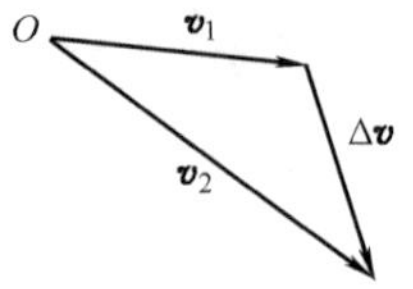

图 B-16　变矢量及其增量

$$\boldsymbol{v}_1 = v_{1x}\boldsymbol{i} + v_{1y}\boldsymbol{j} + v_{1z}\boldsymbol{k}$$
$$\boldsymbol{v}_2 = v_{2x}\boldsymbol{i} + v_{2y}\boldsymbol{j} + v_{2z}\boldsymbol{k}$$

从而可将式（B-33）表示成

$$\Delta\boldsymbol{v} = (v_{2x} - v_{1x})\boldsymbol{i} + (v_{2y} - v_{1y})\boldsymbol{j} + (v_{2z} - v_{1z})\boldsymbol{k}$$

记 $\Delta v_x = v_{2x} - v_{1x}$，$\Delta v_y = v_{2y} - v_{1y}$，$\Delta v_z = v_{2z} - v_{1z}$，它们分别表示矢量$\boldsymbol{v}$在各坐标轴上分量的增量，亦即增量 $\Delta\boldsymbol{v}$ 在各轴上的分量. 因而，矢量$\boldsymbol{v}$的增量 $\Delta\boldsymbol{v}$ 沿坐标轴的正交分解式为

$$\Delta\boldsymbol{v} = \Delta v_x\boldsymbol{i} + \Delta v_y\boldsymbol{j} + \Delta v_z\boldsymbol{k} \tag{B-34}$$

B4.3　矢量函数的微分

设变矢量$\boldsymbol{v}$是一个标量 t 的矢量函数，即

$$\boldsymbol{v} = \boldsymbol{v}(t)$$

在自变量 t 改变 Δt 时，矢量 $\boldsymbol{v}$ 变为$\boldsymbol{v}(t+\Delta t)$，于是，矢量$\boldsymbol{v}$的增量为

$$\Delta\boldsymbol{v} = \boldsymbol{v}(t+\Delta t) - \boldsymbol{v}(t) \tag{B-35}$$

仿照微分学中标量导数的定义，我们引入下述矢量导数的概念. **矢量$\boldsymbol{v}$对自变量 t（标量）的导数称为矢量导数**，它定义为

$$\frac{\mathrm{d}\boldsymbol{v}}{\mathrm{d}t} = \lim_{\Delta t\to 0}\frac{\Delta\boldsymbol{v}}{\Delta t} = \lim_{\Delta t\to 0}\frac{\boldsymbol{v}(t+\Delta t) - \boldsymbol{v}(t)}{\Delta t} \tag{B-36}$$

将增量 $\Delta\boldsymbol{v}$ 的分解式（B-34）代入上式，得

$$\frac{\mathrm{d}\boldsymbol{v}}{\mathrm{d}t} = \lim_{\Delta t\to 0}\frac{\Delta v_x(t)\boldsymbol{i} + \Delta v_y(t)\boldsymbol{j} + \Delta v_z(t)\boldsymbol{k}}{\Delta t}$$ ㊀

根据极限运算法则，并由于在给定坐标系中，$\boldsymbol{i}$、$\boldsymbol{j}$、$\boldsymbol{k}$ 均为恒矢量，于是，上式成为

$$\frac{\mathrm{d}\boldsymbol{v}}{\mathrm{d}t} = \boldsymbol{i}\lim_{\Delta t\to 0}\frac{\Delta v_x(t)}{\Delta t} + \boldsymbol{j}\lim_{\Delta t\to 0}\frac{\Delta v_y(t)}{\Delta t} + \boldsymbol{k}\lim_{\Delta t\to 0}\frac{\Delta v_z(t)}{\Delta t}$$

于是可得矢量导数 $\mathrm{d}\boldsymbol{v}/\mathrm{d}t$ 沿坐标轴的正交分解式为

$$\frac{\mathrm{d}\boldsymbol{v}}{\mathrm{d}t} = \frac{\mathrm{d}v_x}{\mathrm{d}t}\boldsymbol{i} + \frac{\mathrm{d}v_y}{\mathrm{d}t}\boldsymbol{j} + \frac{\mathrm{d}v_z}{\mathrm{d}t}\boldsymbol{k} \tag{B-37}$$

矢量导数 $\mathrm{d}\boldsymbol{v}/\mathrm{d}t$ 是一个矢量，它的三个分量是$\frac{\mathrm{d}v_x}{\mathrm{d}t}$、$\frac{\mathrm{d}v_y}{\mathrm{d}t}$、$\frac{\mathrm{d}v_z}{\mathrm{d}t}$. 因此，**求一矢量$\boldsymbol{v}(t)$ 对自**

㊀ 由于矢量$\boldsymbol{v}$随自变量 t 变化，则它在各坐标轴上的分量$\boldsymbol{v}_x$、$\boldsymbol{v}_y$、$\boldsymbol{v}_z$ 也随 t 而变化，各分量的增量因而也随 t 而变化，即均为 t 的函数，所以记作 $\Delta\boldsymbol{v}_x(t)$、$\Delta\boldsymbol{v}_y(t)$、$\Delta\boldsymbol{v}_z(t)$. 其次，我们假定各分量$\boldsymbol{v}_x(t)$、$\boldsymbol{v}_y(t)$、$\boldsymbol{v}_z(t)$都是连续可微的.

变量 t 的导数，就归结为求它的三个分量 $v_x(t)$、$v_y(t)$、$v_z(t)$ 对自变量 t 的标量导数$\frac{dv_x}{dt}$、$\frac{dv_y}{dt}$、$\frac{dv_z}{dt}$. 在计算矢量导数时，常利用式（B-37）.

对式（B-37）依次继续求导，可得到高阶的矢量导数. 例如，二阶的矢量导数为

$$\frac{d^2\boldsymbol{v}}{dt^2}=\frac{d}{dt}\left(\frac{d\boldsymbol{v}}{dt}\right)=\frac{d^2v_x}{dt^2}\boldsymbol{i}+\frac{d^2v_y}{dt^2}\boldsymbol{j}+\frac{d^2v_z}{dt^2}\boldsymbol{k} \tag{B-38}$$

设矢量$\boldsymbol{v}$、$\boldsymbol{v}_1$、$\boldsymbol{v}_2$ 都是标量 t 的函数，标量 m 为恒量，读者试证明矢量导数的如下性质和运算规则：

（1）$\frac{d}{dt}(\boldsymbol{v}_1\pm\boldsymbol{v}_2)=\frac{d\boldsymbol{v}_1}{dt}\pm\frac{d\boldsymbol{v}_2}{dt}$

（2）$\frac{d}{dt}(m\boldsymbol{v})=m\frac{d\boldsymbol{v}}{dt}$

（3）$\frac{d}{dt}(\boldsymbol{v}_1\cdot\boldsymbol{v}_2)=\boldsymbol{v}_1\cdot\frac{d\boldsymbol{v}_2}{dt}+\boldsymbol{v}_2\cdot\frac{d\boldsymbol{v}_1}{dt}$

（4）$\frac{d}{dt}(\boldsymbol{v}_1\times\boldsymbol{v}_2)=\frac{d\boldsymbol{v}_1}{dt}\times\boldsymbol{v}_2+\boldsymbol{v}_1\times\frac{d\boldsymbol{v}_2}{dt}$

（5）若$\boldsymbol{v}$ 为恒矢量（即其大小、方向均不随 t 而变），则$\frac{d\boldsymbol{v}}{dt}=\boldsymbol{0}$

B4.4　矢量函数的积分

在物理学中，经常遇到矢量函数的定积分问题. 与标量函数定积分的定义相仿，**矢量函数的定积分是求矢量和的极限**. 矢量函数的定积分仍是一个矢量. 在求一个矢量函数的定积分时，仍可归结为求该矢量的三个分量的标量积分. 例如，若一质点受变力 $\boldsymbol{F}(t)$ 作用时，在选定的直角坐标系 $Oxyz$ 中，$\boldsymbol{F}(t)$ 可表示成

$$\boldsymbol{F}(t)=F_x(t)\boldsymbol{i}+F_y(t)\boldsymbol{j}+F_z(t)\boldsymbol{k}$$

将 $\boldsymbol{F}(t)$ 对时间 t 求定积分，便可求得质点所受的冲量 $\boldsymbol{I}$ 为

$$\boldsymbol{I}=\int_0^t\boldsymbol{F}(t)\,dt=\int_0^t[F_x(t)\boldsymbol{i}+F_y(t)\boldsymbol{j}+F_z(t)\boldsymbol{k}]\,dt$$

因 $\boldsymbol{i}$、$\boldsymbol{j}$、$\boldsymbol{k}$ 在给定的坐标系中是恒矢量，可以提到积分号之外，故得

$$\boldsymbol{I}=\int_0^t\boldsymbol{F}(t)\,dt=\left[\int_0^t F_x(t)\,dt\right]\boldsymbol{i}+\left[\int_0^t F_y(t)\,dt\right]\boldsymbol{j}+\left[\int_0^t F_z(t)\,dt\right]\boldsymbol{k} \tag{B-39}$$

式（B-39）等号右端的三个标量积分分别是矢量函数 $\boldsymbol{F}(t)$ 的积分（冲量 $\boldsymbol{I}$）的三个分量，即 I_x、I_y、I_z.

附录 C　十大经典物理实验

美国两位学者在全美物理学家中做了一份调查，请他们提名有史以来最出色的十大物理实验，结果刊登在了美国《物理世界》杂志上.

令人惊奇的是十大经典实验几乎都是由一个人独立完成的，或者最多有一两个助手协

助. 实验中没有用到什么大型计算工具如计算机一类，最多不过是把直尺或者是计算器.

所有这些实验的另外共通之处是它们都仅仅“抓”住了物理学家眼中“最美丽”的科学之魂：最简单的仪器和设备，发现了最根本、最单纯的科学概念，就像是一座座历史丰碑一样，扫开人们长久的困惑和含糊，开辟了对自然界的崭新认识.

按时间先后顺序：

埃拉托色尼测量地球圆周

伽利略的自由落体实验

伽利略的加速度实验

牛顿的棱镜分解太阳光

卡文迪什的扭矩实验

托马斯 · 杨的光干涉实验

傅科钟摆实验

罗伯特 · 密立根的油滴实验

卢瑟福发现核子

托马斯 · 杨的双缝演示应用于电子干涉实验

1. 埃拉托色尼测量地球圆周

在公元前 3 世纪，埃及的一个名叫阿斯瓦的小镇上，夏至正午的阳光悬在头顶. 物体没有影子，太阳直接照入井中. 埃拉托色尼意识到这可以帮助他测量地球的圆周. 在几年后的同一天的同一时间，他记录了同一条经线上的城市亚历山大（阿斯瓦的正北方）的水井的物体的影子. 发现太阳光线有稍稍偏离，与垂直方向大约成 7° 角. 剩下的就是几何问题了. 假设地球是球状，那么它的圆周应是 360°. 如果两座城市成 7° 角，就是 7/360 的圆周，就是当时 5000 个希腊运动场的距离. 因此地球圆周应该是 25 万个希腊运动场. 今天我们知道埃拉托色尼的测量误差仅仅在 5% 以内. 实验如图 C-1 所示.（排名第七）

2. 伽利略的自由落体实验

在 16 世纪末人人都认为质量大的物体比质量小的物体下落得快，因为伟大的亚里士多德是这么说的. 伽利略，当时在比萨大学数学系任职，大胆地向公众的观点挑战，他从斜塔上同时放下一轻一重的物体，让大家看到两个物体同时落地. 他向世人展示尊重科学而不畏权威的可贵精神. 实验如图 C-2 所示.（排名第二）

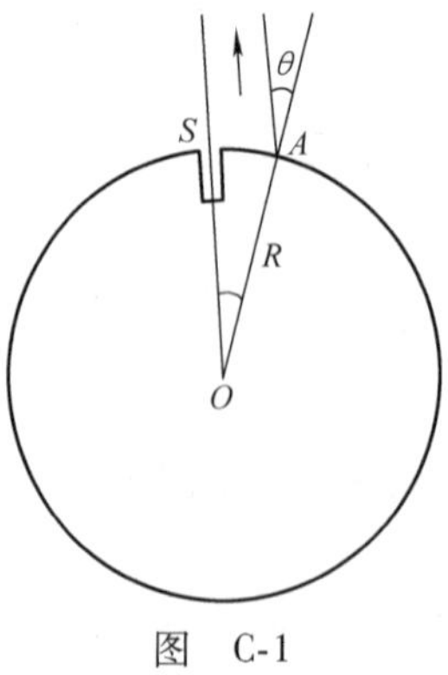

图　C-1

图　C-2

3. 伽利略的加速度实验

伽利略继续他的物体移动研究. 他做了一个 6m 多长、3m 多宽的光滑直木板槽. 再把这个木板槽倾斜固定，让铜球从木槽顶端沿斜面滑下. 然后测量铜球每次下滑的时间和距离，研究它们之间的关系. 亚里士多德曾预言滚动球的速度是均匀不变的：铜球滚动两倍的时间就走出两倍的路程. 伽利略却证明铜球滚动的路程和时间的平方成比例：两倍的时间里，铜球滚动 4 倍的距离，因为存在重力加速度. 实验如图 C-3 所示.（排名第八）

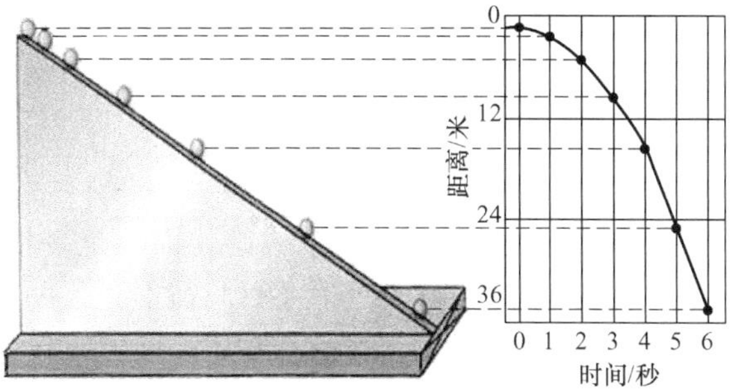

时间	距离
0	0
1	1
2	4
3	9
4	16
5	25
6	36

图　C-3

4. 牛顿的棱镜分解太阳光

艾萨克·牛顿出生那年，伽利略与世长辞. 牛顿 1665 年毕业于剑桥大学的三一学院. 当时大家都认为白光是一种纯的没有其他颜色的光，而有色光是一种不知何故发生变化的光（亚利士多德的理论）.

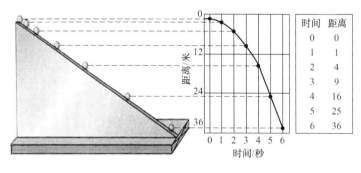

图　C-4

为了验证这个假设，牛顿把一面三棱镜放在阳光下，透过三棱镜，光在墙上被分解为不同颜色，后来我们称作为光谱. 牛顿的结论是：正是这些红、橙、黄、绿、青、蓝、紫基础色有不同的色谱才形成了表面上颜色单一的白色光，如果你深入地看看，会发现白光是非常美丽的. 实验如图 C-4 所示.（排名第四）

5. 卡文迪什的扭秤实验

牛顿的另一大贡献是他的万有引力理论：两个物体之间的吸引力与它们质量的乘积成正比，与它们距离的平方成反比．但是万有引力到底多大?

18 世纪末，英国科学家亨利·卡文迪什决定要找到一个计算方法．他把两头带有金属球的 6ft（英尺，1ft = 0.3048m）木棒用金属线悬吊起来．再用两个 350lb（磅，1lb = 0.454kg）重的皮球放在足够近的地方，以吸引金属球转动，从而使金属线扭动，然后用自制的仪器测量出微小的转动.

测量结果惊人的准确，他测出了引力恒量．在卡文迪什的研究基础上可以计算地球的密度和质量．地球重 6.0×10^{24}kg，或者说 13 万亿万亿磅．实验如图 C-5 所示．（排名第六）

6. 托马斯·杨的光干涉实验

牛顿也不是永远都对．牛顿曾认为光是由微粒组成的，而不是一种波．1830 年英国医生也是物理学家的托马斯·杨向这个观点挑战．他在百叶窗上开了一个小洞，然后用厚纸片盖住，再在纸片上戳一个很小的洞．让光线透过，并用一面镜子反射透过的光线．然后他用一个厚约 1/30in（英寸）（1in = 0.0254m）的纸片把这束光从中间分成两束．结果看到了相交的光线和阴影．这说明两束光线可以像波一样相互干涉．这个实验为一个世纪后量子学说的创立起到了至关重要的作用．实验如图 C-6 所示.（排名第五）

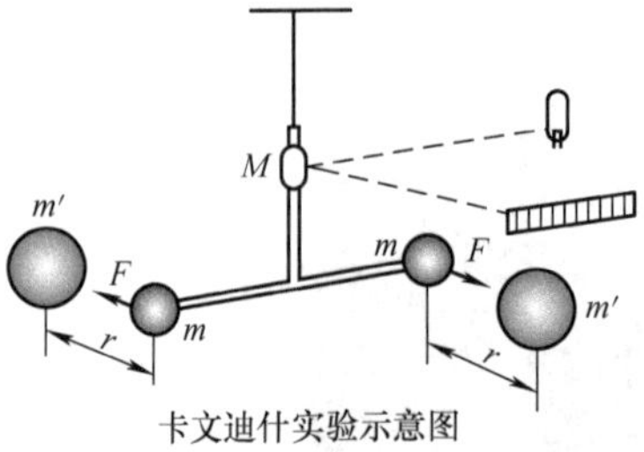

图　C-5

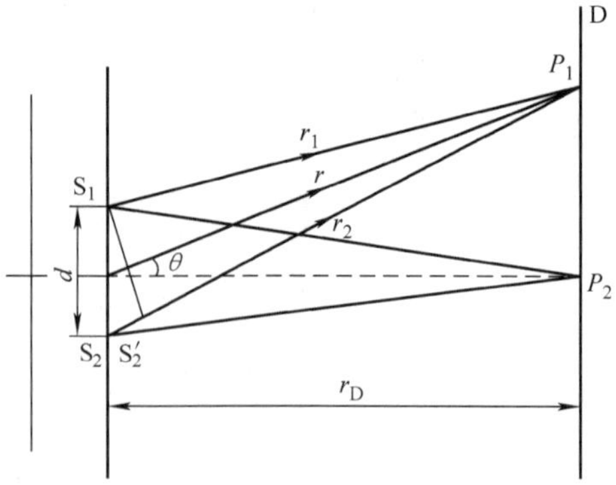

图　C-6

7. 傅科钟摆实验

1851 年法国科学家傅科当众做了一个实验，用一根长 220ft 的钢丝吊着一个重 62 磅重的头上带有铁笔的铁球悬挂在屋顶下，观测记录它的摆动轨迹．周围观众发现钟摆每次摆动都会稍稍偏离原轨迹并发生旋转时，无不惊讶．实际上这是因为房屋在缓缓移动．傅科的演示说明地球是在围绕地轴旋转．在巴黎的纬度上，钟摆的轨迹沿顺时针方向是一周 30h．在南半球，钟摆应是逆时针转动，而在赤道上将不会转动．在南极，转动周期是 24h．实验如图 C-7 所示.（排名第十）

8. 罗伯特·密立根的油滴实验

很早以前，科学家就在研究电．人们知道这种无形的物质可以从天上的闪电中得到，也可以通过摩擦头发得到．1897 年，英国物理学家托马斯已经得知如何获取负电荷电流.

图 C-7

1909 年美国科学家罗伯特 · 米利肯开始测量电流的电荷.

他用一个香水瓶的喷头向一个透明的小盒子里喷油滴. 小盒子的顶部和底部分别放有一个通正电的电板, 另一个放有通负电的电板. 当小油滴通过空气时, 就带有了一些静电, 它们下落的速度可以通过改变电板的电压来控制. 经过反复实验, 密立根得出结论: 电荷的值是某个固定的常量, 最小单位就是单个电子的带电量. 实验如图 C-8 所示. (排名第三)

9. 卢瑟福发现核子

1911 年卢瑟福还在曼彻斯特大学做放射能实验时, 原子在人们的印象中就好像是"葡萄干布丁", 大量正电荷聚集的糊状物质, 中间包含着电子微粒. 但是他和他的助手发现向金箔发射带正电的 α 微粒时有少量被弹回, 这使他们非常吃惊. 卢瑟福计算出原子并不是一团糊状物质, 大部分物质集中在一个中心小核上, 现在叫作核子, 电子在它周围环绕. 实验如图 C-9 所示. (排名第九)

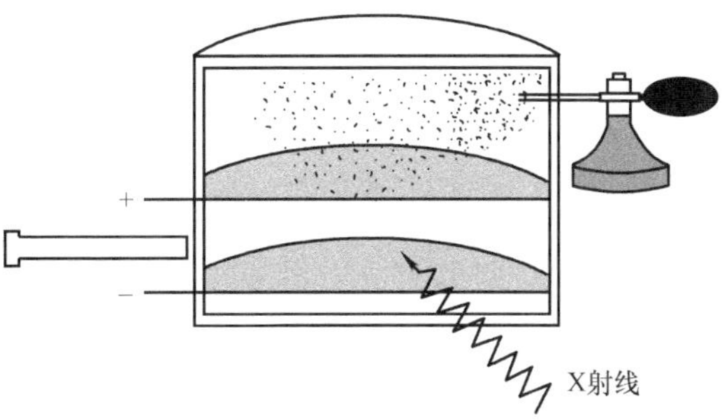

图 C-8

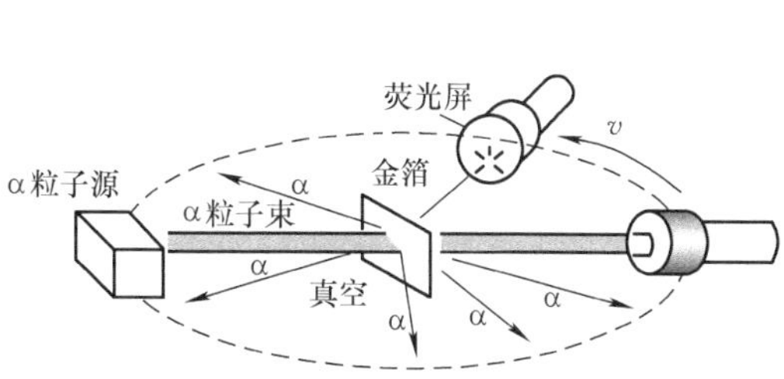

图 C-9

10. 托马斯 · 杨的双缝演示应用于电子干涉实验

牛顿和托马斯 · 杨对光的性质研究得出的结论都不完全正确. 光既不是简单地由微粒构成的, 也不是一种单纯的波. 20 世纪初, 麦克斯 · 普克朗和艾伯特 · 爱因斯坦分别指出一种叫作光子的东西发出光和吸收光. 但是其他实验还是证明光是一种波状物. 经过几十年发展的量子学说最终总结了两个矛盾的真理：光子和亚原子微粒（如电子、光子等）是同时具有两种性质的微粒，物理上称它们为波粒二象性.

将托马斯 · 杨的双缝演示改造一下可以很好地说明这一点．科学家们用电子流代替光束来做这个实验．根据量子力学，电粒子流被分为两股，被分得更小的粒子流产生波的效应，它们相互影响，以至于产生像托马斯 · 杨的双缝演示中出现的加强光和阴影．这说明微粒也有波的效应．究竟是谁最早做了这个实验已经无法考证．实验如图 C-10 所示.（排名第一）

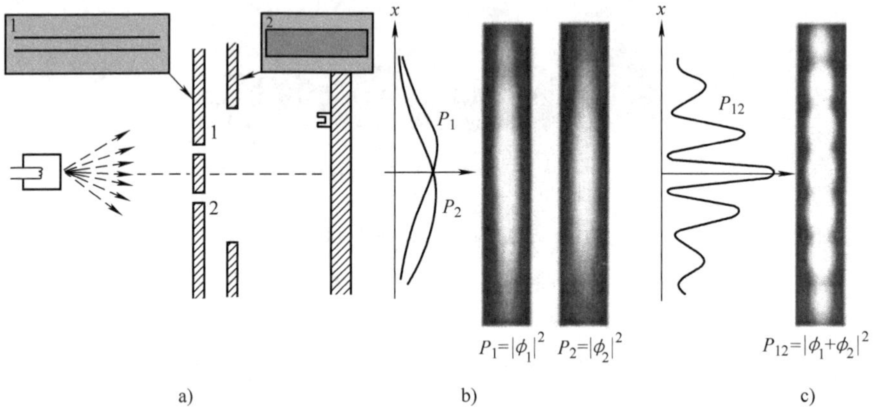

图　C-10

部分习题参考答案

第1章（习题1）

1-1 D　1-2 D　1-3 B　1-4 B　1-5 $23\text{m}\cdot\text{s}^{-1}$

1-6 $v_M = h_1 v/(h_1 + h_2)$　1-7 $16Rt^2$, $4\text{rad}\cdot\text{s}^{-2}$

1-8 $-g12, 2\sqrt{3}v^2/(3g)$　1-9 $1/\cos^2\theta$

1-10 $v = 2(x + x^3)^{1/2}$

1-11 -0.5m/s, $9t - 6t^2$, 2.25m

1-12 48.7m

1-13 $F_{\text{T}}(r) = m\omega^2(L^2 - r^2)/(2L)$

1-14 略

1-15 略

第2章（习题2）

2-1 A　2-2 C　2-3 D　2-4 C　2-5 C

2-6 $v \approx 15.2\text{m}\cdot\text{s}^{-1}$, $n = 500\text{r}\cdot\text{min}^{-1}$　2-7 98N　2-8 $6.54\text{rad}\cdot\text{s}^{-2}$, 4.8s

2-9 刚体的质量和质量分布以及转轴的位置（或刚体的形状、大小、密度分布和转轴位置；或刚体的质量分布及转轴的位置.）

2-10 g/l, $g/(2l)$　2-11 $\frac{1}{2}mgl$, $2g/(3l)$　2-12 $157\text{N}\cdot\text{m}$

2-13 $\frac{1}{3}\omega_0$　2-14 $v = at = mgt/\left(m + \frac{1}{2}m_{轮}\right)$　2-15 （1）$-0.50\text{rad}\cdot\text{s}^{-2}$；（2）$-0.25\text{N}\cdot\text{m}$；（3）75rad　2-16 $F_{\text{T}} = \dfrac{mm'g}{m' + 2m} = 24.5\text{N}$　2-17 （1）$\omega = \dfrac{m'v}{\left(\frac{1}{3}m + m'\right)l} = 15.4\text{rad}\cdot\text{s}^{-1}$；（2）$\theta = \dfrac{\left(\frac{1}{3}m + m'\right)l^2\omega^2}{2M_r} = 15.4\text{rad}$　2-18 （1）$n \approx 200\text{r}\cdot\text{min}^{-1}$　（2）$4.19\times10^2\text{N}\cdot\text{m}\cdot\text{s}$

第3章（习题3）

3-1 D　3-2 D　3-3 D　3-4 B　3-5 D　3-6 B　3-7 D

3-8　D　　3-9　B　　3-10　C　　3-11　D

3-12　$-3\sigma/(2\varepsilon_0)$；$-\sigma/(2\varepsilon_0)$；$3\sigma/(2\varepsilon_0)$　　3-13　0；$qQ/(4\pi\varepsilon_0 R)$

3-14　$Q^2/(2\varepsilon_0 S)$

3-15　5.6×10^{-7}C　　3-16　452　　3-17　$\boldsymbol{D}=\varepsilon_0\varepsilon_r\boldsymbol{E}$　　3-18　$\dfrac{q}{4\pi\varepsilon_0 d\ (L+d)}$

3-19　$\boldsymbol{E}=\boldsymbol{E}_x\boldsymbol{i}+\boldsymbol{E}_y\boldsymbol{j}=-\dfrac{\lambda_0}{8\varepsilon R}\boldsymbol{j}$　　3-20　在 $x\leqslant0$ 区域，$V=\int_x^0 E\mathrm{d}x=\int_x^0\dfrac{-\sigma}{2\varepsilon_0}\mathrm{d}x=\dfrac{\sigma x}{2\varepsilon_0}$；在 $x\geqslant0$ 区域，$V=\int_x^0 E\mathrm{d}x=\int_x^0\dfrac{\sigma}{2\varepsilon_0}\mathrm{d}x=-\dfrac{\sigma x}{2\varepsilon_0}$

3-21　$r=\dfrac{Ze^2}{4\pi\varepsilon_0 mv_0^2}+\sqrt{\left(\dfrac{Ze^2}{4\pi\varepsilon_0 mv_0^2}\right)^2+b^2}$　　3-22　略　　3-23　略

第 4 章（习题 4）

4-1　A　　4-2　D　　4-3　C　　4-4　C　　4-5　D　　4-6　B　　4-7　B

4-8　$\pi R^2 c$　　4-9　$\mu_0 I/(2d)$　　4-10　向下　　4-11　$B=\dfrac{3\mu_0 I}{8\pi a}$　　4-12　$\mu_0 I/(4\pi R)$，垂直纸面向内

4-13　$\dfrac{e^2B}{4}\sqrt{\dfrac{r}{\pi\varepsilon_0 m_e}}$　　4-14　铁磁质；顺磁质；抗磁质

4-15　$\Phi=\Phi_1+\Phi_2=\dfrac{\mu_0 I}{4\pi}+\dfrac{\mu_0 I}{2\pi}\ln2$　　4-16　（1）$\dfrac{\mu NIb}{2\pi}\ln\dfrac{R_2}{R_1}$；（2）$B=0$

4-17　2.1×10^{-5}T　　4-18　$\dfrac{\mu_0 NI}{2(R_2-R_1)}\ln\dfrac{R_2}{R_1}$

第 5 章（习题 5）

5-1　A　　5-2　D　　5-3　A　　5-4　C　　5-5　D

5-6　$3.18\mathrm{T}\cdot\mathrm{s}^{-1}$　　5-7　$\mathscr{E}=NbB\mathrm{d}x/\mathrm{d}t=NbB\omega A\cos(\omega t+\pi/2)$　或 $\mathscr{E}=NBbA\omega\sin\omega t$

5-8　$vBL\sin\theta$　a　　5-9　（1）②；（2）③；（3）①　　5-10　（1）垂直纸面向里；（2）垂直 OP 连线向下

5-11　（1）$I_i=0$；（2）$\dfrac{\mu_0 I}{2\pi}\sqrt{2gH}\ln\dfrac{2L+l}{l}$　　5-12　3.68，方向：沿 $adcb$ 绕向

5-13　（1）$U=\dfrac{q}{C}=\dfrac{1}{C}\int_0^t i\mathrm{d}t=\dfrac{0.2}{C}(1-\mathrm{e}^{-t})$；（2）$I_d=i=0.2\mathrm{e}^{-t}$

第 6 章（习题 6）

6-1　B　　6-2　B　　6-3　D　　6-4　B　　6-5　C　　6-6　C　　6-7　B

6-8　D　　6-9　A　　6-10　D　　6-11　$r_1^2/r_2{}^2$　　6-12　1.40　　6-13　539.1

6-14　1.2mm，3.6mm　　6-15　4　　6-16　6250Å（或 625nm）

6-17　30°，1.73　　6-18　0.72mm，3.6mm　　6-19　$\lambda_2 = l_2^2\lambda_1/l_1^2$

6-20　（1）0.27cm；（2）1.8cm

6-21　（1）2.4×10^{-4}cm；（2）0.8×10^{-4}cm；（3）$k=0$，±1，±2 级明条纹

参 考 文 献

[1] 程守洙，江之永. 普通物理学［M］. 5版. 北京：高等教育出版社，1982.

[2] 杨仲耆，等. 大学物理学：力学［M］. 北京：人民教育出版社，1979.

[3] 林润生，彭知难. 大学物理学［M］. 兰州：甘肃教育出版社，1990.

[4] 古玥，李衡芝. 物理学［M］. 北京：化学工业出版社，1985.

[5] 江宪庆，邓新模，陶相国. 大学物理学［M］. 上海：上海科学技术文献出版社，1989.

[6] 张三慧. 大学物理学［M］. 2版. 北京：清华大学出版社，1985.

[7] 刘克哲，张承琚. 物理学［M］. 3版. 北京：高等教育出版社，2005.

[8] 梁绍荣，池无量，杨敬明. 普通物理学［M］. 北京：北京师范大学出版社，1999.

[9] 张宇，任延宇，韩权. 大学物理：少学时［M］. 4版. 北京：机械工业出版社，2021.

[10] 毛骏健，顾牡. 大学物理学［M］. 北京：高等教育出版社，2006.

[11] 赵凯华，陈熙谋. 电磁学［M］. 北京：高等教育出版社，1985.

[12] 梁灿彬，秦光戎，梁竹健. 电磁学［M］. 北京：人民教育出版社，1980.

[13] LORRAIN P，CORSON D R. 电磁学原理及应用［M］. 潘仲麟，胡芬，译. 成都：成都科技大学出版社，1988.

[14] 唐端方. 物理［M］. 上海：上海科学普及出版社，2001.

[15] 林焕文. 物理阅读与实验制作［M］. 上海：上海科学普及出版社，1998.

[16] 上海市物理学会，上海市中专物理协作组. 物理阅读与辅导［M］. 上海：上海科学普及出版社，1996.

[17] CROMER A. 科学和工业中的物理学［M］. 陆思，译. 北京：科学出版社，1986.